Bosch Fachinformation Automobil

Reihenherausgeber
K. Reif, Ravensburg, Campus Friedrichshafen, Duale Hochschule Baden-Württemberg, Friedrichshafen, Germany

BOSCH Fachinformation Automobil enthält das Basiswissen des weltweit größten Automobilzulieferers aus erster Hand. Anwendungsbezogene Darstellungen sind das Kennzeichen dieser Buchreihe. Ganz auf den Bedarf an praxisnahem Hintergrundwissen zugeschnitten, findet der Auto-Fachmann ausführliche Angaben, die zum Verständnis moderner Fahrzeuge benötigt werden. Sie eignet sich damit hervorragend für den Alltag des Entwicklungsingenieurs, für die berufliche Weiterbildung, für Lehrgänge, zum Selbststudium oder zum Nachschlagen in der Werkstatt. Alle Informationen sind so gestaltet, dass sich auch ein Leser zurechtfindet, für den das Thema neu ist. Die bedarfsgerechte Angebotspalette beginnt beim Kraftfahrtechnischen Taschenbuch, das als handliches Nachschlagewerk den kompakten Einblick in die aktuelle Fahrzeugtechnik bietet. Einen umfassenden Einblick in größere, zusammenhängende Themengebiete bieten die ausführlichen Fachbücher im gebundenen Hardcover-Umschlag. Anschauliche Detailinformationen mit deutlich reduziertem Umfang werden, im flexiblen Einband, zu konkreten Aufgabenstellungen erklärt. Kleinere Lernhefte zu thematisch abgegrenzten Wissensgebieten stehen in den Lernordnern „Automobilelektronik lernen“ und „Motorsteuerung lernen“ bereit.

Weitere Bände dieser Reihe finden Sie unter http://www.springer.com/series/12435

Konrad Reif
Herausgeber

Sensoren im Kraftfahrzeug

3. Auflage

Herausgeber
Prof. Dr.-Ing. Konrad Reif
Duale Hochschule Baden-Württemberg
Ravensburg, Campus Friedrichshafen
Friedrichshafen, Deutschland
reif@dhbw-ravensburg.de

Bosch Fachinformation Automobil
ISBN 978-3-658-11210-3 ISBN 978-3-658-11211-0 (eBook)
DOI 10.1007/978-3-658-11211-0

Die Deutsche Nationalbibliothek verzeichnet diese Publikation in der Deutschen Nationalbibliografie; detaillierte bibliografische Daten sind im Internet über http://dnb.d-nb.de abrufbar.

Springer Vieweg

Gedruckt auf säurefreiem und chlorfrei gebleichtem Papier.

Springer Vieweg ist Teil von Springer Nature
Die eingetragene Gesellschaft ist Springer Fachmedien Wiesbaden GmbH
Die Anschrift der Gesellschaft ist: Abraham-Lincoln-Strasse 46, 65189 Wiesbaden, Germany

Vorwort

Die Technik im Kraftfahrzeug hat sich in den letzten Jahrzehnten stetig weiterentwickelt. Der Einzelne, der beruflich mit dem Thema beschäftigt ist, muss immer mehr tun, um mit diesen Neuerungen Schritt zu halten. Mittlerweile spielen viele neue Themen der Wissenschaft und Technik in Kraftfahrzeugen eine große Rolle. Dies sind nicht nur neue Themen aus der klassischen Fahrzeug- und Motorentechnik, sondern auch aus der Elektronik und aus der Informationstechnik. Diese Themen sind zwar für sich in unterschiedlichen Publikationen gedruckt oder im Internet dokumentiert, also prinzipiell für jeden verfügbar; jedoch ist für jemanden, der sich neu in ein Thema einarbeiten will, die Fülle der Literatur häufig weder überblickbar noch in der dafür verfügbaren Zeit lesbar. Aufgrund der verschiedenen beruflichen Tätigkeiten in der Automobil- und Zulieferindustrie sind zudem unterschiedlich tiefe Ausführungen gefragt.

Gerade heute ist es so wichtig wie früher: Wer die Entwicklung mit gestalten will, muss sich mit den grundlegenden wichtigen Themen gut auskennen. Hierbei sind nicht nur die Hochschulen mit den Studienangeboten und die Arbeitgeber mit Weiterbildungsmaßnahmen in der Pflicht. Der rasche Technologiewechsel zwingt zum lebenslangen Lernen, auch in Form des Selbststudiums. Hier setzt die Schriftenreihe „Bosch Fachinformation Automobil“ an. Sie bietet eine umfassende und einheitliche Darstellung wichtiger Themen aus der Kraftfahrzeugtechnik in kompakter, verständlicher und praxisrelevanter Form. Dies ist dadurch möglich, dass die Inhalte von Fachleuten verfasst wurden, die in den Entwicklungsabteilungen von Bosch an genau den dargestellten Themen arbeiten. Die Schriftenreihe ist so gestaltet, dass sich auch ein Leser zurechtfindet, für den das Thema neu ist. Die Kapitel sind in einer Zeit lesbar, die auch ein sehr beschäftigter Arbeitnehmer dafür aufbringen kann.

Die Basis der Reihe sind die bewährten, gebundenen Fachbücher. Sie ermöglichen einen umfassenden Einblick in das jeweilige Themengebiet. Anwendungsbezogene Darstellungen, anschauliche und aufwendig gestaltete Bilder ermöglichen den leichten Einstieg. Für den Bedarf an inhaltlich enger zugeschnittenen Themenbereichen bietet die broschierte Reihe das richtige Angebot. Mit deutlich reduziertem Umfang, aber gleicher detaillierter Darstellung, ist das Hintergrundwissen zu konkreten Aufgabenstellungen professionell erklärt.

Die hier vorliegende 3. Auflage des broschierten Buches **Sensoren im Kraftfahrzeug** enthält die neu bearbeiteten Beschreibungen der Sensoren in Verbrennungsmotoren aus dem Buch „Ottomotor-Management“ und aus dem „Kraftfahrtechnischen Taschenbuch“. Dies betrifft das Kapitel „Sensoren“, Abschnitte Temperatursensoren bis einschließlich Wasserstoffsensoren.

Friedrichshafen, im Januar 2017 Konrad Reif

Inhaltsverzeichnis

Sensoren im Kraftfahrzeug

Sensormessprinzipien

Sensoren

Elektronik

Redaktionelle Kästen

Autorenverzeichnis

Sensoren im Kraftfahrzeug

Autoren und Mitwirkende

Dr.-Ing. Erich Zabler,
Dr. rer. nat. Stefan Finkbeiner,
Dr. rer. nat. Wolfgang Welsch,
Dr. rer. nat. Hartmut Kittel,
Dr. rer. nat. Christian Bauer,
Dipl.-Ing. Günter Noetzel,
Dr.-Ing. Harald Emmerich,
Dipl.-Ing. (FH) Gerald Hopf,
Dr.-Ing. Uwe Konzelmann,
Dr. rer. nat. Thomas Wahl,
Dr.-Ing. Reinhard Neul,
Dr.-Ing. Wolfgang-Michael Müller,
Dr.-Ing. Claus Bischoff,
Dr. Christian Pfahler,
Dipl.-Ing. Peter Weiberle,
Dipl.-Ing. (FH) Ulrich Papert,
Dipl.-Ing. (FH) Bernhard Bauer,
Dr. Michael Harder,
Dr.-Ing. Klaus Kasten,
Dipl.-Ing. Peter Brenner,
Dipl.-Ing. Frank Wolf,
Dr. Michael Arndt,
Dr. rer. nat. Ulrich Schaefer,
Prof. Dr.-Ing. Klemens Gintner,
Hochschule Karlsruhe,
Dr.-Ing. Berndt Cramer,
Dr. rer nat. Peter Spoden,
Dr.-Ing. Tilmann Schmidt-Sandte,
Dipl.-Ing. Dipl.-Wirt.-Ing. Nils Kaiser,
Prof. Dr.-Ing. Peter Knoll,
Prof. Dr.-Ing. Konrad Reif,
Duale Hochschule Baden-Württemberg.

Soweit nicht anders angegeben, handelt es sich um Mitarbeiter der Robert Bosch GmbH, Stuttgart.

Sensoren im Kraftfahrzeug

Der Begriff Sensor führte sich ein, als in den zurückliegenden 20...40 Jahren Messfühler auch in Konsumanwendungen (z. B. Kraftfahrzeug und Hausgerätetechnik) einzogen. Sensoren - begrifflich identisch mit (Mess-)Fühlern und (Messwert-)Aufnehmern - setzen eine physikalische oder chemische (meist nichtelektrische) Größe Φ in eine elektrische Größe *E* um; dies geschieht oft auch über weitere, nichtelektrische Zwischenstufen.

In **Tabelle 1** sind die verschiedenen Sensoreinsatzgebiete zusammengestellt und verglichen. **Bild 1** gibt einen Eindruck von der Fülle bereits bestehender elektronischer Systeme in Kraftfahrzeugen, deren Zahl sich in Zukunft zweifellos noch wesentlich erhöhen wird.

Grundlagen und Überblick

Begriff/Definition Sensor

Als elektrische Größen gelten hier nicht nur Strom und Spannung, sondern auch Strom-/Spannungsamplituden, die Frequenz, Periode, Phase oder auch Pulsdauer einer elektrischen Schwingung sowie die elektrischen Kenngrößen Widerstand, Kapazität und Induktivität. Der Sensor lässt sich durch folgende Gleichungen charakterisieren:

(1) $E = f(\Phi, Y_1, Y_2 ...)$
Sensorausgangssignal

(2) $\Phi = g(E, Y_1, Y_2 ...)$
gesuchte Messgröße

Sind die Funktionen *f* oder *g* bekannt, so stellen sie ein Sensormodell dar, mit Hilfe dessen sich die gesuchte Messgröße aus dem Ausgangssignal *E* und den Einflussgrößen Y_i praktisch fehlerfrei auch mathematisch berechnen lässt (intelligente

1 Vielfalt der Fahrzeugsysteme mit Sensoren

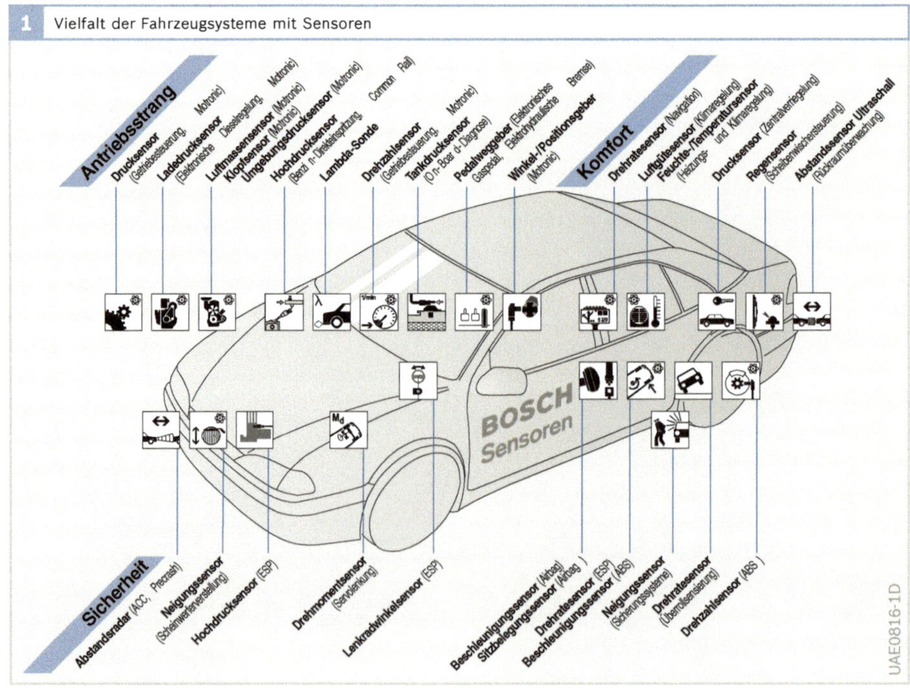

1 Sensoreinsatzgebiete

Typische Merkmale	Primärstandards	Präzisions-messtechnik	Industrie-messtechnik	Konsumtechnik
Genauigkeit	$10^{-11}...10^{-7}$	$2...5 \cdot 10^{-4}$	$2...5 \cdot 10^{-3}$	$2...5 \cdot 10^{-2}$
Kosten	100 TEUR... 1 Mio. EUR	einige TEUR	einige 100 EUR	1...10 EUR
Stück/a	einzelne	ca. 10	100...1 k	10 k...10 Mio.
Einsatz	– Forschung, – Prüfung Sekundärnormale	– Eichung	– Prozessinstrumetrierung, – Fertigungsmesstechnik	– Kfz-Elektronik, – Haustechnik (Domotik)

Sensoren, engl.: intelligent oder smart sensors).

Abgleich

Das Sensormodell enthält im realen Fall immer einige freie Parameter, mit denen in einer Art Abgleichvorgang (**Bild 4a**) das Modell an die tatsächlichen Eigenschaften des individuellen Sensorexemplars angepasst werden kann. Bei der inzwischen vorherrschenden digitalen Aufbereitung der Sensorsignale werden diese Modellparameter meist in einem programmierbaren, nichtflüchtigen Speicherteil (PROM) abgelegt. Im Gegensatz zur herkömmlichen analogen Kompensation von Einflussgrößen können hier nicht nur etwa linear wirkende Einflüsse, sondern auch stark nichtlineare Verläufe gut korrigiert werden. Sehr vorteilhaft ist auch, dass bei dieser Art der Kalibrierung, die über eine rein elektrische Verbindung erfolgt, jeder Sensor während der Kalibrierphase leicht unter Betriebsbedingungen gehalten werden kann.

2 Sensorsymbol

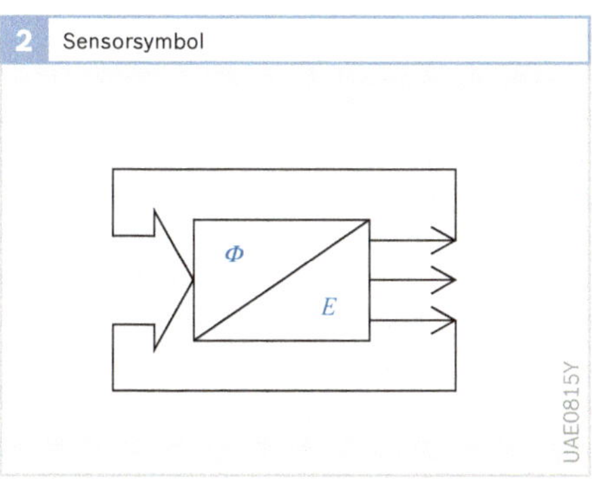

3 Sensorgrundfunktion

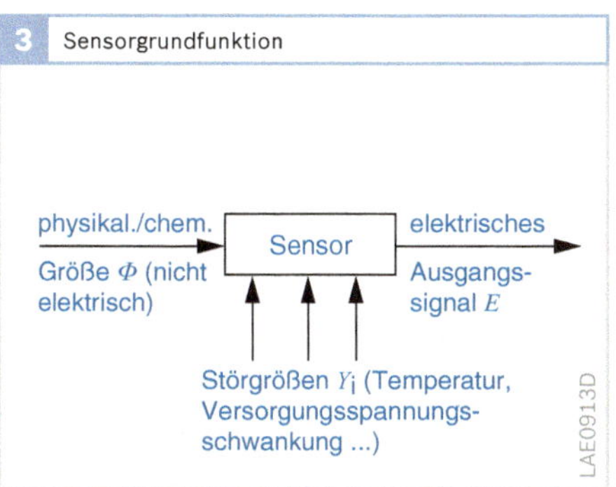

Begriff Smartsensor

In etwas allgemeinerer Form lassen sich „Intelligente Sensoren" (Smartsensor) folgendermaßen definieren:
Intelligente, manchmal auch integrierte Sensoren oder Sensoren mit (exemplar-) spezifischer Elektronik vor Ort genannte Sensoren, erlauben die in einem Sensor steckende (statische und dynamische) Genauigkeit mit den Mitteln der (meist auch digitalen) Mikroelektronik bis zu einem weit höheren Maße auszunutzen als konventionelle Sensoren. Hierbei kann die Sensorinformation, insbesondere auch die komplexe Information von Multisensor-Strukturen, durch Weiterverarbeitung vor Ort verdichtet, d.h. auf ein höheres Niveau gebracht werden (als es der einfache Sensor vermag), ohne dazu eine Vielzahl von äußeren Anschlüssen zu benötigen.

Es gibt keine klare Festlegung, ob Sensoren einen Teil der Signalverarbeitung bereits beinhalten können oder nicht; es wird jedoch empfohlen, nicht beispielsweise zwischen Elementarsensor, Sensorzelle o. ä. und integriertem Sensor zu unterscheiden.

Abgleichvorgang

Die Programmierung bzw. Kalibrierung eines Smartsensors erfolgt – entsprechend dem Abgleich herkömmlicher analoger Sensoren – meist mit Hilfe eines externen Rechners (Host) in drei Schritten (**Bild 4**):

Istwertaufnahme

Der Hostrechner variiert sowohl die Messgröße x_e als auch die Einflussgröße(n) y systematisch und stellt dabei eine bestimmte Anzahl relevanter und repräsentativer Betriebspunkte ein. Dabei gibt der Smartsensor die noch unkorrigierten „Rohsignale" $x_a{}^*$ an ihn aus. Über wesentlich genauere Referenzsensoren erhält der Host jedoch auch gleichzeitig die „wahren" Größen x_e und y. Aus dem Vergleich beider Größen errechnet der Host die notwendigen Korrekturgrößen und interpoliert diese auf den gesamten Messbereich.

Speicherung der Korrekturparameter

Aus den zuvor gewonnenen Daten berechnet der Hostrechner die exemplarspezifischen Modellparameter z. B. für einen linearen Kennlinienverlauf und speichert diese in den PROM des Smartsensors ein. In einem Kontrolldurchlauf können diese auch zunächst in einem RAM des Hostrechners emuliert werden, bevor sie endgültig und nichtflüchtig im Smartsensor „eingebrannt" werden. Werden Kennlinien mit Polynomen höheren Grades angenähert, können zur Vermeidung langwieriger Rechenprozesse im Smartsensor auch Kennfelder (Look-up tables) abgespeichert werden. Sehr bewährt hat sich auch die Abspeicherung eines grobmaschigen Kennfeldes in Verbindung mit einer einfachen linearen Interpolation zwischen den Stützstellen (Beispiel in **Bild 5** dargestellt).

Betriebsphase

Der Smartsensor wird nun vom Hostrechner abgekoppelt und ist in der Lage, mittels der eingespeicherten Modelldaten selbst die Messgröße x_e sehr fehlerarm zu berechnen. Er kann sie an ein angeschlossenes Steuergerät z. B. in digitaler, bitserieller oder aber auch analoger Form (z. B. pulsdauermoduliert) übertragen. Mittels einer Busschnittstelle kann die Messgröße

4 Abgleich/Kalibrierung eines Smartsensors

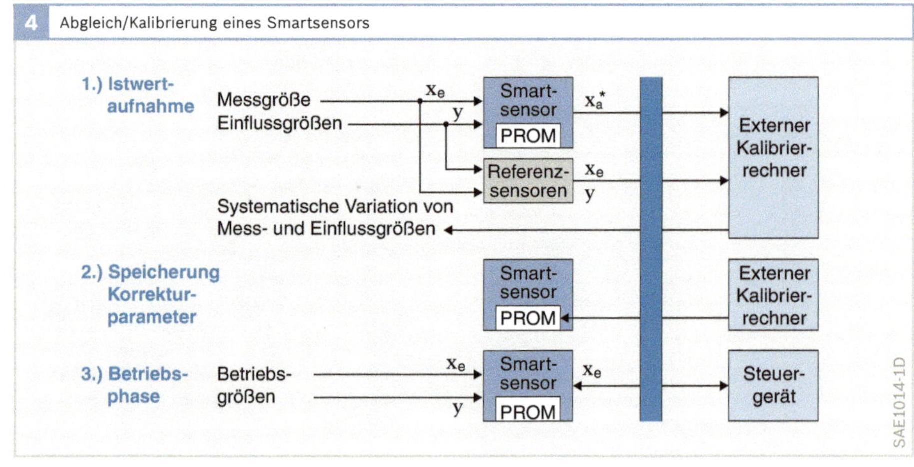

digital auch an weitere Steuergeräte verteilt werden.

Dieser Vorgang kann – im Gegensatz zum herkömmlichen Laserabgleich – prinzipiell auch wiederholt werden, wenn ein löschbares PROM verwendet wird. Dies ist gerade in der Entwicklungsphase von Sensoren ein Vorteil.

5 Messwertinterpolation über Stützstellenkennfeld

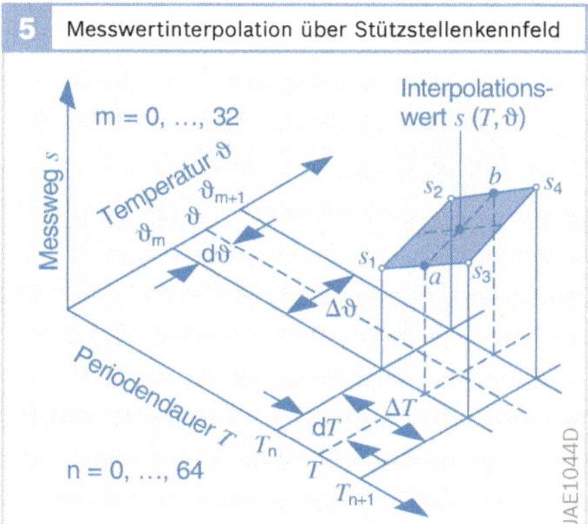

Beispiel: Zweidimensionales Stützstellen-Kennfeld s (T_n, Θ_m) eines Smartsensors zur Messung eines Weges s:

Zur hochgenauen Auswertung des als variable Induktivität wirkenden Sensors wird seine natürliche Kennlinie sowie deren Temperaturgang jeweils mit Polynomen 5. Grades angenähert. Er gibt als frequenzbestimmendes Glied einer sehr einfachen Oszillatorschaltung als unkorrigiertes Ausgangssignal die Periodendauer T ab. Als Sensormodell für den Messweg s wird statt der insgesamt 36 Polynomkoeffizienten und einer langwierigen Polynomauswertung ein insgesamt nur 32 x 64 = 2048 exemplarspezifische Werte $s_{n,m}$ umfassendes, grobes Kennfeld (im PROM) und ein einfacher Interpolationsalgorithmus (im ROM) abgelegt. Tritt ein Signal T zwischen diesen Stützstellen T_n und T_{n+1} sowie eine Temperatur Θ zwischen den Stützstellen Θ_m und Θ_{m+1} auf, so wird gemäß der Abbildung zwischen den „fehlerfrei" abgespeicherten Eckwerten s_1,... s_4 zweidimensional interpoliert und so der gesuchte Messwert $s(T, \Theta)$ als Interpolationsergebnis ermittelt.

Einsatz im Kraftfahrzeug

Mit steigenden Anforderungen an alle Fahrzeugfunktionen wurden in den letzen 40 Jahren sukzessive die zunächst mechanisch realisierten Steuer- und Regelfunktionen durch elektronische Einheiten (ECU, electronically controlled unit) ersetzt. Daraus entstand zwangsläufig ein hoher Bedarf an Sensoren und Aktoren, mit denen diese elektronischen Steuereinheiten einerseits die relevanten Fahrzeugzustände erfassen und anderseits auch beeinflussen konnten. Die Kfz-Industrie wurde in diesen Jahren zu einem bis dahin beispiellosen Motor der Entwicklung von in großer Stückzahl herstellbaren Sensoren.

Hatten diese anfangs noch eine meist elektromechanische oder wie auch immer geartete makromechanische Form, so ging der Trend ausgangs der 1980er-Jahre eindeutig hin zu miniaturisierten, mit den Methoden der Halbleiterherstellung (Batch Processing) in hohem Nutzen produzier-

6 Meilensteine der Sensorentwicklung für das Kfz

1950	Lambda-Sonde
1960	Elektromechanischer Drucksensor
	Piezoelektrischer Klopfsensor
1970	Erster integrierter Hall-Sensor
	Dehnmessstreifen-Beschleunigungssensor für Airbag
	Erster Drucksensor auf Silizium-Basis
1980	Hitzdraht-Luftmassenmesser
	Dickfilm-Luftmassenmesser
	Integrierter Drucksensor
1990	Mikromechanischer Beschleunigungssensor für Airbag
	Piezoelektrischer Drehratesensor für ESP
	Mikromechanischer Luftmassenmesser
	Mikromechanischer Drehratesensor
2000	Drehratesensor für Überrollsensierung

UAE1045D

ten Sensoren. Vorübergehend spielten auch aus der Hybridtechnik hervorgegangene Sensoren in Dickschichttechnik eine nicht unwesentliche Rolle. Diese wird auch heute noch vereinzelt z. B. in den plättchenförmigen Sauerstoffsonden und Hochtemperatursensoren für den Abgastrakt verwendet.

Ließen sich Temperatur- und Magnetfeldsensoren zunächst noch als schaltungsähnliche Strukturen realisieren und im Batch fertigen, so verstärkte sich dieser Trend, als es gelang, Silizium in mannigfaltiger Weise auch mikromechanisch in zwei bis drei Dimensionen zu strukturieren und mit sehr effizienten Methoden auch in mehreren Lagen funktionell sehr stabil zu verbinden

Beruhten die Technologien der elektronischen Halbleiterschaltungen praktisch ausschließlich auf Silizium als Grundwerkstoff, spielen bei den Sensoren durchaus auch noch andere Stoffe und Technologien eine nicht unwesentliche Rolle. So lässt sich z. B. Quarz mittels anisotroper Ätztechnik ebenfalls mikromechanisch formen, besitzt jedoch im Gegensatz zu Silizium auch sehr vorteilhafte piezoelektrische Eigenschaften. III-V-Halbleiter wie Galliumarsenid (GaAs) besitzen einen wesentlich größeren Betriebstemperaturbereich als Silizium, was gerade im Kfz an manchen Stellen sehr vorteilhaft sein kann. Dünne metallische Schichten eignen sich sehr zur Herstellung von präzisen Dehnwiderständen, genauen Temperatursensoren und magnetfeldabhängigen Widerständen.

Mit Silizium ist es möglich, in monolithischer Weise zum Sensor auch noch Elektronik zu integrieren. Diese Technik hat - abgesehen von wenigen Ausnahmen (z. B. Hall-IC) - wegen der meist sehr unterschiedlichen Zahl und Art von Prozessschritten sowie wegen der damit verbundenen Inflexibilität sehr an Bedeutung verloren. Hybride Integrationstechniken auf engstem Raum führen in aller Regel zu wesentlich kostengünstigeren, funktionell aber gleichwertigen Lösungen (**Bilder 7**).

War die Entwicklung von Sensoren in der Anfangszeit fast ausschließlich auf fahrzeuginterne Systeme des Antriebsstrangs, des Fahrwerks sowie der Karosserie und Fahrsicherheit konzentriert, so ist die Sensierungsrichtung von neueren Ent-

7 Hybride Integration von Sensor und Elektronik: Oberflächenmikromechanischer Beschleunigungssensor auf Mikrohybridschaltkreis

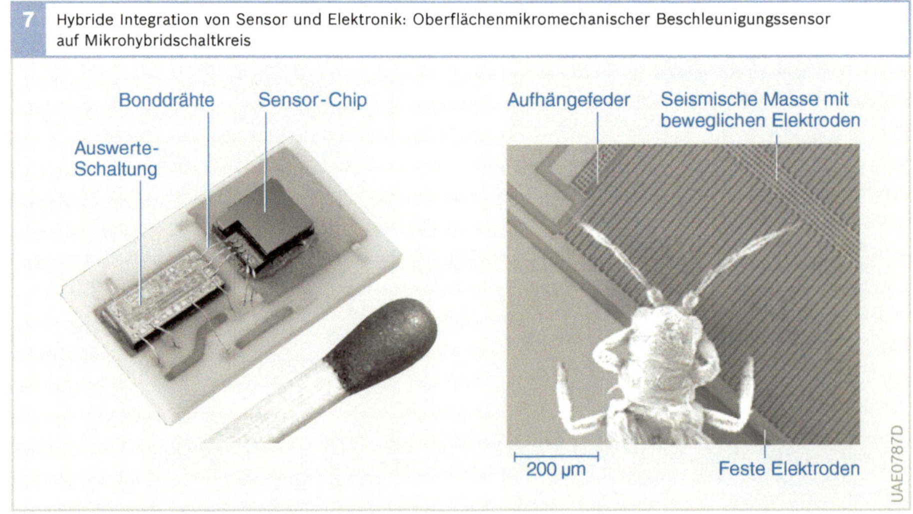

wicklungen zunehmend nach außen auf die nähere und weitere Umgebung des Fahrzeugs gerichtet:

- Ultraschallsensoren erfassen Hindernisse beim Einparken und werden – evtl. in Verbindung mit anderen Sensoren – in absehbarer Zukunft auch automatisches Einparken ermöglichen.
- Nahbereichsradar erfasst rings um das Fahrzeug Objekte, die mit hoher Wahrscheinlichkeit eine Kollision verursachen könnten, um Zeit zu gewinnen und Sicherheitssysteme auch schon vor dem Aufprall zu schärfen (Precrash-Sensoren).
- Bildsensoren können nicht nur Verkehrsschilder erfassen und in das Fahrerdisplay übertragen, sondern auch die Fahrbahnkontur erkennen, den Fahrer vor gefährlichen Abweichung warnen und bei Bedarf langfristig auch automatisches Fahren ermöglichen. In Verbindung mit Infrarotstrahlern und einem Bildschirm im Sichtfeld des Fahrers lassen IR-empfindliche Bildsensoren auch nachts, selbst bei nebligen Verhältnissen, eine weitreichende Fahrbahnbeobachtung zu (Night Vision).
- Weitbereichs-Radarsensoren beobachten auch unter schlechten Sichtbedingungen die Fahrbahn auf 150 m vor dem Fahrzeug, um die Fahrgeschwindigkeit vorausfahrenden Fahrzeugen anzupassen und längerfristig auch automatisches Fahren zu unterstützen.

Sensoren und Aktoren bilden als Peripherie die Schnittstellen zwischen dem Fahrzeug mit seinen komplexen Antriebs-, Brems-, Fahrwerk- und Karosseriefunktionen sowie auch Leit- und Navigationsfunktionen und dem meist digitalen elektronischen Steuergerät als Verarbeitungseinheit (Bild 8). In der Regel bringt eine Anpassschaltung die Sensorsignale in die für das Steuergerät erforderlich, standardisierte Form (Messkette, Messwerterfassungssystem).

8 Sensoren im vielschichtigen Prozess Kraftfahrzeug

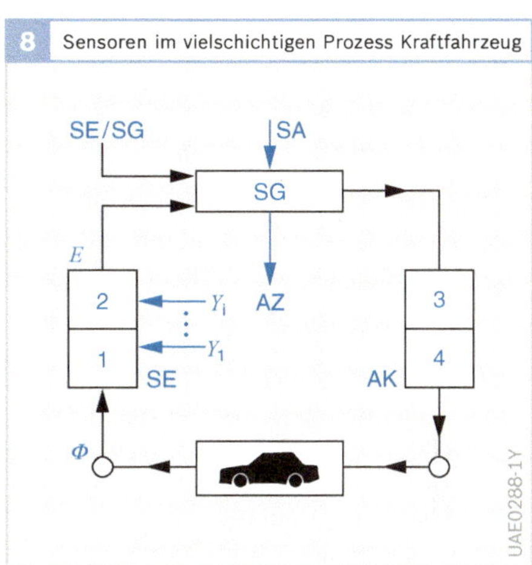

Bild 8
1 Messwertaufnehmer
2 Anpassschaltung
3 Treiberschaltung
4 Stellglieder
AK Aktor
AZ Anzeige
SA Bedienschalter
SE Sensoren
SG Steuergerät
Φ physikalische Größe
E elektrische Größe
Y_i Störgrößen

Diese auf spezielle Sensoren maßgeschneiderten, kundenspezifischen Anpassschaltungen stehen in integrierter Form und in großer Zahl zur Verfügung. Sie stellen eine ganz wesentliche und sehr wertvolle Ergänzung der hier dargestellten Sensoren dar, ohne die deren Einsatz nicht möglich wäre und deren Messqualität genaugenommen nur mit diesen zusammen definiert ist.

In dem dargestellten, vielschichtigen Prozess „Kraftfahrzeug" können auch Sensorinformationen anderer Verarbeitungseinheiten (Steuergeräte) ebenso wie der Fahrer über einfache Bedienschalter Einfluss auf den Prozess nehmen. Anzeigeneinheiten informieren den Fahrer über den Stand und Verlauf des Gesamtprozesses.

Angaben zum Sensormarkt

Der Wertschöpfungsanteil der Elektrik und Elektronik in Fahrzeugen liegt heute bei ca. 26 %. Inzwischen wird fast jeder zweite Sensor in ein Fahrzeug eingebaut – bei jährlichen Steigerungsraten, die immer noch teilweise im zweistelligen Bereich liegen. Seit ausgangs der 1990er-Jahre nehmen die mikromechanischen und mikrosystemtechnischen Sensoren einen stark zunehmenden Anteil ein, der 2005 schon bei etwa einem Drittel liegt.

Im Gegensatz zum allgemeinen Sensormarkt hat Europa auf dem Sektor der Kfz-Sensoren mit einem Marktanteil von derzeit 41 % und Bosch als Weltmarktführer Amerika mit einem Anteil von nur 34 % bereits deutlich überflügelt. Insgesamt soll der Sensormarkt für automobile Anwendungen von 8,88 Milliarden US-$ in 2005 auf etwa 11,35 Milliarden US-$ in 2010, also um insgesamt 28 % steigen (**Bild 9**).

Es gibt drei typische Gruppen von Firmen, die für das Automobil Sensoren anbieten:

- Die Halbleiterindustrie: Hier sind die Sensoren aus der Halbleiterfertigung durch Anwendung einiger Sonderprozessschritte hervorgegangen. Sie bedienen den gesamten Sensormarkt inklusiv der Automobilindustrie und haben ein gut funktionierendes Vertriebssystem. Mikromechanische Prozesse zur Herstellung von Sensoren werden hier zusammen mit den Halbleiterprozessen stetig weiterentwickelt. Diese Firmen haben jedoch kein spezifisches Know-how auf dem Gebiet der fahrzeuggerechten Spezifikation, Prüfung und Verpackung.
- Spezielle, meist mittelgroße Sensorshersteller, die keine Halbleiterschaltungen herstellen, sondern sich meist einige wenige Sensortypen als Produkt ausgewählt haben, um den gesamten Sensormarkt oder sogar Vorzugssparten wie den Kfz-Markt zu beliefern.
- Große Automobilzulieferer und Systemhersteller (z. B. Bosch) oder große Tochterfirmen von Automobilherstellern, die sich auf den Bedarf und Support ihrer Mutterkonzerne spezialisiert haben. Auch hier hat man seit Einführung der Elektronik in das Kfz Erfahrung mit der Herstellung von Halbleiter- und Hybridschaltkreisen erworben, in enger Zusammenarbeit mit Halbleiterherstellern (Prozessentwicklung, Lizenznahme). Aufgrund der Systemkenntnisse hat man sich hier ein umfangreiches Know-how auf dem Gebiet der Kfz-gerechten Spezifikation, Prüfung- und Verpackungstechnik erarbeitet.

Bild 9
Quelle: Bosch

Besonderheiten von Kfz-Sensoren

Während allgemeine Sensoren für einen möglichst breiten Anwenderkreis und in gestaffelten Messbreichen entwickelt werden, ohne dass der Hersteller oft die Anwendung kennt, sind Kfz-Sensoren in aller Regel für eine spezielle Anwendung spezifiziert und optimiert. Sie sind Teil eines Systems und oft im Handel nicht frei verfügbar. Ihre Entwicklung dauert meist nicht nur wegen der erhöhten Ansprüche länger als bei handelsüblichen Sensoren. Sie ist vielmehr an die Entwicklung des Systems gekoppelt und dauert in aller Regel ebenso lange wie diese, da sich bis zum Schluss der Systementwicklung noch die Sensorspezifikation ändern kann.

Der hohe Innovationsschub der Kfz-Branche auf der Systemseite zwingt sehr oft auch zur Entwicklung neuer Sensorentechnologien, bzw. zu wesentlichen Erweiterung von deren Spezifikation. **Bild 10** zeigt die typischen Entwicklungsphasen, die Kfz-Sensoren beim Zulieferer durchlaufen.

Der Entwicklungsprozess beginnt naturgemäß bei der Systemidee des Fahrzeugherstellers oder des Zulieferers. Hier gilt es zunächst - noch unabhängig von der Realisierbarkeit - eine Auswahl der erforderlichen Messgrößen zu treffen. In diesem Stadium werden die Sensoren auch im Rahmen der bei den Systemtechnikern üblichen Systemsimulation in ihrer Funktion simuliert und eine erste Spezifikation erstellt. Kommt man mit einer bereits eingeführten Sensortechnologie aus, werden die Sensorwünsche unmittelbar an die Produktentwicklung bzw. den produzierenden Bereich weitergeben. Ist keine Technologie unmittelbar verfügbar, werden nach und nach immer mehr auch Sensor- und Technologieexperten der Vorausentwicklung und Forschung eingeschaltet. Hier können mit bekannten Technologien und oft auch mit Hilfe externer Partner erste Labormuster erstellt werden, die der Produktentwicklung für erste Tests zur Verfügung gestellt werden.

Sind keine Sensorprinzipien für die gestellten Anforderungen bekannt, wird notfalls nach neuen Verfahren und Methoden zur Messung der gewünschten Größen geforscht. In dieser Phase ist die Grundlagenforschung eingeschaltet, die schließlich auch neuartige erste Technologiemuster liefert. Dieser Vorgang kann sich rekursiv wiederholen, bis eine aussichtsreiche Lösung gefunden ist, die ihren Weg in die Produktentwicklung nimmt. Nicht selten muss diese Entwicklungsschleife auch nochmals in ihrer ganzen Länge wiederholt oder eine neue Auswahl der Messgrößen getroffen werden.

10 Werdegang eines funktionellen Bosch-Sensors

Bei der Entwicklung eines ganz neuen Sensors werden im Allgemeinen - ähnlich wie bei anderen elektronischen Erzeugnissen - fünf Phasen unterschieden (Tab. 2). Während Prototypen und A-Muster meist noch aus der Vorausentwicklung bzw. Forschung kommen, entstehen B- und C-Muster bereits in der Produktentwicklung. Sind in schwierigen Entwicklungen Rekursionen nötig, kann es leicht auch zu mehreren B- oder C-Musterphasen (B1, B2, C1, C2) kommen.

2 Sensorbemusterungsphasen bis zur Serienfertigung

Musterphase	Funktion/ Pflichtenheft	Herstellung
Prototyp	eingeschränkt	Musterbau ohne Werkzeuge
A	eingeschränkt	Musterbau ohne Werkzeuge
B (evtl. B1, B2)	voll	Musterbau ohne Werkzeuge (baugleich mit C)
C (evtl. C1, C2)	voll	Musterbau mit Serienwerkzeugen
D	voll	Pilotserie, teilweise manuell
Serie	voll	automatisiert

11 Kennlinienarten

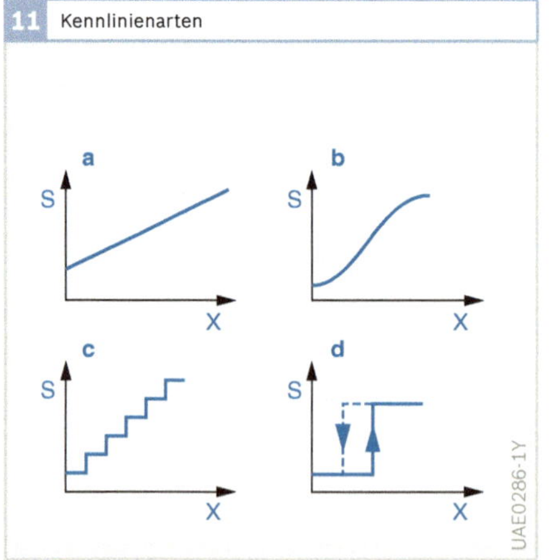

Bild 11
S Ausgangssignal
X Messgröße

a Stetig, linear
b stetig, nichtlinear
c unstetig, mehrfach gestuft
d unstetig, zweistufig (mit Hysterese)

Sensorklassifikation

Sensoren lassen sich nach sehr unterschiedlichen Gesichtspunkten klassifizieren und ordnen. Mit Hinblick auf die Verwendung im Kfz kann man sie folgendermaßen einteilen:

Aufgabe und Anwendung

- Funktionelle Sensoren (Druck, Luftmassenfluss), vorwiegend für Steuerungs- und Regelungsaufgaben.
- Sensoren für Sicherheit (Passagierschutz: Airbag, ESP) und Sicherung (Diebstahlschutz).
- Sensoren für Überwachung des Fahrzeugs (Onboard-Diagnose, Verbrauchs- und Verschleißgrößen) und zur Information von Fahrer und Passagieren.

Kennlinienart

- Stetig lineare Kennlinien (**Bild 11a**) werden insbesondere für Steuerungsaufgaben über einen weiten Messbereich verwendet. Lineare Kennlinien haben überdies den Vorzug der leichten Prüf- und Abgleichbarkeit.
- Stetig nichtlineare Kennlinien (**Bild 11b**) dienen oft der Regelung einer Messgröße in sehr engem Bereich (z. B. Abgasregelung auf $\lambda = 1$, Regelung des Einfederniveaus). Stark nichtlineare Kennlinien spezieller Form (z. B. logarithmisch) haben auch Vorteile, wenn beispielsweise im gesamten Messbereich eine konstante zulässige Abweichung relativ vom Messwert gefordert wird (z. B. Luftmassenmesser HFM).
- Unstetig zweistufige Kennlinien (evtl. mit Hysterese, **Bild 11d**) dienen der Überwachung von Grenzwerten, bei deren Erreichen leichte Abhilfe möglich ist. Ist Abhilfe schwieriger, kann auch durch mehrfache Stufung (**Bild 11c**) früher vorgewarnt werden.

Art des Ausgangssignals

Man kann Sensoren auch unterscheiden nach Art ihres Ausgangssignals (**Bild 13**):

Analogsignale

- Strom/Spannung, oder entsprechende Amplitude.
- Frequenz/Periodendauer.
- Pulsdauer/Pulstastverhältnis.

Diskretes Ausgangssignal

- Zweistufig (binär codiert).
- Mehrstufig ungleich gestuft (analog codiert).
- Mehrstufig äquidistant (analog oder digital codiert).
- Man muss ferner – wie in **Bild 12** in einer systematischen Übersicht der determinierten, d. h. nicht zufälligen (stochastischen) Signale dargestellt – unterscheiden, ob das Signal am Sensorausgang ständig zur Verfügung steht (kontinuierlich) oder nur zu diskreten Zeitpunkten (diskontinuierlich). Liegt das Signal beispielsweise digital vor und wird bitseriell ausgegeben, so ist es zwangsweise diskontinuierlich.

13 Signalformen

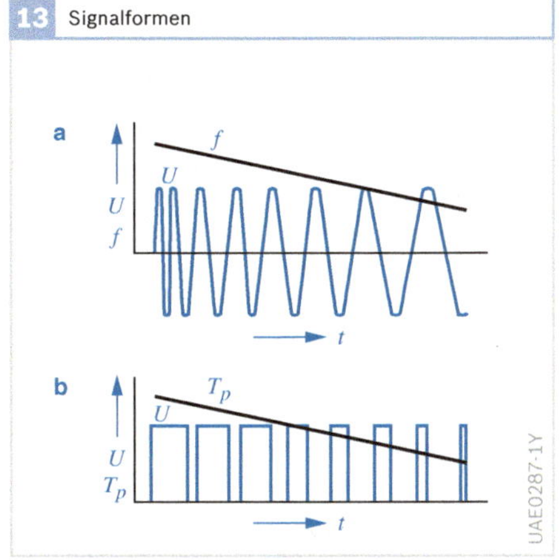

Bild 13
a Ausgangssignal U, Informationsparameter: Frequenz f
b Ausgangssignal U, Informationsparameter: Pulsdauer T_P

12 Einteilung der determinierten Signale nach dem Informationsparameter (IP) mit Beispielen

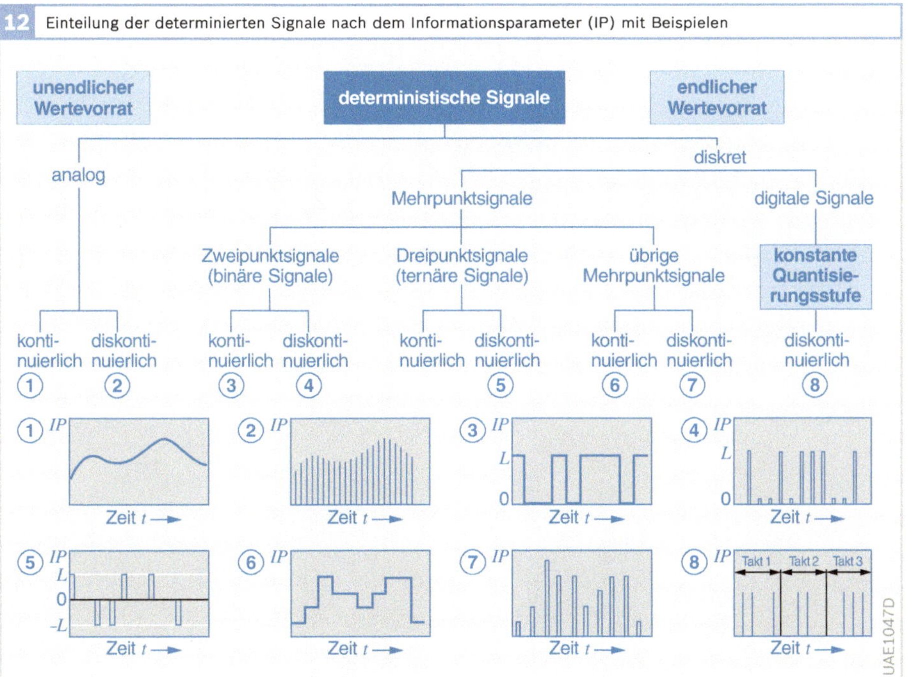

Fehlerarten und Toleranzanforderungen

Die Abweichung der Ist-Kennlinie von der Soll-Kennlinie eines Sensors wird als Fehler F (englisch: error e) bezeichnet. Er wird zweckmäßigerweise auf den Eingangsbereich y (Messgröße) und nicht auf den Ausgangsbereich x (Ausgangssignal) bezogen und angegeben:

(3) $F = y_{anz} - y_{wahr}$

y_{anz} = Anzeigewert der Messgröße.
y_{wahr} = „wahrer"/idealer Wert, Sollwert der Messgröße (wird mit einem Messwertaufnehmer ermittelt, der mindestens 1 Klasse genauer ist als der untersuchte Sensor)

Der Betrag der Abweichung stellt, wie in **Bild 14** dargestellt, den Absolutfehler F_{abs} dar (Einheit wie Messgröße). Bezogen auf den (wahren) Messwert y_{wahr} wird dieser zum Relativen Fehler (% v. MW, engl.: of reading), bezogen auf den Messbereichsendwert wird er zum prozentualen Fehler vom Endwert (% v. EW, engl.: of range).

Geht man von einer im Allgemeinen gewünschten linearen Kennlinie aus, kann man die absolute Abweichung F_{abs} in drei Kategorien einteilen (**Bild 15**):

- Nullpunktverschiebung (Offset-Fehler) F_{nu}.
- Steigungsabweichung (Gain-Fehler) F_{st}.
- Linearitätsabweichung F_{lin}.

Die Ursachen dieser Fehler liegen vor allem in

- der Fertigungsstreuung der Kennlinie,

14 Kennlinien und Fehlerkurve eines Sensors

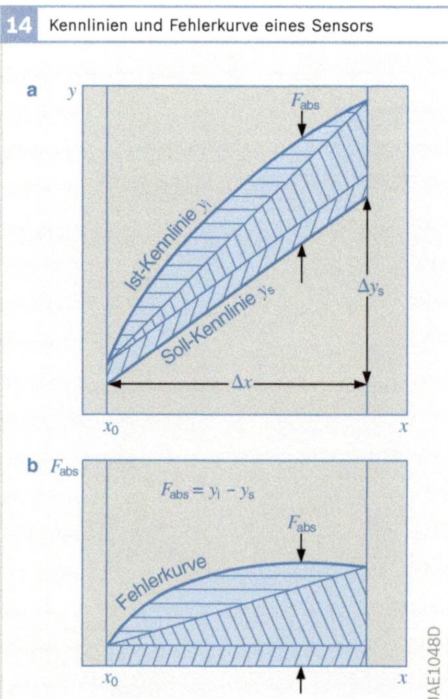

Bild 14
a Ist- und Soll-kennlinie
b Fehlerkurve

y Messgröße
x Ausgangssignal
Δx Messbereich
F Fehler (Abweichung)

15 Aufspaltung des Gesamtfehlers

Bild 15
a Nullpunktfehler
b Steigungsfehler
c Linearitätsfehler

y Messgröße
x Ausgangssignal
Δx Messbereich
F Fehler

- dem Temperaturgang der Kennlinie und
- der Fertigungsstreuung des Temperaturgangs.

Bei den genannten Abweichungen handelt es sich ausschließlich um systematische oder auch terministische Fehler, die im Gegensatz zu zufälligen (stochastischen) Fehlern wohl definiert, vorhersehbar und prinzipiell korrigierbar sind und auch großenteils mehr oder weniger genau korrigiert werden.

Zu den nicht korrigierbaren, stochastischen Fehlern gehören z. B.

- Drift (tief- und höherfrequentes Rauschen) und
- Alterungseffekte.

Bei der Spezifikation eines Sensors wird im Allgemeinen der Gesamtfehler im Neuzustand und nach Alterung durch ein Toleranzschema (**Bild 16**) im Pflichtenheft vorgeschrieben. Teilweise werden jedoch auch zusätzlich die zulässigen Einzelfehleranteile wie Offset-, Steigungs- und Linearitätsabweichung spezifiziert.

Nach strenger Lehre der Messtechnik gilt, dass man bei systematischen Fehlern als Gesamtfehler die Summe der Beträge von Einzelfehlern annehmen muss (können sich im „worst case" addieren). Bei stochastischen Fehlern ist die statistische Addition erlaubt, die den Gesamtfehler als Wurzel aus den Quadratsummen der Einzelfehler berechnet. Da die statistische Addition zu einem kleineren Gesamtfehler führt, wird sie allerdings oft auch in einer weniger strengen Auslegung auf die systematischen Fehler angewandt:

(4) $F_{\text{ges}} = \sum_{1}^{n} |F_i|$ Summierung von n systematischen Fehlern

(5) $F_{\text{ges}} = \sqrt{\sum_{1}^{n} F_i^2}$ Summierung von n stochastischen Fehlern (Statistische Addition)

Zuverlässigkeit

Ausfallrate

Die Zuverlässigkeit eines Sensors ist eine rein statistische Größe und wird wie bei jedem Bauteil durch seine Ausfallrate λ gekennzeichnet, die in 1/h, %/h oder ppm/h angegeben wird. Hierbei ist λ mit einer sehr großen Zahl von Teilen ermittelt. Will man mit einer nicht allzu großen Anzahl N (< 40) von Sensoren die Ausfallrate näherungsweise bestimmen, so beobachtet man das Ausfallverhalten dieser Stichprobe unter Betriebsbedingungen so lange, bis - nach endlicher Zeit - alle Teile ausgefallen sind. Beginnt man die Beobachtung zum Zeitpunkt t_0 und bezeichnet den zum späteren Zeitpunkt t_i noch vorhandenen intakten Restbestand als $B(t_i)$, so erhält man für die Ausfallrate λ als gute Näherung die Ausfallquote q zu:

(6) $q(\Delta t_i, t_i) = \frac{B(t_i) - B(t_{i+1})}{\Delta t_i \cdot B(t_i)}$ Ausfallquote

mit $\Delta t_i = t_{i+1} - t_i$.

t_i sind diejenigen Zeitpunkte, an denen jeweils einzelne oder mehrere Teile ausfallen (**Bild 17**). Das Verhältnis von Momentan- zu Anfangsbestand wird auch als relativer Bestand B_R bezeichnet:

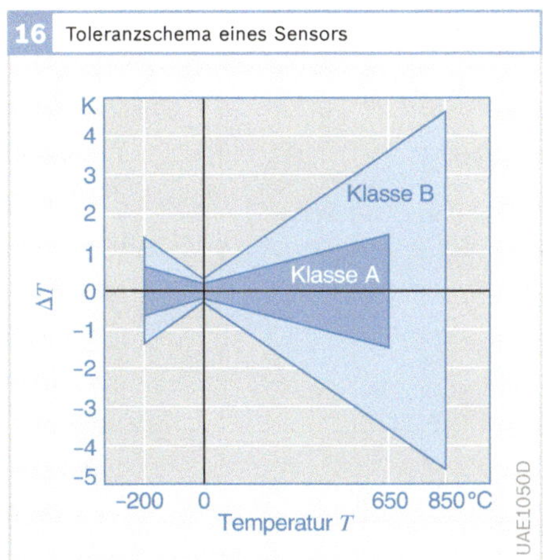

Bild 16
Toleranzschema dargestellt am Beispiel eines Widerstandstemperatursensors

(7) $B_R(t_i, t_0) = \dfrac{B(t_i)}{B(t_0)}$

Diesem entspricht bei einer sehr großen Anzahl von Teilen (N → ∞) die Überlebenswahrscheinlichkeit $R(t)$ zum – hier jetzt kontinuierlich veränderlichen – Zeitpunkt t. Die Ausfallrate errechnet sich hiermit für eine große Anzahl (in der Praxis N ≈ 2000) von Sensoren als prozentuale Änderung der Überlebenswahrscheinlichkeit R pro Zeiteinheit dt zu:

(8) $\lambda(t) = -\dfrac{1}{R(t)} \cdot \dfrac{dR}{dt}$ Ausfallrate (engl: failure rate)

Unter der Zuverlässigkeit versteht man den Kehrwert der Ausfallrate:

(9) $z = \dfrac{1}{\lambda}$ Zuverlässigkeit (engl.: reliability)

Zur Definition der Ausfallrate λ bedarf es eines Ausfallkriteriums:

- Vollausfall,
- Teilausfall,
- Sprungausfall (sprungartige Merkmalsänderung),
- Driftausfall (allmähliche Merkmalsänderung).

Es ist ferner unbedingt festzulegen, unter welchen Betriebsbedingungen die so definierte Ausfallrate zu verstehen ist. Hierbei ist beispielsweise gerade bei elektrischen Teilen wie Sensoren zu unterscheiden zwischen echter, aktiver Betriebszeit (eingeschalteter Zustand) und Lebensdauer im Sinne reiner Lagerzeit. Ohne diese Zusatzangaben ist jede Angabe einer Ausfallrate wertlos!

Ausfallraten werden meist mittels Zeitraffermethoden ermittelt. Hierbei werden Raffungsfaktoren dadurch erzielt, dass die Sensoren verschärften Betriebsbedingungen ausgesetzt werden. Zum Einsatz wirklichkeitsgerechter Zeitrafferverfahren bedarf es eines hohen Maßes an Erfahrung.

Zur Kennzeichnung der Zuverlässigkeit eines Sensors wird auch der Begriff der Mittleren Lebensdauer T_M verwendet. Diese berechnet sich im Falle einer Stichprobe in guter Näherung aus der Summe der Einzellebensdauern T_i:

(10) $T_M \approx \dfrac{1}{N} \cdot \sum_{1}^{N} T_i$, bzw.

(11) $T_M = \int_0^{\infty} R(t)\, dt$ für eine sehr große Zahl von Teilen.

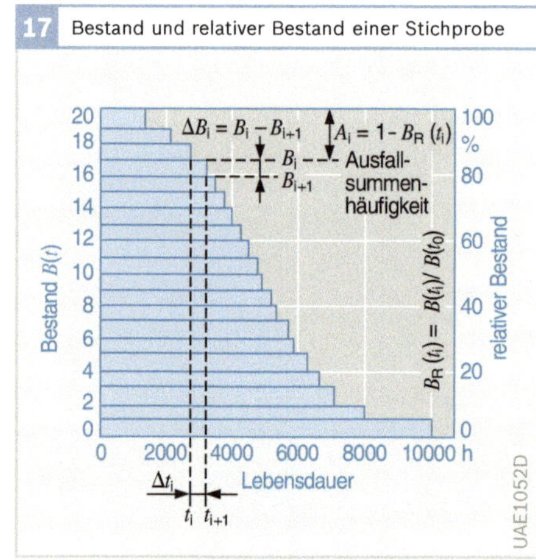

Bild 17
Betrachtung für eine Stichprobe von N = 20 Sensoren; mittlere Lebensdauer T_M = 4965 h.

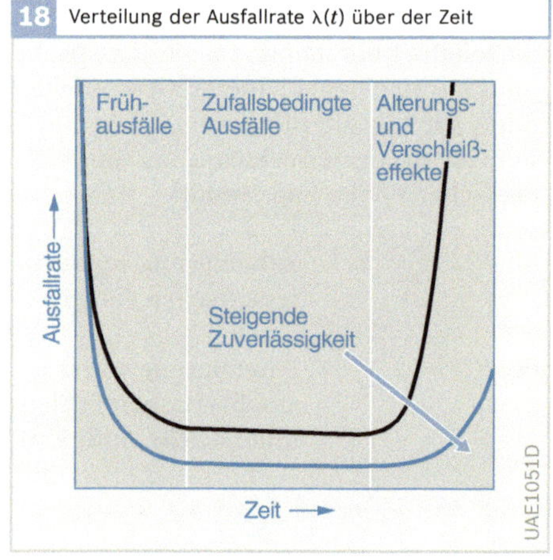

Die Ausfallsrate eines Produkts zeigt über der Zeit den typischen Badewannenverlauf (Bild 18). Zu Beginn ist die Ausfallrate durch Frühausfälle zunächst ziemlich hoch, durchschreitet dann einen längeren, verhältnismäßig niedrigen, horizontalen Bereich, um dann gegen Ende der Lebensdauer (Alterungs- und Verschleißeffekte) wieder drastisch anzusteigen. Bei Sensoren, für die eine sehr hohe Zuverlässigkeit gefordert ist, versucht man die erhöhte Ausfallrate zu Beginn dadurch zu vermeiden, indem durch Voraltern – z. B. durch Lagern bei höherer Temperatur („burn in") – die Frühausfälle ausgesondert werden. Frühausfälle sind im Grunde nichts anderes als nicht erkannte Fertigungsmängel.

Tabelle 3 gibt einige Beispiele für die im Automobil geltenden zulässigen Ausfallraten λ. Die angegebenen ppm-Werte beziehen sich auf eine Zeitspanne von 10 Jahren, bzw. alternativ auf eine Fahrleistung von 150 000 km, falls diese in einer kürzeren Zeitpanne erbracht werden sollte. Wenn hier die Sensoren pauschal mit einem Wert von <10 ppm angegeben werden, heißt das, dass in 10 Jahren von 1 Million Sensoren nur weniger als 10 Stück ausfallen dürfen. Für Sensoren von Passagierschutzsystemen liegt dieser Wert allerdings noch wesentlich niedriger.

Maßnahmen zur Steigerung der Zuverlässigkeit

Die beste Methode zur Sicherstellung einer hohen Qualität ist, Zuverlässigkeit zu konstruieren und zu konzipieren. Das heißt: Schon beim Entwurf des Sensors müssen entsprechend langzeitstabile Materialien ausgewählt werden und gegen zu erwartende mechanische, chemische und elektrische Umweltangriffe müssen solide Schutzmaßnahmen vorgesehen werden (Packaging, Passivierung). Kostspielig dagegen ist es, Zuverlässigkeit allein durch Prüfen zu erzeugen, d. h., durch Voralterung Frühausfälle auszuschließen.

Zweckmäßigerweise werden bei komplexen Anlagen für die Sensoren Überwachungs- und Diagnosemöglichkeiten (z. B. signal range check u. ä.) vorgesehen, sodass vorgekommene Ausfälle frühzeitig erkannt werden können. Notfalls kann hier die Funktion eines Sensors vorübergehend durch andere Messgrößen oder sinnvolle Festwerte ersetzt werden (Notbetrieb, back up). Man kann einen sensorlosen, oft rein mechanischen Notbetrieb vorsehen. Fällt z. B. bei einem Diesel-Fahrzeug der Fahrpedalsensor aus, könnte das Fahrzeug auch allein mit geregelter Leerlaufdrehzahl langsam zur Reparatur gefahren werden (limp home).

Muss Zuverlässigkeit mit an Sicherheit grenzender Wahrscheinlichkeit gewährleistet sein (z. B. bei Sensoren elektronischer Brems- und Lenksysteme), so wird im Allgemeinen das Mittel der Redundanz, d. h. der Mehrfachbestückung vorgesehen. Hierbei erlaubt die Zweifachredundanz eines Sensors gleicher Art lediglich die Ausfallerkennung bei grob verschiedener Anzeige, während eine Dreifachredundanz bereits mit einer 2- aus 3-Auswertung darüber hinaus noch einen richtigen Messwert liefert. Hier ist jedoch darauf zu achten, dass nicht nur eine Sensorredundanz vorgesehen wird, sondern auch andere wesentliche Teile wie Stromversorgung, Signalauswertung und Übertragungsmittel entsprechend redundant sind, da sonst die Wahrscheinlichkeit eines gleichzeitigen Ausfalls steigt. Oft ist es auch ratsam, Sensorredundanz in verschiedener Technik auszuführen.

3 Zuverlässigkeitsanforderungen in Kfz-Systemen

Garantieziel: 150 000 km/10 Jahre	
→ ECU-Ausfallrate (Feld)	< 50 ppm
→ ECU-Ausfallrate (0 km)	< 15 ppm
→ Ausfallrate Module und Sensoren	< 10 ppm
→ ASIC-Ausfallrate	< 3 ppm
→ IC-Ausfallrate	<< 1 ppm
→ Ausfallrate diskrete Komponenten	< 0,5 ppm
→ *zum Vergleich* Mobiltelefon	~ 5000 ppm

Hauptanforderungen, Trends

Die - im Gegensatz zu marktüblichen, universellen Sensoren - auf die Anforderungen spezieller elektronischer Systeme im Automobil zugeschneiderten Kfz-Sensoren unterliegen fünf gravierenden Anforderungen (Bild 19), die von der Entwicklung erfüllt werden müssen und denen auch die wichtigsten Entwicklungstrends entsprechen.

Niedrige Herstellkosten

Elektronische Systeme in modernen Fahrzeugen enthalten durchaus bis zu 150 Sensoren. Diese Fülle zwingt im Vergleich zu anderen Einsatzgebieten zu einer radikalen Senkung der Kosten. Die Zielkosten liegen hier - im typischen Bereich von 1...30 € - oft weniger als ein Hundertstel von konventionellen Sensoren gleicher Leistungsfähigkeit. Selbstverständlich bewegen sich die Kosten gerade bei Einführung einer neuen Technik/Technologie meist - bei höherem Niveau beginnend - auf einer fallenden Lernkurve.

Entwicklungstendenz

Es kommen weitgehend automatisierte Fertigungsverfahren (Bild 20) zur Anwendung, die in hohem „Nutzen" arbeiten. Das heißt, jeder Prozessschritt wird immer für eine größere Anzahl von Sensoren gleichzeitig durchgeführt. Beispielhaft ist hier die Fertigung von Halbleitersensoren im Batch-Processing, bei dem typisch 100...1 000 Sensoren auf einem Si-Wafer gleichzeitig hergestellt werden. Solche Fertigungseinrichtungen lohnen sich jedoch nur bei entsprechend hohen Stückzahlen, die den Eigenbedarf eines einzelnen Zulieferers übersteigen und typisch oft schon bei 1...10 Millionen Stück/Jahr liegen können. Der hohe Bedarf der Automobilindustrie hat hier eine bisher beispiellose, bahnbrechende Rolle gespielt und neue Maßstäbe gesetzt.

Hohe Zuverlässigkeit

Entsprechend ihrer Aufgaben lassen sich Kfz-Sensoren in drei Zuverlässigkeitsklassen ordnen:

- Lenkung, Bremse, Passagierschutz.
- Motor/Triebstrang, Fahrwerk/Reifen.
- Komfort, Diagnose, Information, Diebstahlsicherung.

Die Anforderungen der höchsten Klasse entsprechen hierbei durchaus den aus der Luft- und Weltraumfahrt bekannten hohen Zuverlässgkeitswerten. Sie erfordern z. T. ähnliche Maßnahmen, wie z. B. Einsatz bester Materialien, redundante Bestückung, Eigenüberwachung, (Kurzzeit-)Ersatz-

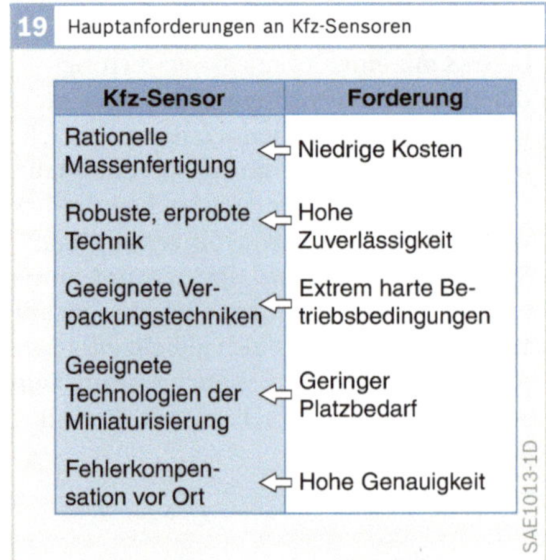

Kfz-Sensor	Forderung
Rationelle Massenfertigung	Niedrige Kosten
Robuste, erprobte Technik	Hohe Zuverlässigkeit
Geeignete Verpackungstechniken	Extrem harte Betriebsbedingungen
Geeignete Technologien der Miniaturisierung	Geringer Platzbedarf
Fehlerkompensation vor Ort	Hohe Genauigkeit

SAE1013-1D

19 Hauptanforderungen an Kfz-Sensoren

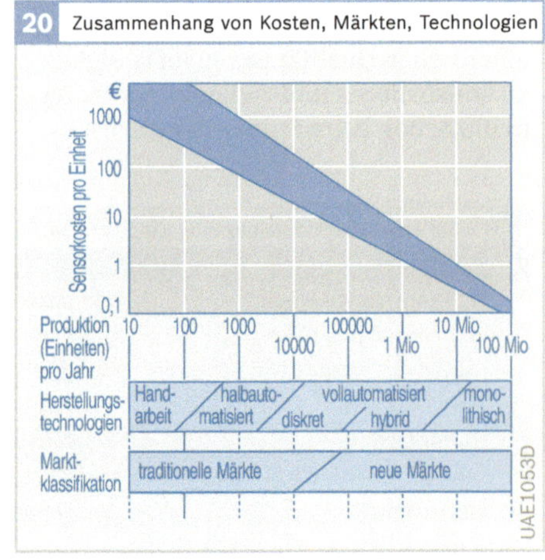

20 Zusammenhang von Kosten, Märkten, Technologien

stromversorgung, Mehrfachprogrammierung von kritischen Entscheidungsalgorithmen.

Entwicklungstendenz

Zuverlässigkeit wird schon in der Konstruktion erzeugt, d. h. durch Einsatz höchst zuverlässiger Komponenten und Materialien sowie robuster und bewährter Techniken. Desweiteren wird eine konsequente Integration der Systeme zur Vermeidung von lösbaren und ausfallgefährdeten Verbindungsstellen angestrebt. Dies ist z. B. mit funkabfragbaren Sensoren auf der Basis von antennengekoppelten SAW-Elementen (Surface Acoustic Wave, Oberflächenwellen), die ganz ohne Verkabelung auskommen, möglich. Wenn nötig werden auch redundante Sensorsysteme eingesetzt.

21 Sensorbegleittechniken

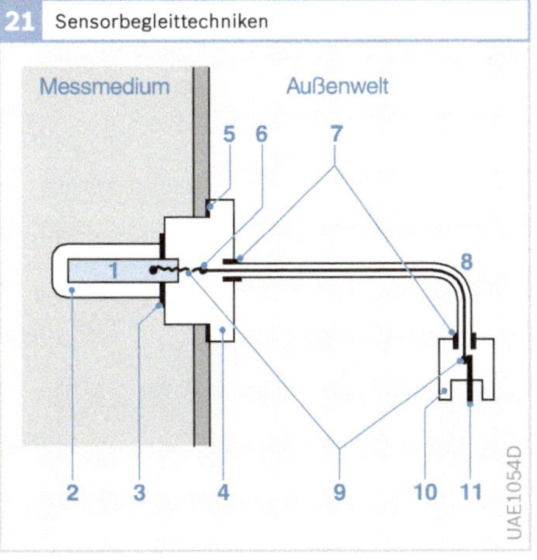

Bild 21
1 Sensor
2 Schutzhülle (Überzug)
3 Dichtung
4 Halterung
5 Dichtung, Befestigung
6 Stützstelle
7 Dichtung, Zugentlastung
8 Isolation (flexibel)
9 Kontaktierung
10 Steckergehäuse
11 Steckerkontakt

Harte Betriebsbedingungen

Kfz-Sensoren sind wie kaum eine andere Gattung entsprechend ihrem Anbauort extremen Belastungen ausgesetzt und müssen dort vielerlei Angriffen standhalten:

- mechanisch (Vibration, Stöße),
- klimatisch (Temperatur, Feuchte),
- chemisch (z. B. Spritzwasser, Salznebel, Kraftstoff, Motoröl, Batteriesäure),
- elektromagnetisch (Einstrahlung, leitungsgebundene Störimpulse, Überspannungen, Verpolung).

Hier hat gerade die Tendenz, Sensoren vor Ort direkt an der Messstelle einzusetzen, um die damit verbundenen Vorteile auszuschöpfen, zu einer erheblichen Verschärfung der Anforderungen geführt.

Bild 21 zeigt dieses Problem an einem Sensor auf, der z. B. ein Temperatur-, Drehzahl-, Durchfluss- oder Konzentrationssensor sein könnte. Der Sensor kann bei weitem nicht immer mit einer hermetischen Schutzhülle umgeben werden. Für Temperatur-, Durchfluss- und Konzentrationsmessung kann diese Hülle zwar ein grober Schutz sein, sie muss aber den Kontakt des Sensors mit dem meist sehr aggressiven Messmedium mehr oder weniger direkt zulassen (Ausnahmen sind hier z. B. Inertial- bzw. Trägheitssensoren). Teilweise sind dünne, aber sehr beständige Passivierungsschichten am Sensor zulässig.

Die Form des Einstecksensors erfordert einen dauerhaft dichten Sitz der Halterung in der zugehörigen Wandung (Inner Packaging, Outer Packaging). Die Verbindung mit den elektronischen Steuereinheiten kann über einen festen Gehäusestecker oder aber auch – wie dargestellt – über einen mit Kabelschwanz flexibel befestigten Stecker erfolgen (z. B. ABS-Raddrehzahlsensor). Auch hier gibt es drei kritische elektrische Verbindungsstellen, die unbedingt vor leitenden Flüssigkeiten und Korrosion geschützt werden müssen: Der innere Anschluss am Sensorelement, die Anbindung des Kabelschwanzes und schließlich die Verbindung des z. T. geschirmten Kabels zum äußeren Steckeranschluss. Bei ungenügender Dichtung ist es nur eine Frage der Zeit, bis korrodierende Flüssigkeiten vom äußeren Stecker bis zum inneren Sensoranschluss vordringen.

Auch die Steckverbindung selbst muss insgesamt so dicht sein, dass sich keine Nebenschlüsse am Sensorausgang bilden. Das Kabel selbst muss seine Flexibilität und Dichtheit bei jahrelangem Betrieb unter widrigsten Bedingungen beibehalten.

Lösbare Steckverbindungen stellen im Auto leider immer noch eine der häufigsten Ausfallursachen dar. Drahtlose Signalverbindungen (z. B. Infrarotlicht oder Funk) könnten auf längere Sicht dieses Problem entschärfen, insbesondere, wenn die Sensoren evtl. sogar noch über eine drahtlose Energieversorgung verfügten (autarke Sensoren).

Die Kosten dieser unverzichtbaren Sensorbegleittechniken übersteigen die des eigentlichen Sensorelements oft um ein Mehrfaches. Sie machen jedoch nicht nur kostenmäßig, sondern auch funktionell den eigentlichen Wert eines Kfz-Sensors aus.

Entwicklungstendenz:

Schutzmaßnahmen gegen die genannten Belastungen erfordern ein hohes Maß an spezifischem Know-how in der Verpackungstechnik (Packaging):

- Passivierungs- und Anschlusstechnik,
- Abdicht- und Fügetechnik,
- EMV-Schutzmaßnahmen,
- schwingungsarme Montage,
- Lebensdauertest- und Simulationsmethoden,
- Verwendung resistenter Materialien usw.

Desweiteren ist eine sehr eingehende Kenntnis der jeweils vom Anbauort abhängigen Beanspruchung erforderlich. Es wird oft verkannt, dass die Qualität eines Sensors steht und fällt mit der Beherrschung dieser Schutzmaßnahmen.

Faseroptische Sensoren, bei denen sich das in optischen Fasern (Glas, Plastik) geführte Licht messgrößenabhängig beeinflussen lässt, gelten als besonders immun gegen elektromagnetische Störungen. Das gilt bis zu dem Punkt, an dem die optischen Signale wieder in elektrische zurückgewandelt werden. Sollten sie in Zukunft zu Einsatz kommen, müsste noch einiges an Entwicklungsarbeit zur Bereitstellung kostengünstiger Messelemente und Begleittechniken geleistet werden. So gibt es dafür sehr interessante Anwendungen auf dem Gebiet der Kraftmessung z. B. zur Realisierung eines Einklemmschutzes bei elektrischen Fensterhebern und Schiebdächern (Bild 22). Sensoren dieser Art wurden mit gutem Erfolg auch als sehr früh ansprechende, verteilt wirkende Sensoren im Tür- und Frontbereicht des Fahrzeugs zur Auslösung von Passagier- oder auch Fußgängerschutzsystemen getestet.

22 Microbending-Effekt

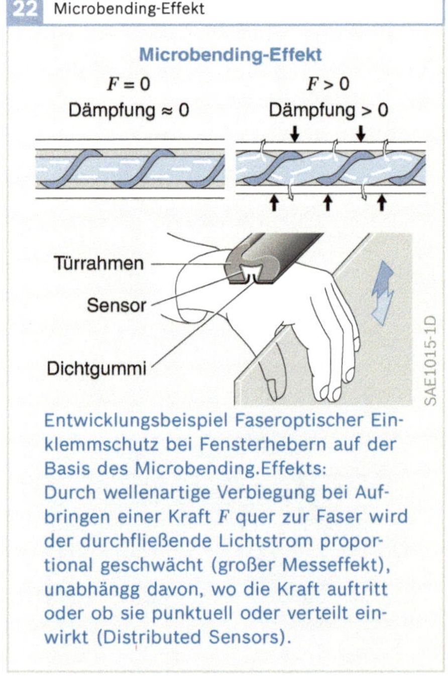

Entwicklungsbeispiel Faseroptischer Einklemmschutz bei Fensterhebern auf der Basis des Microbending.Effekts:
Durch wellenartige Verbiegung bei Aufbringen einer Kraft F quer zur Faser wird der durchfließende Lichtstrom proportional geschwächt (großer Messeffekt), unabhängg davon, wo die Kraft auftritt oder ob sie punktuell oder verteilt einwirkt (Distributed Sensors).

Kleine Bauweise

Die stetig wachsende Zahl elektronischer Systeme im Auto einerseits und die immer kompaktere Form der Fahrzeuge andererseits bei gleichzeitig beibehaltenem Innenraumkomfort für die Passagiere zwingt zu extrem kleinen Bauweisen. Der wachsende Druck zur Kraftstoffeinsparung erfordert auch eine konsequente Minimierung des Fahrzeuggewichts.

Entwicklungstendenz

Die z. T. aus der Schaltungstechnik bekannten Technologien zur Miniaturisierung elektronischer Bauelemente kommen massiv zum Einsatz:

- Schicht- und Hybridtechniken (dehnungs-, temperatur- und magnetfeldabhängige Widerstände); Nanotechnologie.
- Halbleitertechniken (Hall- und Temperatursensoren).
- Oberflächen- und Bulk-Mikromechanik (Druck-, Beschleunigungs- und Drehratesensoren aus Si).
- Mikrosystemtechnik (Kombination von zwei und mehr Mikrotechniken wie z. B. Mikroelektronik und Mikromechanik, **Bild 23**).

Mikromechanische Herstellung bedeutet einerseits Abmessungen im µm-Bereich und Toleranzen im Sub-µ-Bereich, die mit herkömmlichen Bearbeitungsmethoden nicht zu erreichen sind. Andererseits zählen auch solche Sensoren schon als mikromechanisch, wenn ihre Abmessungen zwar im mm-Bereich liegen, sie jedoch mit den Methoden der Mikromechanik hergestellt sind (**Bild 24**). Hier soll nur die bekannteste und wichtigste Methode, nämlich das anisotrope Ätzen von Silizium erwähnt werden. Es ist am wichtigsten, weil Silizium mit hoher Perfektion und in großen Mengen kostengünstig hergestellt wird und den am meisten erforschten und bekannten Stoff darstellt. Es bietet zudem die Möglichkeit der monolithischen Integration von Sensor und Auswerteelektronik. Man nutzt hier die je nach Kristallachse teilweise sehr unterschiedlichen Ätzgeschwindigkeiten (1:100), mit denen geeignete Ätzflüssigkeiten wie z. B. KOH angreifen (**Bild 25**); so bleiben manche Kristallflächen praktisch unversehrt stehen, während entlang anderer rasch in die Tiefe geätzt wird.

In Verbindung mit geeigneten Ätzstoppverfahren (Dotierung, Sperrschicht) lassen sich so nahezu dreidimensionale Gebilde kleinster Abmessungen und höchster Präzision herstellen (**Bilder 26, 27**). Das Problem der gleichzeitigen Schaltungsintegration kann als weitgehend gelöst angesehen werden, wenn auch derzeit aus

23 Mikrosystemtechnik

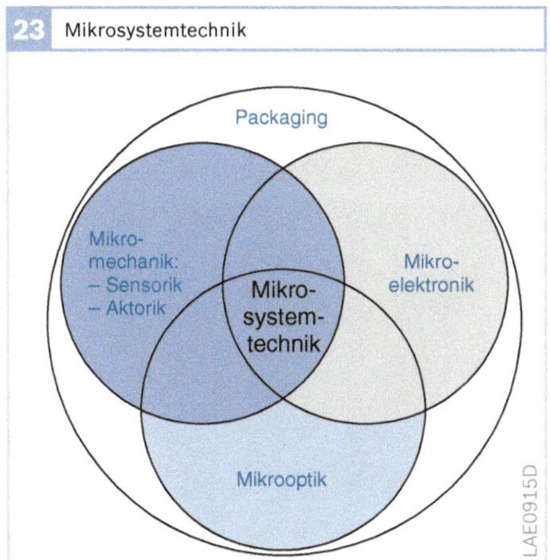

24 Mikromechanik und mechanische Strukturen

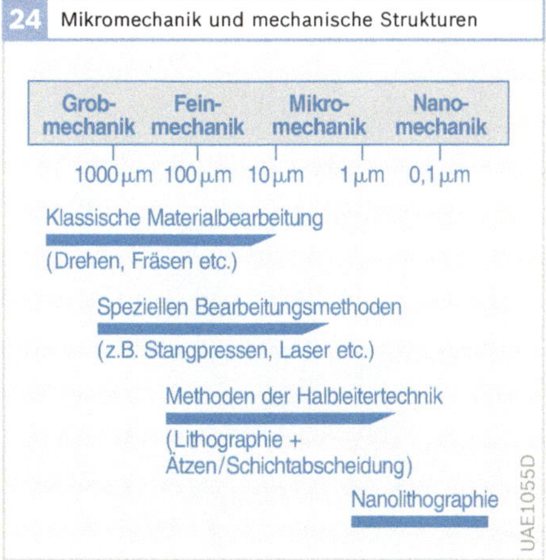

25 Teststruktur zur Ermittlung der Ätzrate in Si-Einkristall-Wafern

Gründen der besseren Ausbeute und höheren Flexibilität für die meisten Sensoren die zugehörige Schaltung noch separat ausgeführt wird.

Im Gegensatz zur Bulk-Mikromechanik spielt das anisotrope, oft wafertiefe Ätzen bei der Oberflächenmikromechanik (OMM) keine Rolle. OMM-Sensorstrukturen werden meist additiv auf der Oberfläche eines Si-Substrats aufgebaut (Bilder 28 und 29). Liegen die Dimensionen von Bulk-Si-Sensoren noch meist im mm-Bereich, so sind die von OMM-Strukturen in der Regel eine Größenordnung kleiner (typisch 100 µm).

Vielfach werden mechanisch unverzichtbare Teile gleichzeitig zur Gehäusung und evtl. Kühlung von (zugehörigen) Sensoren bzw. Elektronik benutzt (z. B. Mikrohybrid-Steuergerät als Anbausteuergerät an der Diesel-Verteilereinspritzpumpe VP44). Diese als Mechatronik bezeichnete Verschmelzung von mechanischen und elektronischen Komponenten greift zur Einsparung von Kosten und Bauraum immer stärker um sich, so dass in absehbarer Zukunft nahezu keine anderen Systeme mehr üblich sein werden.

26 Anisotropes Ätzen von (100)-Silizium

a
Maske
<111>
A
A'
<110>
<100>

b
Maske
<111>
<100>
54,74°
UAE1057D

Bild 26
a Draufsicht
b Querschnitt bei AA'

27 Erste Versuche von dreidimensionalen Formen von Silizium

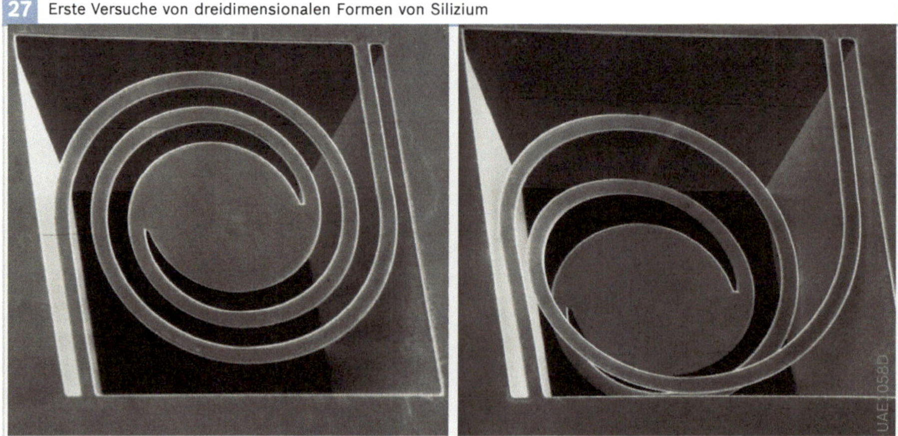

Bild 27
Quelle:
Prof. Heuberger, FhG Berlin

Ein anderes Beispiel für ein mechatronisches Sensorsystem stellen die in das Radlager integrierten Drehzahlsensoren auf Hall-Basis dar. Hier kann der unverzichtbare Simmering des Lagers durch Zusatz von Magnetpulver sogar die Funktion des Rotors bzw. eines Polrades übernehmen. Der Sensor profitiert vom hervorragenden Schutz und der Kapselung sowie der hohen Präzision des Wälzlagers und benötigt keinen Vorspannmagneten mehr. Schließlich ermöglicht die Hall-Technologie den Einbau in die sehr engen Platzverhältnisse des Lagers.

28 Oberflächenmikromechanischer Drucksensor mit piezoresistivem Abgriff

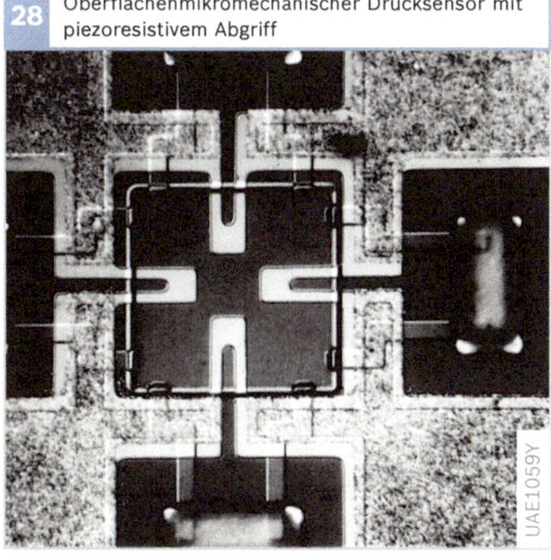

29 Oberflächenmikromechanischer Beschleunigungssensor mit kapazitivem Abgriff

Hohe Genauigkeit

Die Genauigkeitsanforderungen sind im Vergleich zu Aufnehmern z. B. der Prozessindustrie bis auf wenige Ausnahmen (z. B. Luftmassenmesser) eher bescheiden. Die zulässigen Abweichungen liegen im Allgemeinen bei > 1 % v. EW (Endwert des Messbereichs) - insbesondere, wenn man die unvermeidbaren Alterungseinflüsse berücksichtigt. Sie werden im Allgemeinen mittels einer sorgfältigen Technik zum Abgleich der Exemplarstreuungen sowie zum Abgleich wirksamer Kompensationsmaßnahmen gegen Störeinflüsse erreicht. Immer anspruchsvollere und komplexere Systeme fordern jedoch auch auf diesem Gebiet höhere Ansprüche, insbesondere, nachdem die vorgenannten Forderungen bereits in hohem Maße erfüllbar geworden sind.

Entwicklungstendenz

Zunächst hilft hier bis zu einem gewissen Maß die Verringerung der Fertigungstoleranzen sowie die Verfeinerung der Abgleich- und Kompensationstechniken. Einen wesentlichen Schritt nach vorn bringt jedoch hier die hybride oder monolithische Integration von Sensor- und Signalelektronik an der Messstelle bis hin zu komplexen digitalen Schaltungen wie AD-Wandler und Mikrocomputer (**Bild 30**).

Solche auch als „Intelligente Sensoren" bezeichneten Mikrosysteme nutzen die im Sensor steckende Genauigkeit voll aus und bieten folgende Möglichkeiten:

- Entlastung des Steuergeräts,
- Einheitliche, flexible und busfähige Schnittstelle,
- Mehrfachnutzung von Sensoren,
- Nutzung kleinerer Messeffekte sowie von Hochfrequenz-Messeffekten (Verstärkung und Demodulation vor Ort),
- Korrektur von Sensorabweichungen an der Messstelle sowie gemeinsamer Abgleich und Kompensation von Sensor und Elektronik, vereinfacht und verbessert durch Speicherung der individuellen Korrekturinformationen im PROM.

Bild 28
Quelle:
Prof. Guckel,
University of Michigan in Madison, USA

Bei gleichzeitiger Erfassung und Digitalisierung der Störgrößen können intelligente Sensoren unter Nutzung des mathematischen Sensormodells die gesuchte Messgröße praktisch fehlerfrei berechnen (**Bild 31**). Hierzu werden die exemplarspezifischen Modellparameter in einem vorausgehenden, dem früheren Abgleich entsprechenden Vorgang bestimmt und in einem zum Sensor integrierten PROM abgespeichert. Auf diese Weise lassen sich nicht nur statische, sondern auch dynamische Eigenschaften der Sensoren erheblich verbessern (Auswertung der das dynamische Verhalten beschreibenden Differentialgleichung).

Elektronik vor Ort erfordern auch Multisensorstrukturen, die entweder mit einer Vielzahl gleicher Sensoren oder aber auch mit verschiedenen Sensoren komplexere Sachverhalte erfassen und diese vor Ort evtl. in ihrem Informationsgehalt schon reduzieren. Hierzu sind vor allem Bildsensoren zu rechnen, die künftig zur Erfassung der Situation in und außerhalb des Fahrzeugs eine große Rolle spielen werden.

30 Sensor-Integrationsstufen

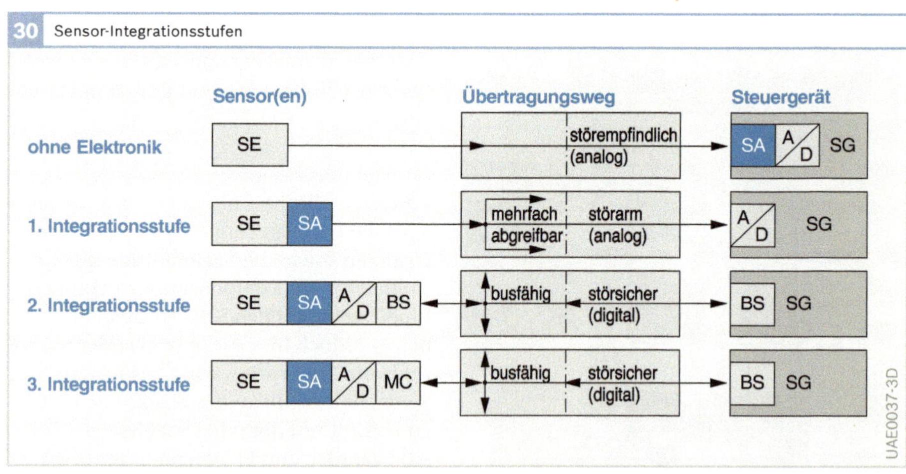

Bild 30
SE Sensoren
SA Signalaufbereitung
A/D Analog-Digital-Umsetzer
SG Steuergerät
MC Mikrocontroller
BS Busschnittstelle

31 Korrekturmodell eines Intelligenten Sensors

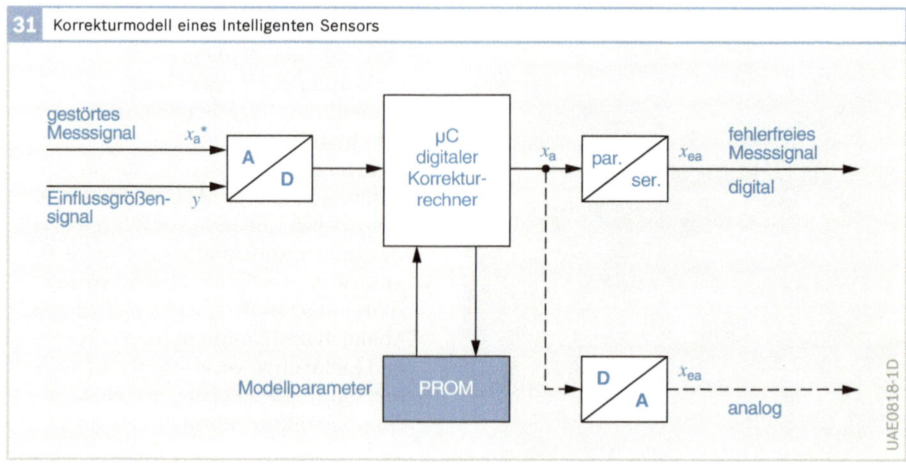

Mit einer Vielzahl integrierter Drucksensoren auf engstem Raum lässt sich nicht nur die Zuverlässigkeit der Messung erhöhen, sondern auch die im Allgemeinen regellose Alterungsdrift durch Mittelwertbildung reduzieren. Auch Einzelausfälle (Ausreißer) können erkannt und eliminiert werden. Solche Sensoren werden auch als Softsensoren bezeichnet. Werden die einzelnen Messzellen - bei gleichzeitig hoher Überlastfähigkeit (z. B. kapazitiv) - für unterschiedliche Messbereiche ausgelegt, so kann mit einem solchen Sensor der Messbereich hoher Genauigkeit extrem erweitert werden. Sensorstrukturen dieser Art wurden schon vor Jahren entwickelt und getestet, aber nicht in marktgängige Produkte umgesetzt.

Übersicht der physikalischen Effekte für Sensoren

Die Systematik der Sensoren soll hier nicht nach Messeffekten gegliedert sein, sondern nach Messgrößen. Daher sollen die für Messzwecke ausnutzbaren, wichtigsten physikalischen Effekte bzw. Messprinzipien hier nur als eine grobe Übersicht wiedergegeben werden, die nicht vollständig sein kann. Überlappungen der verschiedenen Kategorien lassen sich nicht vermeiden. Genannt werden hauptsächlich die eigentlichen elektrischen Effekte; mechanische oder fluidische Vorstufen, wie z. B. Dehnfedern (Kraft), Membranen (Druck), Feder-Masse-Systeme (Beschleunigung), Schwingsysteme (Stimmgabeln) oder auch feststehende und rotierende Turbinenschaufeln (Durchfluss) sind nicht enthalten.

4 Physikalische Effekte für Sensoren

Physikalischer Effekt	Beispiel	Stand: Serie[1]/Entw.[2]
resistive Effekte (Abhängigkeit des elektrischen Widerstandes):		
Temperaturabhängigkeit von metallischen und halbleitenden Materialien	NTC- und Dünnschichtwiderstände zur Luft- und Motortemperaturmessung	S
Längen- bzw. Winkelproportionalität von Widerständen (Potenziometer-Sensoren)	Fahrpedal- und Drosselklappensensor, Tankstand	S
(in plane) Zug-, Druckabhängigkeit (piezoresistiv): Dehnwiderstände	Hochdrucksensoren (z. B. Common-Rail, ABS): Metallmembran	S
	Niederdrucksensoren (Si-Membran),	S
vertikale Druckabhängigkeit (out of plane)	Kraftsensor	E
Magnetfeldabhängigkeit (magnetoresistiv): Halbleiter (Feldplatten), AMR[3]) dünne Metallschichten (z. B. NiFe, auch in Barberpol-Form), GMR[4])-Sensoren (Nanoschichten)	Drehzahl- bzw. Förderwinkelmessung in Diesel-Verteilerpumpen	S/E
Lichtabhängigkeit: Halbleiter-Fotowiderstände	Regensensor, Schmutzsensor für Scheinwerferreinigung, automatische Fahrlichteinschaltung, automatisches Abblendlicht	S
induktive Effekte (Wirkungen des Induktionsgesetzes)		
Induktionsspannungssensoren (generatorisch): Bewegung im Magnetfeld	Rad-, Nockenwellen-, Motordrehzahl, Nadelhub (Einspritzdüse)	S
Wiegandeffekt	Drehzahl	E
Induktivitätsvariation durch Positionsänderung eines ferromagnetischen Spulenkerns	Tauchankersensor	E
Induktivitätsvariation durch feldbegrenzende Leitstücke (Wirbelstrom)	Halbdifferenzial-Kurzschlussringsensor (Lastsensor Dieselpumpen)	S

Tabelle 4

1 Serie, bei RB oder Mitbewerbern, evtl. auch schon ausgelaufen

2 Entwicklung evtl. auch abgeschlossen und auf Vorrat

3 AMR = Anisotrope Magneto Resistive

4 GMR = Giant Magneto Resistive

▶▶▶

physikalischer Effekt	Beispiel	Stand: Serie[1]/Entw.[2]
Variation des transformatorischen Kopplungsgrades (durch elektrische oder magnetische Leitstücke)	Volldifferenzial-Kurzschlussringsensor	E
Induktivitätsvariation oder Variation des transformatorischen Kopplungsgrades mittels magnetoelastischer Leitstücke	Lastbolzen (Hitchtronik), Bremskraft	S E
Sättigungskernsonden (z. B. Foerster-Sonde).	Kompasssensor	S
kapazitive Effekte (Influenz)		
Kapazitätsänderung durch Änderung von Plattenabstand und Überdeckungsgrad	Mikromechanische Beschleunigungssensoren z. B. für Airbag, ESP, Drehratesensor MM2, Drucksensor	S S E
Kapazitätsänderung durch Änderung der relativen Dielektrizitätskonstanten	Ölqualität, Feuchtesensoren	S S
Kapazitätsänderung durch Änderung des Füllungsgrades mit dielektrischem Medium	Tankstand	E
ladungserzeugende Effekte		
piezoelektrischer Effekt (Quarz, Piezokeramik)	Klopfsensor, Airbagsensor, Drehratesensor DRS1	S S
pyroelektrischer Effekt	IR-Sensor (dynamisch)	E
fotoelektrische Ladungserzeugung	CCD- und CMOS-Bildsensor (auch IR-Bereich))	E
spannungserzeugende, galvanische Effekte		
Hall-Effekt (Out-of-plane-Empfindlichkeit, Halbleitermaterial)	Hall-Schranke (Zündung), Rad- und Motordrehzahl, Beschleunigungssensor (ABS, 2*g*), Beifahrergewichterkennung (iBolt™), ARS1,2 (Fahrpedal usw.)	S
Pseudo-Hall-Effekt (in-plane-Empfindlichkeit, Metall-Dünnschicht)	Lenkwinkelsensoren LWS2 und LSW4	S
elektrolytische Diffusionssonden (dotierte Zr-Oxidkeramik)	Lambda-Sonden	S
Thermoelement, Thermopile	IR-Sensor (Bolometer)	E
fotoelektrische und faseroptische Effekte		
Fotozellen, Fotodioden, Fototransistoren (auch im IR-Bereich)	Regensensor, Schmutzsensor für Scheinwerferreinigung, automatische Fahrlichteinschaltung, automatisches Abblendlicht	S
mediumabhängiger Absorptionsgrad	Rußpartikel, Feuchte	E
extrinsische und intrinsische faseroptische Effekte: Intensitätsbeeinflussung, Interferenz (Phasenbeeinflussung), Polarisationsbeeinflussung; z. B. Mikrobending-Effekt	Einklemmschutz (Fenster, Schiebedach), Pedalkraft, Aufprall	E
Wärmetönungseffekte (thermische Effekte)		
Widerstandsabkühlung in Abhängigkeit von der Strömungsgeschwindigkeit, vom Medium, von der Dichte oder dem Füllstand eines Mediums	Luftmassensensoren HFM, Analyse, Konzentration, Füllstand (Tank)	S – – E
Wellenausbreitungseffekte		
Schallwellen: Laufzeiteffekte (Echolot), Superposition mit Mediumsgeschwindigkeit, Dopplereffekt (bewegte Quelle/Empfänger)	Einparkhilfe, Volumendurchfluss, Geschwindigkeit über Grund	S E S
Lichtwellen: Totalreflexion an Grenzflächen, optische Resonatoren (Farbanalyse), Sagnaceffekt Laufzeit	Regensensor, Faseroptischer Einklemmschutz, Füllstand (analog, Grenzwert), Drehrate: Faser-, Laserkreisel, Lidar (Lichtwellen-Radar)	S E E E E
elektromagnetische Strahlung: Doppler-, FMCW-, Laufzeit-Radar	ACC-Abstandssensor	S

1 Serie, bei RB oder Mitbewerbern, evt. auch schon ausgelaufen

2 Entwicklung evt. auch abgeschlossen und auf Vorrat

Übersicht und Auswahl der Sensortechnologien

Die verschiedenen Sensortechnologien zur Nutzung der beschriebenen Messeffekte sind naturgemäß eng mit den Messprinzipien verknüpft. Sie sollen hier zunächst einmal als grobe Übersicht zusammengestellt werden:

- Gewickelte oder photolithographisch hergestellte Induktionsspulen (mit elektrischen oder magnetischen Leitstücken), Wirbelstrom- und Kurzschlussringsensoren,
- Flux-Gate-Sonden (Metglas usw.) zur Magnetfeldmessung,
- Impulssprungsensoren (Wiegand),
- drahtgewickelte (induktivitätsfreie) Widerstände,
- Folienwiderstände (auf Kunststoffträger lamelliert),
- sinterkeramische Widerstände,
- Dünn- und Dickschichttechnik (besonders Widerstände und Kapazitäten),
- Halbleitertechnik (mono- oder polykristalline Widerstände, Sperrschichten, ladungsspeichernde Zellen usw.), Elektronik zur Signalaufbereitung: Si (bipolar, CMOS, BICMOS, EEPROM), GaAs,
- Mikromechanik (Silizium und andere Stoffe, z. B. Quarz, Metall (LIGA-Technik) usw.),
- Piezokeramik,
- Piezofolie,
- Isolierkeramik als Federwerkstoff (z. B. als Drucksensormembran),
- Keramischer Feststoffelektrolyt (z. B. als Sauerstoffsonde),
- Quarz und andere piezoelektrische Kristalle,
- Optische Lichtleitfasern oder -platten aus Glas oder Kunststoff.

Die in **Bild 32** wiedergegebene Matrix zeigt, zu welchen Sensortechnologien man für verschiedene Anforderungen greifen muss. Bestehen so z. B. die Anforderungen nach kleiner Baugröße, hoher Zuverlässigkeit und hoher Genauigkeit, greift man zweckmäßig zu einer Dünnschichttechnologie, sofern diese für die gewünschte Messgröße zur Verfügung steht.

32 Auswahl geeigneter Sensortechnologien

● vorteilhaft
○ eingeschränkt vorteilhaft

	Kosten	Baugröße	Zuverlässigkeit Störsicherheit	Genauigkeit Messempfindlichkeit	Umwelt
Halbleiter	○	●	●		
µ-Mechanik	○	●	○		
Dickschicht	●	○			●
Dünnschicht	○	●	●	●	○
FOS (faseroptisch)	○	●	●		●
Piezoelektrisch	●	○			
Wirbelstrom/Kurzschlussring			○	●	●
Flux-gate				●	
Impulssprung (Wiegand)	○				●
Keramik (Federmaterial)	●		○		●

UAE1087D

Sensormessprinzipien

In Kraftfahrzeugen arbeiten eine Vielzahl von Sensoren. Als Wahrnehmungsorgan der Fahrzeuge setzen sie variable Eingangsgrößen in elektrische Signale um. Von den Steuergeräten der Motormanagement-, Sicherheits- und Komfortsysteme werden diese Signale für Steuerungs- und Regelungsfunktionen herangezogen. Je nach Aufgabe kommen unterschiedlich Messprinzipien zum Einsatz.

Positionssensoren

Merkmale

Positionssensoren erfassen ein- oder mehrdimensionale Weg- und Winkelpositionen (translatorische und rotorische Größen) unterschiedlichster Art und unterschiedlichster Bereiche. Dazu gehören auch Abstände, Entfernungen, Verschiebungen (engl.: displacement), Füllstände und selbst kleinste Dehnungen – also alles, was sich in Meter und Winkelgrad messen lässt.

Auf diesem Gebiet wird seit langem schon der Übergang zu nicht berührenden, kontaktfreien Sensoren angestrebt, die keinem Verschleiß unterworfen und damit langlebiger und zuverlässiger sind. Kostengründe zwingen jedoch oft zur Beibehaltung von schleifenden Sensorprinzipien, die für viele Messzwecke ihre Aufgabe noch immer ausreichend gut erfüllen.

Positionsgrößen gehören zu den „extensiven Messgrößen", bei denen die Messgröße bzw. der Messbereich ganz wesentlich die Größe des Sensors bestimmt (zum Vergleich; „intensive Messgrößen" sind z. B. Druck und Temperatur). Sensoren für extensive Größen mittleren und größeren Bereichs (z. B. auch Durchfluss- und Kraftsensoren) sind daher zunächst einmal zur Miniaturisierung und damit auch für eine kostengünstige Massenfertigung weniger geeignet. Da dies für Winkelsensoren weit weniger gilt als für Wegsensoren (die Winkelgröße hängt nicht vom Radius bzw. der Schenkellänge ab), werden erstere im Auto deutlich bevorzugt.

Bei extensiven Größen mit großem Messbereich kann jedoch oft die extensive Größe zunächst in eine intensive umgesetzt werden, die sich mittels Mikrosensoren messen lässt. So kann man bei der Durchflussmessung auf eine Durchflussdichtemessung (Teilstrommessung, z. B. 1:100) übergehen, wodurch jedoch das Strömungsrohr essenzieller Bestandteil des Sensors wird, ohne den der Sensor

1 Weg-/Winkelpositionen als direkte Messgrößen

Messgröße	Messbereich
Drosselklappenstellung im Ottomotor	90°
Fahr-/Bremspedalstellung	30°
Sitz-, Scheinwerfer- und Spiegelposition	
Regelstangenweg und -position in Diesel-Reiheneinspritzpumpe	21 mm
Winkelposition des Mengenstellwerks in Diesel-Verteileinspritzpumpe	60°
Füllstand im Kraftstoffbehälter	20...50 cm
Hub des Kupplungsstellers	50 mm
Abstand Fahrzeug–Fahrzeug bzw. Fahrzeug–Hindernis	150 m
Lenk(rad)winkel	±2·360° (±2 Umdrehungen)
Neigungswinkel	15°
Fahrtrichtungswinkel	360°
GPS (Global Positioning System)	360° geogr. Breite 360° geogr. Länge geogr. Höhe
Nahbereichsabstand (US-Einparkhilfe)	1,5 m
Nahbereichsradar (Precrash)	10 m
Außenbereichsvideo	40 m
Fern- und Nahbereichs-IR-Sichtgerät	100 m

2 Weg-/Winkelpositionen als indirekte Messgrößen

Messgröße	Messbereich
Einfederweg (Leuchtweite, Fahrzeugneigung)	25 cm
Torsionswinkel (Drehmoment)	1...4°
Auslenkung einer Stauklappe (Durchfluss)	30...90°
Auslenkung eines Feder-Masse-systems (Beschleunigung)	1...500 µm
Auslenkung Drucksensorenmembran	1...20 µm
Auslenkung Kraftmessfeder (Beifahrergewicht)	10...500 µm

letztendlich nicht getestet und kalibriert werden kann.
Bei Weg- und Abstandssensoren großen Messbereichs (ca. 0,1...150 m) wird die Messgröße mittels Wellenausbreitungssensoren (Schall- und elektromagnetische Wellen) in eine Impuls- oder Phasenlaufzeit umgesetzt, die sich mit vergleichbar kleinen Sende-/Empfangseinrichtungen leicht elektronisch messen lässt. Im Falle der Schallwellen wird dann jedoch das Ausbreitungsmedium (z. B. Luft) sowie das benötigte Zeitnormal (z. B. Schwingquarz) essenzieller Bestandteil der Messenrichtung.

Messgrößenübersicht

Es gibt es eine große Zahl von Anwendungen, in denen Positionen die eigentlichen, direkten Messgrößen sind. Dies zeigt die **Tabelle 1** in einer Übersicht. In anderen Fällen repräsentiert die gemessene Weg-Winkelposition eine andere Messgröße (**Tabelle 2**).

Oft werden in der Praxis auch „inkrementelle Sensorsysteme" als Winkelsensoren bezeichnet, wie sie vor allem zur Drehzahlmessung verwendet werden. Sie sind keine Winkelsensoren im eigentlichen Sinn. Denn zur Messung eines Ausschlagwinkels müssen die mit diesen Sensoren messbaren Inkremente (Beträge, um die eine Größe zunimmt) vorzeichenrichtig gezählt, d. h. aufaddiert werden. Solche Winkelmesssysteme finden nur begrenzten Einsatz, da der Zählerstand durch Störimpulse bleibend verfälscht werden kann. Feste, detektierbare (feststellbare) Bezugsmarken können aus dieser Zwangslage nur begrenzt heraushelfen. Auch geht solchen Winkelmesssystemen die Absolutlage beim Abschalten der Betriebsspannung verloren. Hier hilft auch kein nichtflüchtiges Abspeichern des Endzustandes, da sich die meisten Winkelpositionen auch im abgeschalteten Zustand mechanisch ändern können (z. B. Lenkwinkel).

Zwar wird der Kurbelwellenwinkel inkremental gemessen, jedoch wird diese Messung nach jeder Umdrehung durch eine vom Sensor erkennbare Bezugs- oder Referenzmarke neu justiert, falls eine Störung aufgetreten sein sollte. Hier nimmt man auch in Kauf, dass beim Starten des Motors nicht bekannt ist, in welcher Position die Kurbelwelle steht; sie muss durch den Anlasser erst etwa eine Umdrehung vollführen, damit die Bezugsmarke mindestens einmal passiert wird. Die Kurbelwellenbewegung ist auch sehr monoton, d. h., sie geht immer ziemlich gleichförmig (ohne sprungartige Änderungen) nur in eine Richtung (und zwar vorwärts und nie rückwärts). Man kann also sicher sein, dass nicht mehr als eine Umdrehung falsch erfasst wird.

Bei einem anlasserlosen Sofortstart des Motors könnten - ähnlich wie beim Lenkwinkel - die Nachteile einer inkrementalen Winkelmessung nicht geduldet werden. Hier ist ein Absolutwinkelsensor für einen Bereich von 360 ° notwendig.

Potenziometersensoren

Das Schleifpotenziometer - meist als Winkelsensor ausgebildet (**Bild 1**) - nutzt die Entsprechung zwischen der Länge eines Draht- oder Schichtwiderstands (aus „Cermet" oder „Conductive Plastic") zu seinem elektrischen Widerstandswert für Messzwecke. Es ist derzeit immer noch der kostengünstigste Weg-/Winkelsensor.

1 Prinzip des Schleifpotenziometers

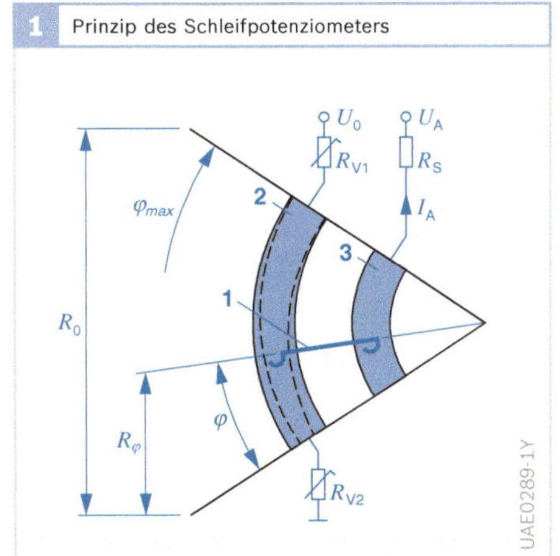

Bild 1
1 Schleifer
2 Widerstandsbahn
3 Kontaktbahn
I_A Schleiferstrom
U_0 Versorgungsspannung
U_A Messspannung
R Widerstand
φ_{max} maximaler Drehwinkel
φ Messwinkel

Durch Konturierung (Formgebung) der Messbahnbreite (auch abschnittsweise möglich) kann man die Kennlinienform beeinflussen. Der Schleiferanschluss erfolgt meist über eine zweite Kontaktbahn mit gleicher Oberfläche, jedoch unterlegt mit niederohmigem Leiterbahnmaterial. Zum Schutz gegen Überlastung liegt die Versorgungsspannung meist über kleinere Vorwiderstände R_V (auch für Nullpunkt- und Steigungsabgleich) an der Messbahn an.

Verschleiß und Messwertverfälschung lassen sich durch einen möglichst wenig belasteten Abgriff (I_A < 1 mA) und staub- und flüssigkeitsdichte Kapselung verringern. Voraussetzung für geringen Verschleiß ist auch eine optimale Reibpaarung von Schleifer und Bahn; hierbei können Schleifer eine „Löffel-“ oder „Kratzer“-Form haben und sowohl einfach als auch mehrfach, ja sogar in der Form eines „Besens“ ausgebildet sein.

Einer ganzen Reihe offenkundiger Vorteile steht auch eine beträchtliche Anzahl gravierender Nachteile gegenüber.

Vorteile von Potenziometersensoren

- Niedrige Kosten,
- einfacher, übersichtlicher Aufbau,
- sehr großer Messeffekt (Messhub ≈ Versorgungsspannung),
- keine Elektronik erforderlich,
- gute Störspannungsfestigkeit,
- weiter Betriebstemperaturbereich (< 250°C),
- hohe Genauigkeit (besser 1 % vom Endwert des Messbereichs),
- weiter Messbereich (fast 360° möglich),
- problemlose Redundanzausführung,
- Abgleichbarkeit (Laserablation usw.),
- flexible Kennlinie (variable Bahnbreite),
- flexible Montage (ebene bzw. gekrümmte Fläche),
- zahlreiche Hersteller,
- schnelle Bemusterung.

Nachteile von Potenziometersensoren

- Mechanischer Verschleiß durch Abrieb,
- Messfehler durch Abriebreste,
- Probleme bei Betrieb in Flüssigkeit,
- veränderlicher Übergangswiderstand von Schleifer zu Messbahn,
- Abheben des Schleifers bei starker Beschleunigung bzw. Vibration,
- aufwändige Erprobung,
- begrenzte Miniaturisierbarkeit,
- Rauschen.

Anwendungen

Beispiele für Potenziometersensoren:

- Fahrpedalsensor bzw. Fahrpedalmodul zur Erfassung des Drehmomentwunsches für das Motormanagement,
- Tankfüllstandsensor (**Bild 2**),
- Stauscheiben-Potentiometer (KE- und L-Jetronic) zur Erfassung der vom Motor angesaugten Luftmenge,
- Drosselklappenwinkelsensor zur Erfassung der Stellung der Drosselklappe beim Ottomotor (**Bilder 3** bis **5**).

2 Potenziometrischer Tankfüllstandsensor (Aufbau)

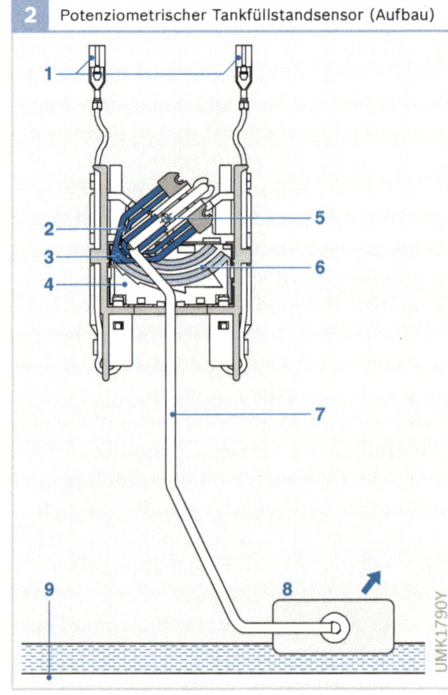

Bild 2
1 Elektrische Anschlüsse
2 Schleiferfeder
3 Kontaktniet
4 Widerstandsplatine
5 Lagerstift
6 Doppelkontakt
7 Schwimmerhebel
8 Schwimmer
9 Boden des Kraftstoffbehälters

Magnetisch induktive Sensoren

Von allen Sensoren, die die Positionsmessung kontakt- und berührungsfrei vornehmen, sind die magnetischen Sensoren besonders störunempfindlich und robust. Dies gilt insbesondere für wechselstrombasierte, also magnetisch induktive Prinzipien. Die hierfür erforderlichen Spulenanordnungen benötigen jedoch im Vergleich zu mikromechanischen Sensoren weit mehr Bauraum, bieten also z. B. keine günstige Möglichkeit für einen redundanten (parallel messenden) Aufbau. Darüber hinaus stellt die erforderliche Spulenkontaktierung einen weniger günstigen Kosten- und Zuverlässigkeitsfaktor dar.

Von der Vielfalt bekannter Prinzipien dieser Art haben im Kraftfahrzeug vor allem zwei Anwendung gefunden, die in ihrer Wirkungsweise sehr ähnlich sind. Für Neuentwicklungen finden sie jedoch derzeit in makromechanischer Ausführung auf dem Gebiet der Kfz-Sensoren bei Bosch keine Anwendung mehr.

Wirbelstromsensoren

Nähert sich eine elektrisch leitfähige, ebene oder gekrümmte Scheibe (z. B. aus Aluminium oder Kupfer) einer mit hochfrequentem Wechselstrom gespeisten (meist eisenlose) Spule an (**Bild 6**), so wird diese sowohl in ihrem Wirkwiderstand als auch ihrer Induktivität beeinflusst. Ursa-

3 Drosselklappensensor (Aufbau)

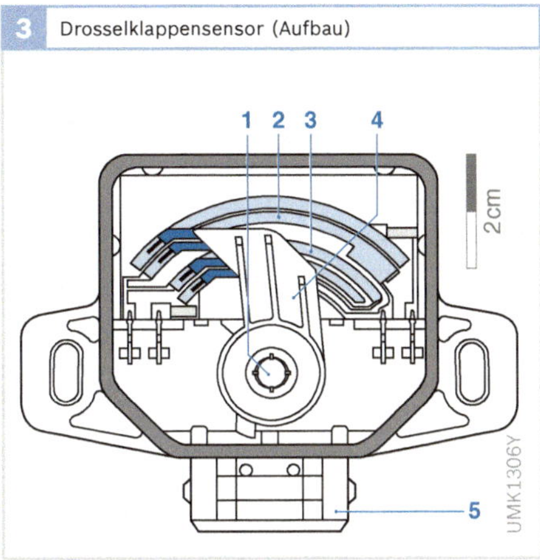

Bild 3
1 Drosselklappenwelle
2 Widerstandsbahn 1
3 Widerstandsbahn 2
4 Schleiferarm mit Schleifern
5 elektrischer Anschluss

4 Drosseklappensensor mit zwei Kennlinien

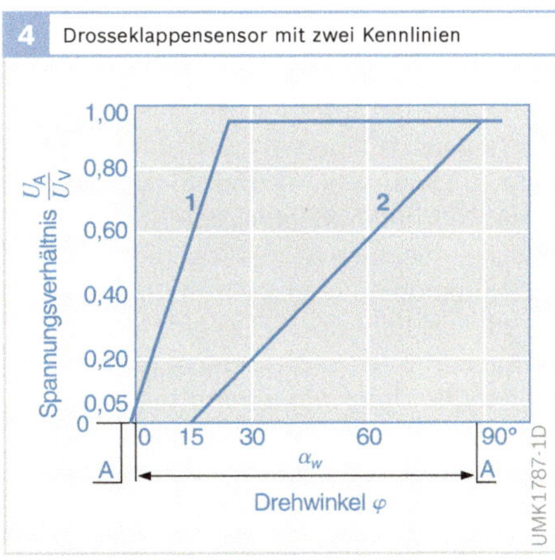

Bild 4
A Interner Anschlag
1 Kennlinie für hohe Auflösung im Winkelbereich 0°...23°
2 Kennlinie für Winkelbereich 15°...88°
U_A Messspannung
U_V Betriebsspannung
α_W nutzbarer Messwinkel

5 Drosselklappensensor (Schaltung)

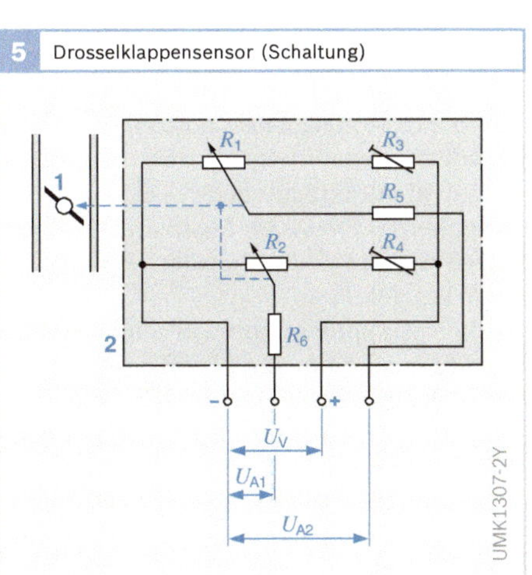

Bild 5
1 Drosselklappe
2 Drosselklappensensor
U_A Messspannungen
U_V Betriebsspannung
R_1, R_2 Widerstandsbahnen 1 und 2
R_3, R_2 Abgleichwiderstände
R_5, R_6 Schutzwiderstände

6 HF-Bedämpfungs- und Wirbelstromprinzip

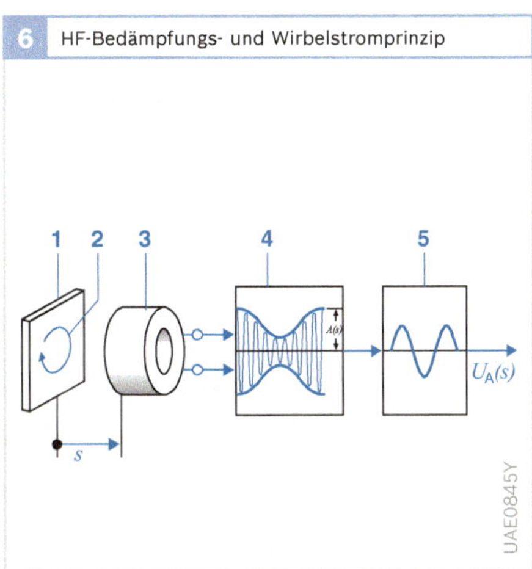

Bild 6
1 Dämpferscheibe
2 Wirbelströme
3 Luftspule
4 Oszillator variabler Dämpfung
5 Demodulator
s Messweg
$A(s)$ Oszillatorspannung
$U_A(s)$ Ausgangsspannung

che hierfür sind die in der Dämpferscheibe (Spoiler) durch zunehmende magnetische Kopplung entstehenden Wirbelströme. Die Position dieser Dämpferscheibe repräsentiert den Messweg *s*.

Die im Allgemeinen hohe Betriebsfrequenz (MHz-Bereich, eine niederfrequente Speisung würde wegen der geringen Spuleninduktivität zu viel Strom aufnehmen) erfordert eine direkte Zuordnung der Elektronik zum Sensor oder eine - meist nicht tragbare - geschirmte Zuleitung. Zur Umsetzung des Messeffekts in eine elektrische Ausgangsspannung kann sowohl der Bedämpfungseffekt (Wirkwiderstand) als auch der Feldverdrängungseffekt (Induktivität) genutzt werden. Im ersten Fall eignet sich z. B. ein Oszillator variabler Schwingamplitude, im zweiten etwa ein Oszillator variabler Frequenz oder auch ein konstantfrequent gespeister, induktiver Spannungsteiler (Differenzanordnung).
Das Wirbelstromprinzip lässt sich in sehr mannigfaltiger Weise der Messaufgabe anpassen. Es eignet sich gut sowohl zur Erfassung großer Wege bzw. Winkel (es gab schon eine nahezu serienreife Entwicklung z. B. für Drosselklappe und Fahrpedal) als auch sehr kleine Größen (z. B. Drehmomentsensoren). Aufgrund selbstkompensierender Eigenschaften zeigt dieses Prinzip über einen weiten Temperaturbereich meist nur einen geringen Temperaturgang. Da sich Wirbelstromsensoren prinzipiell jedoch auch mikromechanisch herstellen lassen, ist angesichts der sehr vorteilhaften Eigenschaften eine künftige Anwendung nicht ganz auszuschließen. Breite Anwendung findet dieses Sensorprinzip jedoch in der Fertigungs- und Qualitätsmesstechnik, sei es zur genauen Detektion von kleinsten Wegen/Abständen oder von Schichtdicken im µm-Bereich.

7 Messprinzip des Kurzschlussringsensors

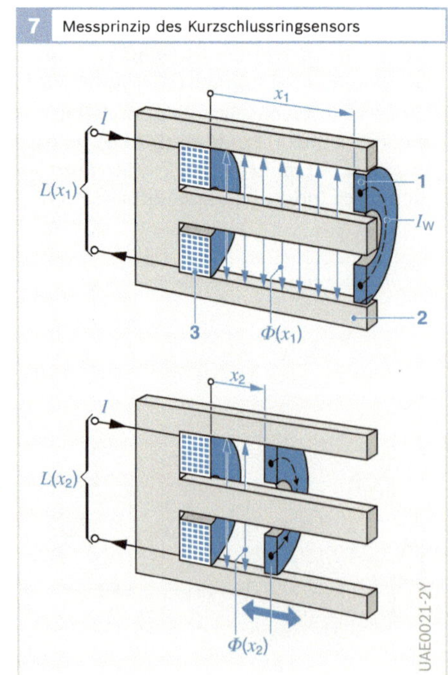

Bild 7
Darstellung füe zwei verschiedene Messwege
1 Kurzschlussring
2 weichmagnetischer Kern
3 Spule
I Strom
I_W Wirbelstrom
$L(s)$ Induktivität und
$\Phi(s)$ magnetischer Fluss beim Messweg s

Kurzschlussringsensoren

Im Gegensatz zum Wirbelstromsensor besitzt die Spule eines Kurzschlussringsensors stets einen weichmagnetischen, meist geblechten Kern mit gerader oder gekrümmter U- oder E-Form (**Bild 7**).
Der bewegliche Spoiler ist hier als Kurzschlussring aus gut leitendem Material wie Kupfer oder Aluminium ausgebildet, der beweglich auf einem oder allen Kernschenkeln angeordnet ist. Wegen des Eisenkerns besitzen solche Sensoren eine weit größere Induktivität als Wirbelstromsensoren und wegen der durch den Eisenkern sehr konzentrierten Führung des magnetischen Flusses auch einen weit höheren Messeffekt. Sie können also auch gut bei niedrigeren Frequenzen betrieben werden und benötigen ihre Signalelektronik nicht unbedingt vor Ort am Sensor. Der Eisenkern schützt den Messraum zwischen den Kernschenkeln auch stark gegen äußere Störfelder ab.

Das vom Spulenstrom *I* erzeugte Wechselfeld im und um den Eisenkern kann nicht durch den Kurzschlussring hindurchtreten, da es durch die Wirbelströme im Kurzschlussring praktisch zu null kompensiert wird. Die Wirbelströme im Kurzschlussring begrenzen also - wie ein

„magnetischer Isolator“ - die Ausdehnung des magnetischen Flusses Φ auf den Raum zwischen Spule und Kurzschlussring (daher engl. auch: shading ring) und machen ihn so von der Position x des Kurzschlussrings abhängig, $\Phi = \Phi(x)$.

Die Induktivität ist definiert ist als:

(1) $L = \Phi / I$

Deshalb beeinflusst die Position x des Kurzschlussrings direkt auch die Induktivität L der Erregerspule. Der Zusammenhang $L = L(x)$ ist in weitem Bereich gut linear. Nahezu die gesamte Baulänge des Sensors lässt sich zur Messung ausnutzen. Dabei ist keine mechanisch enge Führung des Kurzschlussrings erforderlich.

Die zu bewegende Masse des Kurzschlussrings ist sehr gering. Eine Konturierung (Formgebung) des Schenkelabstands beeinflusst die Kennlinienform: eine Verjüngung des Schenkelabstands zum Ende des Messbereichs hin verbessert die gegebene gute Linearität nochmals. Je nach Material und Bauform erfolgt der Betrieb meist im Bereich von 5...50 kHz. Der Sensor ist auch unter rauesten Betriebsbedingungen wie z. B. in Dieseleinspritzpumpen einsetzbar (**Bild 8, 9**).

Wegen des Wechselstrombetriebs sind die Kerne geblecht (z. B. NiFe-Blech, 0,2 mm stark). Zur Erzielung der nötigen mechanischen Stabilität, die die Bleche beschleunigungsstabil zusammenhält, werden sie nicht nur in der üblichen Weise verklebt, sondern zusätzlich „stanzpaketiert“. Hierzu erhalten die Bleche an einigen ausgesuchten Stellen noppenartige Ausprägungen, mit denen Sie noch vor dem Weichglühen (ähnlich LEGO-Bausteinen) innig verbunden werden können, ohne dabei die erforderliche elektrische Isolation von Blech zu Blech allzu sehr zu stören.

Der Halbdifferenzial-Kurzschlussringsensor mit beweglichem Mess- und festem Referenzkurzschlussring ist sehr genau; seine Auswertung erfolgt als induktiver Spannungsteiler (Auswertung der Induktivitäten L_1/L_2, bzw. $(L_1 - L_2)/(L_1 + L_2)$ oder auch als frequenzbestimmendes Glied einer Schwingschaltung zur Erzeugung eines frequenzanalogen Signals (sehr störsicher, leicht digitalisierbar).

Anwendungen

Beispiele für Kurzschlussringsensoren:

- Regelwegsensoren zur Erfassung der Regelstangenposition von Diesel-Reiheneinpritzpumpen (**Bild 8**),
- Winkelsensor im Mengenstellwerk von Diesel-Verteilereinspritzpumpen.

Bild 9 zeigt den Aufbau eines Halbdifferenzial-Kurzschlussringsensors (HDK)

8 Halbdifferenzial-Kurzschlussringsensor

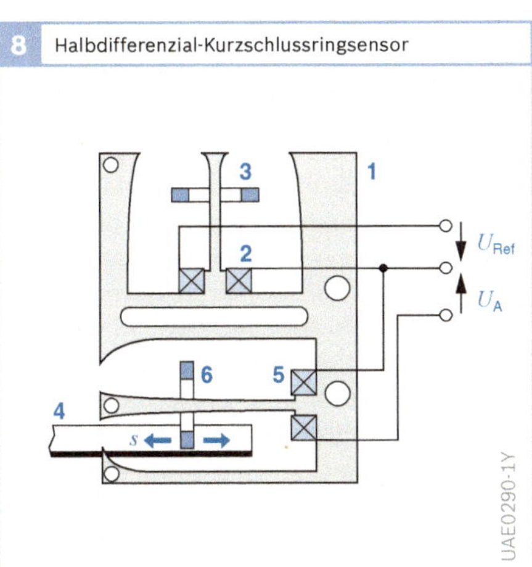

Bild 8
Aufbau des Regelweggebers (RWG) für Diesel-Reiheneinspritzpumpen
1 weichmagnetischer Kern
2 Referenzspule (L_2)
3 Referenzkurzschlussring
4 Regelstange
5 Messspule (L_1)
6 Messkurzschlussring
s Regelweg der Regelstange

9 Halbdifferenzial-Kurzschlussring-Winkelsensor

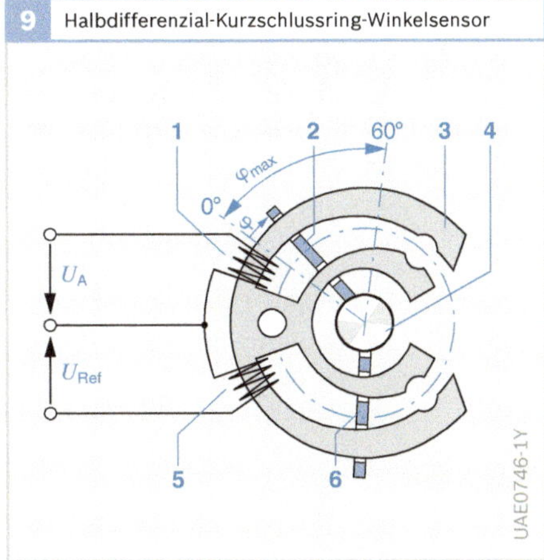

Bild 9
Aufbau des Winkelsensors im Mengenstellwerk von Diesel-Verteilereinspritzpumpen
1 Messspule
2 Messkurzschlussring
3 weichmagnetischer Kern
4 Regelschieberwelle
5 Referenzspule
6 Referenzkurzschlussring
φ Messwinkel
φ_{max} Verstellwinkelbereich der Regelschieberwelle

für Diesel-Verteilereinspritzpumpen. An je einem Schenkel des Kerns sind eine Messspule und eine Referenzspule befestigt. Durchfließt ein vom Steuergerät ausgehender elektrischer Wechselstrom die Spulen, entstehen magnetische Wechselfelder. Der Referenzkurzschlussring steht fest, während der Messkurzschlussring an der Regelschieberwelle befestigt ist (Verstellwinkel φ). Mit dem Verschieben des Messkurzschlussrings verändert sich der Magnetfluss und damit die Spannung an der Spule, da das Steuergerät den Strom konstant hält (eingeprägter Strom). Eine Auswerteschaltung bildet das Verhältnis von Ausgangsspannung U_A an der Messinduktivität L_1 zur Referenzspannung U_{Ref} an der Referenzinduktivität L_2. Es ist proportional zur Auslenkung des Messkurzschlussrings und kann vom Steuergerät ausgewertet werden.

Sensoren mit rotierbaren Wechselfeldern

Mit Wechselstrom der Kreisfrequenz ω gespeisten Spulen oder spulenähnlichen Gebilden (wie mäandrierte Leiterbahnstrukturen) lassen sich zwei- oder mehrpolige Wechselfeldstrukturen entweder im Kreis oder auch linear anordnen. Diese Polstrukturen mit fester Polteilung lassen sich gegenüber einem meist feststehenden Satz von Empfängerspulen, die die gleiche Polteilung besitzen, durch die Bewegung des zu messenden Systems – sei es rotorischer oder translatorischer Art – verschieben. Dabei ändern sich die Amplituden der Empfängersignale mit der Bewegung sinusförmig. Sind die Empfängerpulen um einen bestimmten Teil der Polteilung T gegeneinander versetzt (z. B. $T/4$ oder $T/3$), so wird der Sinusverlauf um jeweils einen entsprechenden Winkel phasenverschoben (z. B. um 90° oder 120°). Es ergeben sich also z. B. Spannungen:

(1) $u_1 = U \cdot \sin\varphi \cdot \sin\omega t$

(2) $u_2 = U \cdot \sin(\varphi - 90°) \cdot \sin\omega t = U \cdot \cos\varphi \cdot \sin\omega t$

oder auch:

(3) $u_1 = U \cdot \sin\varphi$

(4) $u_1 = U \cdot \sin(\varphi - 120°) \cdot \sin\omega t$

(5) $u_1 = U \cdot \sin(\varphi - 240°) \cdot \sin\omega t$

Nach Gleichrichtung kann aus diesen Spannungen der Drehwinkel α sehr genau berechnet werden. So funktionieren die in der klassischen Messtechnik als Synchro-, Resolver- oder auch Inductosynverfahren bezeichneten und vorzugsweise als Winkelmesser ausgebildete Sensoren.

Bei einer einfachen bipolaren Anordnung entspricht dem mechanischen Drehwinkel α auch direkt der elektrische Phasenwinkel. Bei einer Anordnung aus n Poolpaaren wird der mechanische Vollwinkel $\varphi = 2\pi$ in eine Phasenverschiebung von $\alpha = n \cdot 2\pi$ umgesetzt, sodass der Phasenverschiebung α ein Drehwinkel von nur φ/n entspricht, was die Auflösung des Messsystems erheblich vergrößert. Bei größeren Messbereichen muss dann allerdings die Eindeutigkeit des Messsignals durch zusätzliche Mittel wie z. B. einem einfachen Winkelmesser wieder hergestellt werden.

Hella-Sensor

Der von der Fa. Hella entwickelte Winkelsensor entspricht keinem der oben genannten Verfahren in Reinkultur, ähnelt wohl aber am meisten dem Inductosynverfahren. **Bild 10** zeigt den Sensor z. B. mit einer 6-zähligen Polstruktur (n = 6), die elektrisch gesehen einen Drehwinkel von $\varphi = 60°$ in eine Phasenverschiebung der Signalamplituden von $\alpha = 360°$ umsetzt. Alle erforderlichen Leiterbahnstrukturen sind zumindest im Falle des feststehenden Teils (Stator) auf Mehrlagen-Leiterplattenmaterial aufgebracht. Der Rotorteil kann evtl. auch als Stanzteil ausgebildet werden, sei es freitragend oder auf Kunststoffträger aufgebracht (Heißprägen).

Auf dem Stator befindet sich eine kreisrunde Leiterbahnschleife, die drehwinkelunabhängig in eine auf dem Rotor befindliche, in sich geschlossene Mäanderschleife mit etwa gleichem Außendurchmesser bei einer Betriebsfrequenz von 20 MHz einen Wirbelstrom induziert. Dieser Wirbelstrom erzeugt natürlich ebenso wie die Erregerschleife ein sekundäres Magnetfeld, das sich dem Erregerfeld in dem Sinn überlagert, dass es dies zu tilgen versucht. Wäre auf dem Rotor statt des Mäanders nur eine zur Statorschleife kongruente kreisrunde Leiterbahn, würde diese das Primärfeld wohl einfach weitestgehend auslöschen. Durch die Mäanderstruktur entsteht jedoch ein resultierendes Multipolfeld, das sich mit dem Rotor drehen lässt und dessen Gesamtfluss natürlich ebenfalls nahezu null ist.

Dieses Multipol-Wechselfeld wird von ebenfalls auf dem Stator befindlichen konzentrischen, nahezu formgleichen Empfängerspulen bzw. -mäandern sensiert. Diese sind innerhalb einer Polteilung (von z. B. 60°) um jeweils 1/3, d. h. elektrisch in ihrer Signalamplitude um je 120° versetzt (**Bild 10b**). Die Empfängerspulen erstrecken sich jedoch über sämtliche n Polpaare (Serienschaltung) und nutzen die Summe aller Polfelder.

Gemäß **Bild 10c** sind die Empfängerspulen in Sternschaltung verbunden. Ihre Signale werden zur Ermittlung des elektrischen Phasenwinkels α bzw. mechanischen Drehwinkels φ einem ASIC zugeleitet, der die notwendige (vorzeichenrichtige) Gleichrichtung, Selektion und Verhältnisbildung vornimmt. Eine Version ASIC 1 erhält die dafür erforderlichen digitalen Steuersignale von einem in baulicher Nähe befindlichen Mikrokontroller. Eine andere Version ASIC 2 ist jedoch auch in der Lage, den Sensor völlig unabhängig (stand-alone) zu betreiben. Die ASICS erlauben in der Fertigung auch einen End-of line Abgleich der mechanischen und elektrischen Toleranzen. Für Anwendungen mit erhöhten Sicherheitsanforderungen ist es auch möglich, ein redundantes System mit zwei galvanisch getrennten Signalpfaden und zwei ASICs aufzubauen. Das Sensorprinzip kann in einer „aufgeschnittenen" Form auch sehr vorteilhaft als Wegsensor ausgebildet werden.

10 Hella-Sensor

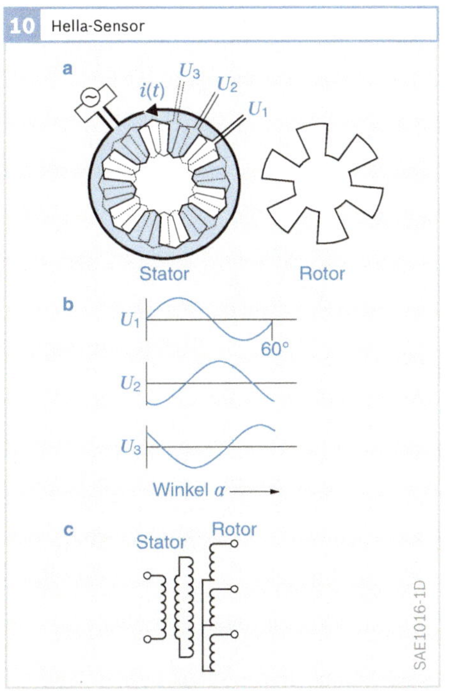

Bild 10
a Schematischer Aufbau
b Beschaltung
c Ausgangssignale

Neben den sehr günstigen Herstellkosten sind die Hauptvorteile dieses Sensors folgende:

- Kontakt und verschleißfreies Messprinzip,
- völlige Temperaturunabhängigkeit (bis 150°C),
- hohe Genauigkeit (bei einem Messbereich von 360° bis ca. ±0,09°),
- Flexibilität (anpassbar auf alle Winkelbereiche bis 360°),
- Möglichkeit eines redundanten Aufbaus,
- hohe EMV-Sicherheit,
- ausschließliche Verwendung von Standardmaterialien ohne Notwendigkeit von ferromagnetischen Teilen,
- flache Bauweise.

Der Sensor ist daher an sehr vielen Stellen im Kfz anwendbar.

Magnetostatische Sensoren

Magnetostatische Sensoren messen ein magnetisches Gleichfeld. Sie eignen sich im Gegensatz zu den magnetisch induktiven (Spulen-)Sensoren weit besser zur Miniaturisierung und lassen sich mit den Mitteln der Mikrosystemtechnik kostengünstig herstellen. Da Gleichfelder problemlos durch Gehäusewandungen aus Kunststoff, aber auch aus nicht ferromagnetischem Metall durchgreifen, haben magnetostatische Sensoren den Vorteil, dass sich der sensitive, im Allgemeinen feststehende Teil gegenüber dem rotorischen - im Allgemeinen ein Dauermagnet oder weichmagnetisches Leitstück - und gegenüber der Umwelt gut kapseln und schützen lässt. Zum Einsatz kommen vor allem die galvanomagnetischen Effekte (Hall- und Gauß-Effekt) sowie magnetoresistive Effekte (AMR und GMR).

Galvanomagnetische Effekte

Der Hall-Effekt wird vor allem mit Hilfe dünner Halbleiterplättchen ausgewertet. Wird ein solches stromdurchflossenes Plättchen senkrecht von einer magnetischen Induktion B durchsetzt, werden die Ladungsträger durch die Lorentzkraft senkrecht zum Feld und zum Strom I um den Winkel φ aus ihrer sonst geraden Bahn abgelenkt (Bild 11). So kann quer zur Stromrichtung zwischen zwei sich gegenüber liegenden Randpunkten des Plättchens eine zum Feld B und zum Strom I proportionale Spannung U_H abgegriffen werden (Hall-Effekt):

(2) $U_H = R_H \cdot I \cdot B/d$
mit R_H = Hallkoeffizient
d = Plättchendicke

Gleichzeitig vergrößert sich der Längswiderstand des Plättchens unabhängig von der Feldrichtung nach einer etwa parabelförmigen Kennlinie (Gauß-Effekt, Feldplatte).

Der für die Messempfindlichkeit des Plättchens maßgebende Koeffizient R_H ist bei Silizium nur vergleichsweise klein. Da die Plättchendicke d jedoch mittels Diffusionstechnik extrem dünn gemacht werden kann, kommt die Hallspannung doch wieder auf eine technisch verwertbare Größe. Bei der Verwendung von Silizium als Grundmaterial lässt sich gleichzeitig eine Signalaufbereitungsschaltung auf das Plättchen integrieren, wodurch solche Sensoren sehr kostengünstig herzustellen sind. Bezüglich Messempfindlichkeit und Temperaturgang ist Silizium jedoch bei weitem nicht das günstigste Halbleitermaterial für Hall-Sensoren. Bessere Eigenschaften besitzen z. B. III-V-Halbleiter wie Galliumarsenid oder Indiumantimonid.

Hall-Schalter

Im einfachsten Fall wird die Hall-Spannung einer zum Sensor integrierten Schwellwertelektronik (Schmitt-Trigger) zugeführt, die ein digitales Ausgangssignal liefert. Ist die am Sensor anliegende magnetische Induktion B unterhalb eines bestimmten unteren Schwellwertes, so entspricht der Ausgabewert z. B. einer logischen „0" („release"-Zustand); ist er oberhalb eines bestimmten oberen Schwellwertes, entspricht das Ausgangssignal einer logischen

11 Galvanomagnetische Effekte

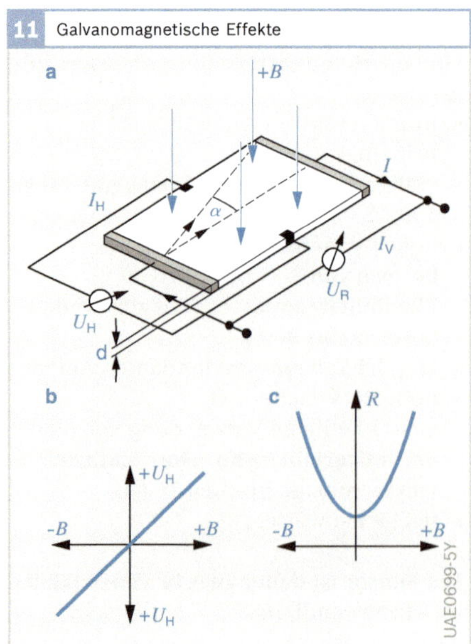

Bild 11
a Schaltung
b Verlauf der Hallspannung U_H
c Zunahme des Plättchenwiderstands R (Gauß-Effekt)
B magnetische Induktion
I Plättchenstrom
I_H Hallstrom
I_V Versorgungsstrom
U_R Längsspannung
α Ablenkung der Elektronen durch Magnetfeld

„1“ („operate“-Zustand). Da dieses Verhalten für den gesamten Bereich der Betriebstemperatur und für sämtliche Exemplare eines Typs garantiert wird, liegen die beiden Schwellwerte relativ weit auseinander (ca. 50 mT). Zur Betätigung des „Hall-Schalters“ ist deshalb ein beträchtlicher Induktionshub ΔB erforderlich.

Solche noch in Bipolartechnik hergestellte Sensoren wurden beispielsweise in Hall-Schranken verwendet (**Bild 12**), die in das Gehäuse des Zündverteilers, der von der Nockenwelle angetrieben wird, eingebaut wurden. Diese Hallschranke besitzt neben dem Sensor noch einen Dauermagneten und weichmagnetische Leitstücke. Der Magnetkreis ist U- bzw. gabelförmig so ausgebildet, dass durch das offene Ende ein Blendenrotor aus weichmagnetischem Material fahren kann, der den Magneten abwechselnd abschirmt oder freigibt und dadurch den Hallsensor zwischen operate- und release-Zustand hin und herschaltet. Eine weitere Anwendung findet sich im digitalen Lenkwinkelsensor LWS1 (s. „Winkelsensoren bis 360°“).

Hallsensoren dieser Art sind zwar sehr kostengünstig, aber allenfalls nur gut für einen Schalterbetrieb und zu ungenau für die Erfassung analoger Größen.

Hall-Sensoren nach dem „Spinning Current“-Prinzip

Nachteilig ist beim einfachen Si-Hallsensor die gleichzeitige Empfindlichkeit gegen mechanische Spannungen (Piezoeffekt), die durch das Packaging unvermeidbar sind und zu einem ungünstigen Temperaturgang des Offsets führen. Durch Anwendung des „Spinning Current“-Prinzips (**Bild 13**), verbunden mit einem Übergang zur CMOS-Technik, wurde dieser Nachteil überwunden. Zwar tritt auch hier der Piezoeffekt auf, er kompensiert sich jedoch bei zeitlicher Mittelung des Signals, da er bei sehr schnellem, elektronisch gesteuerten Vertauschen (Rotation) der Elektroden mit unterschiedlichem Vorzeichen auftritt. Will man sich den Aufwand der komplexen Elektronik zur Umschaltung der Elektroden ersparen, kann man auch mehrere Hall-Sensoren (zwei, vier

12 Hall-Schranke

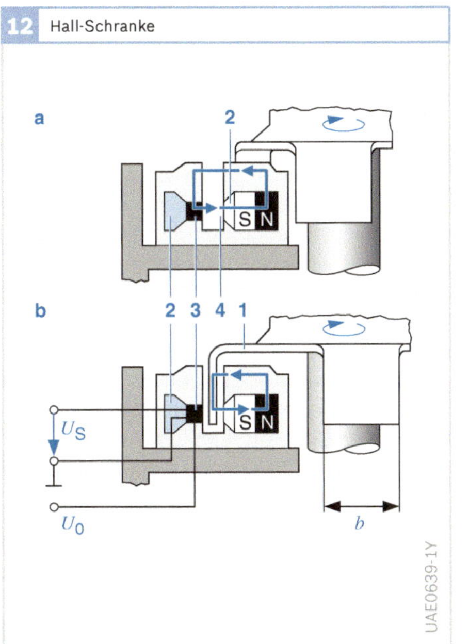

13 Hall-Sensor nach dem Spinning-Current-Prinzip

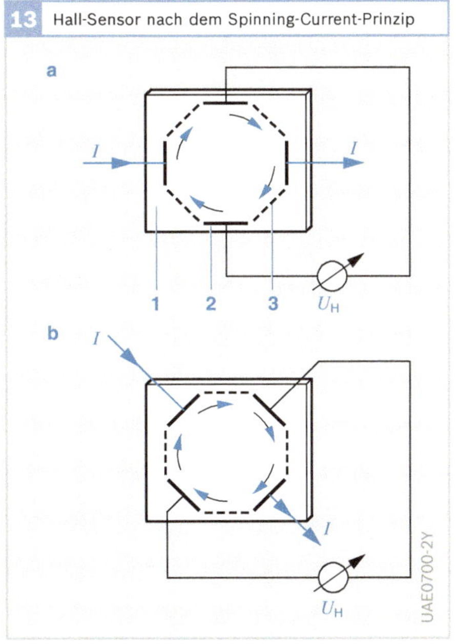

Bild 12
- a Ungehinderter Magnetfluss
- b kuezgeschlossener Magnetfluss
- 1 Blende mit Breite b
- 2 weichmagnetische Leitstücke
- 3 Hall-IC
- 4 Luftspalt
- U_0 Versorgungsspannung
- U_S Sensorspannung

Bild 13
- a Drehphase φ_1
- b Drehphase $\varphi_2 = \varphi_1 + 45°$
- 1 Halbleiterplättchen
- 2 aktive Elektrode
- 3 passive Elektrode
- I Speisestrom
- U_H Hallspannung

oder acht) mit entsprechend unterschiedlicher Ausrichtung der Strompfade in enger Nachbarschaft integrieren und deren Signale im Sinne einer Mittelung addieren. Die Hall-ICs erhielten erst dadurch auch eine gute Eignung für analoge Sensoranwendungen. Die teilweise beträchtlichen Temperatureinflüsse auf die Messempfindlichkeit wurden dadurch jedoch nicht reduziert.

Solche integrierten Hall-ICs eignen sich vorwiegend für die Messung kleiner Wege, indem sie die schwankende Feldstärke eines sich mehr oder weniger annähernden Dauermagneten erfassen (z. B. Kraftsensor iBolt, er erfasst das Beifahrergewicht zur optimalen Auslösung des Airbags). Ähnlich gute Ergebnisse waren bis dahin nur durch Einsatz einzelner Hallelemente z. B. aus III-V-Verbindungen mit hybrid nachgechaltetem Verstärker zu erreichen (z. B. Hall-Beschleunigungssensor).

14 Differenzial-Hallsensor

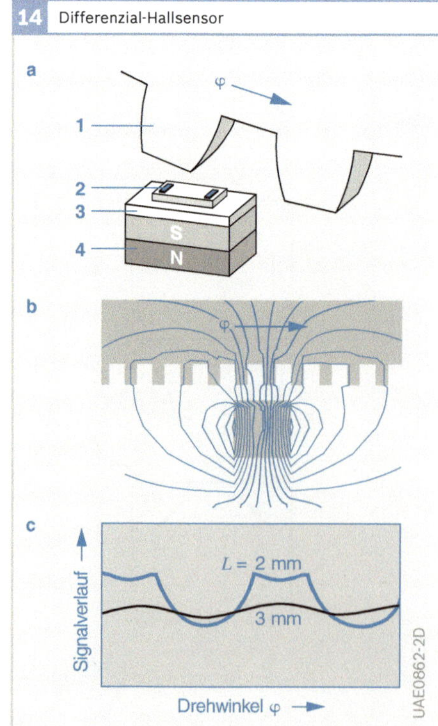

Bild 14
a Aufbau
b Feldverlauf (1,5facher Inkrementabstand)
c Signalverlauf für Luftspaltweiten L
1 Zahnkranz
2 Differenzial-Hall-IC
3 Homogenisierplatte (Weicheisen)
4 Permanentmagnet

Differenzial-Hall-Sensoren

Beim Doppel-Hall-Sensor (Differenzial-Hall-Sensor, **Bild 14**) sind zwei vollständige Hall-Systeme in definiertem Abstand auf einem Chip angeordnet. Die zugehörige Elektronik wertet die Differenz der beiden Hall-Spannungen aus. Diese Sensoren haben den Vorteil, dass ihr Ausgangssignal vom Absolutwert der magnetischen Feldstärke weitgehend unabhängig ist und sie als Differenzialsensor nur die räumliche Änderung der magnetischen Induktion erfassen, also den Feldgradienten (daher oft auch die Bezeichnung Gradientensonde).

Solche Sensoren werden meistens zur Drehzahlmessung eingesetzt, da die Polarität ihres Ausgangssignals nicht vom Luftspalt zwischen Rotor und Sensor abhängt. Setzt man zur Abtastung eines Zahnrades nur einen einfachen Hallsensor ein, kann dieser nicht unterscheiden, ob sich der magnetische Fluss durch Weiterdrehen des Zahnrades oder durch eine Abstandsänderung (z. B, Vibrationen, Einbautoleranzen) geändert hat. Es kommt zu erheblichen Abtastfehlern, denn das Signal muss ja einem Schwellwertdetektor zugeführt werden. Das ist bei Differenzialsensoren grundlegend anders. Ausgewertet wird hier nur der Signalunterschied zweier in geeigneten Abstand am Umfang angebrachter Hallsensoren. Ist die Signaldifferenz z. B. positiv, so kann man den Abstand zwischen Zahnrad und Sensor beliebig ändern; der Unterschied wird positiv bleiben, wenn auch im Betrag evtl. kleiner werden. Das Vorzeichen kann sich nur durch Weiterdrehen des Rotors verändern. Ein nachgeschalteter Schwellwertdetektor hat also kein Problem, zwischen Abstandsänderung und Rotation zu unterscheiden. Zur Erzielung eines maximalen Ausgangssignals wählt man den Abstand der beiden – meist am Rande des (länglichen) Chips angebrachten – Hall-Sensoren dann etwa zu einem halben Inkrementabstand (halber Zahnabstand). Dieses Signalmaximum ist sehr breit, d. h., es deckt einen weiten Variationsbereich des Inkrementabstands ab. Stärkere Abweichungen des

Inkrementabstands erfordern jedoch ein sehr aufwändiges „Redesign“ des Sensors.

Als Gradientensonde kann der Sensor nicht in beliebiger Lage eingebaut werden, sondern muss möglichst exakt in Drehrichtung des Inkrementrotors ausgerichtet werden.

Hall-Winkelsensoren im Bereich bis ca. 180°
Mit einem drehbaren Magnetring („Movable Magnet“) sowie einigen feststehenden weichmagnetischen Leitstücken lässt sich auch für größere Winkelbereiche ohne Umrechnung direkt ein lineares Ausgangssignal erzielen (**Bild 15**). Hierbei wird das bipolare Feld des Magnetringes durch einen zwischen halbkreisförmigen Flussleitstücken angeordneten Hall-Sensor geleitet. Der wirksame magnetische Fluss durch den Hall-Sensor ist abhängig vom Drehwinkel φ.

Anwendung findet dieses Prinzip bei Fahrpedalsensoren.

Eine vom Grundprinzip des „Movable Magnet“ abgeleitete Form stellt der Hall-Winkelsensor vom Typ ARS1 mit einem Messbereich von ca. 90° dar (**Bild 16**). Der magnetische Fluss einer etwa halbringförmigen dauermagnetischen Scheibe wird über einen Polschuh, zwei weitere Flussleitstücke und die ebenfalls ferromagnetische Achse zum Magneten zurückgeführt. Hierbei wird er je nach Winkelstellung mehr oder weniger über die beiden Flussleitstücke geführt, in deren magnetischen Pfad sich auch ein Hall-Sensor befindet. Damit lässt sich die im Messbereich weitgehend lineare Kennlinie erzielen. Eine vereinfachte Anordnung beim Typ ARS2 kommt ohne weichmagnetische Leitstücke aus (**Bild 17**). Hier wird der Magnet auf einem Kreisbogen um den Hall-Sensor bewegt. Der dabei entstehende sinusförmige Kennlinienverlauf besitzt nur über einen relativ kurzen Abschnitt gute Linearität. Ist der Hall-Sensor jedoch etwas außerhalb der Mitte des Kreises platziert, weicht die Kennlinie zunehmend von der Sinusform ab. Sie weist nun einen kürzeren Messbereich von knapp 90° und einen längeren gut linearen Abschnitt von etwas über 180° auf. Nachteilig ist aber die geringe Abschirmung gegen Fremdfelder, die verbleibende Abhängigkeit von geometrischen Toleranzen des Magnetkreises

15 Analoger Hall-Winkelsensor (Movable Magnet)

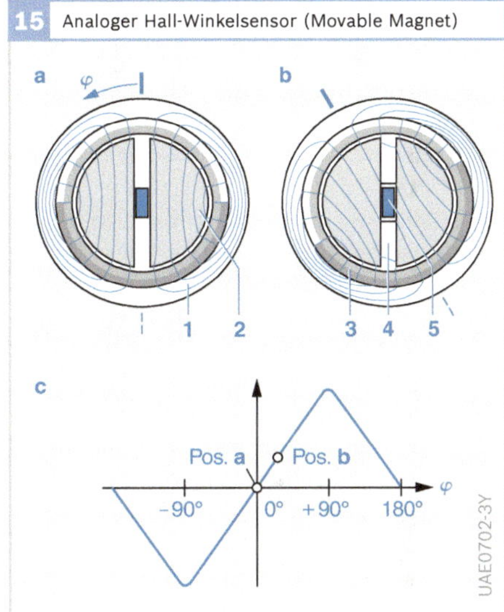

Bild 15
Lineare Kennlinie für Winkel bis 180°
a Position a
b Position b
c Ausgangssignal
1 Eisenrückschluss (Weicheisen)
2 Stator (Weicheisen)
3 Rotor (Permanentmagnet)
4 Luftspalt
5 Hallsensor
φ Drehwinkel

16 Hall-Winkelsensor ASR1 (Movable Magnet)

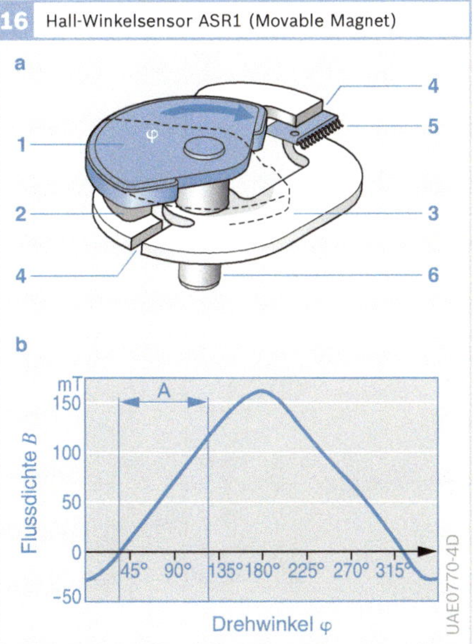

Bild 16
Lineare Kennlinie für Winkel bis ca. 90°
a Aufbau
b Kennlinie mit Arbeitsbereich A
1 Rotorscheibe (dauermagnetisch)
2 Polschuh
3 Flussleitstück
4 Luftspalt
5 Hall-Sensor
6 Achse (weichmagnetisch)

und Intensitätsschwankungen des Magnetflusses im Dauermagneten mit Temperatur und Alterung.

Winkelsensoren im Bereich bis ca. 360°
Ein analoger Hall-Winkelsensor mit einem Messbereich bis zu 360° (**Bild 18**) entsteht, wenn ein Dauermagnet in der dargestellten Weise über einer rechtwinkligen Anordnung von zwei Hall-Sensoren gedreht wird. Um von der Toleranz der Magnetpositionierung nicht zu sehr abhängig zu werden, sollte der Magnet ausreichend groß sein. Hierbei sollten die beiden Hallsensoren, möglichst eng zusammengebaut, in dem richtungshomogenen Teil des dauermagnetischen Streufeldes positioniert sein, das auch die Winkellage φ des Dauermagneten repräsentiert. Sie sind rechtwinklig zueinander und parallel zur Drehachse des Dauermagneten ausgerichtet, sodass sie jeweils die x- und y-Komponente des über ihnen gedrehten Feldstärkevektors B erfassen:

(3) $U_{H1} = U_x = B \cdot \sin\varphi$

(4) $U_{H2} = U_y = B \cdot \cos\varphi$

Aus diesen beiden Signalen lässt sich der Winkel φ über die trigonometrische Beziehung $\varphi = \arctan(U_{H1}/U_{H2})$ in einem zugehörigen, bereits kommerziell erhältlichen Auswertechip berechnen, wodurch das Sensorsignal meist digitalisiert wird.

Eine solche Hallsensor-Anordnung lässt sich mit VHD (Vertical Hall Devices) prinzipiell auch in der dargestellten Weise vertikal integrieren, sodass die Ebene des Sensorchips senkrecht zur Drehachse liegt und der Sensor im Gegensatz zum normalen, planaren Hall-Sensor eine in-plane-Empfindlichkeit aufweist (**Bild 19**). Die monolithische Integration garantiert auch eine hohe Präzision der erforderlichen rechtwinkligen Anordnung sowie die erforderliche kompakte Bauweise der beiden Hall-Systeme. Die Fa. Sentron (Melexis), Schweiz, arbeitet an solchen Sensoren und wird diese in naher Zukunft auf den Markt bringen.

17 Hall-Winkelsensor ASR2 (Movable Magnet)

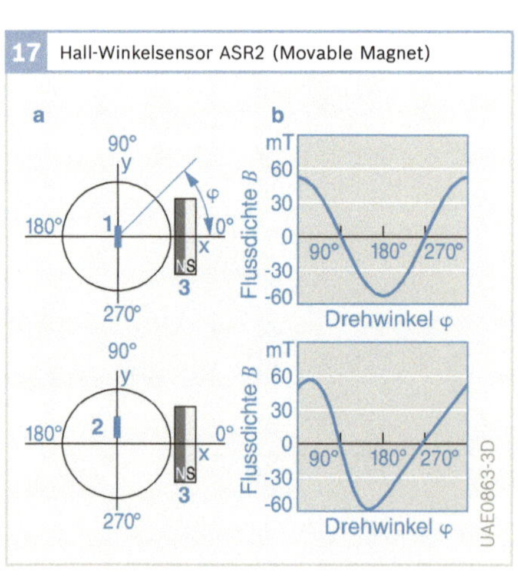

Bild 17
Lineare Kennlinie für Winkel über 180°
a Prinzip
b Kennlinie
1 Hall-IC im Mittelpunkt der Kreisbahn positioniert
2 Hall-IC aus Mittelpunkt verschoben (Linearisierung)
3 Magnet

18 Analoger Hallsensor für 360°-Winkel

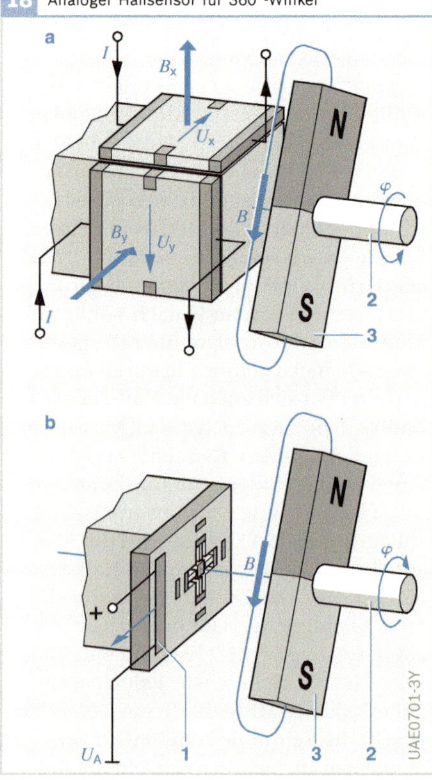

Bild 18
a Aufbau aus diskreten Hall-ICs
b Aufbau aus planar integrierten Hall-ICs
1 Signalelektronik
2 Nockenwelle
3 Steuermagnet
B Induktion
I Strom
U Spannung
U_A Ausgangsspannung
φ Drehwinkel

Winkelsensoren dieser Art waren z. B. zur Realisierung von anlasserlosen Sofortstartsystemen in Betracht gezogen worden, wo die absolute Drehlage der Nockenwelle über einen Bereich von 360° gemessen werden muss.

Es gibt allerdings auch noch einen anderen Trick, mit dem man einem normalen planaren Hallsensor (zusätzlich) eine in-plane-Empfindlichkeit verleihen kann. Bei der von der Fa. Melexis-Sentron (z. B. Typ 2SA-10) angewendeten Methode werden zur Messung der in-plane auftretenden Feldkomponenten B_x und B_y auf gleichem Chip insgesamt vier Hallsensoren um 90° gegeneinander versetzt auf einem engen Kreis angebracht. Hierbei besteht jeder Sensor genaugenommen aus oben genannten Gründen wieder aus einem um 90° gedrehten Hall-Elementpaar. Nach Fertigstellung des Chips wird auf dessen Oberfläche ein kreisrundes Scheibchen aus weichmagnetischem Material mit einem Durchmesser von ca. 200 µm gemäß **Bild 20** so angebracht, dass die Hallsensoren genau unter dem Rand des Scheibchens zu liegen kommen.

Aufgrund ihrer hohen relativen Permeabilität wirkt diese Scheibe als Flusskonzentrator (IMC, Integrated Magnetic Concentrator) und zwingt alle Feldlinien, senkrecht in seine Oberfläche einzutreten. Hierdurch werden die ohne Flusskonzentrator waagrecht (in-plane) verlaufenden Feldlinien an der Stelle der Hall-Sensoren in eine vertikale Richtung (out-of-plane) gezwungen und können so die Hall-Elemente aussteuern. Da diagonal gegenüberliegende Elemente jeweils gegensinnige Feldrichtungen „sehen", wird zur Erfassung einer Feldkomponente jeweils die Differenz der beiden gegensinnig gleichen Hall-Spannungen ausgewertet. Zugleich werden dadurch evtl. vorhandene vertikale Komponenten B_z in ihrer Wirkung eliminiert.
Durch zusätzliche Auswertung der Summensignale diagonal gegenüberliegender Elemente kann auch die vertikale Feldkomponente B_z erfasst werden; denn diese wird durch das ferromagnetische Scheibchen ja nicht im geringsten beeinflusst und die Elemente haben durch dessen Anbringung ihre normale out-of-plane-Empfindlichkeit ja auch nicht eingebüßt.

19 Vertical Hall Device (VHD) im Querschnitt

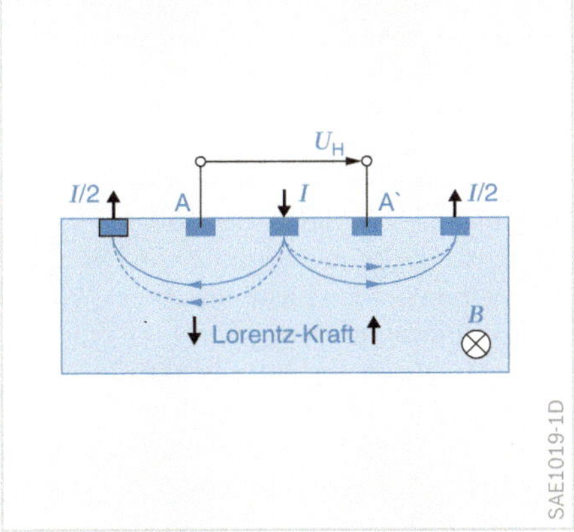

20 Satz von 4 x 2 planaren Hallsensoren mit IMC

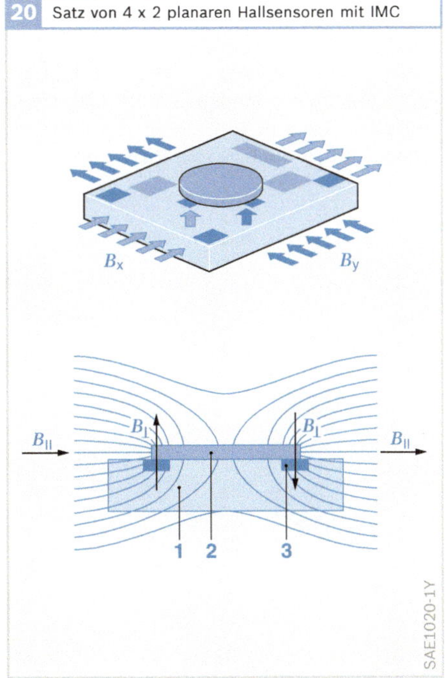

Bild 19
Die ins Chipinnere gerichteten Ströme I werden durch Lorentz-Kräfte aufgrund der parallel zur Chipfläche gerichteten Flussdichte B so abgelenkt, dass zwischen den Oberflächenelektroden A und A' eine Hallspannung U_H abgegriffen werden kann.

Bild 20
IMC: Integrated Magnetic Concentrator

Die Hallelemente sind auf dem Chip paarweise unter einem Winkel von 90° zueinander direkt unter dem Rand einer kleinen ferromagnetischen Scheibe angebracht. Dank derer Anwesenheit wird die zur Chipoberfläche parallele Flussdichte (Induktion) $B_{\parallel}$ in eine Flussdichte $B_{\perp}$ senkrecht dazu umgeformt, die von den Hall-Sensoren sensiert werden kann.

So kann mit einer solchen Anordnung der am Sensorort wirkende Induktionsvektor *B* in allen drei Komponenten erfasst werden. Die zur Signalauswertung erforderlichen elektronischen Schaltungsmittel einschließlich eines zur Berechnung der Arctan-Funktion dienenden µC-basierten digitalen Signalprozessors (DSP) und der für einen End-of-Line-Abgleich des Sensors erforderlichen Mittel (EEPROM) können kostengünstig auf dem gleichen Chip mit dem Sensor integriert werden.

Zur Messung von Winkeln bis zu 360° genügt es, über dem Sensorchip mit integrierter Signalauswertung einen parallel zum Chip magnetisierten Dauermagneten vorzugsweise runder Form zu drehen (**Bild 21**). Da der Drehwinkel mittels der Arctan-Funktion aus dem Verhältnis der beiden entstehenden sinus- und kosinusförmigen Sensorsignale gebildet wird, spielt die Stärke des Magnetfeldes, also auch die Alterung des Magneten, seine Temperaturabhängigkeit und sein Abstand zur Sensoroberfläche weitgehend keine Rolle. Sensiert wird lediglich die Drehlage seiner Magnetisierung.

Die maximale intrinsische Abweichung des Sensors wird vom Hersteller bei einem Messbereich von 360° mit + 2° angegeben. Diese kann jedoch bei Kalibrierung des Sensors durch den Benutzer noch wesentlich verbessert werden. Die Genauigkeit des digitalen Ausgangs beträgt dann 10 bit bei einer Auflösung von 12 bit. Aufgrund der Verarbeitungszeit des Signalprozessors ist für eine Taktfrequenz von 20 MHz die kürzeste Samplingrate 200 µs. Ein pulsweitenmodulierter Signalausgang kann mit maximal 1 kHz betrieben werden. Zur Initialisierung benötigt der Sensor 15 ms. Ein typischer Wert für die Messfeldstärke liegt bei ca. 40 mT. Bei Flussdichten über 0,7 T geht das Konzentratorplättchen in Sättigung.

Der Sensor kann vorteilhafterweise auch für jeglichen Messebereich < 360° programmiert werden, wodurch eine zusätzliche Betriebssicherheit durch eine out-of-range-Überwachung entsteht (Anwendung z. B. als Winkelsensor im Fahrpedalmodul FPM2.3).

Winkel bis 360° lassen sich auch mit einfachsten Hall-ICs (Hall-Schalter), wie sie auch zur Drehzahlmessung eingesetzt werden, erfassen (Anwendung in Lenkwinkelsensoren vom Typ LWS1). Hierzu sind für eine n-bit-Auflösung n Hall-Schalter einspurig und äquidistant auf einem Kreis angeordnet (**Bild 22**). Eine weichmagnetische Codescheibe sperrt das Feld der einzelnen darüber liegenden Dauermagneten oder gibt es frei, sodass die Hall-Schalter beim Weiterdrehen der Scheibe nacheinander n verschiedene Codewörter erzeugen (serieller Code). Zur Vermeidung großer Anzeigefehler bei Übergangszuständen wird zweckmäßig der Graycode verwendet. Der Graycode ist so konzipiert, dass sich die Codewörter für zwei benachbarte Positionen – im Gegensatz z. B. zum Dualcode – nur in 1 bit unterscheiden, sodass eine evt. Fehlanzeige beim Übergang von einer zur nächsten Position nie mehr als ein Winkelschritt betragen kann.

Zur Realisierung eines Lenkradwinkelsensors wird z. B. die Codescheibe mit der Lenkspindel und der Rest des Sensors mit dem Chassis verbunden. Eine Schwierigkeit dieses Sensors liegt jedoch darin,

21 Winkelmessung über 360° mit Vierfach-Hallsensor

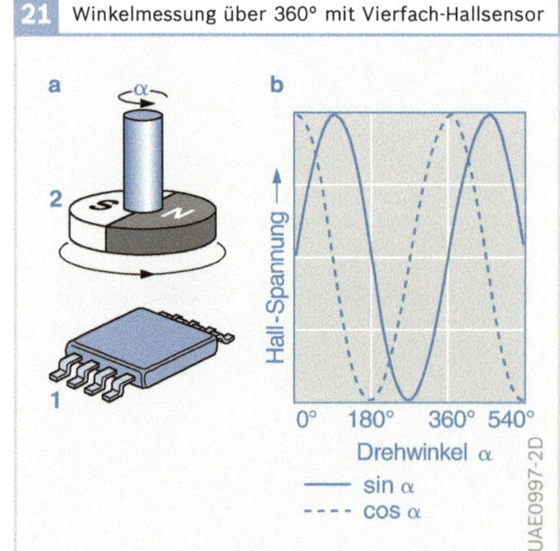

Bild 21
Winkelmessung am Ende einer Drehwelle mit Vierfach-Hallsensor der Firma Melexis, der einen integrierten Flusskonzentrator (IMC) zur Feldumlenkung enthält.
a Messanordnung
b primäre Ausgangssignale

dass die weichmagnetische Codescheibe aus Gründen der Einbautoleranzen an der Lenksäule schwimmend gelagert werden muss, was dort zu einer komplizierten und raumgreifenden Befestigung mittels einer flexiblen Plastikmanschette führt. Die Codescheibe wird aus Gründen der Luftspalttoleranz zwischen Ober- und Unterscheibe schleifend geführt. Eine entsprechende optoelektronische Lösung mit Lichtschranken ist weniger zufriedenstellend, da gegen die vorhandene Schmutzempfindlichkeit der Sensorelemente keine ausreichende Kapselung möglich ist.

Mehrfachumdrehungen können mit einer zusätzlichen einfachen 3-bit-Anordnung, deren Codescheibe über ein Untersetzungsgetriebe bewegt wird, erfasst werden. Die Auflösung solcher Anordnungen ist meist nicht besser als 2,5°.

Feldplattensensoren

Neben dem transversal gerichteten Hall-Effekt tritt an Halbleiterplättchen auch noch ein longitudinaler Widerstandseffekt, auch Gauß-Effekt genannt, auf. Elemente, die diesen Effekt nutzen, sind als „Feldplatten“ (Handelsname Siemens) bekannt und werden aus einem III-V-Halbleiter, kristallinem Indiumantimonid (InSb), hergestellt. Im Gegensatz zu den Hallsensoren ist die optimale Plättchenform bei Feldplatten eher kurz und gedrungen, bildet also elektrisch zunächst einmal einen sehr niedrigen Widerstand. Um auf technisch nutzbare Werte im kΩ-Bereich zu kommen, müssen viele solcher Plättchen hintereinander geschaltet sein. Dies wird elegant durch Einlagern von mikroskopisch kleinen Nickelantimonidnadeln hoher Leitfähigkeit in den Halbleiterkristall, quer zur Stromrichtung liegend, und durch zusätzliches Mäandrieren des Halbleiterwiderstands erreicht (Bilder 23 und 24).

Die Abhängigkeit des Widerstands von der magnetischen Induktion B ist bis zu Induktionswerten von ca. 0,3 T quadratisch, darüber hinaus zunehmend linear. Der Aussteuerbereich ist nach oben unbegrenzt; das zeitliche Verhalten in technischen Anwendungen ist – wie auch beim Hall-Sensor – als praktisch trägheitsfrei zu betrachten.

Da der Widerstandswert von Feldplatten einen starken Temperaturgang aufweist (ca. 50 % Abnahme über 100 K), werden sie meist nur als Doppelanordnung in Spannungsteilerschaltung (Differenzialfeldplatten) geliefert. Die beiden Teilerwiderstände müssen dann in der jeweiligen Anwendung magnetisch möglichst gegensinnig ausgesteuert werden. Die Spannungsteilerschaltung garantiert aber trotz hohem Temperaturkoeffizienten der

22 Digitaler Hall-Winkelsensor mit n Hallschaltern

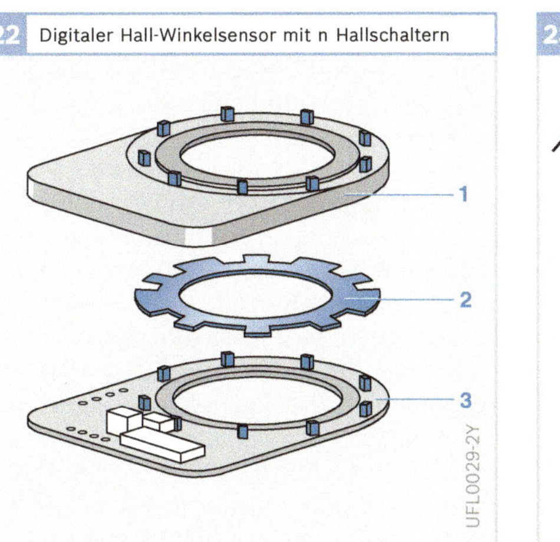

Bild 22
Winkelmessung bis zu 360° mit einer kreisförmigen äquidistanten Anordnung von einfachen Hallschaltern
1 Gehäuse mit Permanentmagneten
2 Codescheibe
3 Leiterplatte mit Hallschaltern

23 Feldplatten-Differentialsensor

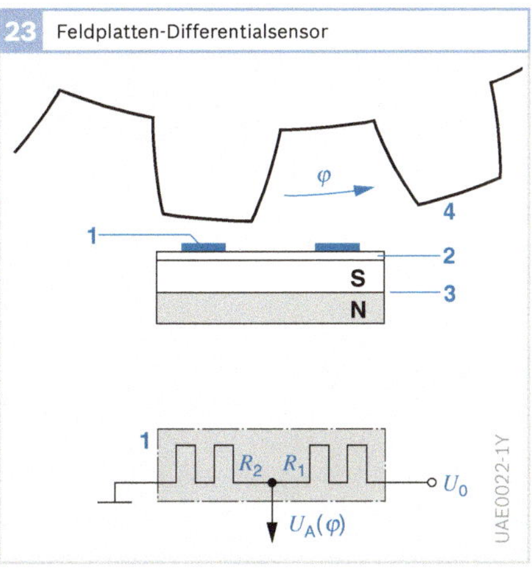

Bild 23
Magnetische Ansteuerung eines Feldplatten-Differenzialsensors zur Zahnradabtastung (inkrementale Winkelmessung, Drehzahlsensierung)
1 Feldplattenwiderstand R_1, R_2
2 weichmagnetisches Substrat
3 Dauermagnet
4 Zahnrad
U_0 Versorgungsspannung
U_A Ausgangsspannung bei Drehwinkel φ

Einzelwiderstände eine recht gute Stabilität des Symmetriepunktes (Arbeitspunkt), bei dem beide Teilwiderstände auf gleichem Wert sind.

Um eine gute Messempfindlichkeit zu erreichen, werden die Feldplatten zweckmäßigerweise in einem magnetischen Arbeitspunkt von 0,1...0,3 T betrieben. Die erforderliche magnetische Vorspannung liefert im Allgemeinen ein kleiner Dauermagnet, dessen Wirkung mittels einer kleinen Rückschlussplatte noch verstärkt werden kann.

Vorteil der Feldplatten ist ihr hoher Signalpegel, der meist auch ohne Verstärkung im Voltbereich liegt und somit eine Elektronik vor Ort sowie die zugehörigen Schutzmaßnahmen erspart. Darüber hinaus sind sie als passive, resistive Bauelemente sehr unempfindlich gegen elektromagnetische Störungen und aufgrund ihres hohen Vorspannfeldes auch nahezu immun gegen magnetische Fremdfelder.

Wegen des starken Temperaturgangs findet die Feldplatte fast ausschließlich in inkrementalen Winkel- und Drehzahlmessern oder binären Grenzwertsensoren (mit Schaltcharakteristik) Anwendung.

24 Mikroskopische Aufnahmen einer Feldplatte

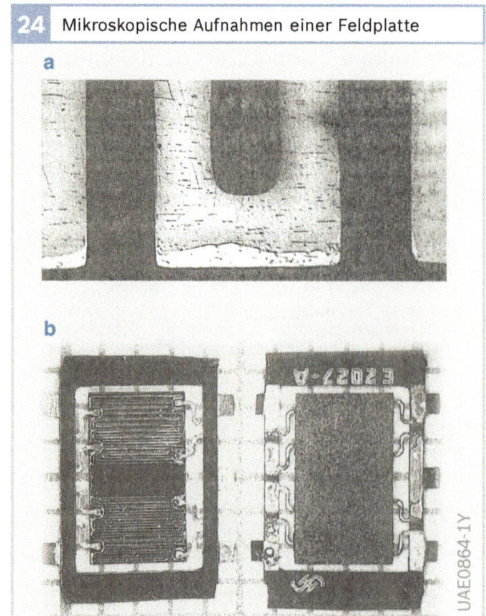

Bild 24
a Mikroskopische Aufnahme (Ausschnitt)
b auf Ferritsubstrat in Superachtfilm-Träger

Anisotrop magnetoresistive Sensoren (AMR)

Dünne, etwa nur 30...50 nm starke NiFe-Legierungsschichten, zeigen elektromagnetisch anisotropes Verhalten. Das heißt, ihr elektrischer Widerstand verändert sich unter dem Einfluss eines Magnetfeldes. Widerstandsstrukturen dieser Art werden daher auch englisch als anisotropic magneto resistive (abgekürzt AMR) elements, zu deutsch AMR-Elemente bzw. AMR-Sensoren bezeichnet. Die im Allgemeinen verwendete Metalllegierung ist auch als Permalloy bekannt.

Technologie und Ausführungsformen

Bei einem länglichen Widerstandsstreifen, wie in **Bild 25a** gezeigt, stellt sich auch ohne äußeres Steuerfeld eine kleine, spontane Magnetisierung M_S in Längsrichtung der Leiterbahn ein (Formanisotropie). Um ihr eine eindeutige Richtung zu geben – sie könnte theoretisch auch in Gegenrichtung weisen – werden AMR-Sensoren, wie eingezeichnet, daher oft mit einem schwachen Biasmagneten versehen. In diesem Zustand hat der Längswiderstand seinen größten Wert $R_{\parallel}$. Wird der Magnetisierungsvektor unter Einwirkung eines zusätzlichen äußeren Feldes H_y um den Winkel ϑ gedreht, so sinkt der Längswiderstand allmählich, bis er bei $\vartheta = 0$ seinen Minimalwert $R_{\perp}$ annimmt. Hierbei hängt der Widerstand nur vom Winkel ϑ ab, der von der resultierenden Magnetisierung M_S und dem Strom I eingeschlossen wird, und er hat in Abhängigkeit von ϑ einen etwa kosinusförmigen Verlauf:

(5) $$R = R_0 \cdot (1 + \beta \cdot \cos^2 \vartheta)$$
$$\text{mit } R_{\parallel} = R_0 \cdot (1 + \beta)\ ;\ R_{\perp} = R_0$$

Der Koeffizient β kennzeichnet dabei die maximal mögliche Widerstandsvariation. Sie beträgt etwa 3 %. Ist das äußere Feld sehr viel größer als die spontane Magnetisierung (bei steuernden Dauermagneten in aller Regel der Fall), dann bestimmt praktisch ausschließlich die Richtung des äußeren Feldes den wirksamen Winkel ϑ. Der Betrag der Feldstärke spielt keine Rolle mehr, d. h., der Sensor wird sozusagen „in Sättigung“ betrieben.

Hochleitfähige Kurzschlussstreifen (z. B. aus Gold) über der AMR-Schicht zwingen den Strom auch ohne äußeres Feld unter 45° gegen die spontane Magnetisierung (Längsrichtung) zu fließen. Durch diesen „Trick“ - „Barberpol-Sensor“ genannt - verschiebt sich die Sensorkennlinie gegenüber der des einfachen Widerstandes um 45°. Sie befindet sich also auch schon bei der äußeren Feldstärke $H_y = 0$ im Punkt höchster Messempfindlichkeit (Wendepunkt).

Eine gegensinnige Streifung zweier Widerstände bewirkt auch, dass diese unter Einwirkung des gleichen Feldes ihren Widerstand gegensinnig ändern. Das heißt, während der eine größer wird, nimmt der andere ab.

Als Dünnschichtsensoren haben AMR-Sensoren ferner den Vorteil, dass sie z. B. durch Lasertrimmung auf Sollwert (z. B. Nullpunkt) abgeglichen werden können. Als Trägermaterial dienen oxidierte Siliziumscheiben, in die prinzipiell auch Elektronik zur Signalaufbereitung integriert sein kann. Derzeit werden jedoch aus Kostengründen Sensor- und Elektronikchip noch überwiegend getrennt gefertigt und z. B. auf einem gemeinsamen „Leadframe“ montiert und verpackt. Das steuernde Magnetfeld B wird meistens durch einen über dem Sensor translatorisch oder rotorisch bewegten Magneten erzeugt.

Neben den einfachen, zweipoligen AMR-Elementen gibt es auch Pseudo-Hall-Sensoren, in etwa quadratische NiFe-Dünnschichtstrukturen, die ähnlich wie normale Hall-Sensoren vier Anschlüsse haben. Zwei für den Strompfad und zwei quer dazu für den Abgriff einer (Pseudo-) Hall-Spannung (**Bild 26**). Im Gegensatz zum normalen Hall-Sensor besitzt der Pseudo-Hall-Sensor jedoch seine Empfindlichkeit für magnetische Felder in der Schichtebene und nicht senkrecht dazu. Auch zeigt er keine proportionale Kennlinie, sondern eine sinusförmige mit sehr hoher Formtreue zum Sinus, die in keiner Weise von der Stärke des Steuerfeldes und der Temperatur abhängt. Für ein zum Strompfad paralleles Feld verschwindet die Ausgangsspannung, um dann bei Drehung bis zum Winkel $\varphi = 90°$ eine Sinushalbperiode zu beschreiben. Die so gewonnene Sinusspannung ergibt sich mit der Amplitude also zu:

(6) $$U_H = u_H \cdot \sin 2\varphi$$

Wird das äußere Steuerfeld einmal um $\varphi = 360°$ gedreht, folgt die Ausgangsspannung also zwei vollen Sinusperioden. Die Amplitude u_H ist jedoch sehr wohl von der Temperatur und der Luftspaltweite zwischen Sensor und Steuermagnet abhängig;

25 AMR-Grundprinzip, Barberpol-Struktur

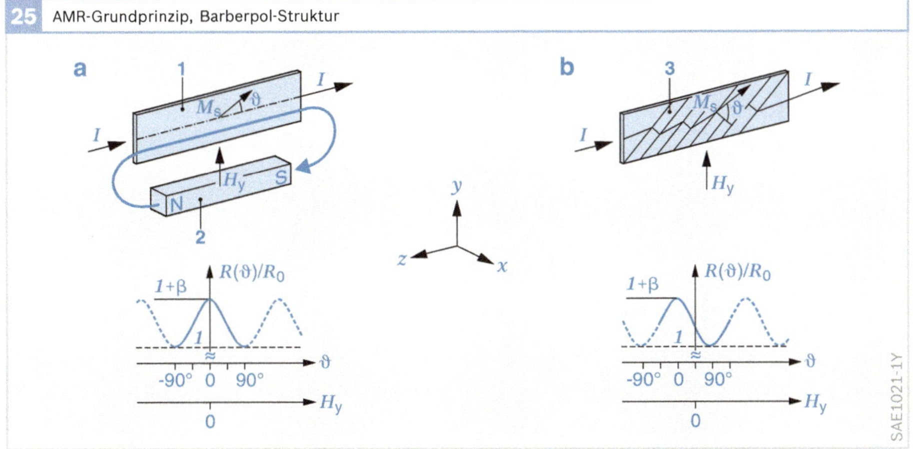

sie nimmt mit wachsender Temperatur und größer werdendem Luftspalt ab.

Die Messempfindlichkeit der Pseudo-Hall-Elemente lässt sich noch beträchtlich steigern (ohne die Sinusform allzu sehr zu verfälschen), wenn die ursprünglich vollflächigen Elemente von „innen her" ausgehöhlt werden, sodass nur noch der Rahmen stehen bleibt (**Bild 26b**). Durch diese Modifikation geht der Pseudo-Hall-Sensor auch seiner geometrischen Form nach in eine Vollbrücke aus vier AMR-Widerständen über (**Bild 26c**). Selbst eine zusätzliche Mäandrierung der Brückenwiderstände verfälscht die Sinusform des Signals noch nicht allzu sehr, wenn nur eine gewisse Bahnbreite der Mäander nicht unterschritten wird.

Einfacher AMR-Winkelsensor für Bereiche < 30°

Magnetoresistive Winkelsensoren in der Version Barberpol mit begrenzter Genauigkeit und eingeschränktem Messbereich (max. ±15°) nutzen die Verstimmung eines magnetoresistiven Spannungsteilers (Differenzialsensor), bestehend aus länglichen (eventuell auch mäantrierten) Permalloy-Widerständen mit hochleitfähigen Querstreifen aus Gold (**Bild 27**). Zwar ist bei solchen Sensoren der Nullpunkt vom Abstand des Magneten zum Sensor weitgehend unabhängig, nicht dagegen die Steigung der Kennlinie, die ebenso auch noch von der Temperatur abhängt (TK etwa $-3 \cdot 10^{-3}$/K). Ein solcher Sensor war schon als kostengünstige Alternative in Betracht gezogen worden zur Messung von Pedalpositionen.

Einfacher AMR-Wegsensor für mm-Bereich

Ebenso lassen sich mit einzelnen Differenzial-Barberpolen einfachste Wegsensoren mit einem Messbereich von typischerweise einigen Millimetern aufbauen (**Bild 28**). Zur Erzielung guter Genauigkeit bedarf es jedoch eines konstanten Abstandes (Luftspalt) zwischen Sensor und bewegten Magneten, der die zu messende Position s verkörpert. Der Temperaturgang der Kennliniensteigung lässt sich sehr leicht und gut mittels eines zusätzlichen metallischen Dünnschichtsensors auf gleichem Trägersubstrat kompensieren, der etwa den gleichen TK, jedoch mit umgekehrten Vorzeichen aufweist (z. B. Pt, Ti, Ni).

27 Magnetoresistiver Winkelsensor (Barberpol)

Bild 27
Messbereich bis ±15°
- a Messprinzip
- b Kennlinie
- 1 Permalloy-Widerstände
- 2 drehbarer Dauermagnet mit Steuerinduktion B
- 3 niedrige Betriebstemperatur
- 4 höhere Betriebstemperatur
- a linearer Messbereich
- b nutzbarer Messbereich
- U_A Ausgangsspannung
- U_0 Versorgungsspannung (5V)
- φ Drehwinkel

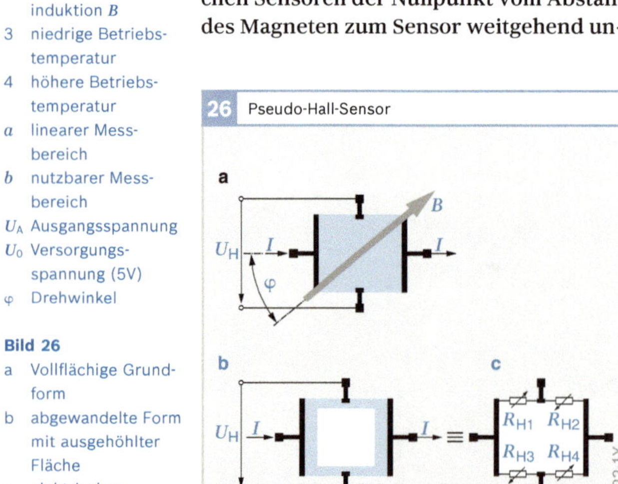

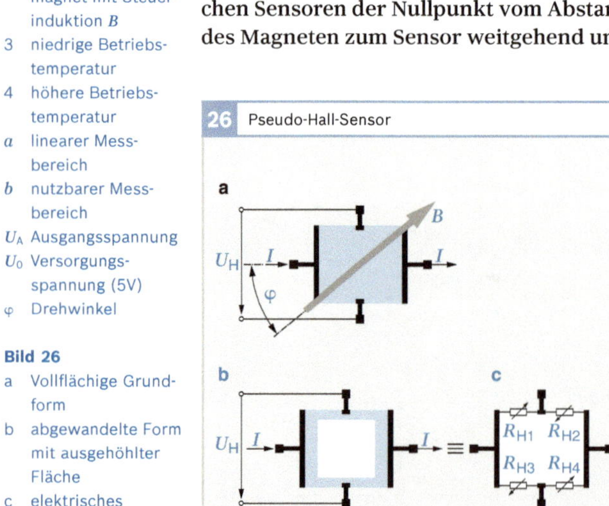

26 Pseudo-Hall-Sensor

Bild 26
- a Vollflächige Grundform
- b abgewandelte Form mit ausgehöhlter Fläche
- c elektrisches Ersatzschaltbild für Form b

Hochgenauer Multisensor (POMUX) für Wegbereiche > 10 mm
Es gibt einen mit einfachen Barberpolen aufgebauten intelligenten Multisensor zur Wegmessung, der auch unter dem Handelsnamen POMUX (Positionsmultiplex) bekannt ist. Er benutzt die Tatsache, dass der Symmetrie- oder Nullpunkt der Kennlinie absolut unabhängig vom Luftspalt und der Temperatur ist. Sein Einsatz wurde schon des öfteren auch im Kfz in Betracht gezogen (z. B. Dämpferhubmessung), da er hervorragende Eigenschaften, insbesondere eine extreme Genauigkeit, besitzt. Er wurde auch schon in kreisrunder Form als Winkelsensor zur Abtastung eines tieffrequent abgestimmten Schwerependels dargestellt, mit dem die Lage des Fahrzeugs erfasst werden könnte (Neigungssensor).

Winkelsensor für 180°
Magnetoresistive Winkelsensoren in der Version Pseudo-Hall nutzen die hochgetreue Sinusform des Signals, das an den Ausgangsklemmen einer vierpoligen, vollflächigen Sensorstruktur abgegriffen wird. Hierbei entsprechen zwei volle Perioden des elektrischen Ausgangssignals einer mechanischen Drehung des Magneten um 360°. Mit einem zweiten, um 45° gedrehten Element wird zusätzlich ein Kosinus-Signal erzeugt (**Bild 30**). Aus dem Verhältnis der beiden Signalspannungen kann (z. B. unter Benutzung der Arctan-Funktion) mit hoher Genauigkeit über einen Bereich von 180° weitestgehend unabhängig von Temperaturänderungen und Intensitätsschwankungen des Magnetfelds (Abstand, Alterung) der Messwinkel bestimmt werden (z. B. mit Mikrocontroller oder ASIC).

Eine weitere Voraussetzung für eine hohe Genauigkeit dieses Sensorprinzips ist, dass an beiden Brücken das Feld zumindest die gleiche Richtung besitzt (Betrag ist ab einer bestimmten Stärke nicht bedeutsam), was genau genommen nur garantiert werden kann, wenn beide Brücken übereinander liegen. Es konnte ein Design gefunden werden, das die beiden um 45° versetzten Brücken so ineinander verwebt, dass die Brücken als am gleichen Punkt und quasi übereinander liegend betrachtet werden können (**Bild 29**).

Winkelsensor für 360°
Als gravierender Nachteil der AMR-Winkelsensoren erscheint deren natürliche Begrenzung auf einen eindeutig erfassbaren Winkelbereich von 0°...180°. Diese Beschränkung lässt sich jedoch überwinden durch Modulation der Magnetfeldrichtung mittels eines alternierenden magnetischen Hilfsfeldes (**Bild 31**). Denn im Gegensatz zu

28 Wegmessung mit einzelnem Differenzial-Barberpol

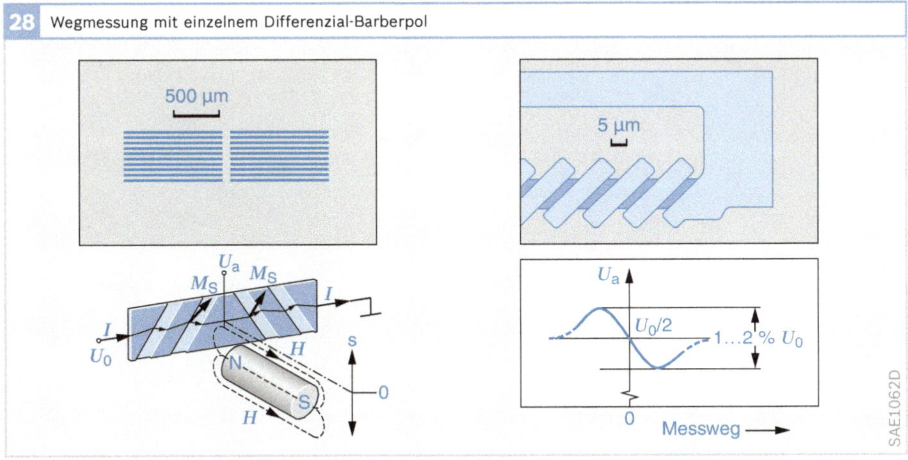

den 180°-periodischen COS- und SIN-Sensorsignalen besitzen diese Modulationssignale eine 360°-Periodizität. Und so gelingt es, allein durch Vorzeichenauswertung der Modulationssignale eine Bereichsunterscheidung und damit eine Verdopplung des Eindeutigkeitsbereichs auf 0°...360° zu erreichen. Dadurch, dass das Hilfsfeld bei den beiden Sensorbrücken in unterschiedliche Richtungen zeigt, sind die beiden Modulationssignale phasenverschoben. Zur Bereichsunterscheidung genügt es, lediglich das Vorzeichen des betragsmäßig stärksten Modulationssignals zu bestimmen. Damit ist die Bereichsunterscheidung unkritisch und selbst bei stark verrauschten Modulationssignalen noch gut möglich. Das magnetische Hilfsfeld wird durch eine auf dem AMR-Sensorchip integrierte Planarspule erzeugt (Bild 32). Entsprechend

29 Ineinander verschachtelte AMR-Brücken

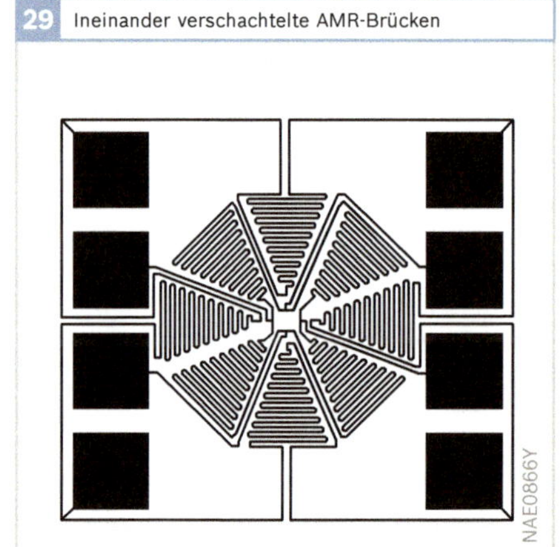

Bild 29
Ineinander verschachteltes Design zweier um 45° gedrehter AMR-Brücken

30 Magnetoresistiver Winkelsensor (Pseudohall)

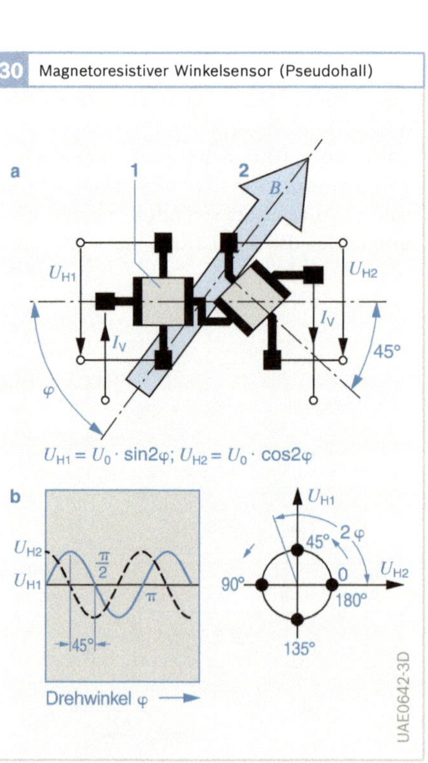

Bild 30
Messbereich bis 180°
a Messprinzip
b Ausgangssignale
1 Dünne NiFe-Schicht (AMR-Sensor)
2 drehbarer Dauermagnet mit Steuerinduktion B
I_V Speisestrom
U_{H1}, U_{H2} Messspannungen
φ Drehwinkel

31 AMR360-Winkelsensor mit Feldrichtungsmodulation

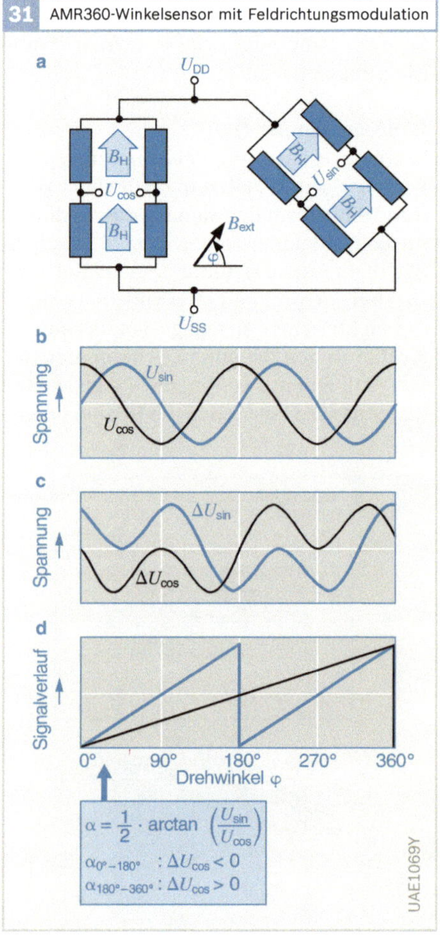

Bild 31
a Brückenschaltung
b Ausgangssignale der Wheatstone-Brücken
c Einfluss des Hilfsfelds auf die Signale
d Ausgangssignal der Auswerteschaltung
B_H Steuerinduktion
U_{DD}, U_{SS} Speisespannung
U_{SIN} Messspannungen
U_{COS}
φ Drehwinkel

der Leitungsführung zeigt das Hilfsfeld bei der COS- und der SIN-Vollbrücke in um 45° unterschiedliche Richtungen.

Der Sensor kann nur am Ende einer Drehwelle angebaut werden. So kann er z. B. am Ende der Lenkspindel zur Messung des Lenkradwinkels angebaut werden bei Systemen, die ohne Erfassung der Mehrfachumdrehung der Lenkspindel auskommen (z. B. Lenkwinkelsensor LWS4).

32 Layout des AMR360-Winkelsensor

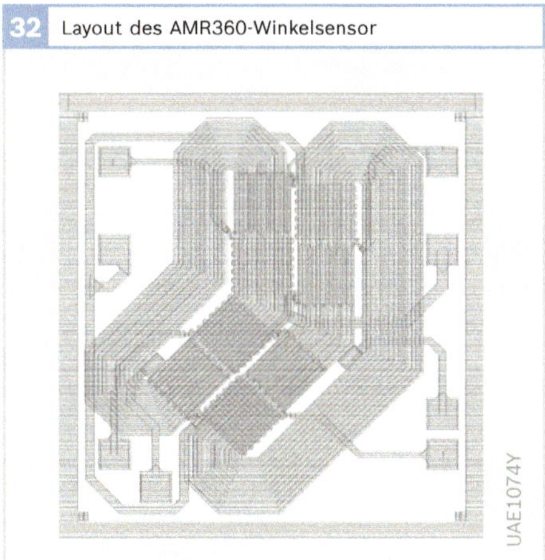

33 Anordnung für Winkelmessung größer 360°

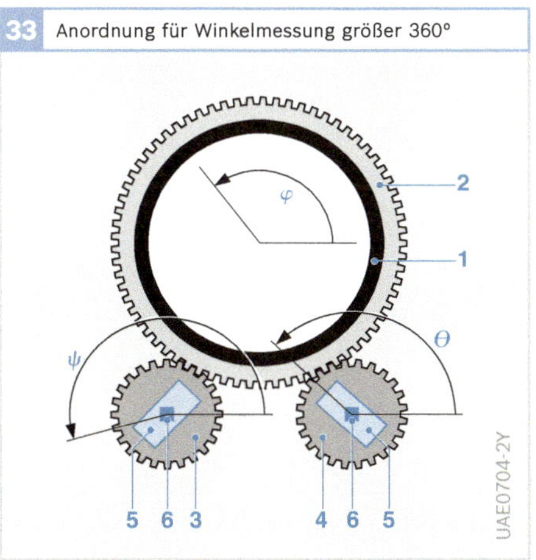

Bild 33
1 Lenkachse
2 Zahnkranz
3 Zahnrad mit m Zähnen
4 Zahnrad mit m + 1 Zähnen
5 Magnete
6 AMR-Messzellen
φ Drehwinkel der Lenksäule,
Ψ,Θ Drehwinkel der kleinen Zahnräder

Winkelsensor im Bereich über 360° (Mehrfachumdrehungen)
Mehrere Umdrehungen eines drehbaren Teils wie z. B. der Lenkspindel lassen sich mit einer Doppelanordnung von „Pseudo-Hall-Drehwinkelsensoren (à 180°)“ messen. Die beiden zugehörigen Dauermagnete werden über ein hoch übersetzendes Zahnradgetriebe gedreht (**Bild 33**). Da sich die beiden abtreibenden kleineren Zahnräder, die die Steuermagnete tragen, um einen Zahn unterscheiden (Zähnezahl m und m+1), ist ihre gegenseitige Phasenlage (Differenz der Drehwinkel: Ψ - Θ) ein eindeutiges Maß für die absolute Winkelstellung φ der Lenkspindel. Das System ist so ausgelegt, dass diese Phasendifferenz bei insgesamt vier Umdrehungen der Lenkspindel 360° nicht überschreitet und so die Eindeutigkeit der Messung gewahrt bleibt. Jeder Einzelsensor bietet darüber hinaus eine nicht eindeutige Feinauflösung des Drehwinkels. Mit einer solchen Anordnung lässt sich z. B. der gesamte Lenkwinkelbereich genauer als 1° auflösen (Anwendung dieses Prinzips im Lenkwinkelsensor LWS3).

Giant Magnetoresistive Sensoren (GMR)

Die GMR-Sensortechnologie wurde vor wenigen Jahren entwickelt und findet jetzt erste Anwendungen bei der Winkel- und Drehzahlsensierung im Kfz-Bereich. Die wesentlichen Vorteile der GMR- gegenüber den AMR-Sensoren sind der natürliche 360°-Eindeutigkeitsbereich bei der Winkelsensierung und die höhere Magnetfeldempfindlichkeit bei der Drehzahlsensierung.

Anders als die AMR-Sensoren bestehen die GMR-Sensoren nicht nur aus einer magnetischen Funktionsschicht, sondern vielmehr aus einem komplexen Schichtsystem. Man unterscheidet im Wesentlichen zwei Systeme: Zum einen die GMR-Multilagen mit typischerweise ca. 20 Sequenzen aus alternierend weichmagnetischen und nichtmagnetischen Einzelschichten (**Bild 34a**). Zum anderen die GMR-Spinvalves, bestehend aus antiferromagnetischen,

ferromagnetischen und nichtmagnetischen Funktionsschichten. Die Einzelschichtdicken liegen bei beiden Systemen im Bereich 1...5 nm, umfassen also nur wenige Atomlagen.

Der elektrische Widerstand eines GMR-Schichtstapels hängt vom Winkel zwischen den Magnetisierungen benachbarter ferromagnetischer Einzelschichten ab. Er ist maximal bei deren antiparalleler Ausrichtung und minimal bei paralleler Ausrichtung (Bild 34b).

GMR-Multilagen

Die relative Widerstandsänderung (GMR-Effekt) beträgt bei GMR-Multilagen 20...30 % und liegt damit um einen Faktor 10 über dem AMR-Effekt. Um den Arbeitspunkt in einen empfindlichen Bereich der Kennlinie zu legen, wird der GMR-Multilagenstapel um eine hartmagnetische Schicht ergänzt, die ein geeignetes Biasfeld bereitstellt. Die Sensitivität einer derartigen Sensorstruktur liegt bei ca. 0,8 %/mT und damit über der von AMR-Barberpol-Strukturen.

GMR-Spinvalves

Anders als die GMR-Multilagen eignen sich GMR-Spinvalves (Bild 35) auch zur Winkelsensierung. Bei diesen wird die für die Winkelsensierung erforderliche Referenzmagnetisierung dadurch erzeugt, dass die Magnetisierungsrichtung einer der ferromagnetischen Schichten (FM1) durch die Wechselwirkung mit einer benachbarten antiferromagnetischen Schicht (AFM) fixiert (gepinnt) wird. Diese wird daher auch als „Pinned Layer" bezeichnet. Dagegen ist die Magnetisierung der über eine nichtmagnetische Zwischenschicht weitgehend magnetisch entkoppelten zweiten ferromagnetischen Schicht (FM2) frei mit dem äußeren Magnetfeld drehbar. Diese wird dementsprechend als „Free Layer" bezeichnet.

Der Widerstand ändert sich mit einer kosinusförmigen Abhängigkeit vom Winkel φ zwischen der äußeren Feldrichtung und der Referenzrichtung. Entscheidend für die Genauigkeit der Winkelmessung ist die Stabilität der Referenzmagnetisierung gegen die Einwirkung des äußeren Feldes. Diese Stabilität wird durch Verwendung

Bild 34
a Aufbau
b Widerstandsänderung in Abhängigkeit des magnetischen Feldes

FM Weichmagnetische Einzelschicht
NM nichtmagnetische Einzelschicht

Bild 35
a Aufbau
b Widerstandsänderung in Abhängigkeit vom Magnetisierungswinkel

FM1 Antiferromagnetische Einzelschicht
FM2 ferromagnetische Einzelschicht
NM nichtmagnetische Einzelschicht

34 GMR-Multilagen-Schichtstapel mit Kennlinie

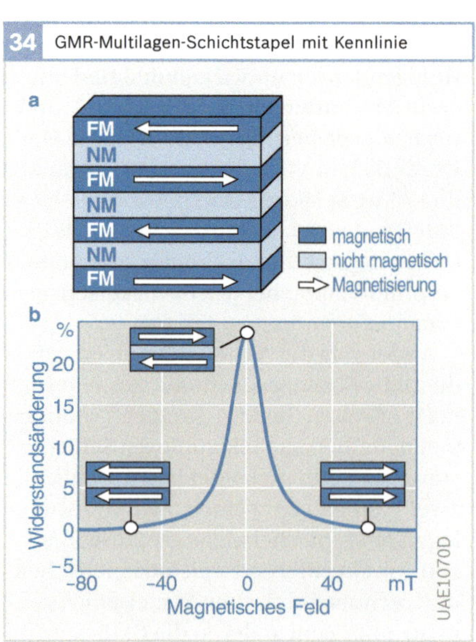

35 GMR-Spinvalve-Schichtstapel mit Kennlinie

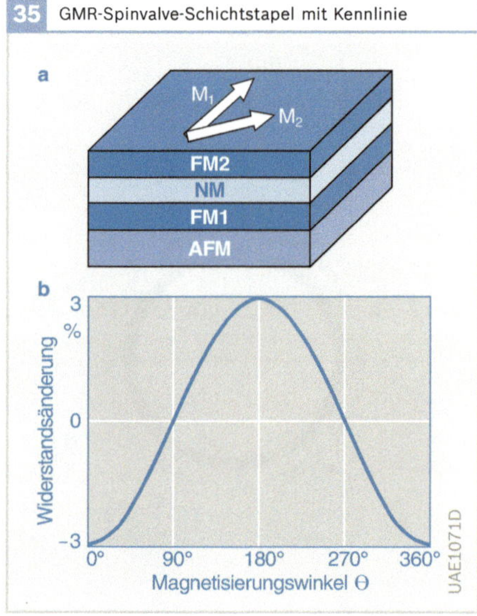

eines zusätzlichen künstlichen Antiferromagneten (SAF) deutlich erhöht (**Bild 36**). Bei diesem handelt es sich um zwei ferromagnetische Schichten, die über eine sehr dünne nichtmagnetische Zwischenschicht stark antiferromagnetisch gekoppelt sind und aufgrund ihres dann in Summe verschwindenden magnetischen Netto-Moments dem äußeren Feld keine Angriffsfläche mehr bieten. Die Magnetisierung einer dieser beiden Schichten wird vom benachbarten natürlichen Antiferromagneten (AFM) gepinnt. Maßgeblich für das magnetische Verhalten des Schichtsystems ist sowohl die Wechselwirkung des Pinned Layers (PL) mit dem natürlichen Antiferromagneten (AFM) als auch die gegenseitige Wechselwirkung der ferromagnetischen Schichten (PL, RL, FL). Darüberhinaus wird das Verhalten auch, wie bei den AMR-Sensorstrukturen, durch die Form- und Kristallanisotropie der einzelnen Magnetschichten geprägt.

Ein GMR-Winkelsensor besteht wie ein AMR-Winkelsensor aus zwei Vollbrücken, von denen die eine ein Kosinus- und die andere ein Sinussignal in Abhängigkeit der äußeren Feldrichtung liefert (**Bild 37**). Die hierfür erforderlichen unterschiedlichen magnetischen Referenzrichtungen M_R werden durch lokales Aufheizen der einzelnen Brückenwiderstände und Abkühlung bei anliegendem Magnetfeld geeigneter Orientierung erzeugt. Durch Arctan-Verknüpfung der beiden Brückensignale kann die Feldrichtung eindeutig über dem vollen Winkelbereich von 0°...360° bestimmt werden.

36 GMR-Spinvalve mit künstlichem Antiferromagneten

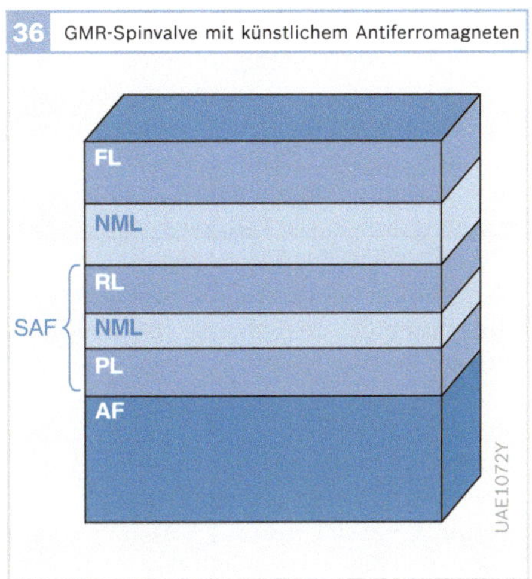

Bild 36
FL Freie Schicht (free layer)
NML Zwischenschicht
RL Referenzschicht
PL gepinnte Schicht (pinned layer)
AF Antiferromagnet

37 GMR-Winkelsensor mit zwei Vollbrücken

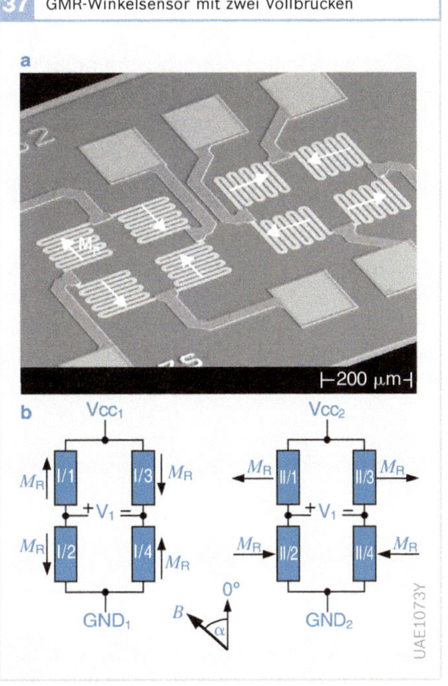

Bild 37
a Layout
b Beschaltung
M_R magnetische Referenzmagnetisierung

Wellenausbreitungssensoren

Die Sensorentwicklung konzentrierte sich in den letzten Jahren zunehmend auf Sensoren, die das nähere und weitere Umfeld, d. h. den Abstand zu anderen Fahrzeugen bzw. Verkehrsteilnehmern und zu Hindernissen erfassen. Die Fahrzeugrundumsicht (**Bild 38**) ermöglicht Systeme, die die Sicherheit erhöhen und die Fahrzeugführung unterstützen (Fahrerassistenzsysteme).

Ultraschalltechnik

Für die Abstandsmessung zwischen Fahrzeug und einem Hindernis werden im Erkennungsbereich bis ca. 2,5 m Ultraschallsensoren eingesetzt. Damit lässt sich die Umgebung des Fahrzeugs beim Ein- und Ausparken, beim Rangieren und Rückwärtsfahren überwachen (Einparkhilfe).

Analog zum Echolotverfahren senden Ultraschallsensoren Ultraschallimpulse mit einer Frequenz von ca. 43,5 kHz aus und detektieren das Zeitintervall zwischen Aussenden der Impulse und Eintreffen der von Hindernissen reflektierten Echoimpulse (**Bild 39**). Der Abstand l zwischen Sensor und nächstgelegenen Hindernis ergibt sich aus der Laufzeit t_e des zuerst eintreffenden Echoimpulses und der Schallgeschwindigkeit c in Luft (ca. 340 m/s):

$$l = 0{,}5 \cdot t_e \cdot c$$

Im vorderen und hinteren Bereich des Fahrzeugs werden jeweils bis zu sechs Sensoren eingesetzt. Damit ergibt sich ein großer Erfassungswinkel für die Umfeldsensierung. Der geometrische Abstand a eines Hindernisses zur Fahrzeugfront wird mit dem Triangulationsverfahren aus den Messergebnissen (Entfernung b und c) zweier Ultraschallsensoren bestimmt, die im Abstand d zueinander angebracht sind (**Bild 40**). Der Autofahrer erhält beim Annähern an ein Hindernis ein optisches und/oder akustisches Signal.

39 Echolotverfahren

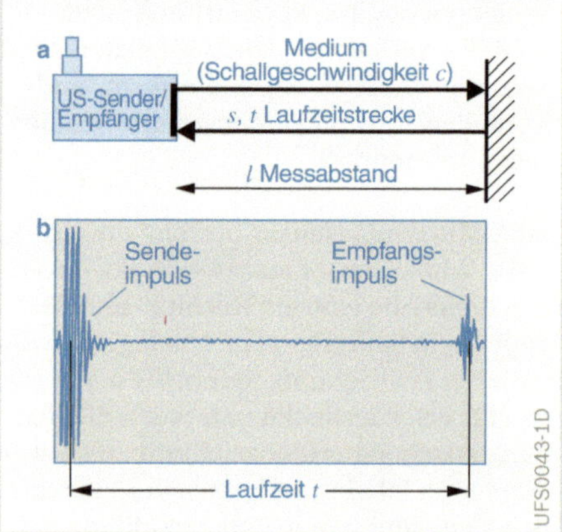

Bild 39
Prinzip der Abstandsmessung mittels Ultraschall
a Aufbau
b Signalverlauf

38 Fahrzeug-Rundumsicht: Detektionsbereiche der Sensoren

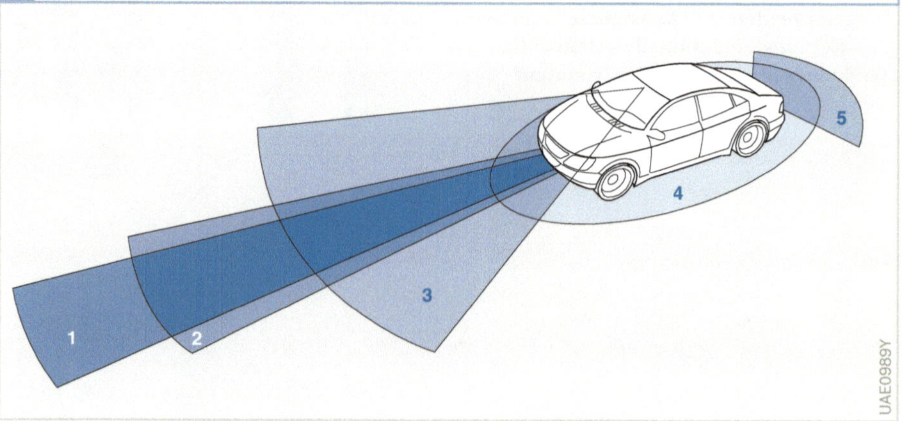

Bild 38
1 77 GHz Long Range Radar Fernbereich ≤ 200 m horizontaler Öffnungswinkel ± 8°
2 Infrarot Nachtsichtbereich ≤ 150 m horizontaler Öffnungswinkel ± 10°
3 Video Mittelbereich ≤ 80 m horizontaler Öffnungswinkel ± 22°
4 Ultraschall Ultranahbereich ≤ 3 m horizontaler Öffnungswinkel ± 60°
5 Video Heckbereich horizontaler Öffnungswinkel ± 60°

Die Detektionscharakteristik ist asymmetrisch ausgebildet (**Bild 41**). Der Erfassungswinkel in der Vertikalen ist geringer gegenüber der Horizontalen, um zu verhindern, dass z. B. Bodenunebenheiten als Hindernis erkannt werden.

40 Berechnung des Abstands (Triangulation)

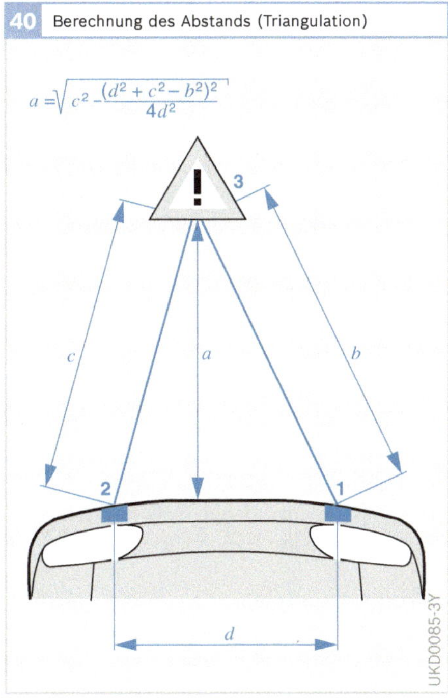

Bild 40
- *a* Abstand Stoßfänger zu Hindernis
- *b* Abstand Sensor 1 zu Hindernis
- *c* Abstand Sensor 2 zu Hindernis
- *d* Abstand Sensor 1 zu Sensor 1
- 1, 2 Sende- und Empfangssensor
- 3 Hindernis

41 Antennenabstrahldiagramm eines Ultraschallsensors

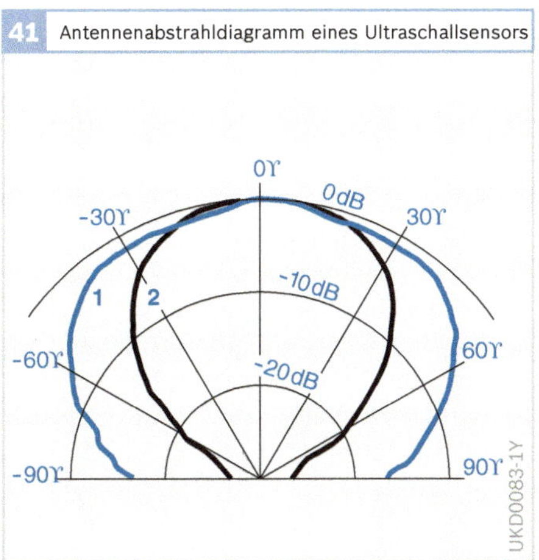

Bild 41
- 1 Horizontal
- 2 vertikal

Radartechnik

Für die Umfeldsensierung bis zu Entfernungen von 200 m wird Radar (Radio Detection and Ranging) eingesetzt. Radargeräte senden elektromagnetische Wellen aus, die an metallischen Oberflächen reflektieren und vom Empfangsteil des Radargeräts wieder empfangen werden. Aus dem Vergleich von empfangenem Signal mit dem ausgesendeten Signal bezüglich Zeit und/oder Frequenz kann der Abstand und die Relativgeschwindigkeit zu dem reflektierenden Objekt ermittelt werden.

Diese Technik wird im Kfz-Bereich im ACC-System (Adaptive Cruise Control, adaptive Geschwindigkeitsregelung) angewendet. ACC ermöglicht eine Geschwindigkeitsregelung, die im Falle eines langsamer voraus fahrenden Fahrzeugs die Geschwindigkeit reduziert und damit einen vorgegebenen Abstand einhält.

Laufzeitmessung

Bei allen Radarverfahren basiert die Abstandsmessung auf der direkten oder indirekten Laufzeitmessung für die Zeitdauer zwischen der Aussendung des Radarsignals und dem Empfang des Signalechos. Bei der direkten Laufzeitmessung wird die Zeitdauer τ gemessen. Diese ergibt sich bei direkter Reflexion durch den doppelten Abstand d zum Reflektor und der Lichtgeschwindigkeit c zu:

$$\tau = 2d/c$$

Bei einem Abstand von $d = 150$ m und $c \approx 300\,000$ km/s beträgt die Laufzeit

$$\tau \approx 1\ \mu s.$$

Frequenzmodulation

Eine direkte Laufzeitmessung ist aufwändig. Einfacher ist eine indirekte Laufzeitmessung. Das Verfahren ist als FMCW (Frequency Modulated Continuous Wave) bekannt. Statt des Vergleichs der Zeiten zwischen Sendesignal und Empfangsecho werden beim FMCW-Radar die Frequenzen zwischen Sendesignal und Empfangsecho verglichen. Voraussetzung für eine sinnvolle Messung ist eine zeitlich veränderliche Sendefrequenz.

Beim FMCW-Verfahren werden linear in der Frequenz modulierte Radarwellen mit einer Dauer von typischerweise einigen Millisekunden und einem Hub von einigen hundert MHz ausgesandt (f_s, durchgezogene Kurve in **Bild 42**). Das an einem vorausfahrenden Fahrzeug reflektierte Signal ist entsprechend der Signallaufzeit verzögert (f_e, gestrichelte Linie in **Bild 42**). In der ansteigenden Rampe ist es somit von niedrigerer Frequenz, in der abfallenden Rampe von einer um den gleichen Betrag höherer Frequenz. Die Frequenzdifferenz Δf ist ein direktes Maß für den Abstand.

Besteht zusätzlich noch eine Relativgeschwindigkeit zwischen den Fahrzeugen, so wird die Empfangsfrequenz f_e wegen des Dopplereffektes sowohl in der aufsteigenden wie auch in der abfallenden Rampe um einen bestimmten Betrag Δf_d erhöht (f_e', gepunktete Linie in **Bild 42**). Hierdurch ergeben sich zwei unterschiedliche Frequenzdifferenzen Δf_1 und Δf_2. Ihre Addition ergibt den Abstand, ihre Subtraktion die Relativgeschwindigkeit der Fahrzeuge zueinander.

Die Signalverarbeitung im Frequenzbereich liefert somit für jedes Objekt eine Frequenz, die sich als Linearkombination je eines Terms für Abstand und Relativgeschwindigkeit ergibt. Aus den gemessenen Frequenzen von zwei Rampen mit verschiedener Steigung lassen sich somit für ein Objekt Abstand und Relativgeschwindigkeit bestimmen. Für Szenarien mit mehreren Zielen sind mehrere Rampen unterschiedlicher Steigung erforderlich.

42 FMCW-Verfahren

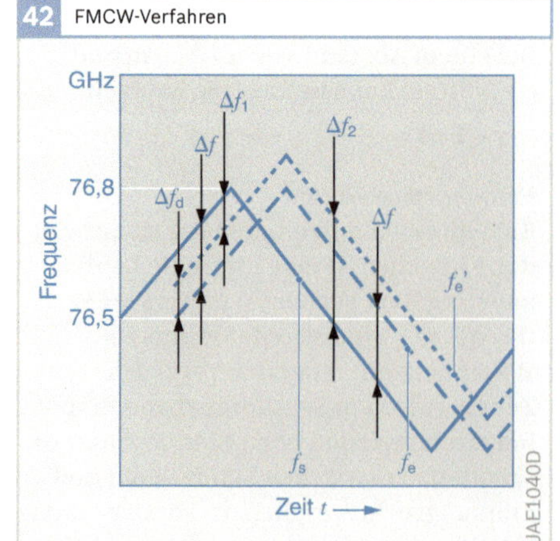

Bild 42
f_s Sendesignal
f_e Empfangssignal bei gleicher Geschwindigkeit
f_e' Empfangssignal bei vorhandener Relativgeschwindigkeit

Doppler-Effekt
Obwohl sich aus aufeinander folgenden Messungen des Abstands die Relativgeschwindigkeit des Messobjekts bestimmen lässt, kann diese Messgröße schneller, zuverlässiger und genauer durch die Nutzung des Doppler-Effekts gemessen werden.

Für ein sich relativ zum Radarsensor bewegendes Objekt (Relativgeschwindigkeit v_{rel}) erfährt das Signalecho gegenüber dem abgestrahlten Signal eine Frequenzverschiebung f_D. Diese beträgt bei den hier relevanten Differenzgeschwindigkeiten:

$$f_D = -2 f_C \cdot v_{rel}/c$$

Dabei ist f_C die Trägerfrequenz des Signals. Bei den für ACC gebräuchlichen Radarfrequenzen von f_C = 76,5 GHz ergibt sich eine Frequenzverschiebung von $f_D \approx -510 \cdot v_{rel}/\text{m}$, also 510 Hz bei -1 m/s Relativgeschwindigkeit (Annäherung).

Messen des Winkels
Als dritte Basisgröße wird die seitliche Lage des Radarobjekts gesucht. Diese kann nur bestimmt werden, wenn der Radarstrahl in verschiedene Richtungen abgestrahlt wird und aus den Signalen die Richtung mit der stärksten Reflektion bestimmt wird. Dazu ist entweder ein schnelles Schwenken („Scannen") eines Strahls oder eine mehrstrahlige Antennenanordnung notwendig.

Hochfrequenzteil des ACC-Sensors
Die HF-Leistung wird mit einem spannungsgesteuerten Oszillator (VCO, Voltage-Controlled Oscillator), bestehend aus einer Gunn-Diode in mechanischem Resonator, zwischen 76 und 77 GHz erzeugt (**Bild 43**). Eine Regelelektronik (PLL-ASIC, PLL = Phase Locked Loop) steuert über einen Leistungstreiber den VCO an und

43 Blockschaltbild eines 4-Kanal-FCMW-Radars

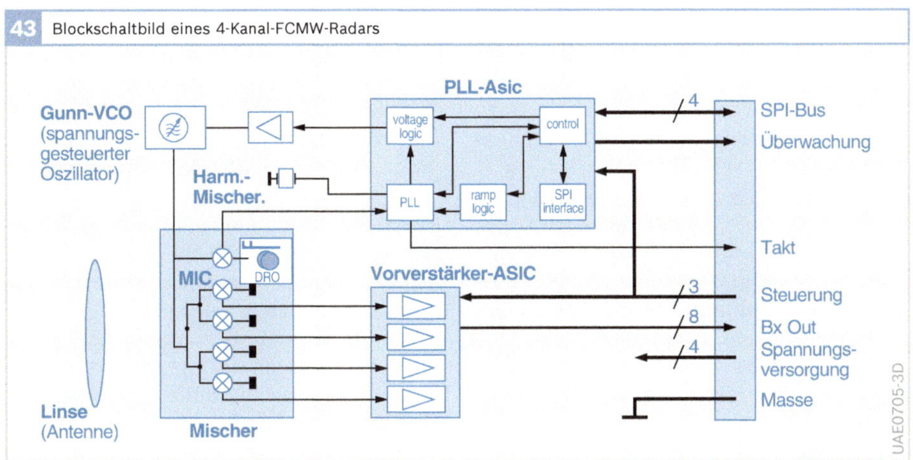

sorgt für die Frequenzstabilisierung und -modulation.

Die HF-Leistung wird über drei Wilkinson-Teiler auf die vier Sende-/Empfangskanäle aufgeteilt. Über „Durchblase"-Mischer wird einerseits diese Leistung der Antenne zugeführt, andererseits wird das Empfangssignal ins Basisband heruntergemischt.

Das Antennensystem besteht aus vier kombinierten Sende- und Empfangs-Patches auf dem HF-Substrat, vier Polyrods (Kunststoffkegel) zur Vorfokussierung und einer Kunststofflinse zur Strahlbündelung. Als Teil des Gehäuses dient die Linse gleichzeitig als Radar-optisches Fenster und Abschirmung. Die Radarwellen werden von den vier Antennenpatches gleichzeitig und kohärent abgestrahlt, sodass sich eine resultierende Sendewelle ergibt. Die eigentliche Trennung in die vier separaten Strahlen findet erst auf der Empfangsseite statt. Hier werden vier getrennt aufgebaute Empfangskanäle eingesetzt.

Positions- und Wegmessung mit GPS

GPS ist ein globales Ortungssystem (Global Positioning System) auf Satellitenbasis, das die Amerikaner zunächst für militärische Zwecke schufen, später aber zunehmend auch für zivile Zwecke freigaben. Mit insgesamt 24 Satelliten (21 in Funktion, drei in Reserve) in einer Flughöhe von 20183 km ist das System seit 1993 vollständig ausgebaut. Inzwischen sind sogar mehr als 24 Satelliten verfügbar. Sie sind mit einer Umlaufzeit von 12 h auf sechs kreisförmigen Bahnen so verteilt, dass von jedem Punkt der Erde aus stets mindestens vier (meist jedoch bis zu acht) über dem Horizont sichtbar sind. Sie senden fortlaufend (digitale) Signale auf einer Trägerfrequenz von 1,57542 GHz. Die Signale beinhalten vereinfacht gesagt folgende Botschaft:

- Identifikationscode des Satelliten,
- Position des Stelliten,
- Sendezeitpunkt der Botschaft (inklusive Datum).

Zur hochgenauen Bestimmung der Sendezeit stehen an Bord der Satelliten je zwei Cäsium- und zwei Rubidiumuhren zur Verfügung, die eine Abweichung von weniger als 20...30 ns aufweisen. Die auszuwertenden Signallaufzeiten liegen typisch im

Bereich von ca. 70 ms. Die Satelliten identifizieren sich mit einem Pseudozufallscode (PRN-Nummer), der 1 023 bit lang ist und nach je 1 ms fortlaufend wiederholt wird. Er wird dem Träger als Phasenmodulation aufgeprägt.

Mit einem GPS-Empfänger, bestehend aus GPS-Antenne, Signalempfangsteil, Präzisionsuhr und Mikroprozessor, kann ein Nutzer mit diesen Informationen seine eigene geographische Position dreidimensional bestimmen. Theoretisch genügen dazu die Signale von drei Satelliten. Da die weniger aufwändigen Uhren mobiler Empfänger (Schwingquarze) jedoch von den Satellitenuhren etwas abweichen, muss ein vierter Satellit herangezogen werden, mit dem der Fehler der Empfängeruhr eliminiert werden kann. Aus den gemessenen Signallaufzeiten wird auf die Entfernung zu den „sichtbaren" Satelliten geschlossen.

Die Positionsbestimmung erfolgt damit - wie in **Bild 44** in nur zwei Raumdimensionen gezeigt - dann nach dem Verfahren der Trilateration, nach dem es genau einen Raumpunkt gibt, der die drei Abstandsbedingungen erfüllt. Zusätzlich hat man auch noch die Information, dass sich das Auto - im Gegensatz zu einem Flugzeug - auf der Erdoberfläche befinden muss.

44 Positionsbestimmung mit GPS

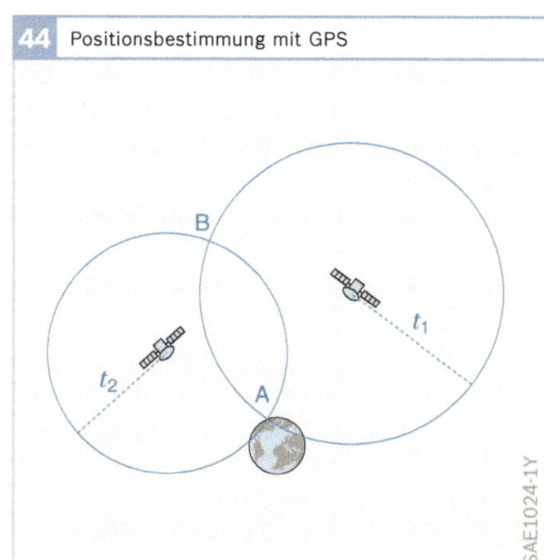

Bild 44
Darstellung in der Ebene (zweidimensional): Bei bekannter Position der Satelliten liegen bei den gemessenen Laufzeiten t_1 und t_2 die möglichen Empfangsorte auf zwei Kreisen um die Satelliten, die sich in den Punkten A und B schneiden. Der auf der Erdoberfläche liegende Punkt A ist der gesuchte Standort des Empfängers.

Die Messung wird auch umso genauer, je mehr Satelliten empfangen werden können und je besser, d. h. gleichmäßiger die Satelliten am Firmament verteilt sind. Seit der völligen Freigabe zur zivilen Nutzung (Mai 2 000) liegen die erreichbaren Genauigkeiten in der Ebene bei 3...5 m, bei der Höhenbestimmung bei etwa 10...20 m. Mit Verfeinerung des GPS zum DGPS (Differenzial-GPS, mobile Stationen haben über Langwellensignale mit einer festen Referenzstation Kontakt) können diese Abweichung noch stark verringert werden. So sind heute schon Auflösungen bis unter 1 m möglich.

Diese Genauigkeiten sind umso erstaunlicher, wenn man bedenkt, welch mannigfaltigen Fehlereinflüssen diese sehr komplexe Messung unterliegt. Hier sei beispielsweise nur darauf hingewiesen, dass bei der hohen Geschwindigkeit von ca. 12 000 km/h, mit der die Satelliten sich bewegen, bereits relativistische Effekte eine nicht unbedeutende Rolle spielen. Bei hohen Geschwindigkeiten vergeht die Zeit langsamer als auf der Erde. Bei der schwächeren Gravitation, die auf den Umlaufbahnen herrscht, vergeht die Zeit schneller. Die hohe Geschwindigkeit verursacht eine Zeitdilatation von 7,2 µs proTag, die geringere Gravitation hat sogar eine etwa sechsmal größere, allerdings gegensinnige Auswirkung.

Werden in einem mobilen GSP-Empfänger, wie z. B. im Kfz, in dichter Folge die ermittelten Positionsdaten abgespeichert, so kann man daraus auch leicht die Bahnkurve und die jeweilige Geschwindigkeit des Fahrzeugs ableiten. Werden die Daten über ein Funkmodul zu einer fest installierten Zentrale geschickt, so weiß man dort ebenfalls jederzeit über den Standort des Fahrzeugs Bescheid.

Drehzahl- und Geschwindigkeitssensoren

Messgrößen

Drehzahl- und Geschwindigkeitssensoren messen den pro Zeiteinheit zurückgelegten Winkel oder Weg. In beiden Fällen handelt es sich im Kraftfahrzeug meist um relative Messgrößen, die zwischen zwei Teilen auftreten oder aber auch gegenüber der Fahrbahn bzw. einem anderen Fahrzeug. Aber auch die absolute Drehgeschwindigkeit im Raum bzw. um die Fahrzeugachsen ist zu messen (Drehrate). So muss z. B. für die Fahrdynamikregelung die Drehrate des Fahrzeuges um die Hoch- oder Gierachse (engl.: yaw rate) sensiert werden.

Messprinzipien

Herkömmliche Sensoren zur Drehzahlmessung beruhen auf großen Messeffekten (z. B. induktiv). Sie sind daher meist elektrisch passiv, d. h., sie besitzen in aller Regel keine Elektronik vor Ort. Neuere Sensoren basieren meist auf sehr kleinen Messeffekten (z. B. Hall) und benötigen daher eine integrierte Elektronik zur Signalaufbereitung. Sie gehören im weitesten Sinne schon zu den „intelligenten“ (oder hier oft auch als „aktiv“ bezeichneten) Sensoren.

Aufnehmer für absolute Drehgeschwindigkeiten (Drehrate) benötigen sogar eine sehr komplexe Elektronik direkt am Sensor, da die hier genutzten Messeffekte nicht nur besonders klein sind, sondern auch der komplexen Signalaufbereitung bedürfen.

Zur inkrementalen Drehzahlmessung lassen sich sehr verschiedenartige (teilweise auch sehr kostengünstige) physikalischen Effekte ausnutzen. Jedoch sind z. B. optische und kapazitive Aufnehmer für die rauen Betriebsbedingungen im Kraftfahrzeug sehr wenig geeignet. Praktisch ausschließlich bevorzugt werden magnetisch wirkende Sensoren.

Relative Drehzahl- und Geschwindigkeitsmessung

Beispiele für die relative Drehgeschwindigkeit sind die
- Kurbel- und Nockenwellendrehzahl,
- Raddrehzahl (für ABS/ASR/ESP) und
- Drehzahl der Dieseleinspritzpumpe.

Die Messung geschieht dabei meist mithilfe eines inkrementalen Aufnehmersystems, bestehend aus Zahnrad und Drehzahlsensor.

Bei der Erfassung der relativen Drehgeschwindigkeit unterscheidet man je nach Zahl und Größe der abgetasteten Umfangsmarkierungen eines Rotors zwischen folgenden Sensoren (**Bild 1**):
- Eng geteilter Inkrementsensor, der bis zu einem gewissen Grad auch die über den Umfang variierende Momentangeschwindigkeit bzw. eine sehr feine Winkelunterteilung zu erfassen erlaubt.
- Segmentsensor, der eine kleine Zahl von Umfangssegmenten unterscheidet (z. B. Anzahl der Zylinder des Motors) und
- einfacher Drehzahlsensor, der mithilfe einer einzigen Markierung pro Umdrehung nur die mittlere Drehgeschwindigkeit erfasst.

1 Erfassung der Drehgeschwindigkeit (Rotorformen)

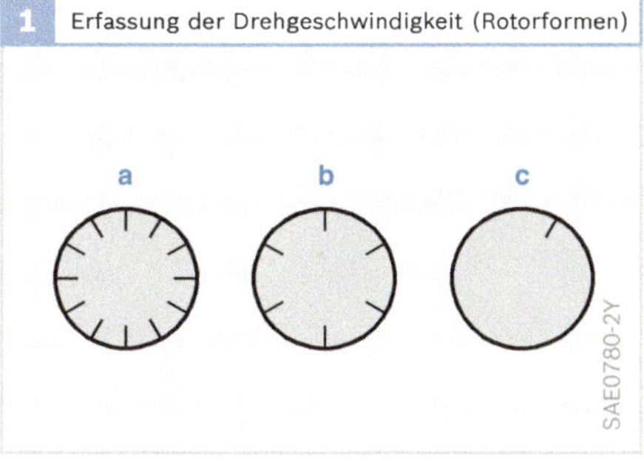

Bild 1
a Inkrementsensor
b Segmentsensor
c Drehzahlsensor

Sensorformen

Folgende verschiedene Sensorformen kommen zur Anwendung (**Bild 2**):

- Stabsensorform,
- Gabel- oder Schrankenform und
- (Innen- und Außen-)Ringform.

Die bezüglich ihrer Montage einfachste und auch bevorzugte Form ist die Stabsensorform, bei welcher sich die Zähne des Rotors dem Sensor annähern. Teilweise zulässig und auch im Einsatz ist die Gabel- oder Schrankenform, die bei ihrer Montage schon einer gewissen Ausrichtung zum Rotor bedarf. Von der Form, die den Rotorschaft ringförmig umfasst, ist man praktisch ganz abgekommen. Lediglich an Wellenenden wird bisweilen eine Innenringform verwendet, die ins Innere einer am Ende hohlen und inkremental strukturierten Welle eingesteckt wird.

Leider weist die am häufigsten verwendete Form des Stabsensors die geringste Messempfindlichkeit auf und ist problematisch bei allzu großen Luftspalten. Weit gehend unempfindlich gegen axiales und radiales Spiel ist dagegen schon die Gabelform. Die meist aufwändigen Ringformen vereinigen größtes Messsignal mit hoher Unempfindlichkeit gegen geometrische Toleranzen.

Traditionell induktive Sensoren sind in mancher Hinsicht unbefriedigend. Sie weisen eine drehzahlabhängige Amplitude auf und sind daher auch ungeeignet für niedrigste Drehzahlen. Sie lassen nur eine vergleichsweise geringe Luftspalttoleranz zu und sind meist nicht in der Lage, Luftspaltschwankungen (Rattern) von Drehzahlimpulsen zu unterscheiden. Zumindest die Sensorspitze sollte wegen ihrer Nähe zu heißen Bauteilen (z. B. Bremse) höheren Temperaturen standhalten können. Dementsprechend werden bei neuen Sensoren folgende zusätzlichen Eigenschaften angestrebt:

- Statische Erfassung (d. h. Drehzahl null bzw. extrem niedrige Anlass- oder Raddrehzahlen),
- größere Luftspalte (nicht justierte Montage auf Luftspalt > 0),
- geringe Baugröße,
- Unabhängigkeit von Luftspaltschwankungen,
- Temperaturbeständigkeit (≤ 200°C),
- Drehrichtungserkennung (optional für Navigation) und
- Bezugsmarkenerkennung (Zündung).

Zur Erfüllung der ersten Bedingung eignen sich hervorragend z. B. magnetostatische Sensoren (Hall, Feldplatte, AMR). Diese erlauben in aller Regel auch die Erfüllung der zweiten und dritten Anforderung.

Bild 3 zeigt drei grundsätzlich geeignete Stabsensorformen, die von Luftspaltschwankungen weitgehend unabhängig sind. Hierbei unterscheidet man zwischen Sensoren, die in radialer Richtung sensieren und solchen, die tangential ausgerichtet sind. So können magnetostatisch messende Sonden stets unabhängig vom Luftspalt Nord- und Südpole eines magnetisch aktiven Polrades unterscheiden.

Bei den magnetisch passiven Rotoren ist das Vorzeichen des Ausgangssignals dann nicht vom Luftspalt unabhängig, wenn sie die Tangentialfeldstärke erfassen (nachteilig ist hier jedoch oft der durch den Sensor selbst bedingte Luftspalt).

Häufig angewendet werden auch radial messende Differenzialfeld- oder Gradien-

2 Sensorformen

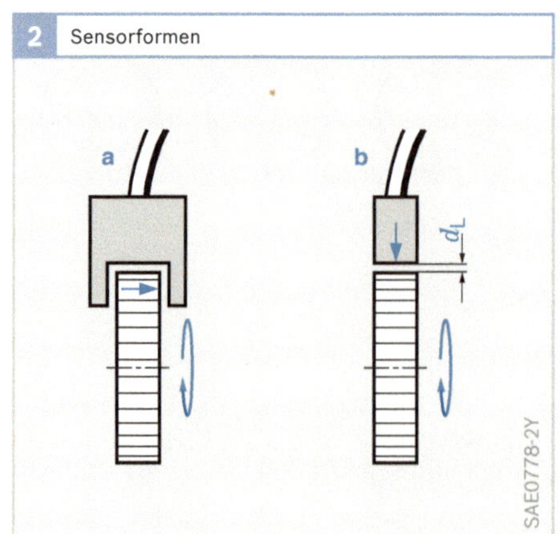

Bild 2
a Gabelform (Blenden- oder Schrankenprinzip
b Stabform (Annäherungsprinzip)
d_L Luftspaltweite

tensonden. Sie erfassen grundsätzlich nur den Gradienten der radialen Feldkomponente, dessen Vorzeichen sich nicht mit dem Luftspalt, sondern nur mit dem Drehwinkel ändert.

Rotoren

Der Rotor ist bei der Drehzahlmessung von ganz entscheidender Bedeutung. Er wird allerdings meist vom Fahrzeughersteller bereitgestellt, während der eigentliche Aufnehmer vom Zulieferer kommt. Früher waren fast ausschließlich magnetisch passive Rotoren üblich, hergestellt aus weichmagnetischem Material (meist Eisen). Sie sind kostengünstiger als hartmagnetische Polräder. Außerdem sind sie leichter zu handhaben, da sie nicht magnetisiert sind und auch nicht die Gefahr der (gegenseitigen) Entmagnetisierung (bei der Lagerung) besteht. Allerdings stellen sie - gerade in Verbindung mit Stabsensoren - auch die am schwierigsten abzugreifende Form eines Rotors dar.

Der eigene Magnetismus von Polrädern (magnetisch aktive Rotoren) erlaubt in aller Regel bei gleicher Inkrementweite und gleichem Ausgangssignal einen deutlich größeren Luftspalt.

3 Gegen Luftspaltschwankungen unempfindliche Sensoren

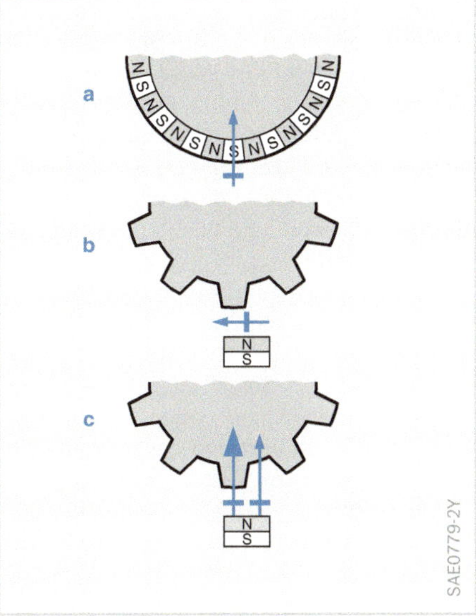

Bild 3
- a Radialfeldsonde mit Polrad
- b Tangentialsonde
- c Differenzialsonde mit Zahnrad

Passive Rotoren finden sich vor allem in der Form von Zahnrädern, die entweder ohnehin vorhanden sind (Starterzahnkranz) oder zur Signalerzeugung speziell angebracht werden (ABS). Bei letzteren kommen bisweilen auch planar verzahnte und axial abtastbare Formen zum Einsatz.

Beim Abgriff der Kurbelwellendrehzahl bzw. -position (z. B. am Starterzahnkranz) muss pro Umdrehung auch eine Bezugsmarke angebracht und erkennbar sein. Diese Bezugsmarke muss ein störungsfreies und optimales „Timing" von Zündung und Einspritzung erlauben. Als Bezugsmarke eignet sich z. B. ein ganz oder teilweise entfernter Zahn. Diese Zahnlücke kann wegen ihrer größeren zeitlichen Dauer erkannt werden, da feststeht, dass sich die Motordrehzahl nur allmählich und nicht schlagartig ändern kann.

Neben Zahnrädern sind bisweilen auch gestanzte Lochscheiben oder gewellte Blechringe als kostengünstige Rotoren im Einsatz (ABS).

Erst die Einführung von ins Radlager integrierten ABS-Sensoren hat auch zum Einsatz von Polrädern geführt, die z. T. gleichzeitig die Funktion eines Dichtrings (Simmerring) übernehmen (kunststoffgebundenes Magnetpulver). Auch „Tachosensoren" in kleiner und weitgehend gekapselter Bauform, die mit einer flexiblen Welle auf kurzem Weg mit einem der Fahrzeugräder verbunden sind, enthalten Polräder mit niedriger Polzahl zur Erzeugung eines Geschwindigkeitssignals. Diese werden meist mit integrierten Hall-Sensoren abgegriffen.

Induktive Sensoren

Induktive Sensoren standen als Spulensensoren zur Drehzahlmessung bereits zur Verfügung, als es noch keine oder noch keine geeignete Ausführungen in Mikrostrukturtechnik (z. B. Hall) gab. Sie nutzen das Induktionsgesetz zur Messung der (Dreh-)Geschwindigkeit, erzeugen also an ihrem zweipoligen Ausgang eine Spannung U_A, die der zeitlichen Änderung eines magnetischen Flusses Φ proportional ist (w Windungszahl):

$$U_A = U_{ind} = w \cdot d\Phi/dt$$

Der Fluss Φ ist außerdem auch eine Funktion der (Dreh-)Position x und des Luftspaltes d_L:

Mit
$\Phi = \Phi(x, d_L)$ und $d_L = const$
gilt:
$$U_A = U_{ind} = w \cdot \partial\Phi/\partial x \cdot dx/dt$$

wobei dx/dt die zu messende (Dreh-)Geschwindigkeit darstellt.

Die Gleichung zeigt jedoch auch deutlich die Schwäche der induktiven Sensoren: Kann nämlich die Luftspaltweite d_L nicht konstant gehalten werden (z. B. bei Rattervorgängen oder mechanischem Spiel), so erzeugt sie ebenso eine zeitliche Flussänderung wie die Messgeschwindigkeit. Dieser Effekt kann somit zu Spannungsimpulsen führen, die nicht oder nur schwer von echten Drehzahlsignalen zu unterscheiden sind. Solche Fehlimpulse können eine große Amplitude haben, da sich der Fluss exponentiell mit dem Luftspalt ändert und die Schwankungsvorgänge (z. B. Rattern der Bremsen) oft hochfrequenter Natur sind.

Induktive Sensoren sind daher immer auch dynamische Sensoren. Sie eignen sich prinzipiell nicht zum Erfassen extrem langsamer Geschwindigkeiten (quasistatisch oder statisch), da ihr Ausgangssignal in diesem Fall gegen null geht. Eine Ausnahme bilden hier nur mit einer Trägerfrequenz gespeiste Spulensensoren nach dem Bedämpfungs- oder Wirbelstromprinzip, die aber im Kraftfahrzeug kaum zum Einsatz kommen.

4 Induktiver Drehzahlsensor

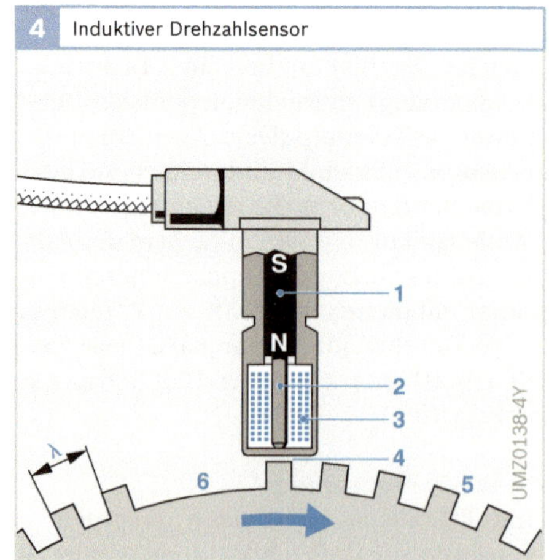

Bild 4
1 Stabmagnet
2 weichmagnetischer Polstift
3 Induktionsspule
4 Luftspalt d_L
5 ferromagnetisches Zahnrad (oder Rotor bzw. Impulsrad)
6 Umfangs bzw. Bezugsmarke
λ Zahnabstand

Induktive Drehzahlsensoren bestehen grundsätzlich aus drei wesentlichen magnetischen Bestandteilen (Bild 4):

- fest stehende Spule,
- Weicheisenteil und
- permanentmagnetischer Teil.

Der zur Erzeugung der Ausgangsspannung erforderliche Flusswechsel wird durch Bewegung bzw. Rotation des weich- oder hartmagnetischen Teils erzeugt. Induktive Sensoren bestehen vorzugsweise aus einem Stabmagneten (1) mit weichmagnetischem Polstift (2), der die Induktionsspule (3) mit zwei Anschlüssen trägt. Dreht sich vor diesem Aufnehmer ein ferromagnetisches Zahnrad (5) oder ein ähnlich strukturierter Rotor, so wird in der Spule durch die zeitliche Änderung des Magnetflusses eine proportionale (sinusähnliche) Spannung induziert.

Zur Abtastung sehr feiner Zahnstrukturen wird der Polstift teilweise vorne im Sinne eines Flusskonzentrators zugespitzt, d. h. als eine „Polklinge" ausgebildet, die meist durch das Metall- oder Kunststoffgehäuse durchtritt und sich der Inkrementstruktur nach Form und Richtung anpasst.

Am Rotor kann zusätzlich eine oder können mehrere Umfangsmarke(n) (6) an-

gebracht sein. **Bild 5** zeigt den Flussverlauf sowie die induzierte Spannung für den Fall einer einzelnen Umfangs- bzw. Bezugsmarke (Nut, Nocken, Polstift).
Üblicherweise wird zur elektronischen Erfassung einer solchen Umfangsmarke der steile Nulldurchgang inmitten des Flussmaximums genutzt. Aufgrund des Induktionsgesetzes ist das Signal in allen Phasen bezüglich seiner Amplitude drehzahlproportional.
Für eine ausreichend störsichere Auswertung im Steuergerät sollte der Abstand der Spitzen des Doppelimpulses (oder auch periodischer Spannungsimpulse) U_{SS} mindestens 30 mV betragen. Nachteil der

5 Fluss- und Spannungsverlauf an einem induktiven Sensor

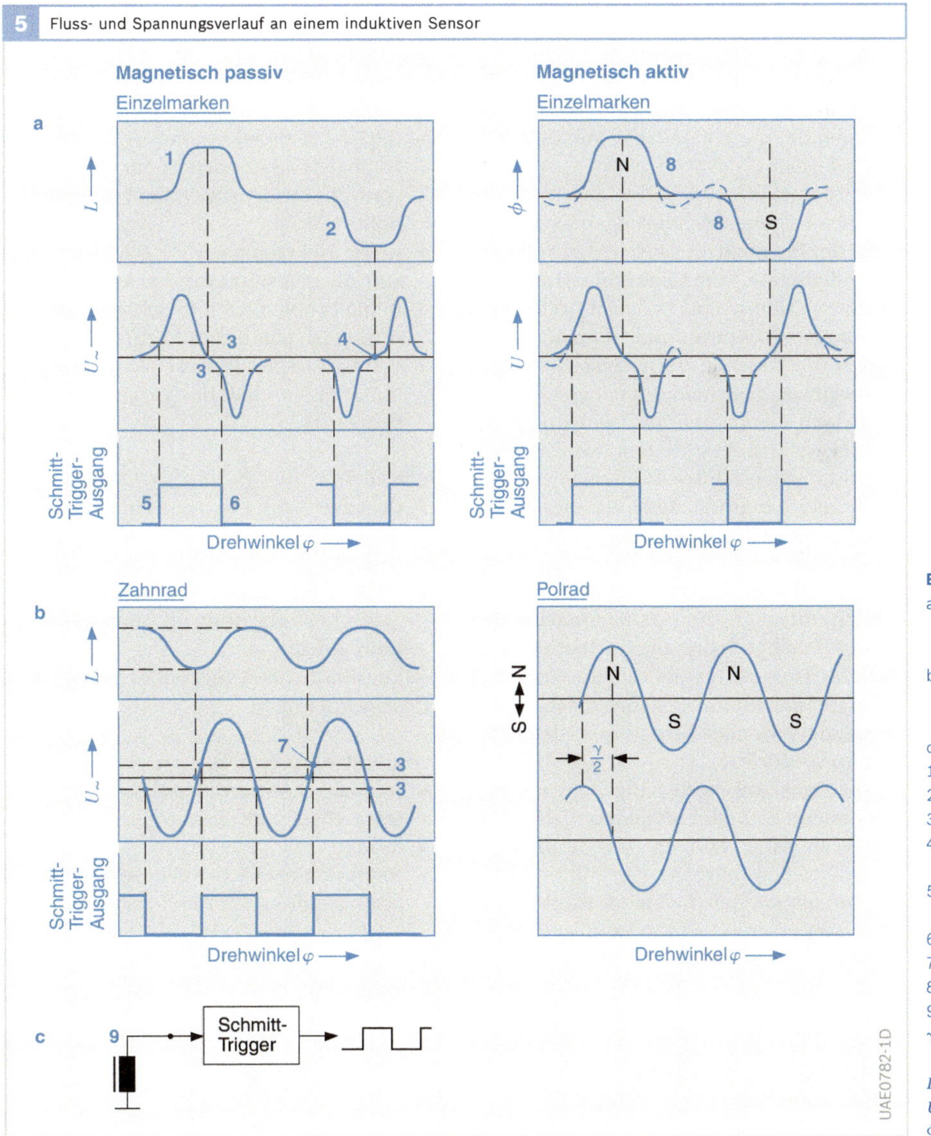

Bild 5
- a Einzelne magnetische Markierung pro Umdrehung
- b periodische Inkrementstruktur (z. B. Zahnrad, Polrad)
- c Auswerteschaltung
- 1 Nocken
- 2 Nut
- 3 Schaltschwellen
- 4 scharfer Nulldurchgang ausgewertet
- 5 Vorbereitungsflanke
- 6 Schaltflanke
- 7 Schaltpunkt
- 8 Polstifte
- 9 Sensor
- $\gamma/2$ Phasenverschiebung
- L Induktivität
- U Spannung
- Φ magnetischer Fluss

induktiven Sensoren ist jedoch, dass ihre Ausgangsspannungen für hohe Geschwindigkeiten/Drehzahlen zu sehr hohen Werten weit über 100 V führen können, die elektronisch schwieriger zu verarbeiten sind.

Werden die hohen Spannungsspitzen mithilfe von Zenerdioden gekappt, entstehen wegen der damit verbundenen Änderung der Lastimpedanz des Sensors erhebliche Winkelfehler. Dies kann zumindest im Falle von Kurbel- und Nockenwellenwinkelsensoren für die Zündung sehr unerwünscht sein. Bei diesen Anwendungen ist eine Winkeltreue von ca. 0,2° erforderlich.

Bei einzelnen magnetisch passiven oder aktiven Umfangsmarkierungen kann zudem der für niedrige Drehzahlen völlig unbedeutende, vom Rückschlussfeld erzeugte Vorimpuls bei höheren Drehzahlen bis in eine Größenordnung kommen, in der er die Schwelle des nachgeschalteten Schwellwertdiskriminators überschreitet und dann sogar einen noch weit größeren Fehler verursacht (**Bild 5a**). Aus diesem Grund werden die Schwellwerte der im Steuergerät befindlichen Eingangsschaltung der jeweiligen Drehzahl dynamisch angepasst.

Einer gleichmäßigen Zahnstruktur entspricht (bei nicht zu engem Luftspalt) ein sinusähnlicher Spannungsverlauf (**Bild 5b**). Die Drehzahl ergibt sich aus dem Abstand der Nulldurchgänge dieser Spannung, doch ist auch ihre Amplitude drehzahlproportional.

Die Signalamplitude hängt sehr stark (exponentiell) vom Luftspalt und der Zahngröße ab. Zähne können – wie bei allen magnetischen Inkrementverfahren – bis zu Luftspaltweiten d_L von der Hälfte oder dem Drittel eines Zahnabstandes λ noch einwandfrei detektiert werden:

$$d_L \leq \lambda/(2...3)$$

Mit den üblichen Kurbelwellen- und ABS-Zahnrädern werden Luftspalte bis zu 0,8 bzw. 1,5 mm abgedeckt. Die für die Zündung und Einspritzung erforderliche Bezugsmarke ergibt sich durch Auslassen eines bzw. zweier Zähne oder Schließen einer Zahnlücke. Sie wird an dem weiteren Abstand der Nulldurchgänge erkannt und bewirkt auch (entsprechend einem scheinbar größeren Zahn) eine weit höhere Signalspannung, die auch die vorausgehende bzw. nachfolgende Inkrementspannung – unter Umständen unzulässig – beeinträchtigt.

Vorteile

- Geringe Herstellkosten.
- Hohe (EMV-)Störsicherheit: niedriger statischer Innenwiderstand (dynamisch höher).
- Keine Elektronik vor Ort (elektrisch passiv), die geschützt werden muss.
- Keine Probleme mit Gleichspannungsdriften (dynamisches Messprinzip).
- Weiter Temperaturbereich (primär durch Eigenschaft der Vergussmasse begrenzt).

Nachteile

- Grenzen für die Verringerung der Baugröße bei herkömmlicher Spulentechnik.
- Drehzahlabhängigkeit des Ausgangssignals, keine Eignung für quasistatische Bewegungen.
- Empfindlichkeit gegenüber Luftspaltschwankungen.

Anwendungsbeispiele

- Induktiver Motordrehzahlsensor (Kurbelwellendrehzahlsensor),
- Induktiver Raddrehzahlsensor,
- Induktions-Nockenwellensensor (Transistorzündung mit Induktionsgeber TZ-I),
- Nadelbewegungssensor (Dieseleinspritzung).

Magnetostatische Sensoren

Eine quasistatische Drehzahlerfassung lässt sich vorzugsweise mit magnetostatischen Sensoren realisieren. Ihr drehzahlunabhängiges, nur feldstärkeabhängiges Ausgangssignal hat auch bei hohen Drehzahlen den Vorteil der leichteren elektronischen Handhabbarkeit von betragsmäßig begrenzten Signalspannungen. Sie bieten ferner den Vorteil fast beliebiger Verkleinerungsmöglichkeit und der integrierten Signalverstärkung bzw. Signalvorverarbeitung vor Ort. Auf Grund der kleinen Bauweise lassen sich damit auch leicht Mehrfachsysteme realisieren wie z. B. Differenzialanordnungen oder Anordnungen mit integrierter Richtungserkennung.

Gravierender Nachteil solcher aktiver Sensoren ist allerdings, dass der Bereich ihrer Betriebstemperatur weitestgehend von der zugehörigen Si-Auswerteelektronik bestimmt wird, die in aller Regel nicht so hohen Temperaturen standhalten kann wie die Sensorelemente selbst.

Seit einiger Zeit werden aktive Sensoren optional auch mit Stromausgang (zweipolig) geliefert, sodass der kostengünstige zweiadrige Anschluss künftig nicht mehr als spezifischer Vorteil von induktiven Spulensensoren betrachtet werden kann.

Hall-Schranken

Sollen Si-Hall-Sensoren zur inkrementalen Drehzahlmessung eingesetzt werden, so muss ihnen wegen der starken Fertigungsstreuungen sowie Temperatureffekte für ein sicheres und eindeutiges Schalten ein ausreichend hoher Induktionshub von typisch 40...50 mT angeboten werden. Dies konnte mit herkömmlichen Hall-Sensoren und für tragbare Luftspaltweiten nur erreicht werden, indem der Sensor in der Form einer „Hall-Schranke“ aufgebaut wurde (z. B. als Zündauslösesensoren im Zündverteiler für die früheren elektronischen Zündsysteme). Sensor und zugehörige Elektronikschaltkreise zur Versorgung und Signalauswertung sind direkt auf den Sensorchip integriert.

Dieser Hall-IC (in Bipolartechnik für Dauertemperaturen ≤ 150 °C und direkten Bordnetzanschluss) befindet sich in einem nahezu geschlossenen magnetischen Kreis, bestehend aus Dauermagnet und Polstücken (Bild 6). Den noch verbleibenden Luftspalt durchläuft ein weichmagnetischer Blendenrotor (z. B. von der Nockenwelle angetrieben). Eine eingeführte Blende schließt den Magnetfluss kurz (d. h. führt ihn am Sensor vorbei), eine Lücke des Blendenrotors lässt ihn ungehindert durch den Sensor hindurch. Hierbei ist eine sichere Funktion des Sensors auch dann gewährleistet, wenn der Blendenrotor unterschiedlich tief in die Schranke eintaucht oder seine Luftspaltposition in radialer Richtung, also senkrecht zur Drehrichtung, ändert.

Hall-Schranken dieser Art lassen sich nur für eine begrenzte Umfangsauflösung realisieren und kommen vorwiegend als Segmentsensoren zum Einsatz. Bei zu schmalen Blendenschlitzen tritt das magnetische Feld praktisch nicht mehr durch, und der erforderliche Induktionshub lässt sich nicht mehr erreichen.

6 Hall-Schranke

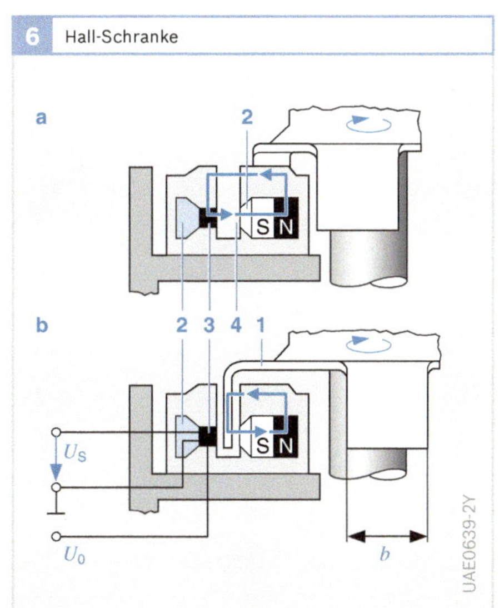

Bild 6
a Ungehinderter Magnetfluss
b kurzgeschlossener Magnetfluss
1 Blende mit Breite b
2 weichmagnetische Leitstücke
3 Hall-IC
4 Luftspalt
U_0 Versorgungsspannung
U_S Sensorspannung

Einfache Hall-Sensoren in Stabsensorform
Einfache, mit einem Arbeitspunktmagnet versehene Hall-Sensoren in Stabform eignen sich nicht zur statischen oder quasistatischen Abtastung eines magnetisch passiven Rotors (**Bild 7a**, Zahnrad), da die Arbeitspunktmagnetisierung hier (im Gegensatz zur Hall-Schranke) zu stark von der Weite des Luftspalts abhängt und der in dieser Anordnung erzielbare Induktionshub für ein sicheres Schalten zu gering ist. Die Schaltschwellen eines nachgeschalteten Schwellwertkomparators (Schmitt-Trigger) müssten stets auf den sich ändernden (schwimmenden) Arbeitspunkt eingestellt werden. Ein Einsatz dieser Art ist nur möglich, wenn auf eine Gleichstromkopplung und damit auf eine statische Signalauswertung verzichtet wird. Die für solche - auch als $\Delta\Phi$-Sensoren bezeichneten - Anordnungen erforderlichen Koppelkondensatoren bedeuten jedoch einen zusätzlichen Aufwand und einen Verlust an Betriebssicherheit.

Einfache Hall-Sensoren eignen sich jedoch sehr gut zur Abtastung eines magnetisch aktiven Rotors (**Bild 7b**, Polrad). In diesem Fall kann auf einen Arbeitspunktmagneten verzichtet werden, der Sensor wird vom Rotor nur um den magnetischen Nullpunkt herum mit wechselnder Polarität ausgesteuert. Mit zunehmendem Luftspalt nimmt zwar der magnetische Steuerhub ab; die Lage des Arbeitspunkts ($B = 0$) ändert sich jedoch nicht mehr. Da der Nullpunkt bei neuartigen Hall-Sensoren weitgehend temperaturstabil ist, können die Schaltschwellen des nachgeschalteten Schwellwertkomparators relativ eng gesetzt werden. Dies ermöglicht auch verhältnismäßig große Luftspaltweiten. Luftspaltschwankungen können in dieser Anordnung auch nicht Fehlimpulse hervorrufen, da sie zu keinem Polwechsel führen. Der Polwechsel charakterisiert allein die fortschreitende Messbewegung (Rotation).

Gradienten-Sensoren
Gradienten-Sensoren (**Bild 8**), die sich wahlweise z. B. auf der Basis von Differenzialhall- oder Differenzialfeldplatten-Sensoren realisieren lassen, eignen sich weit besser zur Abtastung magnetisch passiver Rotoren als einfache Hall-Sensoren. Sie haben einen Dauermagneten, dessen dem Zahnrad zugewandte Polfläche durch ein dünnes ferromagnetisches Plättchen homogenisiert wird (Pos. 2). Darauf sitzen zwei galvanomagnetische Elemente

Bild 7
a Passiver Rotor
b aktiver Rotor
1 Inkrementrotor
2 (Einfach-)Hall-IC
3 Permanentmagnet
4 Polrad
5 Gehäuse

Bild 8
1 Feldplatten-Widerstände R_1, R_2 oder Hall-Elemente H_1, H_2
2 ferromagnetisches Plättchen (weichmagnetisches Substrat)
3 Dauermagnet
4 Zahnrad
U_0 Versorgungsspannung
$U_A(\varphi)$ Messspanung bei Drehwinkel φ

7 Hall-Stabsensoren

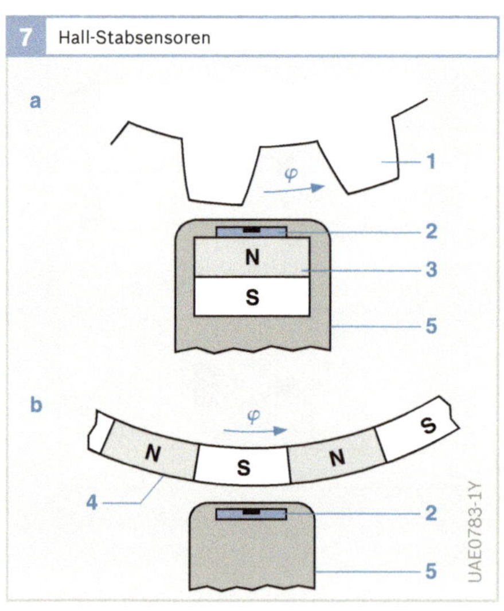

8 Gradientensensor zur Zahnradabtastung

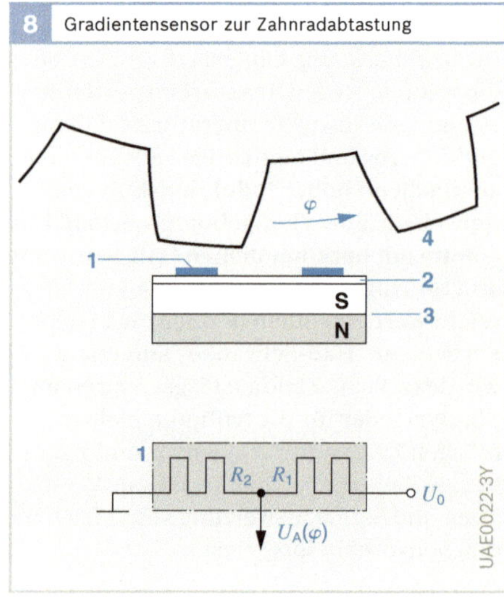

(Sammelbezeichnung für Hall-Sensoren und Feldplatten) etwa im halben Zahnabstand an der Sensorspitze. Damit befindet sich das eine Element genau gegenüber einer Zahnlücke, wenn das andere gegenüber einem Zahn steht. Der Sensor misst den Feldstärkeunterschied an zwei in Umfangsrichtung eng benachbarten Punkten. Das Ausgangssignal entspricht etwa der Ableitung der Feldstärke nach dem Umfangswinkel und ist damit bezüglich Vorzeichen unabhängig vom Luftspalt. Luftspaltschwankungen rufen keine Fehlimpulse hervor, da sie das Vorzeichen des Gradientensignals nicht ändern.

Zur Signalauswertung können die beiden Feldplattenwiderstände ganz einfach zu einem Spannungsteiler geschaltet sein, der mit konstanter Spannung gespeist wird und dessen Ausgangssignal im Allgemeinen unbelastet vom Steuergerät erfasst wird. Dieses Signal liegt bei Raumtemperatur und üblichen Luftspalten im Voltbereich, ist aber auch bei höheren Temperaturen noch so groß, dass es ohne jede Vorverstärkung zum Steuergerät übertragen werden kann.

Wird statt der Leerlaufspannung des Feldplattenteilers sein unter Last fließender Ausgangsstrom erfasst, so wird bei geeigneter Auslegung der starke Temperaturgang der Messempfindlichkeit weitgehend ausgeglichen.

Im Falle einer Gradientensonde auf Hall-Basis können die Strompfade der beiden Hall-Elemente parallel und ihre Ausgangsspannungen gegensinnig so in Reihe geschaltet werden, dass man direkt ihre Differenzspannung abgreifen und den nachgeschalteten Verstärkungs- und Auswertestufen zuführen kann.

Tangential-Sensoren
Im Gegensatz zu den Gradienten-Sensoren reagieren Tangential-Sensoren auf Vorzeichen und Intensität der zum Rotorumfang tangentialen Magnetfeldkomponente. Sie können in AMR-Dünnschichttechnik als Barberpole oder auch als einfache Permalloywiderstände in Voll- oder Halbbrückenschaltung ausgeführt sein (Bild 9). Im Gegensatz zum Gradienten-Sensor sind sie nicht auf die jeweilige Zahnteilung anzupassen und können gewissermaßen punktförmig ausgeführt sein. Sie bedürfen der Verstärkung vor Ort, wenn auch ihr Messeffekt um ca. 1...2 Größenordnungen über dem von Silizium-Hall-Sensoren liegt.

Bei einem lagerintegrierten Kurbelwellen-Drehzahlsensor (Simmerring-Modul) ist der AMR-Dünnschichtsensor zusammen mit einem Auswerte-IC auf einem gemeinsamen „Leadframe“ montiert.

Zur Platzersparnis und zum Temperaturschutz ist der Auswerte-IC um 90° abgekröpft und weiter von der Sensorspitze entfernt angeordnet.

Giant magnetoresistive (GMR-)Elemente
Der „Giant Magneto Resistance“-Effekt (GMR-Effekt) wurde zuerst an Multilagen nachgewiesen, die abwechselnd aus dünnen weichmagnetischen und nicht magnetischen Schichten bestehen (Dicke wenige Nanometer). Eine antiparallele Ausrichtung der Magnetisierung benachbarter ferromagnetischer Schichten führt zu einem maximalen elektrischen Widerstand, während die parallele Ausrichtung einen deutlich geringeren Widerstand aufweist. Die

9 AMR-Drehzahlsensor als Tangentialfeldsonde

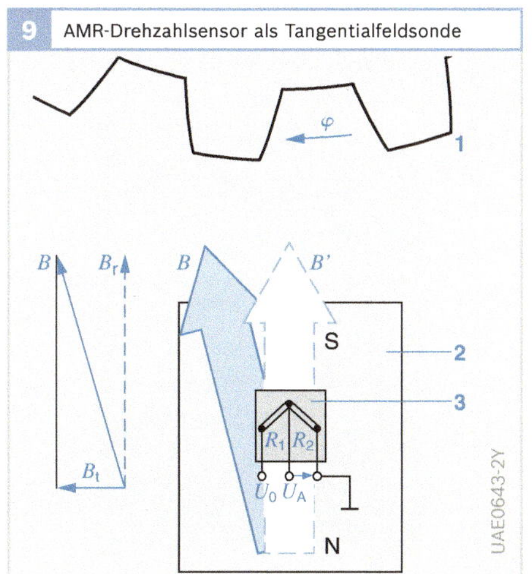

Bild 9
1 Zahnrad (Fe)
2 Dauermagnet
3 Sensor
B Steuerfeldstärke mit Tangentialkomponenten B_t und Radialkomponente B_r (B' Ruhestellung, $B_t = 0$),
R_1, R_2 Permalloy-Dünnschichtwiderstände (AMR)
φ Drehwinkel
U_0 Versorgungsspannung
U_A Messspannung

relative Widerstandsänderung für anwendungsrelevante Schichtstrukturen bewegt sich dabei im Bereich 20...30 %. Gegenüber dem AMR-Effekt bedeutet das eine Steigerung von etwa einem Faktor 10.

Das einfachste Schichtsystem, das einen GMR-Effekt zeigt, ist ein Spinvalve (siehe auch Abschnitt „Positionssensoren"). Es besteht aus zwei weichmagnetischen Schichten, die durch eine nichtmagnetische Schicht getrennt sind. Während die Magnetisierung der einen weichmagnetische Schicht durch einen Antiferromagneten fixiert wird, kann die Magnetisierung der zweiten weichmagnetischen Schicht idealerweise ungestört dem äußeren Feld folgen (free layer). Der Widerstand ist dann minimal, wenn die Magnetisierungen der beiden Schichten parallel ausgerichtet sind und um ca. 5 % erhöht, wenn die Magnetisierungen antiparallel ausgerichtet sind. Mit Hilfe eines künstlichen Antiferromagneten (SAF), der aus zwei ferromagnetischen Schichten besteht, die über eine sehr dünne nichtmagnetische Zwischenschicht stark antiferromagnetisch gekoppelt sind, lässt sich zusätzlich die Wechselwirkung der Referenzmagnetisierung mit dem äußeren Feld minimieren (**Bild 10**). Dadurch wird die Robustheit gegen Störfelder deutlich erhöht.

Eine typische Kennlinie eines Spinvalves zeigt **Bild 11**. Man erkennt deutlich die zwei charakteristischen Zustände für die beiden entgegengesetzten Richtungen des äußeren Magnetfeldes. Im Übergangsbereich zwischen hohem und niedrigem Widerstand ist das Spinvalve auf Feldstärkeänderungen empfindlich.

Zur Drehzahlerfassung eignet sich eine Brückenschaltung aus vier GMR-Widerstandselementen, die als Gradiometer ausgeführt ist (**Bild 12**). Dabei sind die Widerstände so verschaltet, dass nur eine Magnetfelddifferenz an den beiden

11 Kennlinie eines GMR-Spinvalves

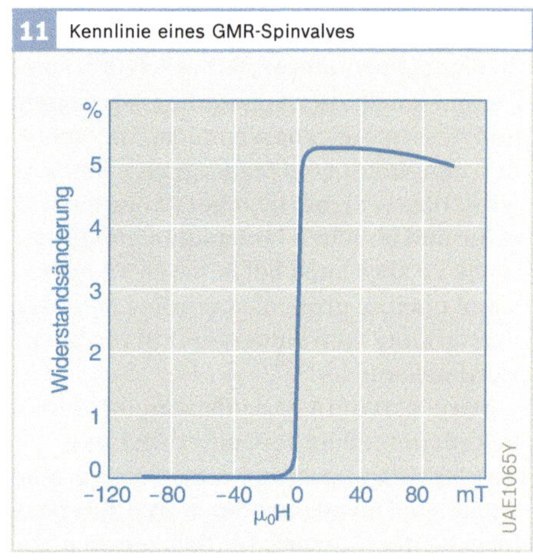

10 Schichtstapel eines GMR-Spinvalves

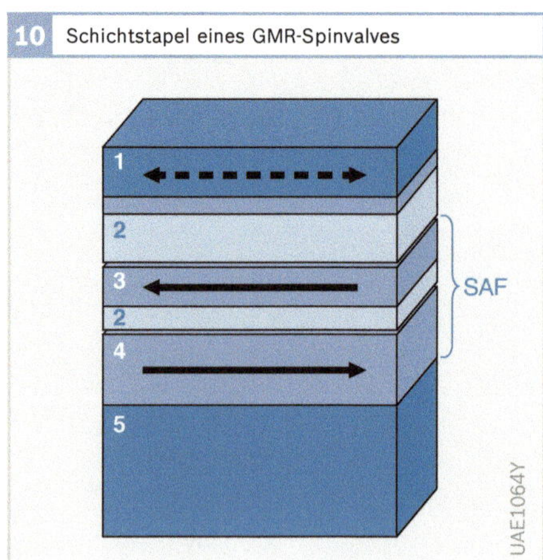

Bild 10
1 Freie Schicht
2 Zwischenschicht
3 Referenzschicht
4 gepinnte Schicht
5 Antiferromagnet
SAF künstlicher Antiferromagnet

12 Brückenschaltung des GMR-Sensors

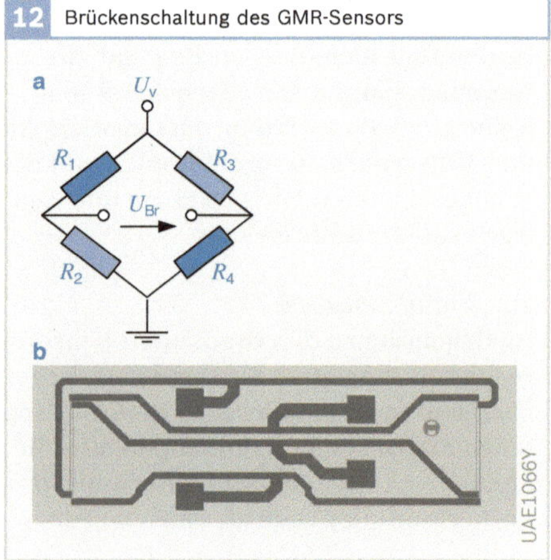

Bild 12
a Elektrische Beschaltung
b Layout eines Gradiometersensors

Brückenorten ein Signal ergibt. Dadurch lassen sich Effekte homogener Störfelder unterdrücken. Da die Referenzrichtung für alle Widerstände gleich ist, erübrigt sich das lokale Aufheizen im Magnetfeld, wie es zum Einschreiben unterschiedlicher Referenzmagnetisierungsrichtungen bei einem Winkelsensor notwendig ist.

Die maximale Signalamplitude eines Gradiometersensors ergibt sich dann, wenn die Feldrichtung an den beiden Brückenorten genau 180° phasenversetzt ist. Dies ist bei einem Multipolrad z. B. dann der Fall, wenn der Abstand der Widerstandselemente dem Polabstand des Multipolrings entspricht (**Bild 13**).

Anwendungsbeispiele

- Hall-Sensor (Transistorzündung TZ-H),
- Hall-Phasensensor (Nockenwelle),
- Getriebe-Hall-Sensor (RS50, RS51),
- Aktiver Hall-Drehzahlsensor,
- Aktiver AMR-Drehzahlsensor,
- Feldplattensensor (für Diesel-Radialkolben-Verteilereinspritzpumpe),
- Aktiver GMR-Drehzahlsensor.

Absolute Drehgeschwindigkeitsmessung

Messprinzip Schwingungsgyrometer

Grundlagen

Mechanische Kreisel (engl.: Gyroscope bzw. Gyro) nutzen Trägheitskräfte, um unabhängig von Bezugssystemen im Raum Winkelbewegungen sehr präzise zu messen. Sowohl drehende Kreisel als auch optische Sensoren auf der Basis des interferometrisch wirkenden Sagnac-Effekts (Laser- und Faserkreisel) kommen für Kfz-Systeme trotz sehr ausgeprägtem Messeffekt wegen strenger Kostenanforderungen nicht in Betracht.

Dagegen lassen sich die etwas geringeren Präzisionsanforderungen für Anwendungen im Kfz mit fein- und mikromechanisch hergestellten Gyros erfüllen, die statt einer Rotationsbewegung lediglich eine äquivalente elastische Schwingbewegung zur Erzeugung eines Messeffekts ausnutzen. Diese Sensoren ähneln im Prinzip mechanischen Kreiseln. Sie nutzen die bei Drehbewegungen in Verbindung mit einer Schwingbewegung (Geschwindigkeit v) auftretenden Coriolis-Beschleunigungen zur Messung aus (**Bild 14**). Diese als Schwingungsgyrometer (engl.: vibrating gyros) bezeichneten Sensoren werden im Elektronischen Stabilitätsprogramm (ESP) zur Erkennung des Ausbrechens des Fahr-

13 Drehzahlmessung mit GMR-Sensor

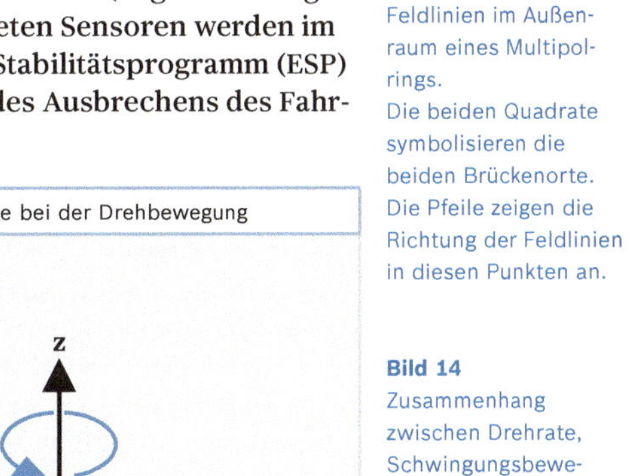

Bild 13
Feldlinien im Außenraum eines Multipolrings.
Die beiden Quadrate symbolisieren die beiden Brückenorte.
Die Pfeile zeigen die Richtung der Feldlinien in diesen Punkten an.

14 Zusammenhänge bei der Drehbewegung

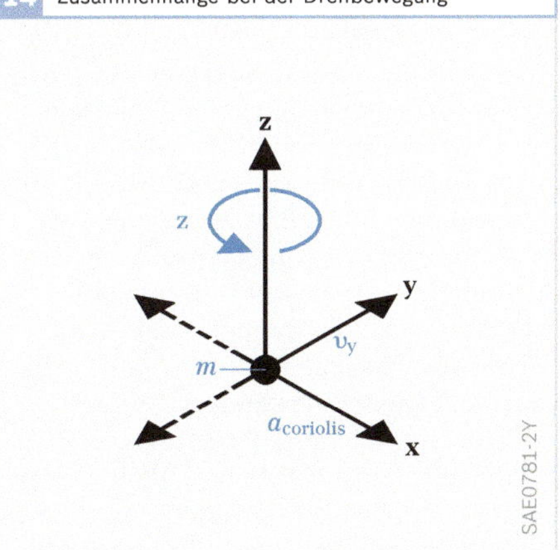

Bild 14
Zusammenhang zwischen Drehrate, Schwingungsbewegung und Coriolis-Beschleunigung an einer Punktmasse m
Ω_z Drehrate
v_y Geschwindigkeit der Schwingbewegung
$a_{Coriolis}$ Coriolis-Beschleunigung
m Punktmasse

zeugs, in Navigationssystemen zur Detektion der Fahrtrichtung und in Kameras zur Bildstabilisierung gegen Verwackeln eingesetzt. Sie erfüllen alle Kfz-spezifischen Anforderungen wie Wartungsfreiheit, Lebensdauer, Einschaltzeitkonstante usw. einschließlich der Kostenerwartungen ausreichend gut.

Schwingungsgyrometer messen die Drehrate um ihre „sensitive Achse". Im Elektronischen Stabilitätsprogramm (ESP) und in Navigationssystemen wird die Drehrate Ω_z um die Fahrzeughochachse (Gierachse) gemessen. Systeme zur Auslösung von Überrollschutzsystemen benötigen die Drehraten Ω_x und Ω_y um die Roll- und Nickachse des Fahrzeugs.

Messen des Coriolis-Beschleunigung

Schwingungsgyrometer messen die Coriolis-Beschleunigung auf folgende Weise: Vergrößert man den Abstand einer Masse zur Drehachse, so muss diese wegen des höheren Radius in der Zeit einer Umdrehung einen größeren Weg zurücklegen. Der Umfang steigt mit dem Radius. Die Masse muss also eine höhere Tangentialgeschwindigkeit bekommen und zu diesem Zweck beschleunigt werden. Diese Beschleunigung (Coriolis-Beschleunigung) wird gemessen, indem die Masse federnd aufgehängt ist und die Biegung der Aufhängung gemessen wird. Wird nun der Abstand der – inzwischen mit höherer Tangentialgeschwindigkeit umlaufenden – Masse zur Drehachse verringert, muss nunmehr die Masse langsamer werden, da sie pro Umdrehung einen kleineren Weg zurücklegen muss. Die erforderliche Bremsbeschleunigung wird ebenfalls über die Biegung der Aufhängung gemessen.

Bei den Schwingungsgyrometern wird der Abstand einer (oder mehrerer) Masse(n) zur Drehachse durch eine Schwingungsanregung periodisch vergrößert und wieder verkleinert (**Bild 14**, Bewegung in y-Richtung). Dadurch muss die Masse im gleichen Takt beschleunigt und wieder abgebremst werden (Bewegung in x-Richtung). Die dafür erforderlichen Kräfte hängen von der Amplitude der Schwingungsanregung und der aktuellen Drehrate ab. Hält man die Schwingungsanregung konstant, kann man aus den Beschleunigungskräften die Drehrate Ω ermitteln.

Die Coriolis-Kraft wirkt nach einem bekannten Vektorgesetz senkrecht zur Drehbewegung und Geschwindigkeit der bewegten Masse (**Bild 14**). Daraus ergibt sich die Coriolis-Beschleunigung zu:

(1) $a_{\text{Coriolis}} = a_x = 2 \cdot v_y \cdot x \cdot \Omega_z$

Die Geschwindigkeit v_y ändert sich dabei entsprechend der Schwingbewegung sinusförmig:

(2) $v_y = v_y \cdot \sin \omega t$

Damit wird bei konstanter Drehrate Ω_z auch eine sinusförmige Coriolis-Beschleunigung a_{Coriolis} gleicher Frequenz gemessen. Der Amplitudenwert ist dann:

(3) $a_{\text{Coriolis}} = 2 \cdot v_y \cdot \Omega_z$

Die ebenfalls an der Masse m angreifende Beschleunigung a_y in Schwingrichtung ist dem Betrag nach meist um mehrere Zehnerpotenzen höher als die Coriolis-Nutzbeschleunigung:

(4) $a_y = \mathrm{d}v_y/\mathrm{d}t = \omega \cdot v_y \cdot \cos \omega t$

Da die Coriolis-Beschleunigung die gleiche Frequenz wie die Anregungsfunktion hat, kann das Nutzsignal (die Drehrate) durch Multiplikation von Anregungs- und Coriolis-Signal mit anschließender Mittelwertbildung gewonnen werden (phasenrichtige Gleichrichtung). Störsignale anderer Frequenzen werden dabei ausgefiltert (Prinzip des Lock-in-Verstärkers). Die Mittelwertbildung (mit einem Tiefpass) befreit das Ausgangssignal von der Anregungsfrequenz. Es ergibt sich eine Ausgangsspannung, die der Drehrate proportional ist:

(5) $U_A = const \cdot a_{\text{Coriolis}} = const' \cdot \Omega$

Anwendungsbeispiele

- Piezoelektrische Drehratesensoren,
- Mikromechanische Drehratesensoren.

Beschleunigungssensoren

Messgrößen

Beschleunigungssensoren eignen sich

- zur Klopfregelung bei Ottomotoren,
- zum Auslösen von Rückhaltesystemen (z. B. Airbag und Gurtstraffer) und
- zum Erfassen von Beschleunigungen des Fahrzeugs für das Antiblockiersystem (ABS) oder das Elektronische Stabilitätsprogramm (ESP) bzw.
- zum Bewerten der Karosseriebeschleunigung für Systeme der Fahrwerksregelung.

Messgröße ist die Beschleunigung *a*, die oft als Vielfaches der Fallbeschleunigung g_n (1 *g* ≈ 9,81 m/s²) angegeben wird (typische Werte für Kfz siehe **Tabelle 1**).

1 Messbereich von Beschleunigungssensoren

Anwendung	Messbereich
Klopfregelung	40 *g*
Passagierschutz	
– Airbag, Gurtstraffer	35...100 *g*
– Seitencrash-, Upfrontsensierung	100...400 *g*
– Überrolldetektion	3...7 *g*
ESP, HHC, ABS	0,8...1,8 *g*
Fahrwerkregelung (Suspension)	
– Aufbau	1 *g*
– Achse/Dämpfer	10...20 *g*
Car-Alarm	1 *g*

Messprinzipien

Beschleunigungssensoren messen die durch eine Beschleunigung *a* auf eine träge Masse *m* ausgeübte Kraft *F*:

(1) $F = m \cdot a$

Hierbei gibt es, wie bei der Kraftmessung, sowohl wegmessende als auch die mechanische Spannung messende Systeme.

Wegmessende Systeme

Bei wegmessenden Systemen (**Bild 1**) ist eine Masse *m* – die seismische Masse – elastisch mit dem Körper verbunden, dessen Beschleunigung *a* gemessen werden soll.

Konstante Beschleunigung

Im Fall einer konstanten Beschleunigung ist die Beschleunigungskraft mit der Rückstellkraft der um *x* ausgelenkten Feder mit der Federkonstante *c* im Gleichgewicht:

(2) $F = m \cdot a = c \cdot x$

Die Messempfindlichkeit *S* des Systems ergibt sich somit zu:

(3) $S = x/a = m/c$

Demnach führen eine große Masse und eine geringe Federsteifigkeit zu einer hohen Messempfindlichkeit.

Tabelle 1
g Fallbeschleunigung 1 *g* ≈ 9,81 m/s²
HHC Hill Hold Control
ABS Antiblockiersystem
ESP Elektronisches Stabilitätsprogramm

1 Wegmessende Beschleunigungssensoren

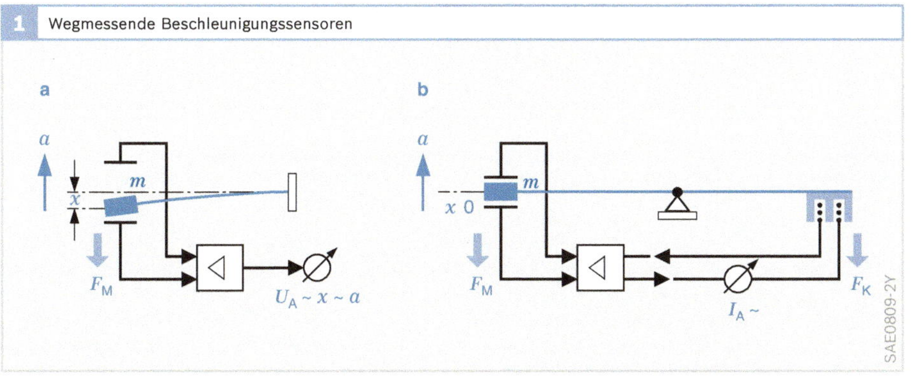

Bild 1
Schema:
a Ausschlagmessend
b lagegeregelt

a Messbeschleunigung
x Systemausschlag
F_M Messkraft (Trägheitskraft auf Masse *m*)
F_K Kompensationskraft
I_A Ausgangsstrom
U_A Ausgangsspannung

Veränderliche Beschleunigung
Im dynamischen Fall sind neben der Federkraft noch eine Dämpfungs- und eine Trägheitskraft zu berücksichtigen. Die wesentliche Dämpfungskraft ist proportional zur Geschwindigkeit $\dot{x}$ und wird beschrieben mit dem Dämpfungskoeffizienten p. Die Trägheitskraft ist proportional zur Beschleunigung $\ddot{x}$. Die sich so ergebende Gleichung (4) beschreibt ein schwingungsfähiges (resonantes) System:

(4) $$F = m \cdot a = c \cdot x + p \cdot \dot{x} + m \cdot \ddot{x}$$

Ausgehend von einer vernachlässigbaren Dämpfung ($p \approx 0$) besitzt es eine Resonanzfrequenz:

(5) $$\omega_0 = \sqrt{\frac{c}{m}}$$

Somit ist gemäß Gleichung (3) die Messempfindlichkeit S mit der Resonanzfrequenz ω_0 in folgender Weise fest verknüpft:

(6) $$\omega_0^2 \cdot S = 1$$

Dies bedeutet, dass eine doppelt so hohe Resonanzfrequenz mit einer auf den Faktor 1/4 reduzierten Empfindlichkeit erkauft werden muss. Solche Feder-Masse-Systeme zeigen nur deutlich unterhalb ihrer Resonanzfrequenz eine hinreichend konstante Proportionalität zwischen Messgröße und Ausschlag.

Die sich ergebende Auslenkung wird über ein geeignetes Messverfahren in ein elektrisches Signal umgesetzt (vgl. Tab. 2).

Lageregelung
Wegmessende Systeme erlauben die Anwendung des Kompensationsprinzips, bei dem die beschleunigungsbedingte Systemauslenkung durch eine äquivalente Rückstellkraft ausgeregelt wird (Bild 1b). Das Sensorelement ist nun Bestandteil eines geschlossenen Regelkreises. Als Maß für die Beschleunigung dient die Rückstellkraft bzw. die sie erzeugende Größe (z. B. Strom oder Spannng). Das System arbeitet durch die Regelung sehr nahe am Nullpunkt der Auslenkung und erreicht eine hohe Linearität.

Die Lageregelung bewirkt einen größeren Messbereich, der nur durch die Rückstellkraft begrenzt wird, und eine höhere Grenzfrequenz als gleichartige, nicht lagegeregelte Systeme (Bild 1a).

Dämpfung
Um eine störende Resonanzüberhöhung zu vermeiden, bedarf es bei reinen Ausschlagsystemen einer definierten und von der Temperatur unabhängigen Dämpfung. Wird der Dämpfungskoeffizient p auf die übrigen Parameter der Gleichung (4) bezogen, so ergibt sich das Lehr'sche Dämpfungsmaß D zu:

(7) $$D = \frac{p}{2 \cdot c} \cdot \omega_0 = \frac{p}{2 \cdot \sqrt{c \cdot m}}$$

2 Messprinzipien

Elektr. Abgriff	Prinzip	Technische Umsetzung	Anwendungsbeispiele
Piezoresistiv	Spannungsmessung über Widerstandsänderung bei Dehnungen durch Beschleunigung auf Feder-Masse-System	Silizium-Volumenmikromechanik, Dünnschichtsysteme	Laborapplikationen, früher auch Crashsensorik
Piezoelektrisch	Ladungsverschiebungen im Kristall durch angelegte Kraft (Feder-Masse-System)	Keramikmaterial, PZT, Quarz, PVDF	Klopfsensoren, früher auch Crashsensorik
Kapazitiv	Auslenkung des Feder-Masse-Systems wird über die Kapazitätsmessung eines Plattenkondensators bestimmt	Silizium-Volumenmikromechanik, Oberflächenmikromechanik	Flächendeckend im Kfz verwendet
Thermisch	Laterale Auslenkung eines erhitzten Gasbereichs und Detektion der Asymmetrie bezüglich der Heizzone	Volumenmikromechanik	Überrollsensierung

Diese dimensionslose Größe erlaubt ein einfaches Beschreiben und Vergleichen unterschiedlicher, schwingungsfähiger Systeme. Einschwingverhalten und Resonanzüberhöhung werden weitgehend von diesem Dämpfungsmaß bestimmt. In der Praxis werden Werte von $D = 0{,}5 \ldots 0{,}7$ bevorzugt (**Bild 2**).

Bei lagegeregelten Systemen wird die Dämpfung im Regelkreis realisiert und eingestellt.

Physikalische Realisierung

Die Mehrzahl der heute im Kfz verwendeten Beschleunigungssensoren werden in Silizium-Oberflächenmikromechanik hergestellt. Durch die kapazitive Auswertung ist das Messsignal nur von der Geometrie und stabilen Materialparametern bestimmt und unterliegt kaum Einflussgrößen wie z. B. der Temperatur. Die bei diesen Sensoren sehr kleinen Messkapazitäten bedingen aber eine Auswerteelektronik in unmittelbarer Nähe.

Vorteil der Oberflächenmikromechanik ist die Möglichkeit, die Systeme durch Einspeisen elektrostatischer Kräfte (an den Messelektroden oder einem zusätzlich angebrachten Elektrodensatz) lagezuregeln bzw. auszulenken. Letzteres ist als echter elektromechanischer Selbsttest ein wirksames Mittel, den gesamten Signalpfad zu überprüfen.

2 Resonanzkurven der Übertragungsfunktion G

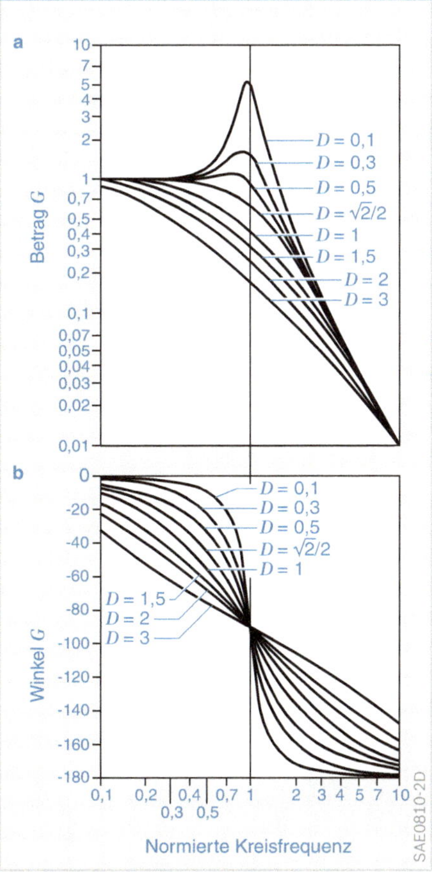

Bild 2
a Amplitudenresonanzkurve
b Phasenresonanzkurve der komplexen Übertragungsfunktion $G(i{\cdot}\Omega) = [x(i{\cdot}\Omega)]/[a(i{\cdot}\Omega)]$

$x(i{\cdot}\Omega)$ Ausschlagamplitude
$a(i{\cdot}\Omega)$ Amplitude der Beschleunigungsanregung
$\Omega = \omega/\omega_0$ normierte Kreisfrequenz
D Dämpfung

Mechanische Spannung messende Systeme

Anwendung

Im Kfz werden piezoelektrische Aufnehmer nur bei Beschleunigungs- und Drehratesensoren eingesetzt.

Wirkprinzip Longitudinaleffekt

Piezoelektrische Materialien erzeugen unter der Wirkung einer Kraft F auf ihren mit Elektroden versehenen Oberflächen eine Ladung Q (**Bild 3**). Diese Ladung ist proportional zu der durch die Kraft F erzeugten mechanische Spannung. Materialien für piezoelektrische Elemente lassen

3 Formen des piezoelektrischen Effekts

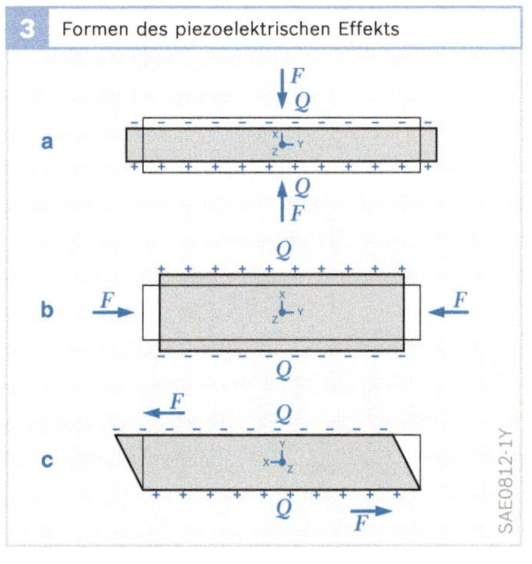

Bild 3
a Longitudinaleffekt
b Transversaleffekt
c Schubeffekt
F Kraft
Q Ladung

sich grob in Einkristalle wie Quarz und in Keramiken einteilen.

Piezoelektrisch aktive Keramiken werden durch Sintern aus fein gemahlenen Ferroelektrika hergestellt. Damit bestehen diese Keramiken aus einer Vielzahl von kleinsten Kristallen, die räumlich beliebig orientiert sind. Diese werden während der Herstellung durch Anlegen einer hohen elektrischen Feldstärke polarisiert. Dadurch werden die regellos orientierten Polarisationen der Mikrokristalle weitgehend ausgerichtet.

Eine Depolarisation und damit ein Verlust der piezoelektrischen Eigenschaften kann bei Piezokeramiken durch Temperaturen oberhalb der Curie-Temperatur, durch intensive mechanische Belastungen oder durch Polarisation mit entgegengesetzten Feldstärken hervorgerufen werden.

Die erzeugten Ladungen fließen über den äußeren Widerstand des Messkreises bzw. auch über den inneren Widerstand des Piezosensors ab. Solche Sensoren können also nicht statisch, sondern nur dynamisch messen. Die typischen Grenzfrequenzen dieses Hochpassverhaltens liegen je nach Anwendung oberhalb von 1 Hz.

Wirkprinzip Transversal- und Schubeffekt

Neben dem longitudinalen piezoelektrischen Effekt (**Bild 3a**) gibt es auch den Transversal- und den Schubeffekt (**Bild 3b** und **3c**). Diese Effekte treten in der Praxis gemeinsam auf. Der Zusammenhang zwischen erzeugter Ladung und einwirkender mechanischer Spannung ist daher als Tensorgleichung zu formulieren.

Der Transversaleffekt wird zum Beispiel beim „Bimorph", der aus zwei gegensinnig polarisierten Piezokeramiken zusammengesetzt ist, zur Messung von Biegespannungen ausgenutzt (**Bild 4**). Beim Verbiegen der Zweischicht-Verbundkeramik wird die eine Hälfte gedehnt ($\varepsilon > 0$), während die andere gestaucht wird ($\varepsilon < 0$). Durch die gegensinnige Polarisation der Teilkeramiken addieren sich die dabei entstehenden Teilspannungen U_1 und U_2 zu einer resultierenden Gesamtspannung U, die an den beiden äußeren Metallisierungsschichten abgegriffen werden kann.

Elektrische Signalauswertung

Piezoelektrische Sensorelemente lassen sich als Spannungsquelle mit kapazitivem Innenwiderstand modellieren. Für ideale Elemente ist der Innenwiderstand unendlich hoch. Entsprechend sorgfältig ist die Signalverarbeitung auszulegen.

4 Piezoelektrischer Bimorph

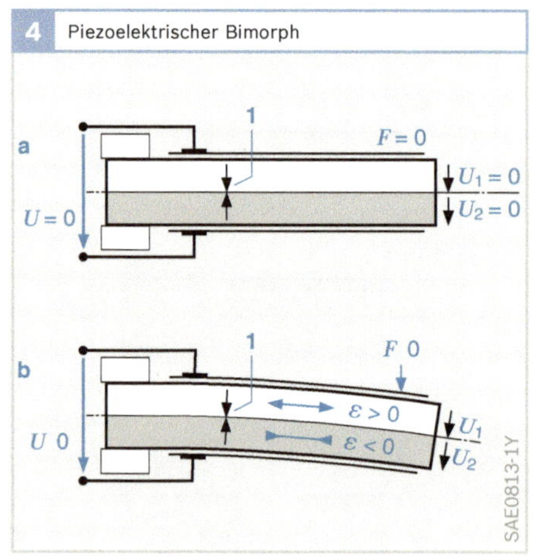

Bild 4
- a Im Ruhezustand
- b bei Verbiegung, oben gedehnt ($\varepsilon > 0$) unten gestaucht ($\varepsilon < 0$)
- 1 Polarisationsrichtung
- F Messkraft
- U Gesamtspannung
- U_1, U_2 Teilspannungen

5 Abgriff piezoelektrischer Sensoren

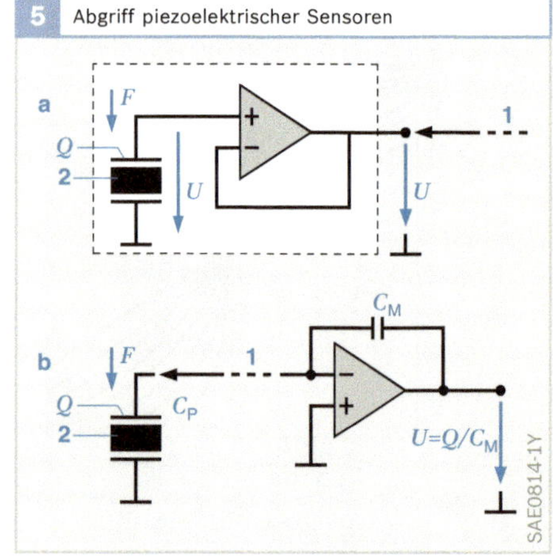

Bild 5
- a Spannungsabgriff
- b Ladungsabgriff
- 1 Zuleitung
- 2 piezoelektrische Probe mit Kapazität C_P
- C_M Messkapazität
- F Messkraft
- Q Ladung
- U Spannung

Für die Impedanzanpassung an nachfolgende Systeme gibt es zwei Möglichkeiten:

- Elektrometerverstärker (Bild 5a): Hier wird die Spannung, die an den Elektroden anliegt, mit einem Verstärker mit extrem hochohmigem Eingang erfasst und verstärkt. Parasitäre Kapazitäten gehen jedoch in die Übertragungsfunktion mit ein.
- Ladungsverstärker (Bild 5b): Hier wird die Ladung auf einem zweiten Kondensator zwischengespeichert. Parasitäre Kapazitäten haben keinen Einfluss.

In beiden Fällen sind parallel zum Sensorelement liegende Widerstände für die Übertragungsfunktion zu berücksichtigen.

Thermische Beschleunigungssensoren

Thermische Beschleunigungssensoren erzeugen eine „Blase erhitzten Gases“ über einem Heizelement. Der engräumig erhitzte Gasbereich besitzt eine geringere Dichte als das umgebende, kühlere Gas.

6 Prinzip thermischer Beschleunigungssensoren

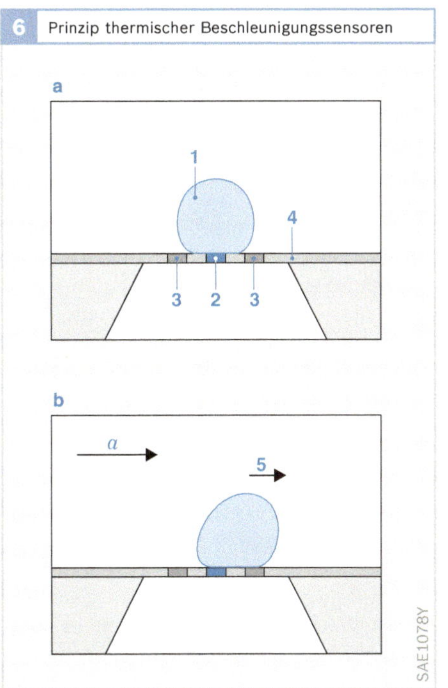

Bild 6
a Beschleunigung $a = 0$
b Beschleunigung $a > 0$
1 Erhitzter Gasbereich
2 Heizelement
3 Temperatursensor
4 Trägerschicht
5 verlagerter Heißbereich

Beim Auftreten einer lateralen Beschleunigung verlagert sich der Gasbereich geringer Dichte innerhalb des umgebenden, kühleren Gases. Die dadurch entstehende Asymmetrie wird über Thermoelemente oder Widerstände als Brückenschaltung erfasst. Die Brückenspannung stellt das Beschleunigungssignal dar (Bild 6).

Packaging

Eine zweckmäßige, auf den Einsatzfall zugeschnittene „Verpackung“ (engl.: Packaging) spielt eine für die Qualität des Sensors entscheidende Rolle. Beschleunigungssensoren erfassen die Messgröße ohne eine bewegliche Verbindung zur Außenwelt; deshalb können sie einfach hermetisch gekapselt werden. Eine starre mechanische Ankoppelung an den Messkörper muss jedoch gewährleistet sein, da zusätzliche elastische oder lose Zwischenglieder die Messung erheblich verfälschen. Diese feste Ankoppelung darf jedoch nicht dazu führen, dass z. B. auftretende Wärmedehnungen des Messkörpers so auf den Sensor übertragen werden, dass sie den Messwert beeinflussen.

Anwendungsbeispiele

- Piezoelektrische Beschleunigungssensoren (Bimorph-Biegeelemente, Longitudinal-Elemente wie Klopfsensor),
- Mikromechanische Beschleunigungssensoren, ausgeführt in Bulk-Mikromechanik und Oberflächenmikromechanik.

Drucksensoren

Messgrößen

Die Druckmessung erfolgt direkt, über Membranverformung oder durch einen Kraftsensor für folgende Anwendungen im Kraftfahrzeug (Beispiele):

- Saugrohr- bzw. Ladedruck (1...5 bar) bei Benzineinspritzung,
- Bremsdruck (10 bar) bei elektropneumatischen Bremsen,
- Luftfederdruck (16 bar) bei luftgefederten Fahrzeugen,
- Reifendruck (5 bar absolut) bei Reifendruckkontrolle,
- Hydraulikvorratsdruck (ca. 200 bar) bei ABS und Servolenkung,
- Stoßdämpferdruck (ca. 200 bar) bei Fahrwerkregelung,
- Kühlmitteldruck (35 bar) bei Aircondition-Systemen,
- Modulationsdruck (35 bar) bei Getriebeautomaten,
- Bremsdruck in Haupt- und Radzylinder (200 bar) sowie automatische Giermomentkompensation bei elektronisch gesteuerter Bremse,
- Über-/Unterdruck der Tankatmosphäre (0,5 bar),
- Brennraumdruck (100 bar, dynamisch) für Zündaussetzer- und Klopferkennung,
- Elementdruck der Dieseleinspritzpumpe (1 000 bar, dynamisch) bei Elektronischer Dieselregelung,
- Kraftstoffdruck bei Diesel Common Rail (bis 2 000 bar) und
- Kraftstoffdruck bei Benzin-Direkteinspritzung (bis 200 bar).

1 Druckmessung

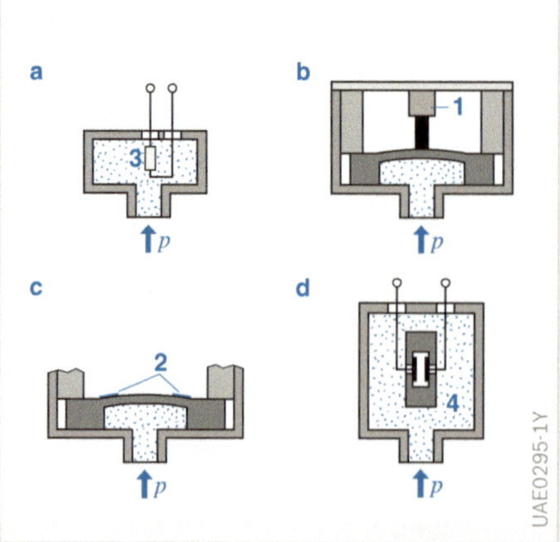

Bild 1
a Direkte Messung mit druckabhängigem Widerstand (3)
b Messung durch Kraftsensor (1)
c Messung über Membranverformung mittels DMS (2)
d Messung kapazitiv über Verformung einer Membrankapsel (4)

Messprinzipien

Die Messgröße Druck ist eine in Gasen und Flüssigkeiten auftretende, allseits wirkende, nicht gerichtete Kraftwirkung. Sie pflanzt sich in Flüssigkeiten, jedoch auch noch sehr gut in galertartigen Substanzen und weichen Vergussmassen fort. Zur Messung dieser Drücke gibt es dynamisch und statisch wirkende Messwertaufnehmer.

Zu den dynamisch wirkenden Drucksensoren gehören z. B. auch alle Mikrofone, die - unempfindlich gegen statische Drücke - nur zur Messung von Druckschwingungen in gasförmigen oder flüssigen Medien dienen. Da bisher in Kraftfahrzeugen jedoch praktisch ausschließlich statische Drucksensoren gefragt waren, soll hier nur auf diese näher eingegangen werden.

Direkte Druckmessung

Insbesondere zur Messung sehr hoher Drücke (> 10^4 bar) wäre es ausreichend, einfach einen elektrischen Widerstand dem Druckmedium auszusetzen (**Bild 1a**), denn alle bekannten Widerstände zeigen mehr oder weniger ausgeprägt eine Druckabhängigkeit (Volumeneffekt). Schwierig gestaltet sich jedoch dabei meist die Unterdrückung ihrer gleichzeitigen Abhängigkeit von der Temperatur und die druckdichte Durchführung ihrer Anschlüsse aus dem Druckmedium heraus.

Membransensoren

Die (auch im Kfz) am weitesten verbreitete Methode der Drucksensierung verwendet zur Signalgewinnung zunächst eine dünne Membran als mechanische Zwischenstufe, die einseitig dem Messdruck ausgesetzt ist und sich unter dessen Einfluss mehr oder weniger durchbiegt. Sie kann in weiten Grenzen nach Dicke und Durchmesser dem jeweiligen Druckbereich angepasst werden. Niedrige Druckmessbereiche führen zu vergleichsweise großen Membranen mit Durchbiegungen, die durchaus noch im Bereich von 1...0,1 mm liegen können. Hohe Drücke erfordern jedoch dickere Membranen geringen Durchmessers, die sich meist nur wenige µm durchbiegen.

Kommen bei niedrigen Drücken eventuell auch noch abstandsmessende Abgriffe (z. B. kapazitiv) in Betracht, so dominieren im Bereich mittlerer und höherer Drücke spannungsmessende Verfahren und hier praktisch ausschließlich die DMS-Technik.

Kapazitiver Abgriff

Kapazitive Drucksensoren sind jedoch im Gegensatz zu ihrem Einsatz bei Trägheitssensoren (siehe Beschleunigungs-/Drehratesensoren) erstaunlich wenig verbreitet, wenngleich sie hier möglicherweise ähnliche Vorteile (speziell hinsichtlich der Genauigkeit) bieten könnten. Dies liegt wohl an einem wesentlichen Unterschied zu den genannten anderen Sensoren: Drucksensoren benötigen den direkten Kontakt zum Messmedium. Dessen dielektrische Eigenschaften beeinflussen praktisch immer die Kalibrierung solcher kapazitiver Drucksensoren, die somit nicht nur vom jeweiligen Medium abhängen würde, sondern z. B. auch gar nicht ohne Medium (im „trockenen" Zustand) möglich wäre. Eine saubere Trennung vom Messmedium ist hier bisher nur mit erheblichem technischen Aufwand möglich.

DMS-Abgriff

Die bei der Durchbiegung eines Membransensors auftretenden Dehnungen an der Membran werden mit Hilfe der DMS-Technik (Dehnmessstreifen bzw. Dehnwiderstand) erfasst. Dehnwiderstände sind auf die Membran aufgebracht (z. B, eindiffundiert oder aufgedampft). Unter Einfluss mechanischer Spannungen ändert sich deren elektrischer Widerstand. Die Widerstände sind zu einer Wheatstone-Brücke zusammengeschaltet. Die Spannung ist ein Maß für den Druck.

Die **Tabelle 1** gibt eine systematische Übersicht der bewährten und im Kfz auch großenteils genutzten Druckmesstechniken, geordnet nach der Art des Membranmaterials und der eingesetzten DMS-Technik. Markiert sind Kombinationen, die als aktuelle Beispiele im Kapitel „Sensorausführungen" beschrieben werden (x) oder deren Fertigung bzw. Bezug zumindest schon in näheren Betracht gezogen wurde (blau markierte Felder).

1 DMS-Abgriff und Membranmaterial

DMS-Abgriff	Membranmaterial		
	Keramik	Metall (Stahl)	Silizium
Folien [1] (aufgeklebt)			
Dickschicht			
Metall-Dünnschicht		x	
Silizium-Dünnschicht		x	
Diffusions-widerstände			x

Tabelle 1
1) Geringe Eignung für Großserie,
(x) aktuelle Beispiele
▇ Eignung in Betracht gezogen

Die hier aufgeführten verschiedenen DMS-Techniken zeigen sehr unterschiedliche Eigenschaften im Hinblick auf Größe und Art ihres Messeffekts. Der „K-Faktor" (gage-Faktor) charakterisiert die Größe des Messeffekts bei Dehnwiderständen. Er gibt die relative Änderung seines Dehnwiderstands R bezogen auf die relative Änderung seiner Länge l an (Gleichung 1):

$$(1) \quad K = \frac{\Delta R/R}{\Delta l/l} = 1 + 2 \cdot \nu + \frac{\mathrm{d}\rho/\rho}{\varepsilon}$$

Dabei steht oft das Symbol ε (Dehnung) für das Verhältnis $\Delta l/l$ und wird in Vielfachen von 10^{-6} (ppm) als „Mikron" oder „micro strain" angegeben.

ν ist die Querkontraktionszahl des Materials, ρ stellt seine elektrische Leitfähigkeit dar. ν charakterisiert die Querschnittsverringerung des Materials bei Längung und beträgt in dem idealisierten Fall des konstant gehaltenen Volumens $\nu = 0{,}5$ (real $\nu = 0{,}3...0{,}4$).

Der Leitfähigkeitsterm in Gleichung 1 spielt im Falle von Metallwiderständen fast keine Rolle, dominiert hingegen im Falle von Si-Widerständen.

Man spricht von einem longitudinalen K-Faktor, wenn der Widerstand in Stromrichtung, von einem transversalen K-Faktor, wenn der Widerstand quer zur Stromrichtung gedehnt wird (**Bild 2**). Die **Tabelle 2** gibt eine Übersicht für typische Werte der wichtigsten K-Faktoren.

Das oft gefürchtete Phänomen des „Kriechens“ (geringfügiges mechanisches Nachgeben unter lang anhaltender, unidirektionaler Dauerlast) tritt, wenn überhaupt, dann nur in extremen Fällen bei geklebten Folien-DMS auf. Alle anderen DMS-Techniken, die keinen Kleber verwenden, zeigen dieses Phänomen nicht.

Genau genommen hängt die Durchbiegung einer Membran von dem Unterschied des an ihrer Ober- und ihrer Unterseite anliegenden Druckes ab. Demnach gibt es vier verschiedene Grundtypen von Drucksensoren (**Tabelle 3**), nämlich für:

- Absolutdruck,
- Referenzdruck,
- barometrischen Druck und
- Differenzdruck.

Rückführung auf Kraftsensoren

Einige Sensoren verwenden die Membran jedoch nicht direkt zur Signalumwandlung, sondern führen die von der Membran aufgenommene Kraft lediglich einem Kraftsensor zu, dessen Messbereich stets gleich sein kann, da die Anpassung an den Druckmessbereich bereits über die hier rein mechanische Membran vorgenommen wurde. Dazu muss allerdings die einwandfreie Anlenkung des Kraftsensors (z. B. über einen Stößel) an die Messmembran beherrscht werden.

Anwendungsbeispiele

- Dickschicht-Drucksensoren,
- Mikromechanische Drucksensoren,
- Si-Brennraumdrucksensor und
- Metallmembran-Hochdrucksensoren.

2 K-Faktor, physikalische Größen

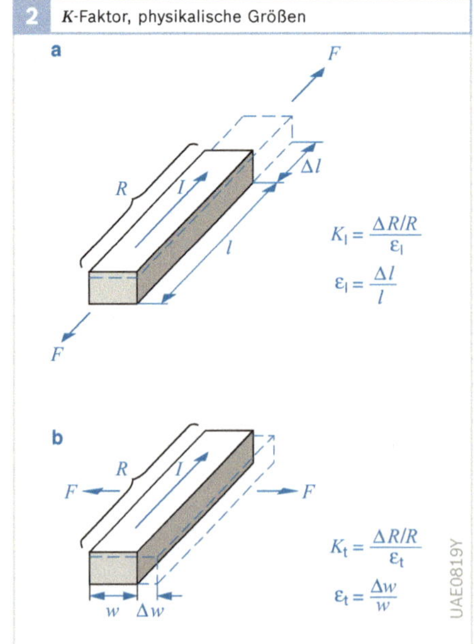

Bild 2
a Longitudinal
b transversal
F Kraft
I Strom
R Widerstand
l Länge
w Breite
ε Dehnung
K Gage-Faktor

2 K-Faktoren für verschiedenes Material

Material	K-Faktoren	
	longitudinal	transversal
Folien-DMS	1,6...2,0	≈ 0
Dickschicht	12...15	12...15
Metall-Dünnschicht	1,4...2,0	–0,5...0
Si-Dünnschicht	25...40	–25...–40
Si-monokristallin	100...150	–100...–150

3 Sensorgrundtypen für Druckmessung

Druck an Membranunterseite p_U	Druck an Membranoberseite p_O		
	Messdruck	Umgebungsdruck	Vakuum
Messdruck	Differenzdruck	Referenzdruck	Absolutdruck
Umgebungsdruck	Referenzdruck	–	Barometr. Druck
Vakuum	Absolutdruck	Barometr. Druck	–

Kraft- und Drehmomentsensoren

Messgrößen

Die Einsetzbarkeit von Kraft- und Drehmomentsensoren im Kraftfahrzeug ist überaus vielfältig, wie die folgende Auflistung zeigt:

- Koppelkraft bei Nutzfahrzeugen zwischen Zugfahrzeug und Anhänger bzw. Auflieger für die geregelte, kraftfreie Bremsung (weder Zug noch Schub an der Anhängerdeichsel beim Bremsen),
- Dämpferkraft für die elektronische Fahrwerksregelung,
- Achslast bei Nutzfahrzeugen für die elektronisch gesteuerte Bremskraftverteilung,
- Pedalkraft bei elektronisch geregelten Bremssystemen,
- Bremskraft bei elektrisch betätigten und elektronisch geregelten Bremssystemen,
- Antriebs- und Bremsmoment,
- Lenk- bzw. Lenkservomoment,
- Einklemmschutz bei elektrisch betätigten Fensterhebern und Schiebedächern,
- Radkräfte,
- Gewicht der Fahrzeuginsassen (für Insassen-Rückhaltesysteme).

Vielfältige Entwicklungsansätze waren bisher noch nicht zielführend, weil sie bei gleichzeitiger Erfüllung der jeweiligen Anforderungen an die Genauigkeit im Allgemeinen nicht den Kostenerwartungen für den Einsatz in den vorgesehenen Systemen entsprachen. Entgegen der allgemeinen Erwartung können gute Drehmomentsensoren nicht kostengünstiger hergestellt werden als z. B. Druck- und Beschleunigungssensoren. Das Gegenteil ist der Fall. Erschwerend kommt vor allem bei Drehmomentsensoren hinzu, dass die Messgröße nicht selten berührungslos von einer drehenden Welle (z. B. Antriebswelle, Lenkspindel usw.) auf das Chassis übertragen werden muss. Schleifringe werden für das Kfz nicht akzeptiert.

Kraft- und Drehmomentsensoren müssen direkt in den Kraftfluss geschaltet werden (also die gesamte Messgröße durchleiten), da jede Art der Teilkraftmessung im Kraftnebenschluss sehr problematisch und leicht verfälschbar ist. Kraftmessende Sensoren sind also extensiver Art, d. h., ihre Baugröße hängt unmittelbar vom Messbereich ab.

Zwar sind, wie im Kraftfahrzeug stets gefordert, auch kompakte Bauformen bekannt. Diese messen jedoch nur dann genau, wenn die Kräfte wohl definiert in den Sensor eingeleitet werden, was normalerweise allenfalls unter Laborbedingungen gewährleistet werden kann. Die in der Praxis unvermeidlichen Toleranzen und Verkantungen erfordern im Allgemeinen eine Zwischenschaltung von längeren mechanischen Homogenisierungsstücken, wodurch die Baugröße der Sensoren wieder meist untragbar wächst.

Müssen kraft- und momentführende Teile geschnitten werden, damit vorher prüfbare Sensoren eingebaut werden können, so ergibt sich im Allgemeinen auch ein Schnittstellenproblem. Dieses Problem muss in engster Zusammenarbeit zwischen dem Sensorlieferanten und den (in aller Regel verschiedenen) Zulieferern des geschnittenen Teils bzw. dem Fahrzeughersteller gelöst werden. Auch dieses Problem hat sich bei anderen Sensoren bisher noch nicht in dieser Schärfe und Tragweite gestellt.

Selbst wenn der Kraftfluss nicht geschnitten wird, sondern statt dessen mechanische Einbauteile selbst als „Messfedern“ dienen und lediglich für die Anbringung von Sensorelementen modifiziert werden müssen, bedarf es einer sehr genauen Abstimmung.

Wenn auch aktuell kaum serienmäßig hergestellte Kraft- und Wegsensoren bei Bosch für das Automobil zur Verfügung stehen, so soll hier doch ein kurzer Überblick der wichtigsten, schon in engere Wahl gezogenen Messprinzipien und Entwicklungsansätze gegeben werden.

Messprinzipien

Grundsätzlich sind auch bei der Kraft- und Momentenmessung statische und dynamische sowie weg- und spannungsmessende Prinzipien zu unterscheiden. Bisher wurden überwiegend statische Sensoren gefordert und im Fall der Kraftsensoren meist auch nicht nachgiebige, spannungsmessende Prinzipien bevorzugt. Lediglich bei den Drehmomentsensoren werden gerade im aktuellen Fall einer Lenkmomentsensierung auch „weiche", nachgiebige Sensorsysteme akzeptiert, die sich auch mit winkelmessenden Abgriffen realisieren lassen. Dies ist insbesondere möglich, weil sich diese Eigenschaft auch schon bei früheren, sensorlosen Hydrauliksystemen als tolerierbar erwiesen hat. Auf beiden Gebieten, Kraft- und Momentensenierung, dominierte bisher - auch im Hinblick auf den industriellen Einsatz - noch die Verwendung von magnetisch wirksamen Spulensystemen.

Um auch hier mikrostrukturierte, in einer Massenfertigung hergestellte Elemente applizieren zu können, kommen neuerdings auch wegmessende magnetostatische Sensoren (Hall) zum Einsatz (z. B. Messung Beifahrergewicht). Außerdem werden - trotz der bekannten Verschmutzungprobleme und der meist aufwändigen Montage - auch optoelektronische Abgriffe in Betracht gezogen (z. B. für elektronische Servolensksysteme), die gleichzeitig zur Drehmomentmessung auch eine hochauflösende Drehwinkelmessung erlauben.

1 Magnetoelastischer Anisotropieeffekt

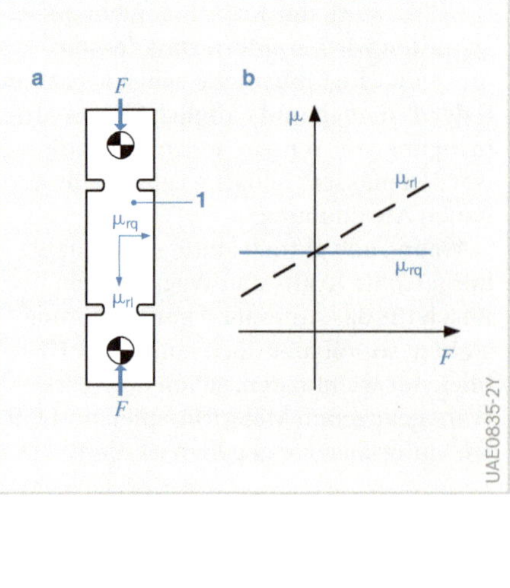

Bild 1
a Magnetoelastischer Messkörper
b Messeffekt
F Kraft
μ_r relative magnetische Permeabilität
μ_{rq} quer zur Kraftrichtung
μ_{rl} in Kraftrichtung

Spannungsmessende Kraftsensoren

Magnetoelastisches Prinzip

Ferromagentische Materialien ändern unter Einflusss eines magnetischen Feldes in Feldrichtung ihre Länge (Effekt der Magnetostriktion). Dabei kann sich materialabhängig bei gleicher Feldrichtung die Länge entweder vergrößern (positive Magnetostrikiton) oder auch verkürzen (negative Magnetnostriktion). Bei der Umkehrung dieses Effekts, die Änderung der magnetischen Eigenschaften unter Einwirklung von Zug- und Druckspannungen bzw. Dehnung und Stauchung, spricht man vom magnetoelastischen Effekt. Dieser Effekt äußert sich in einem anisotropen (richtungsabhängigen) Verhalten der relativen magnetischen Permeabilität μ_r (Verhältnis zwischen magnetischer Induktion B und magnetischer Feldstärke H). Hat diese im kraftfreien Fall noch in allen Richtungen den gleichen Wert (isotrop), so nimmt sie unter Einfluss einer eingeleiteten Kraft F in Kraftrichtung einen etwas anderen (materialabhängig entweder größeren oder kleineren) Wert (μ_{rl}) als quer dazu (μ_{rq}) an (**Bild 1**). Der Effekt wird nicht nur bei kristiallinen oder polykristallinen Materialien, sondern auch bei amorphen Stoffen beobachtet.

Die Permeabilitätsänderung in Kraftrichtung spiegelt sogar das Vorzeichen der Kraft richtig wider. Wenngleich fast alle ferromagnetischen Materialien diesen Effekt zeigen, so ist er doch durch bestimmte Legierungszusammensetzung optimierbar. Leider sind die Materialien, die geringe Hysterese, gute Linearität und geringen Temperaturgang zeigen, nicht auch gleichzeitig diejenigen mit dem größten Messeffekt. Liegen die größten beobachteten Effekte bei ca. 30 % (bezogen auf den isotropen Grundwert) und sind diese auch ohne Elektronik noch nutzbar, so liegt der Effekt bei messtechnisch optimierten Materialien nur noch im Bereich weniger Prozent und bedarf der elektronischen Verstärkung.

Vorteil des magnetoelastischen Effekts ist zum einen sein weiter Temperaturbereich und die technische Nutzbarkeit bis zu Temperaturen von ca. 300°C. Zum andern stellt er einen ausgesprochenen Volumeneffekt dar, d.h., zur Detektion angebrachte Spulen erfassen nicht nur eine lokal durch Krafteinleitung variierte Permeabilität (wie z. B. bei DMS), sondern mehr oder weniger die über den gesamten Spulenquerschnitt integrierte Wirkung. Der Sensor ist somit weniger empfindlich gegen eine eventuell asymmetrische Krafteinleitung.

Da die kraftabhängigen Permeabilitätsänderungen praktisch immer mithilfe von Wechselstromfeldern erfasst werden, ist auch die stark frequenzabhängige Eindringtiefe von Wechselfeldern zu beachten:

Zum Messeffekt können nur diejenigen mechanischen Spannungen beitragen, die auch im wirksamen Eindringbereich des Messfelds liegen. Um den Messeffekt maximal nutzen zu können, sollte der magnetisch wirksame Luftspalt möglichst klein gehalten werden. So wird der magnetisch aktive Messkreis oft auch mit ferromagnetischem Material geschlossen, selbst wenn dieses nicht in den Kraftfluss einbezogen ist.

Bild 2 zeigt die beiden wichtigsten Möglichkeiten, den magnetoelastischen Effekt auszuwerten: Wird eine Spule so auf dem Messkörper angeordnet, dass ihre Feldrichtung mit der Kraftrichtung zusammenfällt, so lässt sich die damit abgreifbare Änderung der Induktivität L nutzen. Anregende Feldstärke H und Induktion B haben unabhängig von der Höhe der Krafteinwirkung stets die gleiche Richtung (**Bild 2a**).

Liegt die Feldstärke H einer Speisespule nicht achsparallel zur Richtung der eingeleiteten Kraft, so ändert sich unter Einwirkung der Kraft nicht nur der Betrag der magnetischen Induktion B, sondern (durch die Anisotropie der Permeabilität) auch deren Richtung (**Bild 2b**). Liegen im kraftfreien Fall die Richtungen von H und B in der gewohnten Weise übereinander, so zeigen sie bei zunehmender Krafteinwirkung eine immer unterschiedlichere Richtung. Dies kann besonders vorteilhaft zur Variation der magnetischen Kopplung zweier zur Messung aufgebrachter, unter 90° zueinander gekreuzten Spulen (Kreuzduktor) genutzt werden (**Bild 3**).

2 Auswirkung des magnetoelastischen Effekts

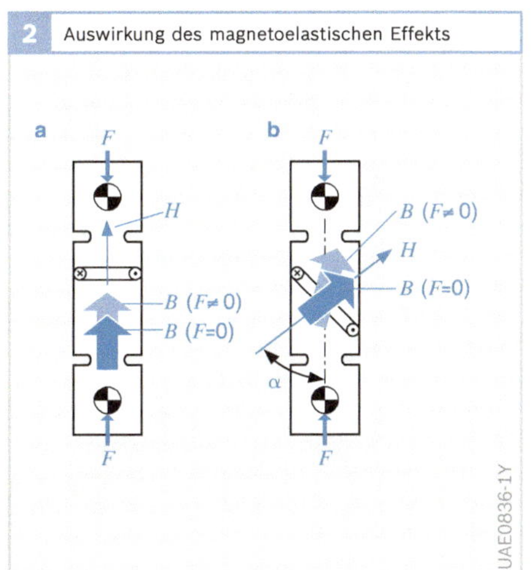

Bild 2
- a Bei feldparalleler Kraftrichtung
- b bei unterschiedlicher Richtung von Feldstärke H und Kraft F
- B Induktion
- α eingeschlossener Winkel

3 Magnetoelastischer Zug-Druckkraftsensor zur Bremsmomentmessung (Entwicklungsmuster)

DMS-Prinzip (piezoresistiv)
Der Einsatz von Dehnmesswiderständen (DMS, Dehnmessstreifen) zur Kraftmessung ist die am weitesten verbreitete und wohl zugleich zuverlässigste und präziseste Methode der Kraft- und Drehmomentmessung (**Bild 4**). Sie beruht darauf, dass im Hook'schen Bereich des Dehnkörpermaterials zwischen den mechanischen Spannungen σ im Dehnkörper - verursacht durch die Krafteinleitung - und der Dehnung ε ein proportionaler Zusammenhang besteht. Gemäß dem Hook'schen Gesetz gilt in diesem Fall:

(1) $\varepsilon = \Delta l / l = \sigma / E$

wobei die Proportionalitätskonstante E als „E-Modul" bekannt ist. Die DMS-Methode ist daher genau genommen eine indirekte Messmethode, da sie nicht direkt die kraftbedingten Spannungen, sondern - lokal - die daraus entstehende Dehnung misst. Nimmt beispielsweise der E-Modul, wie bei Metallen üblich, um 3 % über 100 K ab, so zeigt der DMS bei höheren Temperaturen einen um 3 % zu hohen Kraftwert an.

Dehnwiderstände werden als Schichtwiderstände - im Gegensatz zu aufgeklebten DMS - so innig mit der Oberfläche des ausgewählten Dehnkörpers verbunden, dass sie dessen Oberflächendehnung unverfälscht und ohne jede Kriecherscheinung folgen. Die aus der Dehnung des Widerstands resultierende Widerstandsänderung wird durch den jeweiligen Gage-Faktor K des Widerstands bestimmt (siehe „Drucksensoren"):

(2) $\Delta R / R = K \cdot \varepsilon$

Der K-Faktor übersteigt bei Metallschichtwiderständen den Wert 2 meist nicht, sonder liegt in der Praxis eher etwas darunter. DMS werden so ausgeführt, dass sie (in Verbindung mit einem bestimmten Dehnmaterial (Träger) und dessen thermischer Ausdehnung möglichst keinen eigenen Temperaturgang haben ($T_{KR} \approx 0$). Verbleibende Reste eines Temperaturgangs werden dadurch eliminiert, dass sie meist als Halb- oder Vollbrücke auf den Dehnkörper aufgebracht werden. Da Temperatureinflüsse (im Gegensatz zur Messdehnung) gleichsinnig auf die DMS einwirken, führen sie zu keinem Ausgangssignal.

Die jeweiligen Brückenergänzungswiderstände können (müssen aber nicht) im Dehnbereich des Messköpers liegen; sie können auch als rein passive Widerstände nur Kompensationsfunktion haben (**Bild 4c**). Zu beachten ist, dass auch der

4 DMS-Kraftsensoren

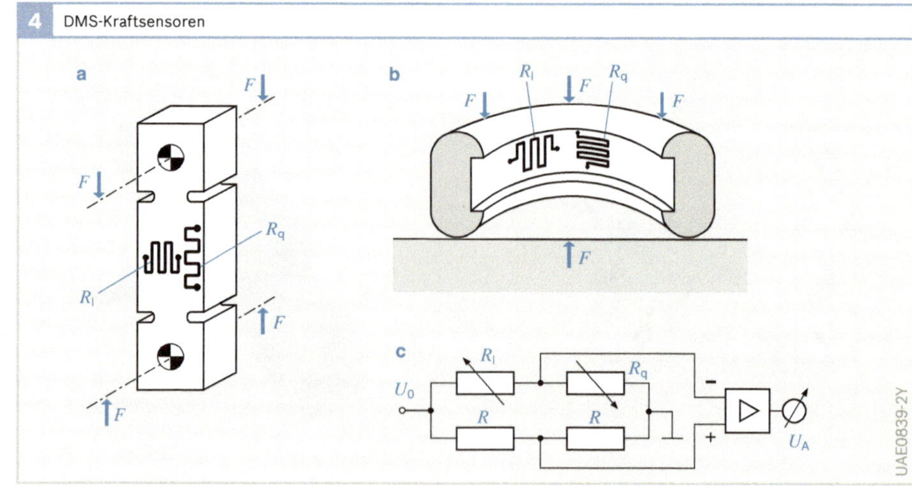

Bild 4
a Stabform
b Ringform
c elektronische Auswertung
F Kraft
$R_{l,q}$ Metallschichtwiderstände längs, quer
R Brückenergänzungswiderstände
U_0 Versorgungsspannung
U_A Ausgangsspannung

K-Faktor selbst oft einen Temperaturgang aufweist (TK_K). Er nimmt meist mit zunehmender Temperatur ab, kann also in günstigen Fällen z. B. durch die vom E-Modul bewirkte Signalzunahme kompensiert werden. Ansonsten wird eine durch den K-Faktor bedingte Signalabnahme meist über eine entsprechend zunehmende Brückenversorgungsspannung U_0 kompensiert.

Neben dem bisher beschriebenen longitudinalen K-Faktor K_l gibt es auch den tranversalen K-Faktor K_t, der dann angesetzt werden muss, wenn die Dehnrichtung quer zum Stromfluss liegt. Er besitzt ein umgekehrtes Vorzeichen (negativ) und ist betragsmäßig nicht größer als 0,5.

Nachteile/Einschränkungen:
Trotz ihrer hohen Genauigkeit und Zuverlässigkeit bieten DMS-Sensoren nur kleine Ausgangssignale (mV), da die Dehnungen und damit auch die Widerstandsänderungen (zumindest bei Metallschicht-DMS) meist nur im Bereich von Promillen liegen. Sie bedürfen im Allgemeinen der Verstärkung vor Ort. Ein weiterer Nachteil der DMS-Sensoren kleiner Abmessungen besteht darin, dass sie genau die mechanischen Spannungen messen (und nur diese), die an ihrer Anbringungsstelle herrschen. Eine Mittelung über einen größeren Dehnkörper findet nicht statt (es sei denn durch eine flächenhaft verteilte DMS-Struktur). Dies erfordert eine sehr präzise und reproduzierbare Krafteinleitung, wenn Messfehler durch ungleichmäßige Krafteinleitung vermieden werden sollen.

Applikation:
Zur Kraftmessung müssen in der Regel Dehnwiderstände kleinster Abmessung auf größere, kraftführende Teile bzw. Dehnkörper aufgebracht werden. Die traditionell übliche Technik, DMS mithilfe eines Folienträgers aufzukleben (angewandt in Gebrauchsgeräten wie genauen Waagen usw.), gilt jedoch für eine „low cost"-Herstellung in Großserien als nicht ausreichend kostengünstig. Dagegen gibt es Ansätze, kleine metallene Plättchen oder Ronden, auf die die DMS kostengünstig und in hohem Nutzen in Schichttechnik aufgebracht wurden, in den eigentlichen Messkörper einzupressen oder auf diesen aufzuschweissen.

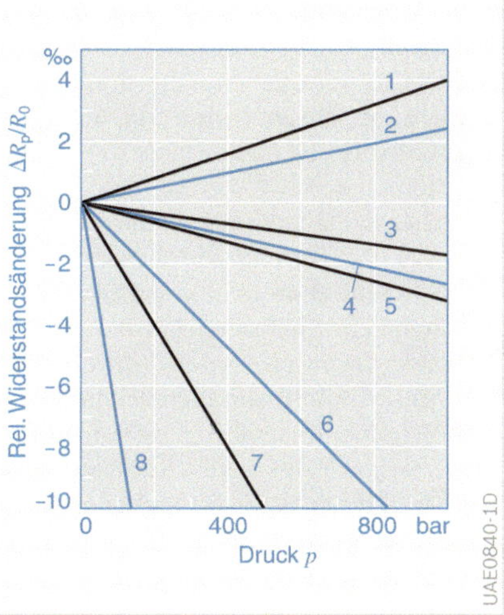

Orthogonal gedrückte Widerstände:
Nahezu alle elektrischen Schichtwiderstände ändern ihren Widerstand nicht nur unter Einwirkung lateraler Dehnspannungen, die in der Schichtebene wirken, sondern auch bei Pressung senkrecht (orthogonal) zur Schichtebene. Höchste Empfindlichkeit zeigt hier das auch für Potenziometer verwendete, als „Conductive Plastic" bekannte Material. Auch Cermet und Kohleschichten zeigen einen guten Effekt (**Bild 5**). Bei den genannten Materialien nimmt der Widerstand mit zunehmender Presskraft bis zu einem gewissen Grenzwert ab. Die ohne bleibende Widerstandsänderung erreichbaren Werte liegen ähnlich wie die bei lateraler Dehnung. Die Begrenzung erfolgt im Allgemeinen (wie auch dort) durch die Festigkeit des Substrats und nicht des Widerstandsmaterials. Sensoren dieser Art sind naturgemäß fast

5 Piezoresistives Verhalten verschiedener Widerstandsmaterialien bei orthogonaler Pressung

Bild 5
1 84,5 Ag 15,5 Mn
2 Manganin
3 Cu
4 Au
5 Ag
6 Kohleschicht
7 Cermet
8 Conductive Plastic

nur auf Druck, nicht aber auf Zug belastbar.

Wegmessende Kraftsensoren

Bei den ohnehin gefederten Sitzen für die Fahrzeuginsassen kommt es nicht darauf an, ob ein eingebauter wegmessender Gewichtssensor noch eine kleine zusätzliche Elastizität aufweist oder nicht.

Dieses Prinzip wird beim Kraftsensor iBolt™angewandt (s. Sensorausführungen). Vier solcher Sensoren sind im Sitzuntergestell des Beifahrersitzes integriert und messen das Gewicht des Beifahrers. Damit ist es möglich, die Auslösung des Airbags zu beeinflussen.

Anwendungsbeispiele für Kraftsensoren

- Magnetoelastischer Lastmessbolzen (Ackerschlepper mit Pflugkraftregelung),
- Kraftsensor iBolt™ zur Sensierung des Beifahrergewichts.

6 Grundprinzip der Drehmomentmessung

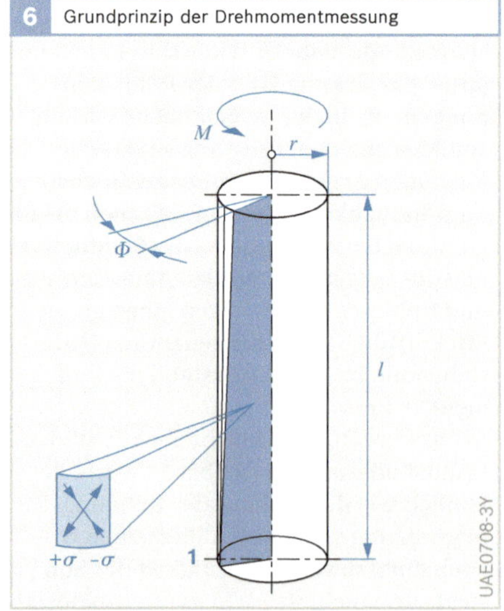

Bild 10
1 Torsionsstab
Φ Torsionswinkel
σ Torsionsspannung
M Drehmoment
r Radius
l Stablänge

Drehmomentsensoren

Auch bei der Drehmomentmessung unterscheidet man grundsätzlich zwischen winkel- und spannungsmessenden Verfahren. Im Gegensatz zu spannungsmessenden Verfahren (DMS, magnetoelastisch) benötigen winkelmessende Verfahren (z. B. Wirbelstrom) eine gewisse Länge *l* der Torsionswelle, über die der Torsionswinkel (ca. 0,4...4°) abgegriffen werden kann. Die zum Drehmoment proportionale mechanische Spannung σ ist unter 45° zur Wellenachse gerichtet (**Bild 6**).

Die im Folgenden beschriebenen Prinzipien sind alle geeignet, Messwerte auch von drehenden Wellen berührungslos zu übertragen. Im Falle der Lenkmomentmessung besteht sogar der noch weitergehende Wunsch, dass das eingesetzte Messverfahren (im Sinne einer modulartigen Integration) gleichzeitig auch geeignet ist, mit geringfügiger Erweiterung den Lenkwinkel (über eine volle Umdrehung von 360°) mit hoher Genauigkeit zu erfassen.

Spannungsmessende Sensoren

Wellenumgreifende, magnetoelastische Sensoren sind zwar bekannt (Ringduktor), erfordern jedoch einen sehr hohen Aufwand. Da das Wellenmaterial oft auch nicht nach magnetoelastischen Gesichtspunkten optimiert werden kann, werden verschiedene Wege untersucht, die Oberfläche der Messwelle mit einer magnetoelastischen Schicht zu überziehen. Eine solche Beschichtung, die auch eine gute Messqualität aufweist, ist bisher nicht gefunden worden.

Daher hat sich hier fast ausschließlich das DMS-Prinzip durchgesetzt (**Bild 7**):Eine DMS-Brücke erfasst die mechanische Spannung. Die Brücke wird transformatorisch gespeist (durch eine auf der Welle befindliche Gleichrichter- und Regelelektronik unabhängig vom Luftspalt). Weitere elektronische Komponenten vor Ort auf der Welle ermöglichen die Verstärkung des Messsignals und seine Umsetzung in eine Luftspalt-invariante

Wechselstromform (z. B. frequenzanalog), die ebenfalls transformatorisch ausgekoppelt wird.

Für größere Stückzahlen lässt sich die erforderliche Elektronik auf der Welle problemlos in einen einzigen Chip integrieren. Die Dehnwiderstände können auf einer vorgefertigten Stahlronde (z. B. in Dünnschichttechnik) kostengünstig aufgebracht und anschließend mit der Ronde auf die Welle aufgeschweißt werden. Die beiden für die Energie- und Signalübertragung nötigen Ringtransfomatoren lassen sich aus weichmagntetischer Pressmasse äußerst kostengünstig herstellen. Mit einer solchen Anordnung lassen sich trotz günstiger Herstellkosten hohe Genauigkeiten erzielen.

(Torsions-) Winkelmessende Sensoren
Winkeldifferenz messende Sensoren:
Der Torsionswinkel lässt sich relativ einfach und leicht bestimmen, wenn an beiden Enden eines Torsionsstückes ($L \approx 5...10$ cm lang) der Welle zwei unabhängige inkrementale Drehzahlsensoren oder absolutmessende, analoge oder digitale (berührungslose) Winkelabgriffe angebracht sind (**Bild 8**). Ihre Anzeigedifferenz $\varphi_2 - \varphi_1$ stellt ein Maß für den Torsionswinkel dar:

(3) $$M = \text{const} \cdot L \cdot (\varphi_2 - \varphi_1)$$
mit L = Länge der Torsionsstrecke

Diese Methode galt bisher als zu aufwändig, da zur Erzielung einer ausreichenden Genauigkeit eine extrem präzise Lagerung sowie eine über den gesamten Umfang entsprechend genaue Inkrement- bzw. Winkelteilung erforderlich ist. An der Lösung dieser Probleme wird dennoch gearbeitet (magnetisch, optisch), da sich damit zwei wesentliche Vorteile erzielen lassen:

- Möglichkeit der gleichzeitigen Drehwinkelmessung mit gleichem System.
- Möglichkeit, mit möglichst geringer Modifikation der Torsionswelle auszukommen und den Sensor im Wesentlichen als Einsteck-(plug-in-)Sensor realisieren und so eine günstige Schnittstelle für ein Zulieferteil haben zu können.

Eine hochgenaue Winkelmessung kann beispielsweise mit dem Noniusprinzip durchgeführt werden: Hierfür wird der

7 DMS-Drehmomentsensor mit berührungslosem, transformatorischem Abgriff

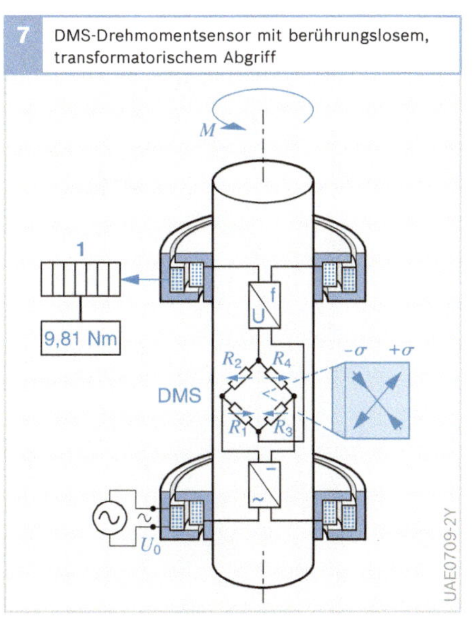

8 Winkeldifferenzmessung zur Drehmomentbestimmung

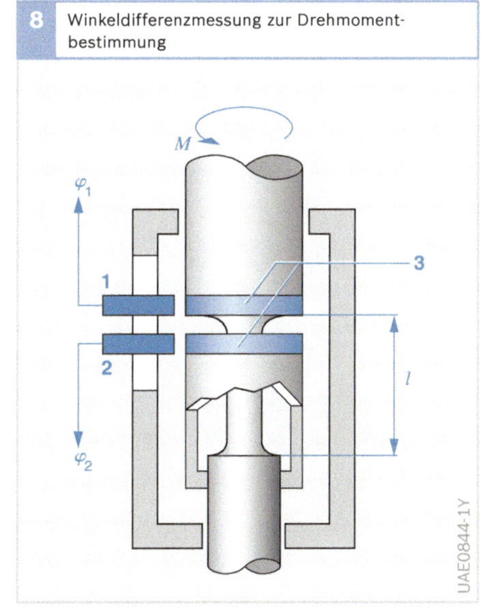

Bild 7
1 Drehmomentanzeigegerät
σ Torsionsspannung
M Drehmoment
U_0 Versorgungsspannung
$R_1...R_4$ Dehnmesswiderstände

Bild 8
1, 2 Winkel-/Drehzahlsensoren
3 Winkelmarkierungen
l Torsionsstrecke
M zu messendes Drehmoment
$\varphi_{1,2}$ Winkelsignale

Umfang der Welle mit einer sinufsörmigen Spur markiert, von der eine ganzzahlige Anzahl von N Perioden auf den Umfang passt. Im Gegensatz zu einer reinen Inkrementspur, die bei gleicher Periodenzahl nur eine Auflösung von einem N-tel des Umfangs ermöglichen würde, erlaubt diese sinusförmige Signalstruktur jedoch theoretisch eine beliebig feine Umfangsauflösung durch Anwendung der Arcsin-Funktion innerhalb der einzelnen Sinusperioden. Diese Feinauflösung ist aber nur nutzbar, wenn man jeweils weiß, in welcher der N gleichartigen Perioden man sich befindet.

Die Eindeutigkeit kann leicht dadurch hergestellt werden, indem man auf den Umfang noch eine zweite Spur mit etwas geringerer Ortsfrequenz aufbringt, bei der nur N-1 Sinusperioden auf den Umfang passen. Obwohl beide Signale für eine Drehwinkelmessung keine eindeutigen Signale liefern, kann man aus dem Phasenunterschied $\Delta\varphi$ zwischen beiden Signalen doch sehr wohl darauf schließen, in welcher Sinusperiode man sich gerade befindet. Denn der Gangunterschied der beiden Signale variiert über den gesamten Umfang gerade genau um 360°. In **Bild 10** ist dies an einem Beispiel mit N = 10 demonstriert. Ist der Phasenunterschied beider Signale z. B. im Bereich zwischen 36° und 72°, so befindet man sich eindeutig in der zweiten Sinusperiode. Liegt er zwischen den Werten 216° und 252°, befindet man sich in der 6. Periode. Der genaue Messwinkel φ wird dann dadurch gebildet, indem man zu dem gemessenen, aber nicht eindeutigen Feinsignal φ im ersten Fall noch einen Winkel von 360°, im zweiten Fall von 216° hinzu addiert.

Zur Feinauflösung der einzelnen Sinusperioden verwendet man in der Praxis jedoch nicht die Arcsin-Funktion, da man hierzu eine konstante und normierte Signalamplitude gewährleisten müsste. Vielmehr bringt man neben der sinusförmigen Markierung noch jeweils eine zweite, kosinusförmige Spur auf, die gegen die erste genau um 90° phasenverschoben ist. Wegen der räumlichen Nähe kann man davon ausgehen, dass beide Spuren mit gleicher Amplitude u sensiert werden, sodass sich der Winkel φ innerhalb der Sinusperiode durch die Arctan-Funktion aus den beiden Einzelsignalen u_1 und u_2 unabhängig von u ermitteln lässt zu:

9 Optoelektronischer Winkeldifferenz-Lenkmomentsensor

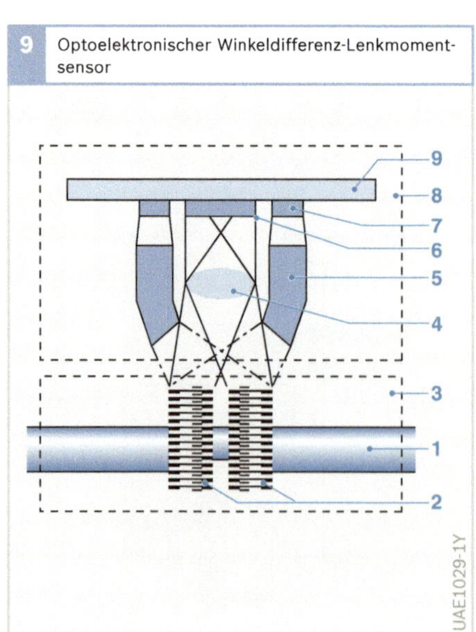

Bild 9
Optischer Abgriff der Winkelmarkierungsspuren
1 Lenkwelle mit Drehstab
2 Codescheiben mit Strichcode
3 Gehäuse des Lenkgetriebes
4 Linse
5 Lichtführungselemente
6 Opto-ASIC
7 LED
8 Sensormodul
9 Leiterplatte

10 Winkelmessung nach dem Nonius-Prinzip

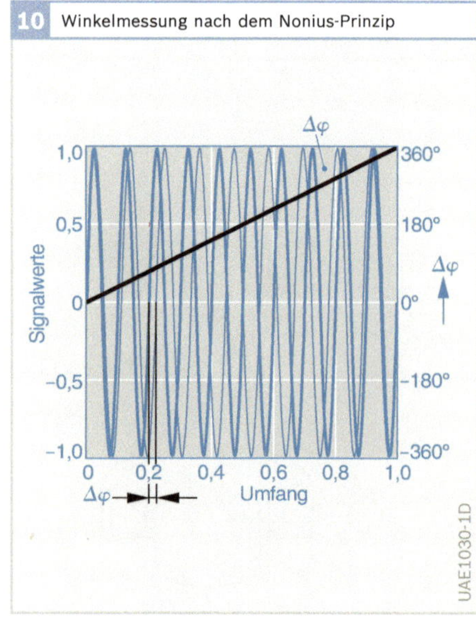

(4) $\varphi = \arctan (u_1/u_2)$
mit $u_1 = u \cdot \sin \varphi$ und
$u_2 = u \cdot \cos \varphi$

So sind also zur Ermittlung eines genauen und eindeutigen Drehwinkels φ insgesamt vier Spuren notwendig. Der in **Bild 9** dargestellte Lenkmoment- und Lenkwinkelsensor TAS (engl.: Torque Angle Sensor) benötigt also zur Messung zweier Winkel φ_1 und φ_2 insgesamt acht Spuren, die optoelektronisch ausgelesen werden. Seine Winkelgenauigkeit über 360° beträgt 1°, die Winkelauflösung 0,0055°, die Auflösung des Differenzwinkels $\Delta\varphi$ liegt bei 0,0044° mit einem Messbereich von + 9°.

Wirbelstromsensoren
Über einer ausreichend langen Strecke der Messwelle sind an jedem Ende Schlitzhülsen aus elektrisch gut leitfähigem Aluminium angeflanscht, die konzentrisch ineinander stecken (**Bild 11**). An ihnen sind zwei Reihen von Schlitzen so angebracht, dass unter Tordierung der Welle in der einen Reihe ein zunehmend größerer Durchblick auf die Welle freigegeben, in der anderen Reihe der Durchblick mehr und mehr versperrt wird. Zwei über jeder Reihe feststehend angebrachte Hochfrequenzspulen (ca. 1 MHz) werden dadurch zunehmend bzw. abnehmend bedämpft bzw. in ihrem Induktivitätswert variiert. Nur mit präzise gefertigten und montierten Schlitzhülsen lässt sich eine ausreichende Genauigkeit erzielen. Die zugehörige Elektronik ist zweckmäßig sehr nahe an den Spulen angebracht.

Dieses Sensorprinzip wurde bei Bosch zwar für Kfz-Anwendungen entwickelt, fand dann aber nur Anwendung im Bereich Elektrowerkzeuge (Drehmomentsensierung in Industrieschraubern). Ein Lizenzenehmer in Japan entwickelte dieses - sicherlich sehr kostengünstige - Sensorprinzip jedoch für Kfz-Anwendungen bis zur Produktreife weiter.

11 Wirbelstrom-Drehmomentsensor

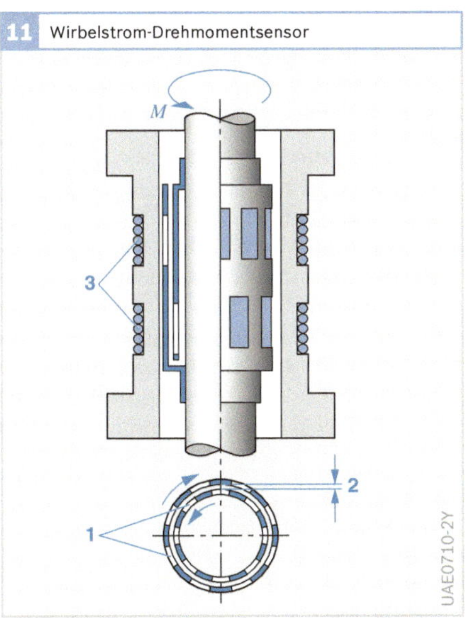

Bild 11
1 Schlitzhülsen
2 Luftspalt
3 Hochfrequenzspulen
M Drehmoment

Anwendungsbeispiele für Drehmomentsensoren

- Spannungsmessender DMS-Lenkmomentsensor (entwickelt bis A-Muster für elektrische Servolenkung).
- Winkelmessender Wirbelstrom-Drehmomentsensor (Elektrowerkzeuge, Fremderzeugnis Japan).
- Winkelmessender optoeletkronischer Lenkmomentsensor (elektrische Servolenkung).

Durchflussmesser

Messgrößen

Die Aufgabe der Durchflussmessung stellt sich im Kraftfahrzeug bei der Erfassung der angesaugten Luftmenge. Damit das Motormanagement - sowohl bei Diesel- wie auch bei Ottomotoren - ein definiertes Luft-Kraftstoff-Gemisch einstellen kann, muss diese Luftmenge genau bekannt sein. Diese Größe lässt sich mit einem Durchflussmesser ermitteln. Luftmenge - oder generell Gasströmungen messende Sensoren - werden auch als Anemometer bezeichnet.

Der oft benutzte Begriff Luftmenge lässt allerdings noch offen, ob es sich um ein Volumen oder eine Masse handelt. Da es in dem chemischen Prozess der Kraftstoffverbrennung aber eindeutig auf Massenverhältnisse ankommt, ist das Ziel die Messung der angesaugten Luftmasse. Der Luftmassenfluss ist bei Ottomotoren die wichtigste Lastgröße. Bei Dieselmotoren wird mit dem Luftmassenfluss die Abgasrückführrate geregelt.

Der maximal zu messende Luftmassenfluss liegt im (zeitlichen) Mittel je nach Motorleistung im Bereich von 400...1200 kg/h. Auf Grund des niedrigen Leerlaufbedarfs moderner Ottomotoren beträgt das Verhältnis von minimalem zu maximalem Durchsatz 1:50...1:100. Bei Dieselmotoren ist wegen des höheren Leerlaufbedarfs von Verhältnissen von 1:20 bis 1:40 auszugehen. Wegen der strengen Abgas- und Verbrauchsforderungen müssen Genauigkeiten von 2...3 % vom Messwert erreicht werden. Auf den Messbereich bezogen kann dies durchaus eine (für das Kraftfahrzeug ungewöhnlich hohe) Messgenauigkeit von $2 \cdot 10^{-4}$ bedeuten.

Der Motor nimmt die Luft jedoch nicht als kontinuierlichen Strom, sondern im Takt der Öffnungszeiten der Einlassventile auf. So kommt es, dass der Luftmassenstrom (insbesondere bei weit geöffneter Drosselklappe bei Ottomotoren) auch noch an der Messstelle, die stets im Ansaugtrakt zwischen Luftfilter und Drosselklappe bzw. zwischen Luftfilter und Lader liegt, noch stark pulsiert (Bild 1). Durch Resonanzen des Saugrohrs ist die Pulsation im Saugrohr bisweilen so stark, dass es sogar zu kurzzeitigen Rückströmungen kommt. Dies gilt vor allem für 4-Zylinder-Motoren, bei denen sich die Ansaugphasen nicht überlappen. Ein genauer Durchflussmesser muss diese Rückströmungen vorzeichenrichtig erfassen.

Die Pulsationen treten beim 4-Zylinder-Motor mit der doppelten Kurbelwellendrehzahl auf, also durchaus mit Frequenzen im Bereich von 50...100 Hz. Bei einem Durchflussmesser mit einer linearen Kennlinie würde es tatsächlich ausreichen, wenn er mit geringerer Frequenzbandbreite dem Mittelwert dieser schnell schwankenden Durchflüsse folgen würde. Der Mittelwert ist in jedem Falle immer positiv und erfordert also nicht unbedingt eine Vorzeichenempfindlichkeit.

Die im Einsatz befindlichen Luftmassenmesser besitzen jedoch praktisch alle sehr stark gekrümmte Kennlinien. Deshalb müssen die Messsignale vor ihrer Auswertung elektronisch linearisiert werden. Eine Mittelung vor der Linearisierung kann zu erheblichen dynamischen Fehlern (Mittelwertfehler) führen. Daher müssen solche Luftmassenmesser den Pulsationen, die

1 Pulsierender Luftmassenfluss Q_{LM} im Ansaugtrakt

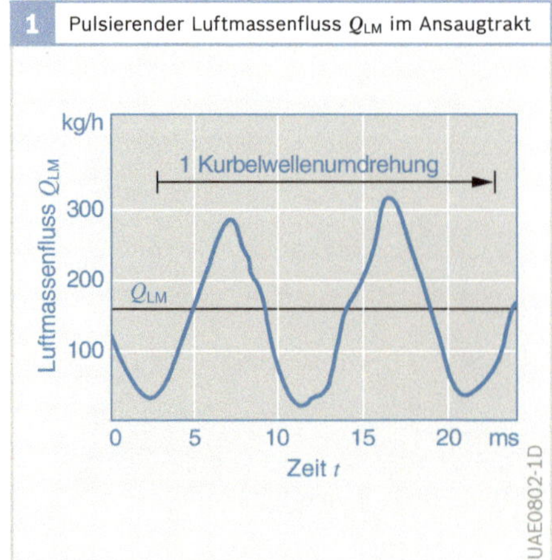

Bild 1
Bei Volllast mit Drehzahl n = 3000 min⁻¹, Saugrohrdruck p_S = 0,96 bar, mittlerer Luftdurchsatz Q_{LMm} = 157,3 kg/h

wegen ihres von der Sinusform meist stark abweichenden Verlaufs auch noch einen erheblichen Oberschwingungsanteil besitzen, noch ausreichend schnell folgen können. Dies erfordert eine Bandbreite von ca. 1 000 Hz. Neben der hohen Bandbreite müssen Luftmassenmesser auch eine kurze Einschaltzeitkonstante aufweisen, damit sie bereits auch in der Startphase des Motors richtig messen können.

Wie alle Durchflussmesser sind auch die im Kraftfahrzeug eingesetzten für eine Rohrströmung mit symmetrischem Strömungsprofil kalibriert. Das heißt für eine Strömung, deren Geschwindigkeitsvektor v an nahezu jedem Punkt des Strömungsquerschnitts der Fläche A nur vom Radius zur Mittelachse, nicht jedoch vom Umfangswinkel abhängt. Das Strömungsprofil (laminar oder turbulent, **Bild 2**) steht mit der Größe der Reynoldszahl R_e in Zusammenhang:

$R_e = v \cdot D / \eta$
mit
D typische Querschnittsabmessung und
η kinematische Zähigkeit des Mediums.

Die beispielhaft dargestellten Strömungsprofile stellen sich erst bei langer gleichförmig gestalteter Zuströmung ein. Im Kraftfahrzeug wird sich bei laminarer Strömung – bedingt durch die kurze Zuströmung – ein Profil, das zwischen dem dargestellten laminaren und turbulenten Profil liegt, einstellen. Ob das Strömungsprofil laminar oder turbulent ist, hängt davon ab, ob R_e unter oder über einem Wert von ca. 1 200 liegt.

Eine weitere wichtige Einflussgrösse ist der Turbulenzgrad der Strömung, der durch die aerodynamische Auslegung der Zuströmung zum Durchflussmesser bestimmt wird. Liegt der laminar-turbulente Übergang innerhalb des Messbereichs, so ist an dieser Stelle mit einer Irregularität der Kennlinie zu rechnen. Im Kraftfahrzeug kann bei kleinsten Luftmassen (Leerlauf von Ottomotoren) nicht von einer rein turbulenten Strömung (Rechteckprofil: $v = const_r$) ausgegangen werden. Eine sorgfältige Gestaltung der Zuströmung, um möglichst auch im laminaren Fall Rechteckprofile zu erzielen, ist dann erforderlich.

Bei einer vorausgesetzten homogenen Dichte ρ und unter der Annahme eines Rechteckprofils ergibt sich der Durchfluss auf einfache Weise zu:

$Q_V = v \cdot A$ Volumendurchfluss
$Q_M = \rho \cdot v \cdot A$ Massendurchfluss

1 Strömungsprofile

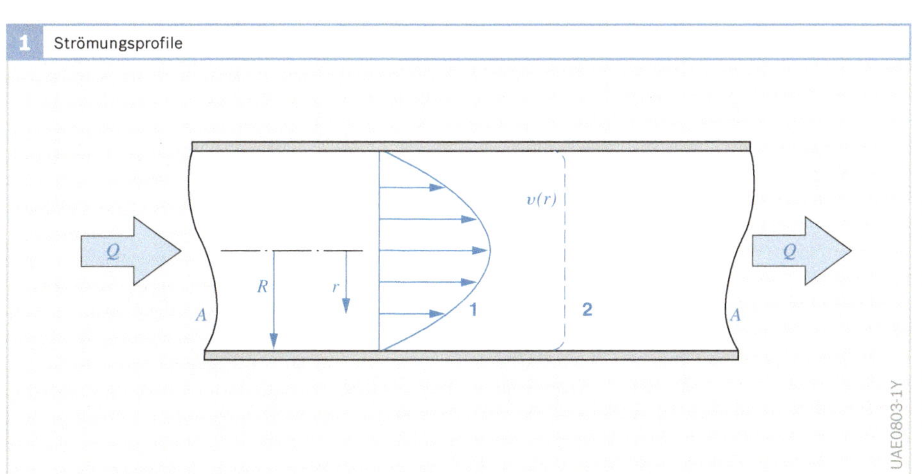

Bild 2
1 Laminares Strömungsprofil
2 turbulentes Strömungsprofil
A Querschnittsfläche des Rohres
Q Durchfluss
R Rohrradius
r Abstand von der Rohrmitte
$v(r)$ Strömungsprofil

Während in der Messtechnik längere gerade Vor- und Nachlaufstrecken konstanten Querschnitts zur Gewährleistung eines winkelsymmetrischen Profils vorgeschrieben werden, lässt sich eine solche Bedingung unter den beengten Einbauverhältnissen des Motorenraums nie einhalten. Treten starke Asymmetrien auf, muss der Durchflussmesser im Allgemeinen unter Einbaubedingungen kalibriert werden.

Messprinzipien

Von den fast zahllosen bekannten Durchflussmessern haben sich für die Luftmengenmessung im Kraftfahrzeug zunächst nur solche nach dem Staudruckprinzip durchgesetzt, die noch mechanisch bewegliche Teile enthalten und prinzipiell der Korrektur zur Kompensation von Dichteunterschieden bedürfen.

Derzeit werden echte Massenflussmesser mit thermischen Verfahren (Hitzdraht- oder Heißfilm-Anemometer) angewandt, die ohne mechanisch bewegliche Teile auch schnellen Durchflussänderungen folgen können.

Variable Messblenden (Stauklappen)

Der Druckabfall an fest eingestellten Blenden berechnet sich auf der Basis von zwei Gesetzen:

Kontinuitätsgleichung:

$$\rho \cdot {}_1 \cdot v_1 \cdot A_1 = \rho \cdot {}_2 \cdot v_2 \cdot A_2 = const$$

Bernoulli-Gleichung:

$$p_1 + \frac{1}{2} \cdot \rho_1 \cdot v_1^2 = p_2 + \frac{1}{2} \cdot \rho_2 \cdot v_2^2 = const$$

Diese Gesetze sind auf zwei Messquerschnitte A_1 und A_2 anzuwenden (**Bild 3**). Unter der Annahme einer konstanten Dichte $\rho = \rho_1 = \rho_2$ ergibt sich der Druckabfall:

$$\Delta p = Q_V^2 \cdot \rho \cdot (\frac{1}{A_2^2} - \frac{1}{A_1^2})$$

Dieser Druckabfall lässt sich entweder mit Hilfe eines Differenzdrucksensors direkt oder als eine auf eine „Stauscheibe" wirkende Kraft messen. Dabei ist zu beachten, dass derartige Staudruckmesser einen Durchflusswert messen, der weder dem Volumen- noch dem Massendurchfluss entspricht, sondern dem geometrischen Mittelwert aus beiden:

$$Q_{St} = const \cdot \sqrt{\rho} \cdot v = const \cdot \sqrt{Q_V \cdot Q_M}$$

Feste Blenden erlauben wegen des quadratischen Zusammenhangs zum Durchfluss lediglich eine Messgrößenvariation von 1:10, weil andernfalls die Genauigkeit

Bild 3
a Ringblende
b Scheibenblende (Stauscheibe)
1 Blende
A_S Scheibenquerschnitt
$A_{1,2}$ Messquerschnitte
$p_{1,2}$ Messdrücke
Δp Druckabfall
Q_{LM} Luftmassenfluss

3 Staudruck-Durchflussmesser

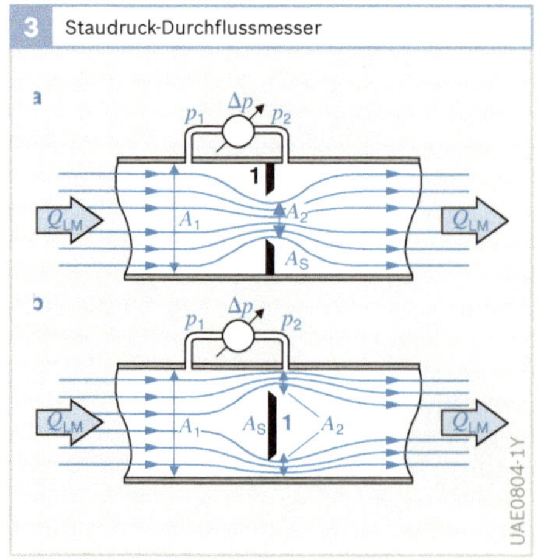

Bild 4
1 Stauklappe
2 Lufttemperatursensor
3 zum Steuergerät
4 Potenziometer
5 Dämpfungsvolumen
6 Kompensationsklappe
Q_L Ansaugluftstrom

4 Staudruck-Luftmengenmesser

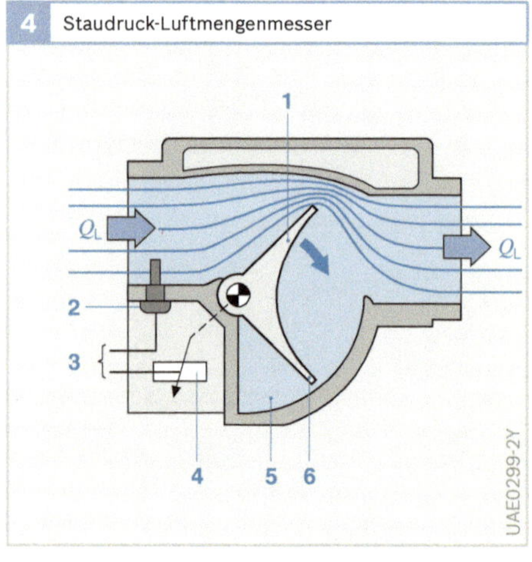

der Differenzdruckerfassung nicht mehr ausreicht und sich große Druckverluste ergeben, die zu Leistungsverlusten am Motor führen würden. Für größere Bereiche müssen mehrere Blenden oder solche eingesetzt werden, die sich automatisch dem Messbereich anpassen, indem sie unter der Einwirkung des Staudrucks einen größeren freien Strömungsquerschnitt A_2 freigeben.

Mit solchen variablen, beweglichen Blenden lassen sich die gewünschten Variationsbereiche von 1:100 durchaus abdecken. Hierbei wird die Stauscheibe mit steigendem Durchfluss gegen eine meist konstante Gegenkraft zunehmend in eine sich öffnende Kontur gedrückt, die so ausgelegt ist, dass das somit entstehende Durchfluss-Weg/Winkel-Gesetz den gewünschten linearen (K-Jetronic) oder auch nichtlinearen Verlauf (L-Jetronic) annimmt. Die Stellung der „Stauklappe" (**Bild 4**) stellt dann das Maß für den Durchfluss dar, das mit dem oben definierten Staudruck in Beziehung steht.

Die Grenzfrequenz solcher Sensoren liegt allerdings typisch bei ca. 10 Hz. Bei den vorkommenden, höheren Pulsationsfrequenzen können solche Klappen der Messgröße nicht mehr folgen; sie stellen für die Pulsationen also eine feststehende Blende mit quadratischer Kennlinie dar. Hierdurch können in bestimmten Lastzuständen erhebliche Mittelwertfehler auftreten, die sich nur grob durch geeignete Softwaremittel ausgleichen lassen.

Ändert sich auf Grund von Temperaturschwankungen oder der Höhenlage die Dichte ρ der angesaugten Luft, so ändert sich das Messsignal hier nur mit $\sqrt{\rho}$. Zur Erfassung der vollen Dichteschwankung müssen zusätzlich ein Lufttemperatursensor und ein barometrischer Drucksensor eingesetzt werden.

Hitzdraht/Heißfilm-Anemometer

Wird ein dünner Draht mit dem elektrischen Widerstand R von einem Strom I_H durchflossen, so erwärmt er sich. Wird er gleichzeitig von einem Medium der Dichte ρ mit der Geschwindigkeit v überstrichen, so stellt sich ein Gleichgewicht zwischen elektrisch zugeführter Leistung P_el und pneumatisch (von der Strömung) abgeführter Leistung P_V ein:

$$P_\mathrm{el} = I_\mathrm{H}{}^2 \cdot R = P_\mathrm{V} = c_1 \cdot \lambda \cdot \Delta\vartheta$$

Hierbei ist die von der Strömung abgeführte Leistung proportional zu der sich einstellenden Temperaturdifferenz $\Delta\vartheta$ und dem Wämeleitwert λ. Für diesen gilt in guter Näherung:

$$\lambda = \sqrt{\rho \cdot v} + c_2 = \sqrt{Q_\mathrm{LM}} + c_2$$

Obwohl λ primär eine Funktion des Massenflusses Q_LM ist, stellt sich auch bei ruhendem Medium ($v = 0$) noch ein gewisser Wärmeverlust ein (Konvektion), der durch die additive Konstante c_2 repräsentiert wird. So ergibt sich zwischen dem Heizstrom I_H und dem Massenfluss Q_LM der bekannte Zusammenhang:

$$I_\mathrm{H} = c_1 \cdot \sqrt{(\sqrt{Q_\mathrm{LM}} + c_2)} \cdot \sqrt{\frac{\Delta\vartheta}{R}}$$

Bei Zuführung einer konstanten Heizleistung $I_\mathrm{H}{}^2 \cdot R$ würde sich eine reziprok mit der Wurzel aus dem Luftmassenstrom Q_LM abnehmende Temperaturerhöhung $\Delta\vartheta$ einstellen. Wird jedoch der Heizstrom I_H so eingeregelt, dass eine konstante Temperaturüberhöhung (z. B. $\Delta\vartheta$ = 100 K) auch bei zunehmendem Durchfluss erhalten bleibt, so ergibt sich ein etwa mit der 4. Wurzel aus dem Massenfluss zunehmender Heizstrom als Maß für den Massenfluss.

Vorteil einer solchen Regelschaltung ist, dass sich der elektrische Heizwiderstand stets auf der gleichen Temperatur befindet, sein Wärmeinhalt also nicht über zeitraubende Wärmeumladungen geändert werden muss. Mit einem 70 µm starken Platindraht z. B. lassen sich Zeitkonstanten für Durchflussänderungen im Bereich von 1 ms erreichen, während sie im ungeregelten Fall an die 40...100 mal höher liegen. Würde man die Regelung auf konstante Heizertemperatur einfach dadurch vornehmen, dass man dessen (temperaturabhängigen) Widerstand konstant hält, ergäbe sich bei konstantem Massenfluss, aber höherer Mediumstemperatur, eine Stromabnahme und damit eine Fehlanzeige. In der Praxis wird dieser Fehler mit Hilfe einer Brückenschaltung vermieden, die noch einen zweiten, jedoch hochohmigen, nicht beheizten Kompensationswiderstand R_K von gleicher Art (z. B. aus Platin) enthält. Der Heizwiderstand wird dabei gegenüber dem Medium von einer Regelschaltung auf eine konstante Übertemperatur $\Delta\vartheta$ geregelt (**Bild 5**). Bei einer sprungartigen Temperaturerhöhung des Mediums reagiert der Sensor allerdings mit einer längeren Zeitkonstanten, da in diesem Fall tatsächlich der Wärmeinhalt des Hitzdrahts geändert werden muss. Der Heizstrom erzeugt an einem Präzisionswiderstand (Messwiderstand R_M) ein dem Luftmassenstrom proportionales Spannungssignal U_M.

Bei den ersten den Massenfluss messenden Anemometern für das Kraftfahrzeug (Hitzdraht-Luftmassenmesser HLM) war der Heizwiderstand tatsächlich als feiner Platindraht realisiert. Dieser Draht war trapezförmig so über den Strömungsquerschnitt ausgespannt, dass er eventuelle Asymmetrien des Strömungsprofils ausmitteln konnte (**Bild 6**). Eine hinreichend hohe Lebensdauer konnte jedoch erst erzielt werden, als es gelang, den Platindraht durch Legierungszusätze so zu stabilisieren, dass sich sein Widerstandswert nicht durch Crackprozesse und Ablagerungen an seiner Oberfläche änderte. Hierzu musste der Heizdraht allerdings nach jeder Betriebsphase bei hoher Temperatur automatisch von Rückständen freigebrannt werden (ca. 1 000°C).

Trotz erheblicher funktioneller Vorteile war diese Sensorkonzeption auf längere Sicht gesehen zu teuer. Eine Version in Dickschichttechnik (Heißfilm-Luftmassenmesser HFM2) konnte alle zur Messung notwendigen Widerstände auf einem Substrat vereinigen. Wegen der nicht unerheblichen Wärmekapazität des dabei verwendeten Keramiksubstrats war es nicht einfach, die maximal zulässige Einschaltzeitkonstante nicht zu überschreiten. Auch musste eine unerwünschte Wärmekopplung vom Heizungs- zum Kompensationswiderstand durch einen aufwändigen Sägeschnitt reduziert werden. Dafür konnte schon bei dieser Version auf einen Freibrennprozess verzichtet werden, da die speziellen Strömungsverhältnisse nicht mehr zu schädlichen Ablagerungen führten.

Bild 5
Q_{LM} Luftmassenfluss
U_M Messspannung
R_H Hitzdrahtwiderstand
R_K Kompensationswiderstand
R_M Messwiderstand
$R_{1,2}$ Abgleichwiderstände

5 Hitzdraht-Luftmassenmesser (Schaltung)

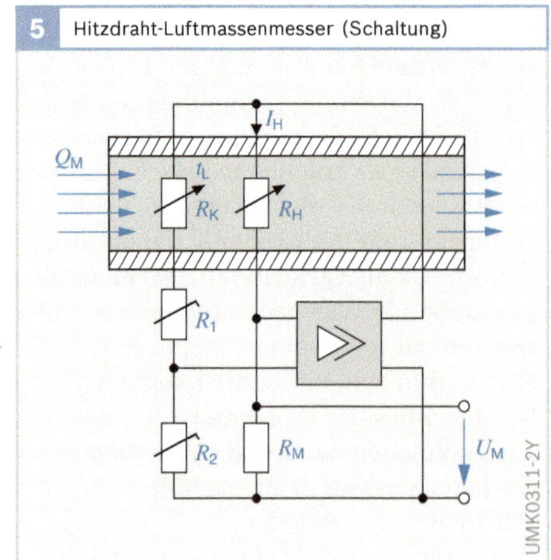

Bild 6
1 Temperaturkompensationswiderstand R_K
2 Sensorring mit Hitzdraht R_H
3 Präzisionswiderstand (Messwiderstand R_M)
Q_M Luftmassenstrom

6 Hitzdraht-Luftmassenmesser (Komponenten)

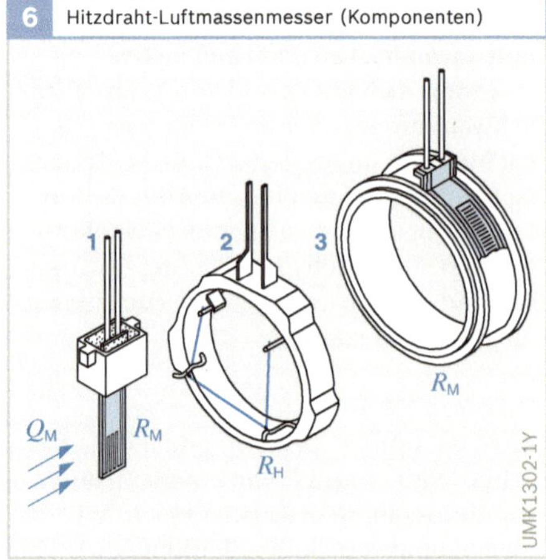

Im Gegensatz zu den beiden Vorgängertypen hat dann eine weitere, nun mikromechanisch auf Siliziumbasis ausgeführte Version (Heißfilm-Luftmassenmesser HFM5 und HFM6) praktisch alle Erwartungen erfüllt. Sie ist insbesondere in der Lage, vorzeichenrichtig in beiden Strömungsrichtungen zu messen (**Bild 7**), sodass bei Pulsationen auftretende, kurzzeitige Rückströmungen nicht mehr zu Messfehlern führen (**Bild 8**).

Zu diesem Zweck sitzt zusätzlich zu dem bisherigen Heizregelkreis (ähnlich wie bei dem aus der Literatur bekannten Thomas-Verfahren) beiderseits des Heizwiderstandes, also strömungsauf- und -abwärts, je ein Temperatursensor. Beide Sensoren zeigen im strömungsfreien Fall (Q_{ML} = 0) die gleiche Temperatur an. Bei einsetzender Strömung erhöht sich jedoch die Temperaturdifferenz der beiden Widerstände zunehmend, da der strömungsaufwärts gelegene Sensor vom Medium gekühlt wird. Das aus der Temperaturdifferenz abgeleitete Ausgangssignal folgt einer ähnlichen Kennlinie, wie sie die bisherigen Anemometer aufweisen; ihr Vorzeichen repräsentiert nun jedoch eindeutig die Strömungsrichtung.
Auf Grund seiner geringen Baugröße stellt der mikromechanische Durchflussmesser jedoch nur einen Teilstrommesser dar, d. h., er ist nicht mehr auch nur annähernd in der Lage, eventuelle Inhomogenitäten der Strömungsgeschwindigkeit über den Strömungsquerschnitt auszumitteln. Er ist vielmehr darauf angewiesen, dass der von ihm ermittelte kleine Teilstrom über den gesamten Messbereich hinweg den gleichen Bruchteil der Gesamtströmung repräsentiert. Durch im Messrohr integrierte Strömungsgleichrichter (z. B Gitter) kann diese Voraussetzung eingehalten werden.

Anwendungsbeispiele

- Heißfilm-Luftmassenmesser HFM5 und HFM6 für Otto- und Diesel-Anwendungen.

7 Mikromechanischer Heißfilm-Luftmassenmesser mit vorzeichenrichtiger Luftmengenerfassung

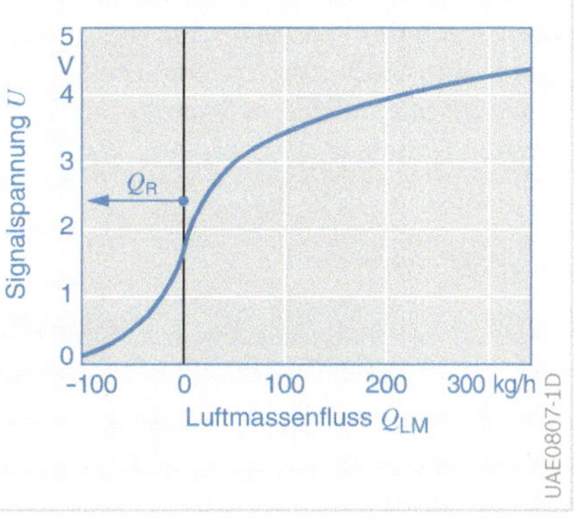

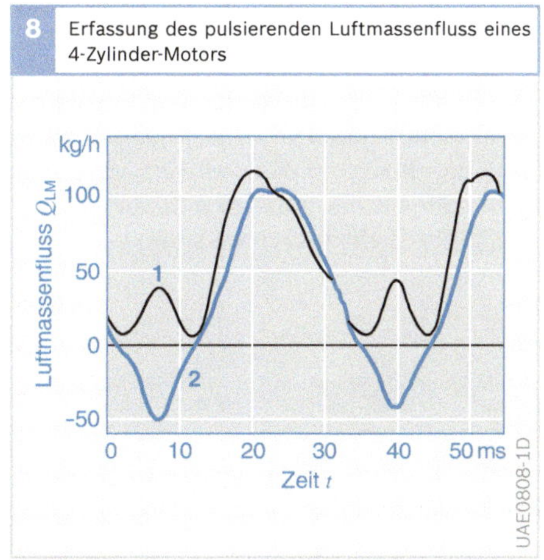

8 Erfassung des pulsierenden Luftmassenfluss eines 4-Zylinder-Motors

Bild 7
Q_R Rückströmung

Bild 8
Bei Volllast und Drehzahl n = 900 min^{-1}
1 Hitzdraht-Luftmassenmesser
2 Heißfilm-Luftmassenmesser

Gassensoren und Konzentrationssonden

Messgrößen

Die Konzentration eines Stoffes gibt an, mit welchem Masse- oder Volumenanteil ein bestimmter Stoff in einem anderen Stoff oder in einem Gemisch von anderen Stoffen enthalten ist. Bei einem Konzentrationssensor (oft auch Konzentrationssonde genannt) kommt es darauf an, dass er nur für den einen Messstoff spezifisch empfindlich ist und (im Idealfall) andere Stoffe möglichst total „ignoriert". In der Realität besitzt jedoch jede Sonde auch eine „Querempfindlichkeit" gegen andere Stoffe, selbst wenn (was oft geschieht) die Messparameter Temperatur und Druck konstant gehalten werden.

Im Kraftfahrzeug müssen folgende Größen gemessen werden:

- Sauerstoffgehalt im Abgas (Verbrennungsregelung, Katalysatorüberwachung),
- Kohlenmonoxid- und Stickoxidgehalt sowie Luftfeuchte im Innenraum (Luftgüte, Beschlagen der Fahrzeugfenster),
- Luftfeuchte in Druckluftbremssystemen (Überwachung Lufttrockner),
- Feuchte der Außenluft (Glatteiswarnung),
- Rußkonzentration im Abgas von Dieselmotoren, allerdings ein bisher noch ungelöstes Problem. Im Gegensatz zu den zuvor genannten Gaskonzentrationen handelt es sich dabei um eine Partikelkonzentration. Die Messaufgabe wird dadurch zusätzlich erschwert, dass sich der Sensor bis zur Funktionsunfähigkeit mit Partikeln zusetzen kann.

Mit Einführung der Brennstoffzelle als automobiles Antriebssystem müssen wohl weitere Gassensoren entwickelt werden, so z. B. zur Detektion von Wasserstoff.

Messprinzipien

Da die Messstoffe in gasförmigem, flüssigem und festem Zustand auftreten, wurden im Laufe der Zeit fast zahllose Messmethoden entwickelt. Im Kraftfahrzeug ist bisher nur das Gebiet der Gasanalyse mit dem speziellen Teilgebiet der Messung gasförmiger Feuchte von Interesse. Die Tabelle 1 gibt eine Übersicht über die in der allgemeinen Messtechnik angewandten Verfahren.

Gasmessung, allgemein

Für Gassensoren, die in aller Regel dem Messmedium (d. h. Fremdstoffen) direkt und schutzlos ausgesetzt sind, besteht die Gefahr der irreversiblen Beschädigung. Diese Beschädigung wird auch als „Vergiftung" der Sonde bezeichnet. So kann zum Beispiel das eventuell im Kraftstoff bzw. Abgas enthaltene Blei die elektrolytischen Sauerstoffkonzentrationssonden (Lambda-Sonden) unbrauchbar machen.

Feuchtemessung

Neben der überragenden Bedeutung der Sauerstoffsonde (Lambda-Sonde) im Abgas kommt auch der Luftfeuchtemessung eine besondere Bedeutung zu.

Feuchte gibt im weiteren Sinn den Wassergehalt in gasförmigen, flüssigen und festen Stoffen an. Im engeren Sinne des Wortes geht es an dieser Stelle jedoch um den Gehalt an gasförmigem Wasser

1 Gasanalytische Verfahren (ohne besondere Berücksichtigung der Feuchtemessverfahren). (X) im Kraftfahrzeug eingesetzt

Physikalische Verfahren	Physikalisch-chemische Verfahren		Chemische Verfahren
Wärmeleitfähigkeit	Wärmetönung		Selektive Absorption
Magnetische Verfahren	Absorptionswärme		Selektive Absorption mit vorheriger chemischer Umsetzung
Strahlungsabsorption	Charakteristische Farbreaktion		
Gaschromatographie	Elektrolytische Leitfähigkeit	X	
Radioaktive Verfahren	Elektrochemische Verfahren	X	

(Wasserdampf) in gasförmigen Stoffen – vorzugsweise in der Luft.

Wird ein feuchtes Gas isobar abgekühlt, so erreicht es bei einer bestimmten Temperatur (Taupunkt τ genannt) den Sättigungszustand.

Zunächst einige wichtige Definitionen und Zusammenhänge für die Feuchtemessung (siehe auch **Bild 1**):

m_w Masse des Wassers
m_s Masse des Wassers im Sättigungszustand
m_{tr} Masse des trockenen Gases

M_w Molmasse von Wasser
M_{tr} mittlere Molmasse des trockenen Gases
p Gesamtdruck des Gasgemisches
p_w Partialdruck des Wasserdampfes

p_s Sättigungsdruck (Dampfdruck des Wassers bei Gemischtemperatur)

Absolute Feuchte:

$$\chi = \frac{m_w}{m_{tr}} = \frac{M_w}{M_{tr}} \cdot \frac{p_w}{p - p_w} \text{ (in \%)}$$

$$f_a = \frac{m_w}{V_{tr}} \qquad \text{(volumenbezogen)}$$

Relative Feuchte:

$$\Phi = \frac{p_w}{p_s} \text{ (in \%)}$$

Für „Lowcost"-Anwendungen des Konsumbereichs (z. B. im Auto) kommen fast ausschließlich resistive und kapazitive Sensoren in Betracht. Sie verfügen über hygroskopische Schichten, die in Abhängigkeit von der relativen Feuchte reversibel Wasser speichern können und damit eine meist drastische Änderung eines Widerstandes oder einer planar ausgeführten Kapazität hervorrufen.

Bei kapazitiven Feuchtefühlern dient eine hygroskopische, isolierende Schicht (z. B. Al_2O_3 oder ein polymerer Kunststoff),

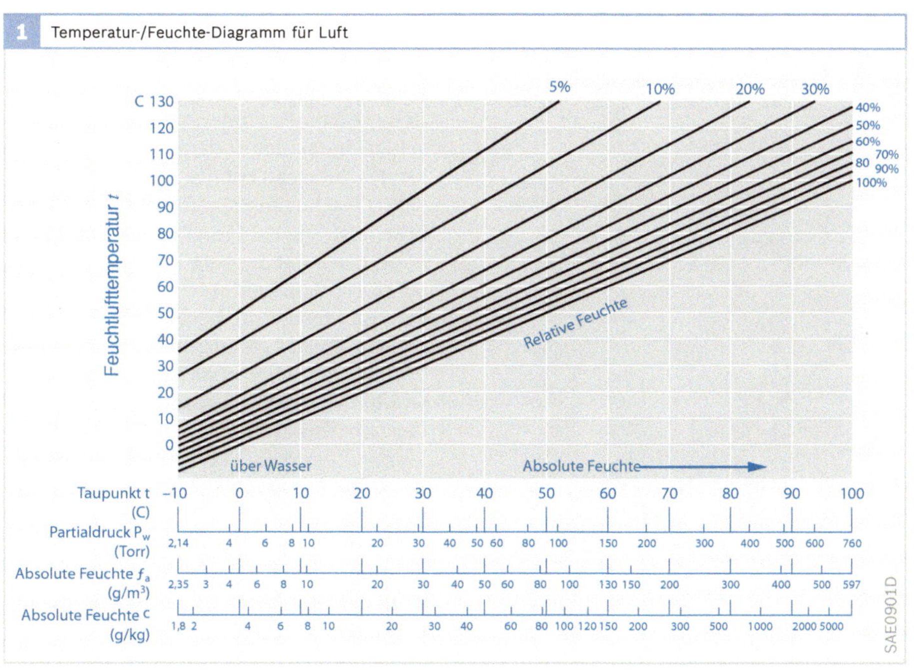

1 Temperatur-/Feuchte-Diagramm für Luft

2 Verfahren der Feuchtemessung. (X) Technisch von Bedeutung

Verfahren	lfd. Nr.		Messgerät	Messmethode
Sättigungsverfahren	1	X	Taupunkt-Hygrometer	Direkte Verfahren
	2	X	LiCl-Taupunkt-Hygrometer	(Messung der absoluten Feuchte)
Verdunstungsverfahren	3	X	Psychrometer	
Absorptionsverfahren	4		Volumen-Hygrometer	
	5	X	Elektrolyse-Hygrometer	
	6		Kondensatmengen-Hygrometer	
Energetische Verfahren	7	X	Infrarot-Hygrometer	
	8		Mikrowellen-Hygrometer	
	9		Elektr. Entladungshygrometer	
	10		Diffusions-Hygrometer	
Hygroskopische Verfahren	11	X	Elektr. Leitfilm-Hygrometer	Indirekte Verfahren
	12	X	Kondensator-Hygrometer	(Messung der relativen Feuchte)
	13	X	Haar-Hygrometer	
	14		Bistreifen-Hygrometer	
	15		Farb-Hygrometer	
	16		Quarz-Hygrometer	
	17		Gravimetrisches Hygrometer	

2 Kapazitives Sensorplättchen mit Kammelektroden

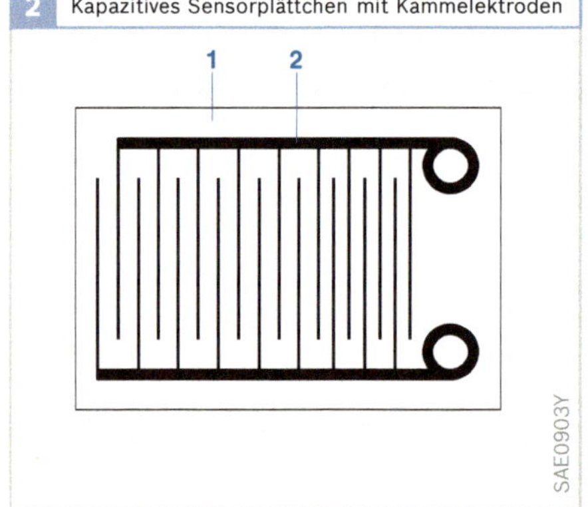
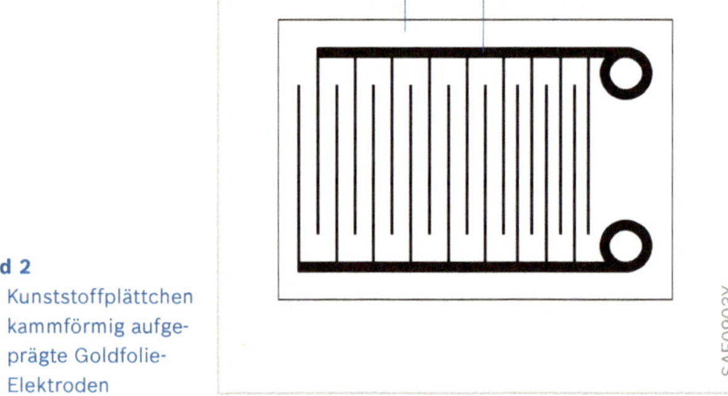

Bild 2
1 Kunststoffplättchen
2 kammförmig aufgeprägte Goldfolie-Elektroden

3 Resistiver und kapazitiver Feuchtesensor (typische Kennlinie)

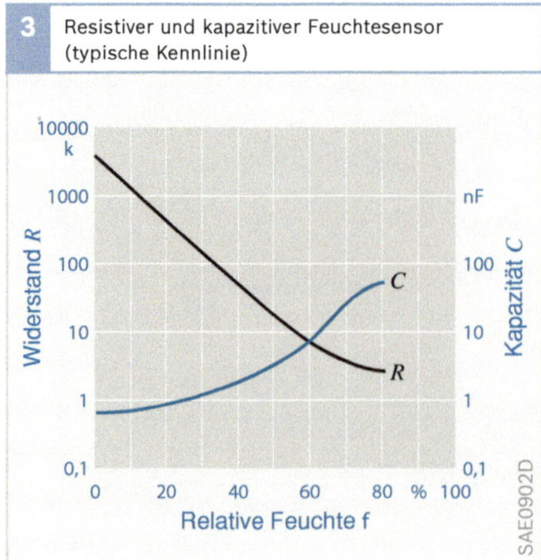

die eventuell auch gleichzeitig als Trägerplättchen fungieren kann, als Dielektrikum eines Kondensators. Eine der Elektroden ist wasserdampfdurchlässig oder die Elektroden haben eine kammförmige Struktur (**Bild 2**). Mit wachsender relativer Feuchte nimmt das Dielektrikum Wasser auf und die Kapazität des Fühlers erhöht sich stark (relative Dielektrizitätskonstante von Wasser $\varepsilon_{rW} \approx 81$, **Bild 3**).

Beim resistiven Fühler befindet sich zwischen einem Elektrodenpaar ein isolierendes Substrat, auf das hygroskopisches Salz (LiCl) in einem Binder (Paste) aufgebracht ist. Die Leitfähigkeit der Schicht ändert sich mit der relativen Feuchte drastisch (**Bild 3**). Leider hängt diese Widerstandsänderung auch stark von der Temperatur ab, sodass auf eine entsprechende Kompensation meist nicht verzichtet werden kann. Durch zusätzliche Messung der Lufttemperatur kann dann auch der Taupunkt und damit die absolute Feuchte bestimmt werden. Die Zeitkonstante dieser Sensoren liegt typisch bei ca. 30 s.
Die **Tabelle 2** gibt eine Übersicht über die zahlreichen, im Laufe der Zeit entwickelten Messverfahren für die Luftfeuchtemessung.

Der Piezo-Effekt

Pierre Curie und sein Bruder Jacques entdeckten 1880 ein Phänomen, das zwar nur wenigen bekannt ist, aber heute Millionen Menschen täglich begleitet: den piezoelektrischen Effekt. Er hält z. B. die Zeiger der Quarzuhr im Takt.

Bestimmte Kristalle (z. B. Quarz und Turmalin) sind piezoelektrisch: Durch Stauchung oder Streckung entlang bestimmter Kristallachsen werden elektrische Ladungen auf der Kristall-oberfläche induziert. Diese elektrische Polarisierung entsteht dadurch, dass sich die positiven und negativen Ionen im Kristall unter der Krafteinwirkung relativ zueinander verschieben
(s. Bild, Pos. b). Im Inneren des Kristalls gleichen sich die verschobenen Ladungsschwerpunkte aus, zwischen den Stirnflächen des Kristalls jedoch entsteht ein elektrisches Feld. Stauchung und Dehnung des Kristalls erzeugen umgekehrte Feldrichtungen.

Wird andererseits an die Stirnflächen des Kristalls eine elektrische Spannung angelegt, so kehrt sich der Effekt um (inverser Piezo-Effekt): Die positiven Ionen werden im elektrischen Feld in Richtung zur negativen Elektrode hin verschoben, die negativen Ionen zur positiven Elektrode hin. Dadurch kontrahiert oder expandiert der Kristall je nach Richtung der elektrischen Feldstärke (s. Bild, Pos. c).

Für die piezoelektrische Feldstärke E_p gilt:
$E_p = \delta \, \Delta x / x$
$\Delta x / x$: relative Stauchung bzw. Dehnung
δ: piezoelektrischer Koeffizient, Zahlenwerte 10^9 V/cm bis 10^{11} V/cm
Die Längenänderung Δx ergibt sich bei einer angelegten Spannung U aus:
$U / \delta = \Delta x$ (Beispiel Quarz: Deformation von etwa 10^{-9} cm bei U = 10 V)

Der Piezo-Effekt wird nicht nur in Quarzuhren und Piezo-Inline-Injektoren genutzt, sondern hat – als direkter oder inverser Piezo-Effekt – eine Vielzahl weiterer technischer Anwendungen:

Piezoelektrische Sensoren werden z. B. zur Klopfregelung im Ottomotor eingesetzt, wo sie hochfrequente Schwingungen des Motors als Merkmal für klopfende Verbrennung detektieren. Die Umwandlung von mechanischer Schwingung in elektrische Spannungen wird auch im Kristall-Tonabnehmer des Plattenspielers oder bei Kristallmikrofonen genutzt. Beim Piezo-Zünder (z. B. im Feuerzeug) ruft ein mechanischer Druck die zur Funkenerzeugung benötigte Spannung hervor.

Legt man andererseits eine Wechselspannung an einen Piezo-Kristall, so schwingt er mechanisch mit der Frequenz der Wechselspannung. Solche Schwingquarze werden z. B. als Stabilisatoren in elektrischen Schwingkreisen eingesetzt oder als piezoelektrische Schallquelle zur Erzeugung von Ultraschall.

Für den Einsatz als Uhrenquarz wird der Schwingquarz mit einer Wechselspannung angeregt, deren Frequenz einer Eigenfrequenz des Quarzes entspricht. So entsteht eine zeitlich äußerst konstante Resonanzschwingung, deren Abweichung bei einem geeichten Quarz ca. 1/1000 Sekunde pro Jahr beträgt.

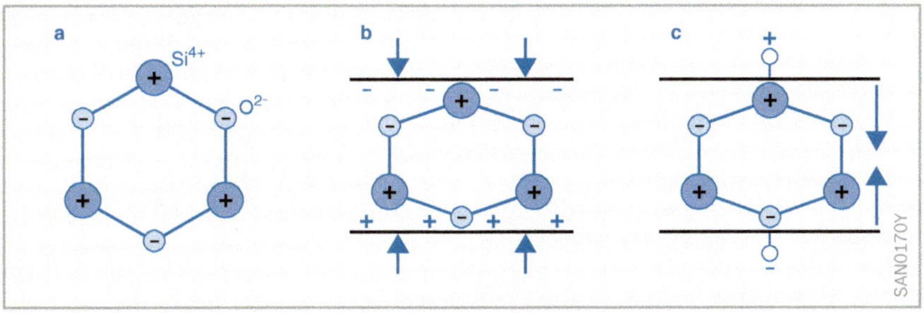

Prinzip des Piezo-Effekts
(dargestellt an einer Einheitszelle)

a Quarzkristall SiO_2

b Piezo-Effekt:
Bei Stauchung des Kristalls schieben sich die negativen O^{2-}-Ionen nach oben, die positiven Si^{4+}-Ionen nach unten: an der Kristalloberfläche werden elektrische Ladungen induziert.

c inverser Piezo-Effekt:
Durch die angelegte elektrische Spannung werden O^{2-}-Ionen nach oben, Si^{4+}-Ionen nach unten verschoben: der Kristall kontrahiert.

Temperatursensoren

Messgrößen

Temperatur ist eine ungerichtete, den Energiezustand des Mediums charakterisierende Größe, die vom Ort und der Zeit abhängen kann:

$T = T(x, y, z, t)$ (1)

mit: x, y, z Raumkoordinaten, t Zeit, T gemessen nach der Celsius- oder Kelvin-Skala.

Bei gasförmigen und flüssigen Messmedien kann im Allgemeinen problemlos an allen Ortspunkten gemessen werden. Bei festen Körpern beschränkt sich die Messung meist auf die Oberfläche. Bei den am häufigsten eingesetzten Temperatursensoren ist ein unmittelbarer, inniger Kontakt des Sensors mit dem Messmedium erforderlich (Berührungsthermometer), damit er möglichst genau die Temperatur des Mediums annimmt. Für spezielle Fälle sind jedoch auch berührungslose Temperatursensoren im Einsatz, welche die Temperatur eines Körpers oder Mediums aufgrund der von ihm ausgesandten (infraroten) Wärmestrahlung bestimmen (Strahlungsthermometer = Pyrometer, Wärmekamera).

1 Temperaturmessstellen im Kraftfahrzeug

Messpunkt	Bereich °C
Ansaug-/Ladeluft	−40...170
Außenwelt	−40...60
Innenraum	−20...80
Ausblasluft/Heizung	−20...60
Verdampfer (Klimaanlage)	−10...50
Kühlwasser	−40...130
Motoröl	−40...170
Batterie	−40...100
Kraftstoff	−40...120
Reifenluft	−40...120
Abgas	100...1000
Bremssattel	−40...2000

Ein Temperatursensor soll diese Abhängigkeit im Allgemeinen möglichst fehlerfrei wiedergeben, d. h., er soll möglichst unverfälscht die lokale Verteilung der Temperatur sowie ihre zeitliche Änderung wiedergeben.

Im speziellen Anwendungsfall kann diese Anforderung – teilweise aus funktionalen Gründen – auch abgemildert werden. Für eine gute Ortsauflösung des Sensors, aber auch für ein schnelles Reaktionsvermögen, soll dieser möglichst klein bauen, d. h. eine geringe Wärmekapazität aufweisen.

Um die vom Sensor angenommene Eigentemperatur möglichst unabhängig von der meist davon abweichenden Temperatur seiner Halterung zu halten, soll er möglichst gut thermisch von seiner Halterung isoliert sein. Die von den meisten Sensoren im aktiven Zustand erzeugte Eigenwärme ist möglichst gering zu halten (z. B. < 1 mW), da auch sie das Messergebnis verfälscht.

Das dynamische Verhalten eines Temperatursensors wird durch eine Zeitkonstante τ angegeben. Sie gibt die Zeit an, die der Sensor bei sprungförmiger Temperaturänderung benötigt, um z. B. auf 63 %, 90 % oder 99 % seiner Endanzeige zu kommen. Diese Zeit hängt nicht nur von der Wärmekapazität des Sensors, sondern auch ganz wesentlich von der Wärmeübergangszahl zum Messmedium ab. Je größer sie ist, umso schneller zeigt der Sensor seinen Endwert an. Diese Zahl ist bei flüssigen Medien naturgemäß weit höher als bei gasförmigen. Zu beachten ist auch, dass die Wärmeübergangszahl ganz erheblich von einer eventuell vorhandenen Strömungsgeschwindigkeit υ des Mediums abhängt. Sie nimmt etwa mit $\sqrt{\upsilon}$ zu. Also sollte die Zeitkonstante eines Temperatursensors immer in Bezug auf eine bestimmte Strömungsgeschwindigkeit eines wohl definierten Mediums angegeben werden.

Die Temperaturmessung im Kraftfahrzeug nutzt fast ausschließlich die Temperaturabhängigkeit von elektrischen Widerstandsmaterialien mit positivem (PTC) oder negativem (NTC) Temperaturkoeffizienten in Form von Berührungsthermometern. Die Umsetzung der Widerstandsänderung in eine analoge Spannung erfolgt überwiegend durch Ergänzung eines temperaturneutralen oder gegensinnig abhängigen Widerstands zu einem Spannungsteiler (auch linearisierende Wirkung). Neuerdings wird für Zwecke des Insassenschutzes (Insassen-Positionsbeobachtung für Airbagauslösung), aber auch des Komforts (Klimaregelung gemäß Messung der Hauttemperatur, Verhinderung von Scheibenbeschlag) eine berührungslose (pyrometrische) Temperatursensierung in Betracht gezogen, die erst durch den Einsatz der Mikrosystemtechnik in einen kostengünstigen Bereich gerückt ist. Die **Tabelle 1** zeigt, welche zu messende Temperaturen im Fahrzeug auftreten.

Nicht allein die teilweise sehr unterschiedlichen Messbereiche erfordern eine Vielzahl von Sensorkonzepten und -technologien, sondern auch die hier nicht genannten Genauigkeits- und Dynamikanforderung führen zu sehr unterschiedlichen Sensorformen. An vielen Stellen wird die Temperatur auch als Hilfsgröße gemessen, um sie als Fehlerursache oder unerwünschte Einflussgröße zu kompensieren.

1 Methoden der Widerstands-/Spannungsumformung

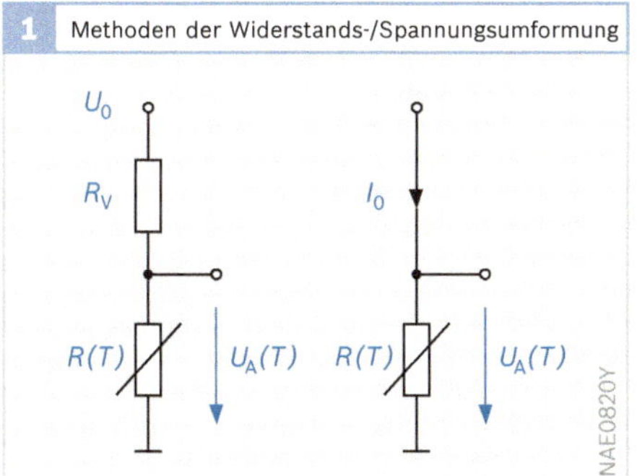

Bild 1
I_0 Stromspeisung
U_0 Versorgungsspannung
R_V temperaturunabhängiger Vorwiderstand
$R(T)$ temperaturabhängiger Messwiderstand
$U_A(T)$ Ausgangsspannung

Messprinzipien für Berührungssensoren

Da nahezu alle physikalischen Vorgänge temperaturabhängig sind, gibt es sehr viele Möglichkeiten der Temperaturmessung. Zu bevorzugen sind jedoch diejenigen Methoden, bei denen der Temperatureffekt sehr ausgeprägt und dominant ist sowie nach Möglichkeit einer linearen Kennlinie folgt. Ferner sollten die Messelemente für eine kostengünstige Massenherstellung geeignet und dabei noch genügend reproduzierbar und alterungsstabil sein. Unter diesen Gesichtspunkten haben sich folgende Sensortechniken herauskristallisiert und auch im Kfz Eingang gefunden:

Resistive Sensoren

Temperaturabhängige elektrische Widerstände sind als zweipolige Elemente besonders zur Temperaturmessung geeignet, sei es in drahtgewickelter Form, sinterkeramischer Form, Folienform, dünn- und dickschichttechnischer Form oder monokristalliner Form. Üblicherweise werden sie zur Umsetzung in ein spannungsanaloges Signal mit einem Festwiderstand R_V zu einem Spannungsteiler ergänzt oder aber mit eingeprägtem Strom gespeist (**Bild 1**). Während die Spannungsteilerschaltung die ursprüngliche Sensorcharakteristik $R(T)$ in eine etwas andere Charakteristik $U(T)$ umsetzt:

$$U(T) = U_0 \cdot \frac{R(T)}{R(T) + R_V} \qquad (2)$$

wird bei Einprägung eines Speisestroms I_0 die Widerstandskennlinie genau reproduziert:

$$U(T) = I_0 \cdot R(T) \qquad (3)$$

Zwar wird durch die Spannungsteilerschaltung je nach Auslegung die Messempfindlichkeit mehr oder weniger reduziert, dafür hat sie jedoch auf leicht progressiv gekrümmte Widerstandskennlinien einen (meist sehr erwünschten) linearisierenden

Einfluss. Häufig wird der Ergänzungswiderstand hierfür so dimensioniert, dass er dem Messwiderstand bei einer bestimmten Bezugstemperatur T_0 (z. B. 20 °C) entspricht:

$$R_V \approx R(T_0) \tag{4}$$

Reicht die Fertigungsgenauigkeit nicht ganz aus, so lässt sich ein Widerstandsfühler mithilfe eines abgleichbaren Parallelwiderstands R_P und eines Serienwiderstands R_S sowohl bezüglich des Widerstandswerts (bei einer Bezugstemperatur) als auch bezüglich seines Temperaturkoeffizienten (TK) auf Sollwert bringen (**Bild 2**). Selbstverständlich wird durch Zuschaltung von Festwiderständen auch hier der TK verringert und die Charakteristik etwas verändert.

Sinterkeramische NTC-Widerstände

Wegen ihres sehr großen Messeffekts und ihrer kostengünstigen Herstellung werden am häufigsten halbleitende Widerstände aus Schwermetalloxiden und oxidierten Mischkristallen verwendet. Sie werden in Perlen- oder Scheibenform (**Bild 3**) gesintert und haben eine polykristalline Struktur. Wegen ihrer sehr stark fallenden Temperaturkennlinie werden sie auch als Heißleiter bezeichnet oder sind auch unter dem Namen Thermistoren bekannt. Ihre Kennlinie lässt sich in guter Näherung mithilfe folgenden Exponentialgesetzes beschreiben:

$$R(T) = R_0 \cdot e^{B \cdot \left(\frac{1}{T} - \frac{1}{T_0}\right)} \tag{5}$$

mit $R_0 = R(T_0)$,
$B = 2000...5000$ K = const,
T absolute Temperatur

Die Kennliniensteigung (TK) bzw. die prozentuale Widerstandsänderung mit der Temperatur hängt hier sehr stark vom Arbeitspunkt ab, kann also nur punktuell definiert werden:

$$\text{TK} = -B/T^2 \tag{6}$$

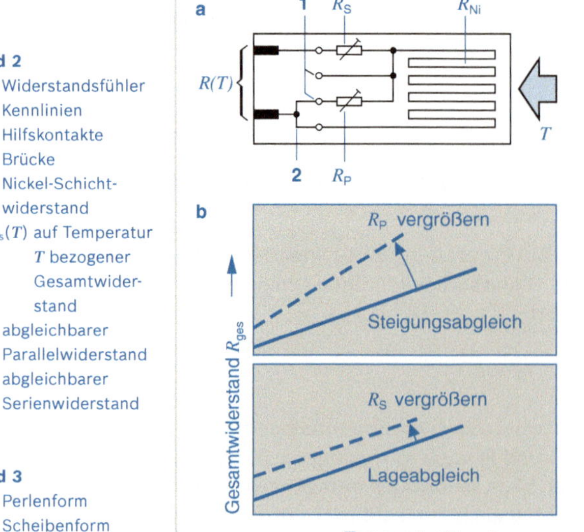
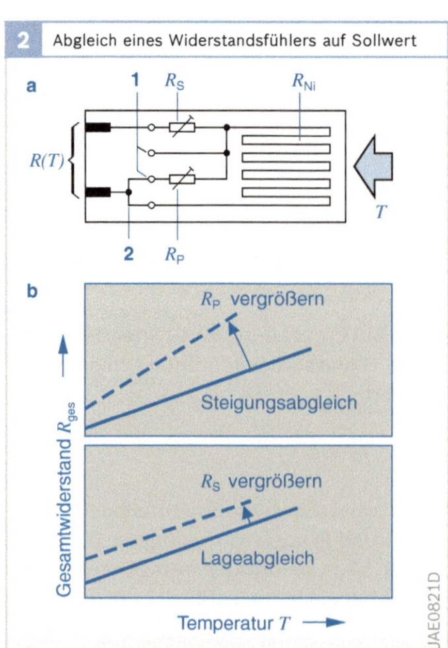

2 Abgleich eines Widerstandsfühlers auf Sollwert

Bild 2
a Widerstandsfühler
b Kennlinien
1 Hilfskontakte
2 Brücke
R_{Ni} Nickel-Schicht-widerstand
$R_{ges}(T)$ auf Temperatur T bezogener Gesamtwiderstand
R_P abgleichbarer Parallelwiderstand
R_S abgleichbarer Serienwiderstand

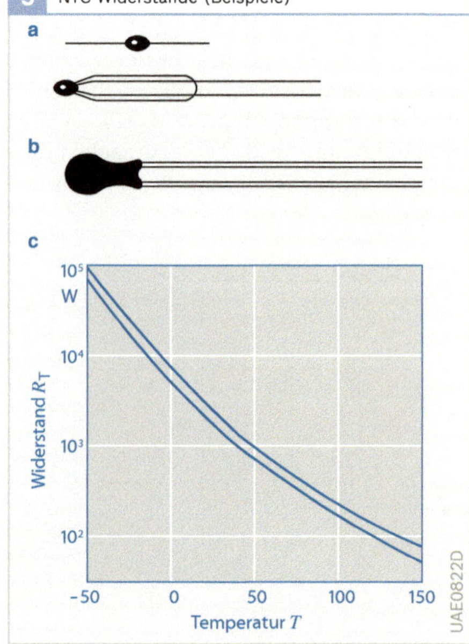

3 NTC-Widerstände (Beispiele)

Bild 3
a Perlenform
b Scheibenform
c Kennlinie mit Streugrenzen

Sie nimmt mit zunehmender Temperatur stark ab. Der Widerstandswert selbst variiert häufig über 4...5 Zehnerpotenzen z. B. typisch von einigen 100 kΩ bis zu einigen 10 Ω. Die starke Temperaturabhängigkeit lässt den Einsatz nur über ein „Fenster“ von etwa 200 K zu; diese Spanne kann jedoch im Bereich von -40...ca. 850 °C gewählt werden. Engere Toleranzen von bis zu ± 0,5 K an einem wählbaren Referenzpunkt werden entweder durch Auslese oder eventuell durch einen Schleifprozess unter Öl erreicht, was sich natürlich in den Kosten niederschlägt. Die Alterungsstabilität dieser Sensoren konnte gegenüber früher erheblich verbessert werden, sodass die angegebenen engen Toleranzen durchaus auch über die Lebenszeit der Sensoren gehalten werden.

PTC-Dünn/Dickschicht-Metallwiderstände

Die zusammen mit zwei zusätzlichen, temperaturneutralen Abgleichwiderständen auf einem gemeinsamen Substratplättchen integrierten Dünnschicht-Metallwiderstände weisen eine besonders hohe Genauigkeit auf. Sie lassen sich bezüglich ihrer Kennlinie eng toleriert und langzeitstabil fertigen und durch Laserschnitte zusätzlich „trimmen“. Die angewandte Schichttechnik ermöglicht es, das Trägermaterial (Keramik, Glas, Kunststofffolien) und die Abdeckschichten (Kunststoffverguss bzw. Lackabdeckung, Folienverschweißung, Glas- und Keramiküberzug) zum Schutz gegen das Messmedium an die jeweilige Messaufgabe anzupassen. Gegenüber oxidkeramischen Halbleitersensoren weisen metallische Schichten zwar eine geringere Temperaturabhängigkeit auf, jedoch eine günstigere Charakteristik bezüglich Linearität und Reproduzierbarkeit. Zur rechnerischen Beschreibung dieser Sensoren gilt folgender Ansatz:

$$R(T) = R_0\,(1 + \alpha \cdot \Delta T + \beta \cdot \Delta T^2 + ..) \qquad (7)$$

mit $\Delta T = T - T_0$ und
$T_0 = 20\,°C$ (Referenztemperatur),
α linearer Temperaturkoeffizient (TK),
β quadratischer Temperaturkoeffizient.

Der Koeffizient β ist zwar bei Metallen meist sehr klein, jedoch nicht ganz vernachlässigbar. Daher wird die Messempfindlichkeit solcher Sensoren meist mit einem mittleren TK, dem „TK 100“, charakterisiert. Der TK 100 entspricht der mittleren Kennliniensteigung zwischen 0 °C und 100 °C (**Tabelle 2** und **Bild 4**).

Dabei gilt $$TK\,100 = \frac{R(100\,°C) - R(0\,°C)}{R(0\,°C) \cdot 100K} \qquad (8)$$

2 Temperaturkoeffizient TK 100

Sensor-material	TK 100 10^{-3}/K	Kennlinie	Messbereich
Nickel (Ni)	5,1	leicht progressiv	−60...320
Kupfer (Cu)	4,1	leicht progressiv	−50...200
Platin (Pt)	3,5	leicht degressiv	−220...850

4 Definition des mittleren Temperaturkoeffizienten TK 100 = α_{100}

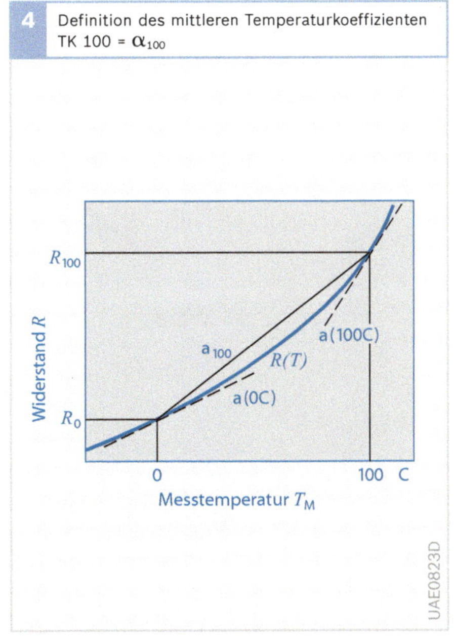

Platin(Pt)-Widerstände haben zwar den niedrigsten TK, gelten jedoch als die genauesten und alterungsstabilsten resistiven Temperatursensoren. Sie sind unter der Bezeichnung „PT 100“ oder „PT 1000“ (100 Ω bzw. 1000 Ω Nennwiderstand bei Referenztemperatur von 20 °C) in verschiedenen Toleranzklassen (bis zu 0,1 °C) am Markt erhältlich (**Bild 5**). Für den Einsatz bis zu Temperaturen um 1000 °C sind allenfalls Pt-Fühler in Dickschichttechnik geeignet, deren Pt-Schicht durch spezielle Beimengungen stabilisiert ist.

Dickschicht-Widerstände (PTC/NTC)

Dickschichtpasten mit höherem spezifischem Widerstand (geringer Flächenbedarf) sowie positiven und negativen Temperaturkoeffizienten dienen vorwiegend als Temperatursensoren für Kompensationszwecke. Sie haben eine nicht lineare Charakteristik (jedoch nicht so extrem gekrümmt wie die der massiven NTC-Widerstände) und lassen sich z. B. mit Laserstrahl trimmen. Zur Erhöhung des Messeffekts können Spannungsteilerschaltungen aus NTC- und PTC-Material gebildet werden.

5 Pt-Widerstand (Toleranzschema)

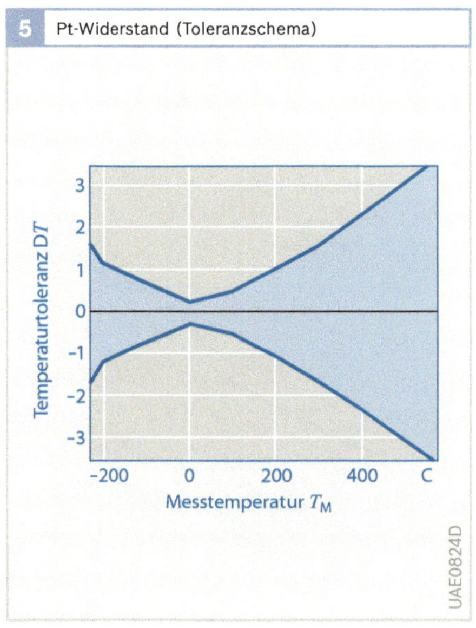

Monokristalline Silizium-Halbleiterwiderstände (PTC)

Bei Temperatursensoren aus monokristallinen Halbleitermaterialien wie Silizium (Si) lassen sich grundsätzlich weitere aktive und passive Schaltungselemente auf dem Sensorchip integrieren (erste Signalaufbereitung an der Messstelle möglich). Ihre Herstellung erfolgt wegen der engeren Tolerierbarkeit nach dem „Spreading Resistance“-Prinzip (**Bild 6 a**). Der Strom fließt durch den Messwiderstand über einen Oberflächenpunktkontakt in das Bulk-Material des Si und dort breit aufgefächert zu einer den Boden des Sensorchips überdeckenden Gegenelektrode.

6 Spreading-Resistance-Prinzip (Doppellochausführung)

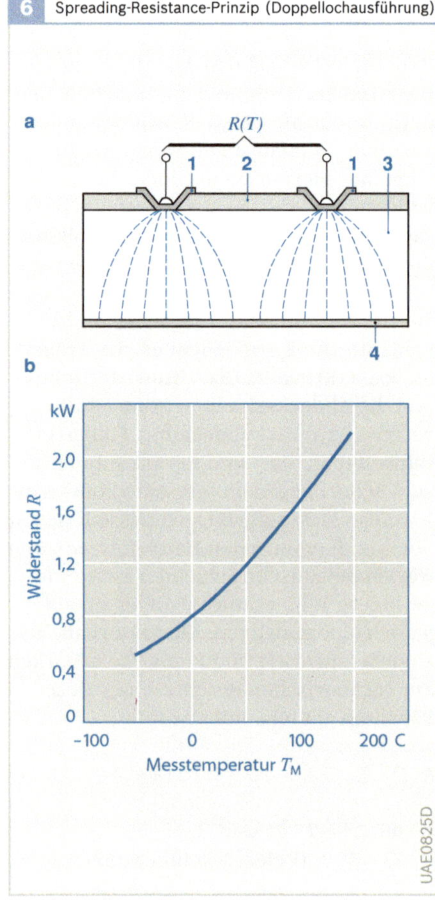

Bild 6
a Aufbau
b Kennlinie
1 Kontakte
2 Passivierung (Nitrid, Oxid)
3 Si-Substrat
4 Gegenelektrode ohne Anschluss
$R(T)$ temperaturabhängiger Widerstand

Die hohe Stromdichte hinter dem Kontaktpunkt (hohe Genauigkeit durch fotolithographische Herstellung) bestimmt neben der sehr gut reproduzierbaren Materialkonstanten fast ausschließlich den Widerstandswert des Sensors. Zur Erzielung einer guten Polaritätsunabhängigkeit werden die Sensoren meist in gegensinniger Ausrichtung in Reihenschaltung doppelt ausgeführt (Doppellochausführung, **Bild 6**). Die Bodenelektrode kann dann als metallischer Temperaturkontakt (ohne elektrische Funktion) ausgeführt werden.

Die Messempfindlichkeit ist annähernd doppelt so groß wie die eines Pt-Widerstandes (TK = 7,73 · 10^{-3}/K). Die Temperaturkennlinie ist stärker progressiv gekrümmt als bei einem metallischen Sensor. Die Eigenleitfähigkeit des Materials begrenzt den Messbereich nach oben auf ca. +150 °C (**Bild 6 b**). Sonderausführungen (**Bild 7**) sind bis 300 °C einsetzbar.

Thermoelemente

Insbesondere für Messbereiche ≥ 1000 °C werden Thermoelemente eingesetzt. Sie beruhen auf dem Seebeck-Effekt, der besagt, dass zwischen den Enden eines metallischen Leiters eine elektrische Spannung entsteht, wenn an diesen unterschiedliche Temperaturen T_1 und T_2 herrschen. Diese „Thermospannung" U_{th} hängt (unabhängig vom Verlauf dazwischen) ausschließlich von dem Temperaturunterschied ΔT an den Enden des Leiters ab (**Bild 8**). Es gilt:

$$U_{th} = c\,(T_2 - T_1) = c\,\Delta T, \qquad (9)$$

wobei die Proportionalitätskonstante materialspezifisch ist und Seebeck-Koeffizient genannt wird.

Da der Messleiter zur Messung dieser Spannung mit zwei Anschlusskabeln (z. B. aus Cu), die ihrerseits wieder dem gleichen

7 Spreading-Resistance-Sensor (unipolare Ausführung für Temperaturen bis 300 °C)

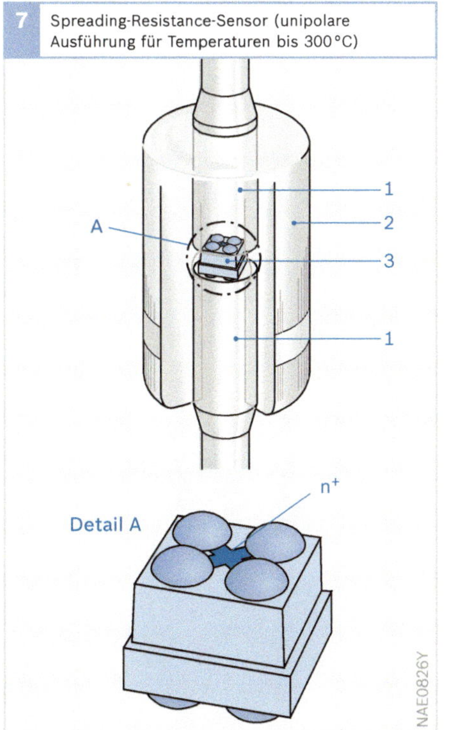

8 Seebeck-Effekt

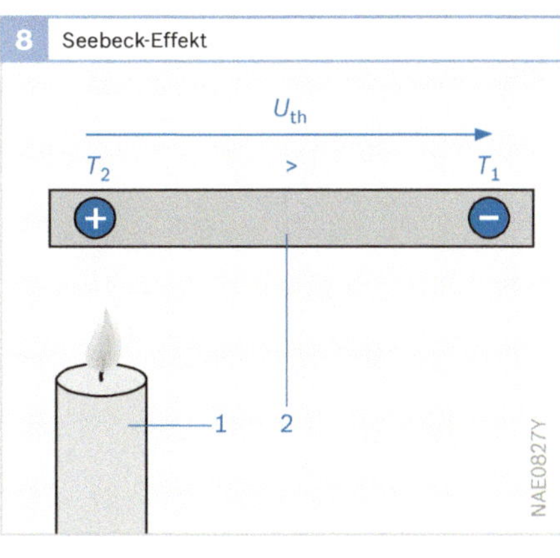

Bild 8
1 Wärmequelle
2 metallischer Leiter
+ Hohe,
− geringe thermische Geschwindigkeit der Elektronen
T_2 hohe Temperatur
T_1 geringe Temperatur
U_{th} Thermospannung

Bild 7
1 Metalldrähte
2 Glas
3 Si-Kristall

3 Thermospannung U_{th} einiger Metalle

Material	Thermospannung U_{th} mV/100 °C
Konstantan	−3,40
Nickel	−1,90
Paladium	−0,28
Platin	0,00
Kupfer	+0,75
Manganit	+0,60
Eisen	+1,88
Silizium	+44,80

Temperaturunterschied ausgesetzt sind, kontaktiert werden muss, lässt sich leider immer nur die Differenz des Messmaterials zu dem der Anschlussleitungen erfassen. Thermospannungen werden deshalb immer nur in Bezug auf Platin als Referenzmaterial tabelliert (**Tabelle 3**).

Zur Erzielung möglichst hoher Spannungen haben sich günstige Materialpaarungen eingebürgert (**Bild 9**, z. B. Eisen/Konstantan usw.). Wichtig ist, dass die beiden „Thermoschenkel" einer solchen Paarung an dem Ende elektrisch leitend verbunden sind (verdrillt, geschweißt, gelötet usw.), an dem die Messtemperatur anliegt (**Bild 10**).

Thermoelemente besitzen meist nur eine kurze Länge. Verlängerungen bis zur Signalerfassungsstelle können mit „Ausgleichsleitungen" gleicher Materialpaarung hergestellt werden. Wichtig ist, dass sich die beiden freien Enden der Thermoelementanordnung auf gleicher (Referenz-)Temperatur befinden, da ansonsten der dort herrschende Temperaturunterschied mitgemessen wird. Thermoelemente messen also stets nur den Temperaturunterschied zu einer Referenzstelle. Will man die Absoluttemperatur der Messstelle wissen, muss man mit anderen Mitteln (z. B. mit resistivem Fühler) zusätzlich die Temperatur der Referenzstelle bestimmen.

Die Abhängigkeit der Thermospannungen von der Temperatur ist meist nicht ganz so linear, wie es die Gleichung (9) angibt. Für die Verstärkung der meist kleinen Signale und deren Linearisierung stehen bereits integrierte Schaltkreise zur Verfügung. Zur Vergrößerung der Messspannung werden auch mehrere gleiche Thermoelemente in Reihe geschaltet, die mit den „heißen" Anschlüssen alle auf Messtemperatur, mit den „kalten" Anschlüssen auf Referenztemperatur liegen (**Bild 11**, Thermosäule oder Thermopile).

Bild 9
1 Kupfer/Konstantan
2 Eisen/Konstantan
3 Nickelchrom/Nickel
4 Platinrhodium/Platin

9 Gebräuchliche Thermopaare (Kennlinien)

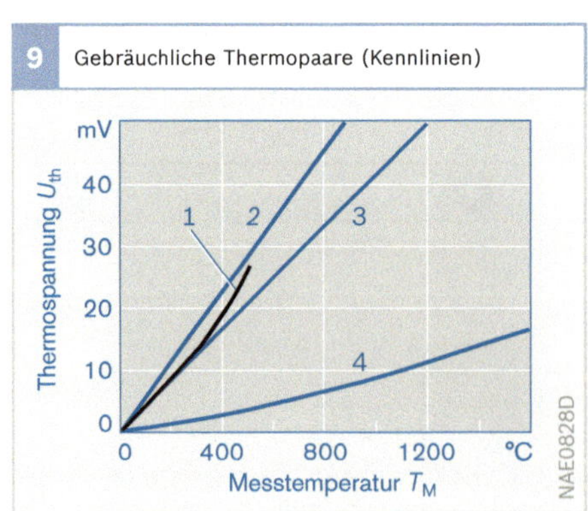

Bild 10
A/B Materialpaarung (Thermoschenkel)
1 Messstelle (elektrisch leitende Verbindung)
2 Anschlusskopf
3 Ausgleichsleitung
4 Referenzstelle
5 Anschlusskabel (Cu)
T_M Messtemperatur
T_R Referenztemperatur
U_{th} Thermospannung

10 Thermoelement-Messanordnung

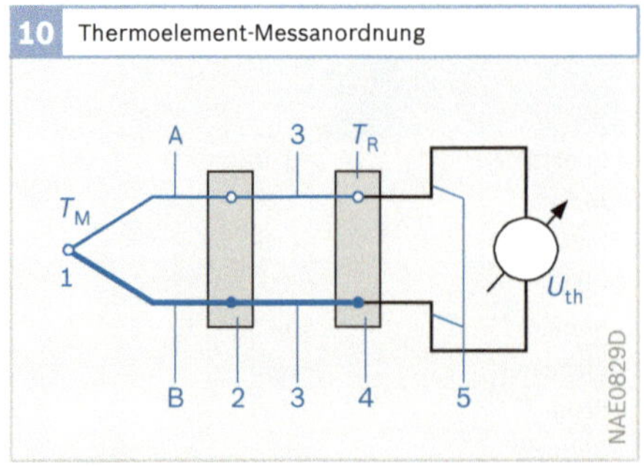

Bild 11
a Prinzip der Thermosäule (Thermopile)
b Anwendungsbeispiel
1 sensitive Fläche
2 „heiße" Anschlüsse auf Messtemperatur T_M
3 „kalte" Anschlüsse auf Referenztemperatur T_R
4 Thermopile

11 In Reihe geschaltete Thermoelemente

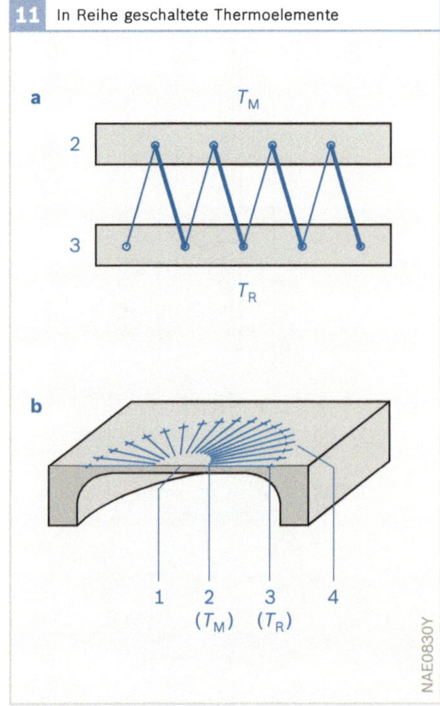

Thermoelemente stellen zwar sehr robuste (z. B. hohe EMV-Sicherheit durch niedrigen Innenwiderstand), aber keine sehr genauen Messmittel dar. Ihre Abweichung kann durchaus im Bereich 5...15 °C liegen. Sie besitzen auch keine besonders gute Alterungsstabilität, sodass auch eine individuelle Kalibrierung die Genauigkeit nicht bleibend verbessert.

Selbstverständlich lassen sich Thermoelemente auch in Dünn- oder Dickschichttechnik herstellen: übereinanderliegende, metallene Schichten bilden einen sehr guten Thermokontakt. Mit den Mitteln der Mikrosystemtechnik lassen sich so Thermoelemente mit extrem kleiner Abmessung herstellen. Sie eignen sich vor allem auch zur Bildung von Thermosäulen aus z. B. 50...100 Einzelelementen und finden z. B. in berührungslosen Strahlungsthermometern (Pyrometer) Anwendung.

Halbleitersperrschichten

Die Flussspannung von Halbleitersperrschichten (**Bild 12**) wie bei Dioden und Basis-Emitterstrecken von Transistoren zeigen bei konstantem Strom ein sehr gutes lineares Verhalten mit der Temperatur:

$$U_F(T) = \frac{k \cdot T}{q} \cdot \ln\left(\frac{I_F}{I_{sat}} + 1\right) \qquad (10)$$

mit:
$I_{sat} = I_{sat}\,(T)$ und $I_F = \text{const}$,
$q = 1{,}6 \cdot 10^{-19}$ C (Elementarladung),
$k = 1{,}88 \cdot 10^{-23}\,\text{JK}^{-1}$ (Boltzmann-Konstante),
T absolute Temperatur.

Vorteilhaft ist hier, dass vom Sensor direkt eine temperaturabhängige Spannung geliefert wird. Der zweipolige Sensor ist naturgemäß polaritätsabhängig. Die Flussspannung nimmt ziemlich genau bei jedem Sensor um 2 mV/°C ab, während die Absolutspannung an jeder Sperrschicht ziemlich stark von Exemplar zu Exemplar streut und unter Umständen für eine genaue Messung noch zusätzliche Abgleichelemente benötigt. Für den negativen TK ist vor allem der temperaturabhängige Sättigungsstrom I_{sat} verantwortlich, der mit wachsender Temperatur stark zunimmt. Die Eigenleitfähigkeit von Silizium begrenzt auch hier den Einsatz dieser Sensoren auf Bereiche <150 °C.

Bisweilen werden in ähnlicher Weise emittergekoppelte Transistorpaare zur Temperaturmessung genutzt. Bei dieser Temperaturmessung stellt das Verhältnis der Kollektorströme zueinander ein sehr gut reproduzierbares Maß für die Temperatur dar; es wird meist durch integrierte Zusatzbeschaltung noch „on chip“ in eine analoge Ausgangsspannung umgesetzt.

Sehr brauchbare Temperaturfühler stellen auch die in Sperrrichtung betriebene Zenerdioden dar; ihre Spannungsänderung ist stark von der Zenerspannung selbst abhängig. Hier kann zwischen Spannungsabnahmen verschiedener Größe bei Zenerspannungen < 4,7 V und Spannungszunahmen bei Zenerspannungen > 4,7 V gewählt werden.

Solche Sensoren werden oft auch für Zwecke der chipinternen Temperaturkompensation verwendet.

12 Halbleitersperrschichten

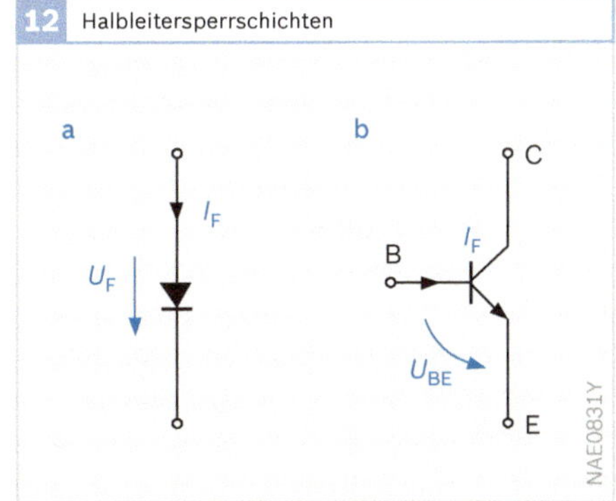

Bild 12
a Diode
b Transistor
B Basis
C Collector
E Emitter
I_F Flussstrom
U_F Flussspannung
U_{BE} Spannung zwischen Basis und Emitter

Messprinzipien für berührungslose Temperaturmessung

Zur berührungslosen Messung (Pyrometrie) der Temperatur eines Körpers wird die von ihm ausgehende Strahlung gemessen, die vorzugsweise im Infrarot(IR)-Bereich (Wellenlänge: 5...20 µm) liegt. Genau genommen wird das Produkt aus Strahlungsleistung und Emissionskoeffizient des Körpers gemessen. Letzterer ist materialabhängig, liegt jedoch für technisch interessante Stoffe (auch für Glas) meist nahe bei 1. Für spiegelnde oder IR-durchlässige Stoffe (z. B. Luft, Si) ist er jedoch << 1.

Die Messstelle wird auf ein strahlungsempfindliches Element abgebildet, das sich dadurch gegenüber seiner Umgebung etwas erwärmt (typisch 0,01...0,001 °C). Seine Temperatur ist ein Maß für die Temperatur des Messobjekts. Einem bestimmten Temperaturunterschied des Objekts entspricht oft nur noch 1/1000 dieses Unterschieds am Messpunkt. Dennoch kann die Objekttemperatur oft bis auf 0,5 °C genau bestimmt werden.

Bolometer

Ein hoch empfindlicher Widerstands-Temperatursensor zur Messung einer geringen Temperaturerhöhung wird „Bolometer" genannt (**Bild 13**). Zur Messung der Sensorgehäusetemperatur wird zusätzlich noch ein weiterer Sensor benötigt. Für einen weiten Betriebstemperaturbereich ist jedoch ein extrem guter Gleichlauf dieser beiden Sensoren nötig. Deshalb wird das Sensorgehäuse meist thermostatisiert, sodass der primäre (gut gegen das Gehäuse isolierte) Messfühler immer bei gleicher Betriebstemperatur arbeitet.

Thermopile-Sensor

Der kleine, von der Strahlung des Messobjekts herrührende Temperaturunterschied lässt sich bei einem weitem Betriebstemperaturbereich zweckmäßiger mit Thermoelementen messen. Zur Erhöhung des Messeffekts sind viele von diesen hintereinandergeschaltet (Thermopile). Ein solcher Thermopile-Sensor (**Bild 14**) lässt sich mikromechanisch kostengünstig realisieren. Alle „heißen" Punkte liegen auf einer thermisch gut isolierten, dünnen Membran, alle „kalten" Punkte auf dem

13 Prototyp eines bolometrischen Sensorarrays für den Einsatz im Kraftfahrzeug

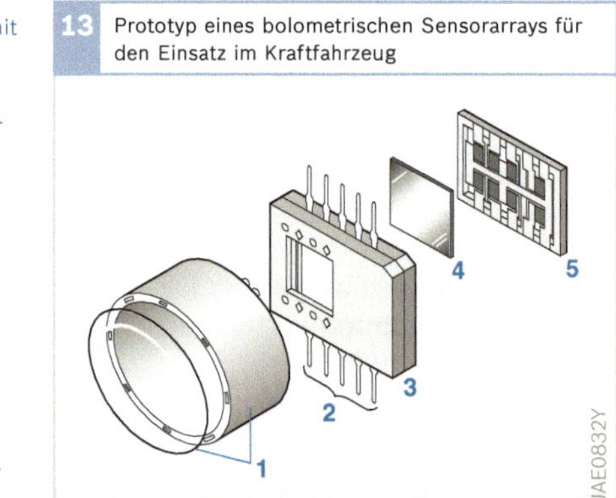

Bild 13
1 Linsengehäuse mit Linse
2 Anschlüsse
3 Infrarot-Detektorgehäuse
4 Infrarot-Fenster
5 Detektor

14 Mikromechanisch hergestellter pyrometrischer Sensor mit Thermopile-Abgriff

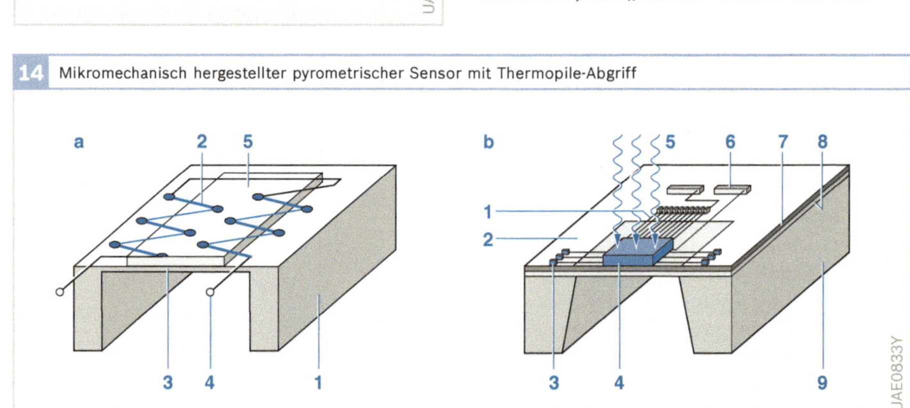

Bild 14
a Prinzip der Messzelle
1 Si-Chip
2 hintereinandergeschaltete Thermoelemente (z. B. Al/Poly-Si)
3 SiN-Membran
4 Thermopile-Anschlüsse
5 Absorberschicht

b Sensorausführung
1 Thermoelement
2 „kalter" Kontakt
3 Membran
4 Absorber
5 Wärmestrahlung
6 elektrischer Anschluss
7 Si_3N_4-Schicht
8 SiO_2-Schicht
9 Wärmesenke

dickeren Chiprand (Wärmesenke). Die Einstellzeit des Sensors beträgt typisch ca. 20 ms. Mit einem solchen „Single-Pixel-Sensor" lässt sich im Auto z. B. sehr gut die Oberflächentemperatur der Frontscheibe bestimmen, um einen möglichen Beschlag bei Unterschreitung des Taupunkts zu vermeiden.

Einzelpunktsensoren, Bildsensoren

Werden mehrere Pixel auf einem Chip zu einem Array (z. B. 4 x 4) angeordnet, so ist damit bereits eine grobe Bilderfassung möglich (**Bild 16**). Zwischen den Pixeln darf jedoch nicht zu viel insensitive Fläche liegen und die Pixel müssen thermisch gut gegeneinander isoliert sein. Da alle Pixel elektrisch wahlfrei ansprechbar sind, hat der Chip eine hohe Anschlusszahl. Für ein TO5-Gehäuse muss z. B. der ASIC zur Vorverstärkung und Serialisierung des Signals direkt neben dem Sensor untergebracht werden. Im Fall von Thermopile-Sensoren enthält dieser ASIC zur Ermittlung der absoluten Temperatur der Pixel meist auch einen Referenz-Temperatursensor. Mit ihm lassen sich Objekttemperaturen mit einer Genauigkeit von ca. ±0,5 K bestimmen.

Um eine Szene thermisch auf dem Sensorarray abzubilden, bedarf es einer IR-Abbildungsoptik. Der sehr kostengünstige gekrümmte Spiegel scheidet meist aus Platzgründen dafür aus. Linsen aus Glas sind für IR-Licht undurchlässig, und Kunststofflinsen eignen sich nur für Betriebstemperaturen bis ca. 85 °C. Dagegen eignen sich Linsen aus Si sehr gut für Wärmestrahlung und sind kostengünstig mikromechanisch als Beugungs-(Fresnel)- oder Brechungslinse bis zu ca. 4 mm Durchmesser herstellbar. In den Deckel eines TO5-Gehäuses eingesetzt, bilden sie gleichzeitig einen Schutz des Sensors gegen direkte Beschädigung (**Bild 15**). Eine Füllung des Gehäuses mit Schutzgas begünstigt zwar etwas das Übersprechen zwischen den Pixeln, erniedrigt aber andererseits ihre Reaktionszeit.

16 Mikromechanisches Thermopile-Array

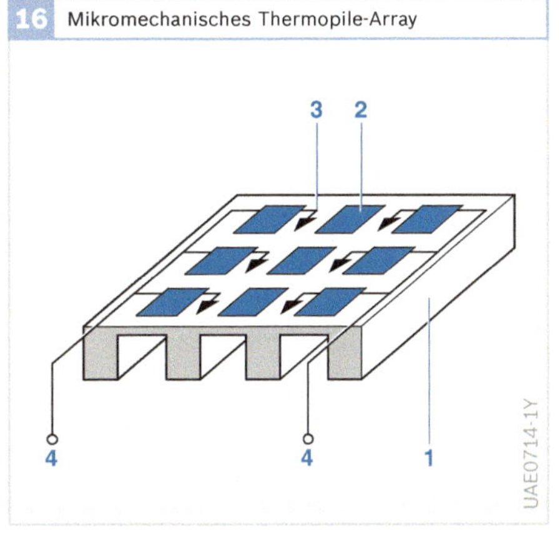

Bild 16
1 Si-Chip
2 Pixel
3, 4 Pixelanschlüsse

15 Thermische Bilderfassung

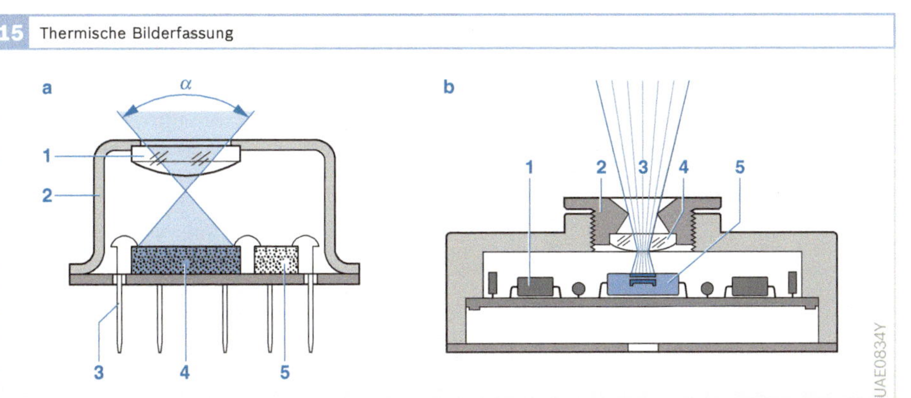

Bild 15
a IR-Bildsensor
1 Si-IR-Linse
2 TO5-Gehäuse
3 Anschlussstifte
4 Sensorchip
5 Auswerte-ASIC
α Sichtwinkel

b Einfache IR-Kamera
1 Elektronik
2 Objektiv
3 Kamerablickfeld
4 Si-IR-Linse
5 Sensorarray

Optoelektronische Sensoren

Der innere photoelektrische Effekt

Grundlage der optoelektronischen Sensorelemente ist der innere photoelektrische Effekt. Licht kann als ein Strom aus einzelnen Lichtquanten (Photonen) betrachtet werden. Die Energie E_{Ph} eines Photons hängt nur von seiner Frequenz f (auch als ν bezeichnet) bzw. seiner Wellenlänge λ ab:

(1) $E_{Ph} = h \cdot f = h \cdot c/\lambda$

h Planck'sches Wirkungsquantum
c Lichtgeschwindigkeit

Treffen die Photonen auf Atome, so können sie bei ausreichender Energie aus deren äußerer Elektronenschale jeweils ein Elektron herauslösen. Die zum Auslösen erforderliche Energie entspricht dem Unterschied zwischen dem Energieniveau E_V des Valenzbandes des Atoms und dem Niveau E_L des Leitungsbandes, also der Bandlücke E_g.

(2) $E_g = E_L - E_V$

Zur Auslösung eines Elektrons muss also die Photonenenergie E_{Ph} größer sein als die Bandlücke E_g. In einem reinen Halbleiter werden durch Absorption von Lichtquanten Ladungsträgerpaare (Elektronen und Löcher) erzeugt. Die zu überwindende Bandlücke beträgt z. B. von Si bei Raumtemperatur $E_g = 1{,}12$ eV. Ohne besondere Maßnahmen rekombinieren die entstandenen Landungsträgerpaare schon wieder nach kurzer Zeit. Die dabei entstehende Strahlung liegt bei Si jedoch nicht im sichtbaren Bereich.

Bei hochdotierten Halbleitern kommt zu dem bisher genannten intrinsischen Photoeffekt noch der Störstellen-Photoeffekt hinzu. Da bei solchen extrinsischen Sensoren die zu überwindende Energielücke wesentlich geringer ist, eignen sich diese auch für Strahlung größerer Wellenlänge (IR-Bereich).

Für Energien $E_{Ph} < E_g$ findet keine Auslösung mehr statt. Gemäß Gl.(1) entspricht dies bei Si einer Grenzwellenlänge von $\lambda_g = 1{,}1$ µm (nahes IR). Licht mit größeren Wellenlängen bzw. niedrigerer Frequenz wird nicht mehr absorbiert; Si wird hier transparent.

1 Trennung der erzeugten Elektron-Loch-Paare in einem planaren Halbleiterbauelement

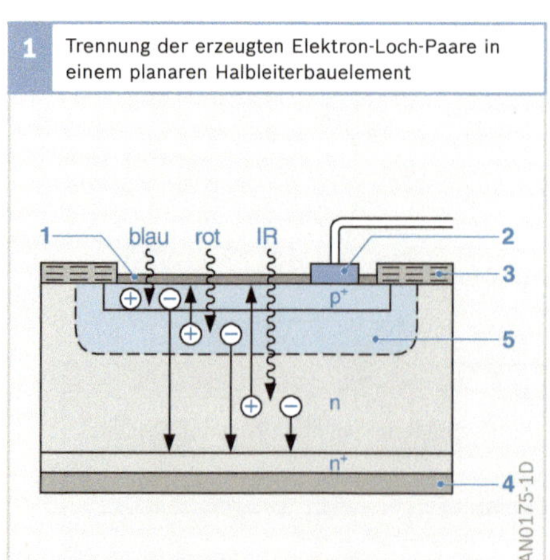

Bild 1
1 Optische Vergütung
2 Kontakt
3 SiO_2
4 Metallkontakt
5 Raumladungszone

Lichtempfindliche Sensorelemente

Photowiderstände

Durch einfallendes Licht werden in einem als Widerstand ausgebildeten Sensor (LDR, Light Dependent Resistor) Ladungsträgerpaare gebildet, die den Leitwert G erhöhen. Diese rekombinieren zwar wieder nach kurzer Zeit (ms-Bereich); aber dennoch nimmt im stationären Gleichgewicht die Ladungsträgerkonzentration mit der Beleuchtungsstärke E zu, und zwar etwa nach folgendem Gesetz:

(3) $G = const \cdot E^{\gamma}$ mit $\gamma = 0{,}7...1$

Als lichtempfindliches Material dienen meist Kadmiumsulfid CdS ($E_g = 1{,}8$ eV; $\lambda_g = 0{,}7$ µm) und Kadmiumselenid CdSe ($E_g = 1{,}5$ eV; $\lambda_g = 0{,}8$ µm) auf Keramikträger.

Halbleiter-pn-Übergänge

Zwischen Photoelement, Photodiode und Phototransistor besteht kein prinzipieller Unterschied. Sie nutzen alle den Photostrom bzw. die Leerlaufsspannung bei beleuchteten pn-Halbleiterkontakten als Messeffekt. Die genannten Elemente unterscheiden sich jedoch in ihrer Betriebsweise.

Ladungsträger, die durch den inneren Photoeffekt in der Sperrschicht eines pn-Halbleiterkontaktes erzeugt werden (**Bild 1**), erfahren dort unmittelbar durch das in der dortigen Raumladungszone mit geringer Ladungsträgerkonzentration herrschende elektrische Feld eine Beschleunigung, wodurch die Ladungsträger unmittelbar nach ihrem Entstehen getrennt werden (Driftstrom). Dadurch wird ihre Rekombination praktisch verhindert und die Photoempfindlichkeit erheblich gesteigert.

Photoelemente

Photoelemente werden ohne äußere Vorspannung betrieben und können sowohl im Leerlauf (photovoltaischer Effekt) als auch im Kurzschluss betrieben werden. Sie haben demzufolge ein geringes Eigenrauschen und damit ein hohes Nachweisvermögen.

Die für diese Betriebsarten gültigen Kennlinien (**Bild 2**) sind leicht aus der für eine mit der Spannung U in Durchlassrichtung gepolte Diode mit dem thermisch bedingten Sperrsättigungsstrom I_S und dem auch in Sperrrichtung fließenden Photostrom I_{ph} als Sonderfälle herzuleiten:

(4) $I = I_S \cdot \exp(e \cdot U / k \cdot T) - I_S - I_{ph}$ mit

e Elementarladung,
k Boltzmannkonstante,
T absolute Temperatur.

Sonderfälle:

(5) $U = 0$ (Kurzschluss)
$\rightarrow I = I_K = -I_{ph}$

(6) $I = 0$ (Leerlauf)
$\rightarrow U = U_L = \frac{k \cdot T}{e} \cdot \ln\left(\frac{I_{ph}}{I_s} + 1\right)$

Photoelemente werden meist mit sehr großer bestrahlungsempfindlicher Fläche ausgelegt und liefern demgemäß auch relativ große Photoströme (z. B. $I_{ph} = 250$ µA bei $E = 1\,000$ lx). Ihre Zeitkonstante ist verhältnismäßig hoch und liegt typisch bei ca. 20 ms.

Photodioden, Phototransistoren

Photodioden werden mit konstanter Vorspannung U_S in Sperrrichtung betrieben, wobei der als Sperrstrom fließende Photostrom linear von der Beleuchtungsstärke E abhängt (**Bild 3**). Durch die angelegte Sperrspannung vergrößert sich die Raumladungszone. Dadurch verringert sich die Sperrschichtkapazität, sodass die Grenzfrequenz einer solchen Photodiode typisch bei einigen MHz liegt.

Bei dem in **Bild 4a** dargestellten Phototransistor (npn-Typ) wirkt die in Sperr-

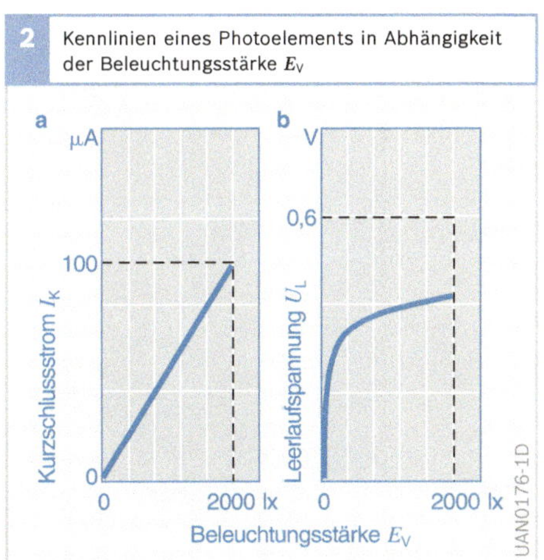

Bild 2
a Kurzschlussstrom I_K
b Leerlaufspannung U_L

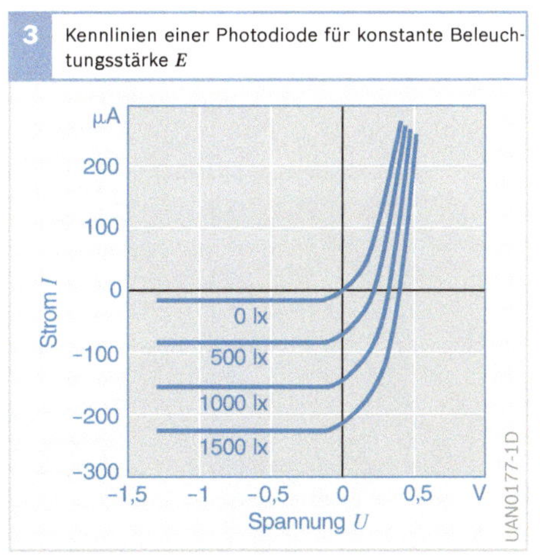

richtung gepolte Kollektor-Basis-Diode als Photodiode. So liefert der Kollektor, wie bei jedem Transistor, einen um den Stromverstärkungsfaktor B (≈ 100...500) höheren Photostrom (entspricht Basisstrom). Die höhere Empfindlichkeit wird allerdings mit einer etwas schechteren Frequenzdynamik und etwas schechterem Temperaturverhalten erkauft.

Anwendungen

Obwohl optoelektronische Sensoren sehr kostengünstig sind, haben sie wegen des ihnen meist eigenen Verschmutzungsproblems und der damit verbundenen Störungen in das Kfz erst relativ spät Eingang gefunden. Bei Regen- und Schmutzsensor sorgt das System, in das sie integriert sind, selbst für eine regelmäßige Reinigung der optisch sensitiven Flächen.

Bildsensoren

Während die Ausgangssignale der zuvor beschrieben Sensorstrukturen dem Momentanwert des Lichtstroms bzw. der Beleuchtungsstärke entsprechen, haben die beiden folgenden Strukturen integrierenden Charakter. Ihr Signal entspricht der Gesamtzahl von Photonen, die während der Belichtungszeit in den Sensor eingedrungen sind. Solche Sensoren werden vor allem zur Herstellung von linien- oder flächenförmigen Sensorarrays nach dem CCD-Prinzip benötigt.

Integrierende Photodioden

Bei diesen pn-Photodioden ist wegen einer aufgedampften Blende nur ein kleiner Teil des pn-Übergangs strahlungsempfindlich. Die photoelektrisch erzeugten Ladungen verteilen sich jedoch auf das gesamte Raumladungsgebiet und werden dort gespeichert (MOS-Kondensator). Durch Schließen eines MOSFET-Schalters können sie auf eine gemeinsam genutzte Signalleitung (Videoausgang) abfließen. Der Schalter wird von einem Taktgeber über ein Schieberegister gesteuert (**Bild 5**).Die seriell über die Videoleitung fließenden Ladungen sind ein Maß für die Strahlungsdosis der jeweils angesteuerten Photodioden (Pixel).

MOS-Kondensatoren

Wird an die Metallelektrode eines MOS-Elements (**Bild 6**) eine positive Spannung

4 Beschaltung und Kennlinien eines Phototransistors

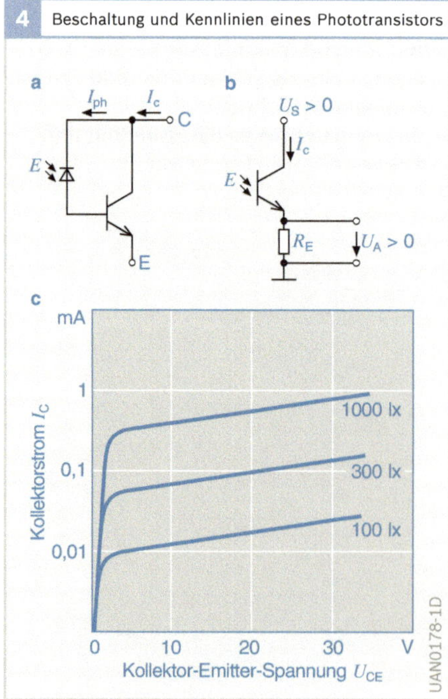

Bild 4
a Ersatzschaltbild
b Phototransistor in Emitterschaltung
c Kennlinien für konstante Beleuchtungsstärke

5 Zeilenanordnung von Photodioden mit serieller Ausgabeleitung

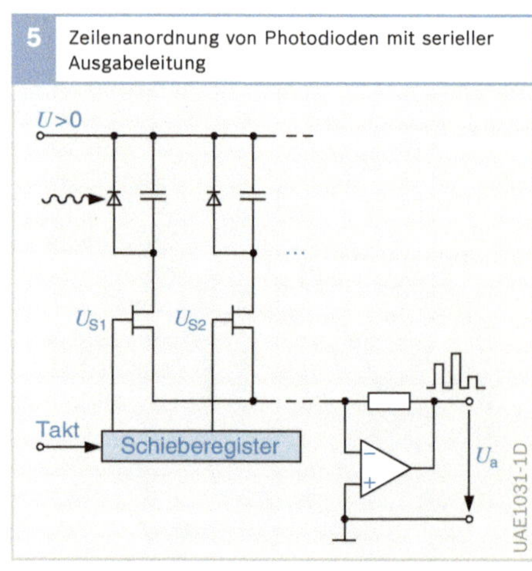

angelegt, entsteht unterhalb der isolierenden Oxidschicht eine Raumladungszone aus ortsfesten positiven Ladungen. Bei Lichteinfall durch die durchsichtige, isolierte Elektrode (Vorderseitenbelichtung) oder durch das Substrat hindurch (Rückseitenbelichtung) sammeln sich die photoelektrisch erzeugten Elektronen in diesem Bereich, ohne rekombinieren oder abfließen zu können.

Um nach Belichtung die Messladung lateral verschieben zu können, werden gemäß **Bild 7** weitere Elektroden neben der belichtbaren Zone bzw. der Sammelelektrode angebracht, die während der Integrationsphase auf Nullpotential liegen. Hebt man danach das Potential einer seitlichen (Transfer-)Elektrode bei gleichzeitiger Absenkung des Sammelelektrodenpotentials auf einen positiven Wert an, so kann die Ladung in ein benachbartes MOS-Element verschoben werden, das durch eine Blende gegen Lichteinfall abgeschirmt ist.

Dieses Prinzip des Ladungstransports ist die Grundlage der Charge-Coupled Devices (CCD), Nach diesem Prinzip las-sen sich analoge Ladungen über viele Stationen hinweg ohne große Verluste verschieben bzw. transportieren, bis sie schließlich am Ende der Transportkette z. B. mittels eines Ladungsverstärkers in ein Spannungssignal umgewandelt werden, das einem schellen AD-Wandler zugeführt werden kann.

Diese Methode der Ladungsverschiebung, die sich auch als eine Art analoges Schieberegister betrachten lässt, ermöglich den einfachen Aufbau von langen zeilenförmigen Vielfachstrukturen oder aber auch matrixförmigen Strukturen, die man als Bildsensoren (engl.: Imager) bezeichnet. Ein einzelnes Element dieser Strukturen wird auch als Pixel (engl.: picture element; deutsch: Bildpunkt) bezeichnet. Die nach heutigem Stand maximal mögliche Pixelzahl von Zeilensensoren liegt bei etwa 6 000, die von Matrixsensoren bei etwa 2 000 x 2 000, also ca. 4 Millionen. Für anspruchsvollere Kfz-technische Anwendungen wäre bei den Bildsensoren allerdings sogar eine 4fach höhere Pixelzahl, also eine Auflösung von 4 000 x 4 000 Bildpunkten wünschenswert.

Die Größe der Bildpunkte, die ihr Licht aus einer üblichen Abbildungsoptik erhalten, liegt heute typisch im Bereich 5...20 µm Kantenlänge. Die Chipfläche des Sensors liegt damit im Bereich von ca. 1 cm². Will man zur Steigerung der Auflösung oder auch zur Senkung der Chipkosten die einzelnen Pixel weiter verkleinern, ist zu bedenken, dass sich damit auch die Anzahl der pro Pixel ein-

6 Als integrierender Photosensor wirkende MOS-Kapazität

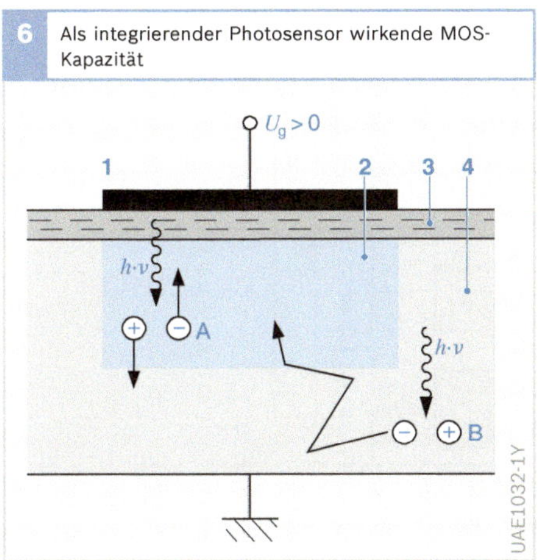

Bild 6
1 Elektrode
2 Raumladungszone
3 SiO_2
4 p-Silizium

7 MOS-Kapazität mir Rückseitenbelichtung und Transferelektroden zur Ladungsverschiebung

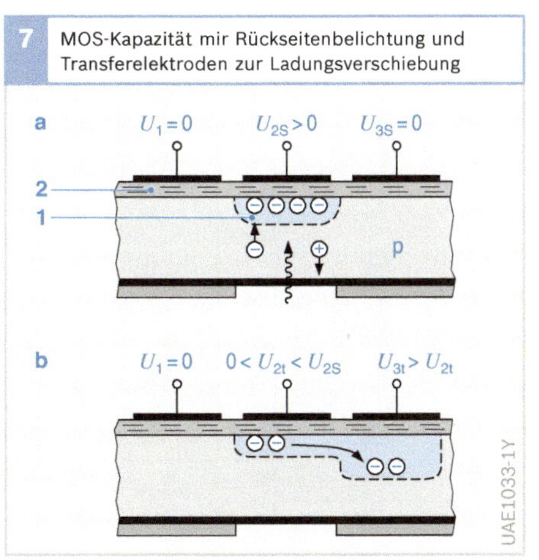

Bild 7
a Sammlung von Ladungsträgern durch Lichteinfall
b Verschieben der Ladungsträger

1 Raumladungszone
2 SiO_2

fallenden Photonen verringert. Der sinnvollen Verkleinerung sind somit durch die unvermeidbaren Rauschvorgänge Grenzen gesetzt. Die erhöhte Pixelauflösung wird dann evtl. wieder durch einen erhöhten Rauschpegel zunichte gemacht.

Auch ist die von den einzelnen, integrierend wirkenden Zellen aufnehmbare Ladung begrenzt. Wird diese Grenze überschritten, kann die Ladung in benachbarte Zellen „überschwappen". Dies wird auch als „Blooming-Effekt" bezeichnet, der die Helldunkel-Dynamik der CCD-Technik prinzipiell begrenzt. Auch mit zusätzlichen Antiblooming-Schutzmaßnahmen kann diese Dynamik ohne zusätzliche Hilfsmittel wie variable Blende und Belichtungszeit kaum über einen Wert von ca. 50 dB hinaus gesteigert werden.

CCD-Bildsensoren

Bild 9 zeigt schematisch, wie durch eine transparente (nicht dargestellte) Elektrode einfallendes Licht photoelektrisch Ladungen erzeugt werden. Diese werden dann zunächst aus der belichtbaren Zone mittels Transferelektroden und zeitlich geeignet getakteten Steuersignalen seitlich in eine Spaltenstruktur verschoben. Gemäß **Bild 8** werden die Ladungen sämtlicher

9 CCD-Prinzip (Charge-Coupled Device)

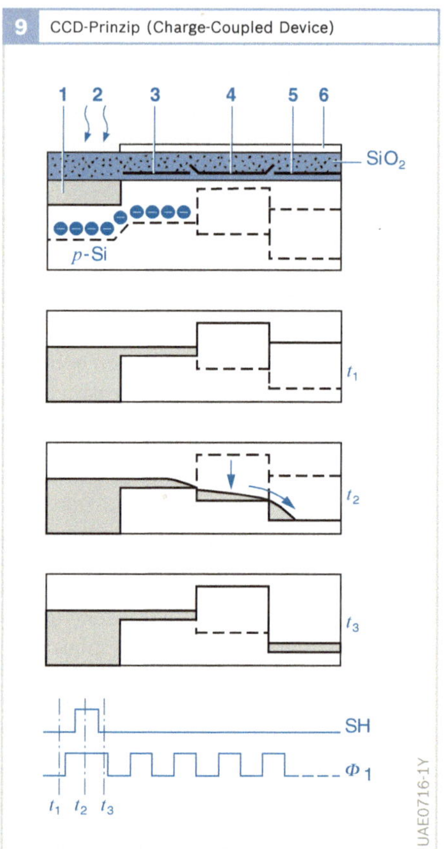

Bild 9
1 Photodiode
2 Licht
3 Speicherelektrode
4 Shift-Gate
5 Transferelektrode
6 optische Abdeckung

8 CCD-Bildsensorstruktur

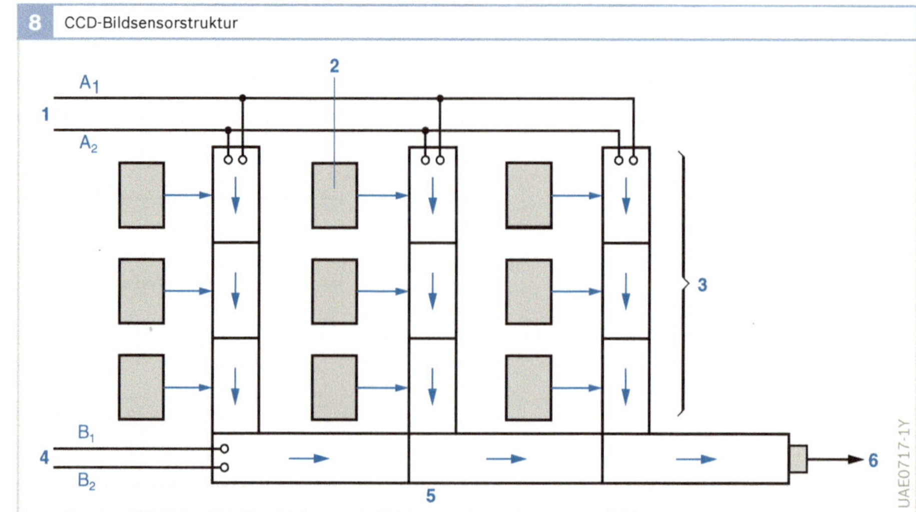

Bild 8
1 Spaltentakt A1/A2
2 Photosensoren
3 CCD-Array
4 Zeilentakt B_1/B_2
5 Ausgangsregister
6 Videoausgang

Spalten nach dem gleichen Prinzip im Gleichtakt (nach unten) verschoben, wo sie zeilenweise in ein horizontales Schieberegister münden. Von dort werden sie seriell ausgelesen und weiterverarbeitet.

CCD-Bildsensoren sind heute noch die am meisten verbreitete Bildsensortechnik auf Halbleiterbasis. Ihre begrenzte Helldunkeldynamik, der gegenüber anderen Technologien vergleichsweise hohe Leistungsbedarf sowie der eingeschränkte Temperaturbereich haben bisher jedoch eine breitere Anwendung im Automobil verhindert.

CMOS-Bildsensoren

CMOS-Bildsensoren gelten heute im Vergleich zur CCD-Sensoren als die fortschrittlichere Lösung, die sich in Zukunft wohl für viele Anwendungen durchsetzen wird. Hierbei mag die Bezeichnung CMOS-Sensoren verwirren; denn CMOS-Technik bezeichnet eine spezielle Halbleitertechnologie, CCD-Technik nicht (sie enthält auch MOS-Strukturen). Der wesentliche Unterschied zu den CCD-Sensoren liegt hier eigentlich nicht in der Herstelltechnologie, sondern in einem Bündel von Merkmalen:

- Die Pixel werden nicht mehr seriell ausgelesen, sondern sind - ähnlich wie eine Speicherzelle in einem RAM - einzeln ansteuerbar. Hierzu wird zu jedem Pixel auch aktive Elektronik integriert (APS, Active Pixel Sensor).
- Es werden keine integrierende photoelektrischen Sensorstrukturen (Photodiode) verwendet, sondern solche, die von der Belichtungszeit weitgehend unabhängig sind.
- Die Helligkeitswerte werden nicht proportional in elektrische Signale umgesetzt, sondern vor ihrer Auslesung logarithmiert. Sie haben dadurch eine ähnliche Charakteristik wie das menschliche Auge. Erst durch diese Maßnahme lässt sich die Helldunkel-Dynamik ohne Zusatzmaßnahmen auf mehr als sechs Dekaden ausdehnen (entspricht bei linearer Umsetzung dual etwa 20 bit).

CMOS-Bildsensoren sind bei weitem nicht in Standard-CMOS-Technologie realisiert. Es wird vielmehr ein auf das photoelektrische Element optimierte CMOS-Technik verwendet, die jedoch aufgrund des weit geringeren Leistungsbedarfs gegenüber CCD-Sensoren die Integration weiterer Ansteuer- und Auswerteelektronik auf dem Bildsensorchip erlaubt. Da die Zugriffszeit zu den einzelnen Pixel im Bereich einiger 10 ns liegt, sind mit CMOS-Sensoren auch etwas höhere Bildfrequenzen möglich. Insbesondere dann, wenn auch von der Möglichkeit Gebrauch gemacht wird, nur Teilbilder auszulesen (subframing), was bei CCD-Sensoren nicht möglich ist.

Bild 10 zeigt schematisch den Aufbau eines HDRC-Pixels (High Dynamic Range CMOS-Technology). Als lichtempfindliches Element dieser Variante eines CMOS-Sensors dient eine in Sperrrichtung gepolte Photodiode (PD), die in Reihe zu dem unterhalb seiner Öffnungsspannung betriebenen PMOS-Transistor M1 liegt. Der zur Beleuchtungsstärke proportionale Diodenstrom muss auch durch den gesperrten Transistor M1 fließen. Dessen Gate-Source-Spannung U_{GS} hängt in einem sehr

10 Schematischer Querschnitt eines HDRC-Pixels

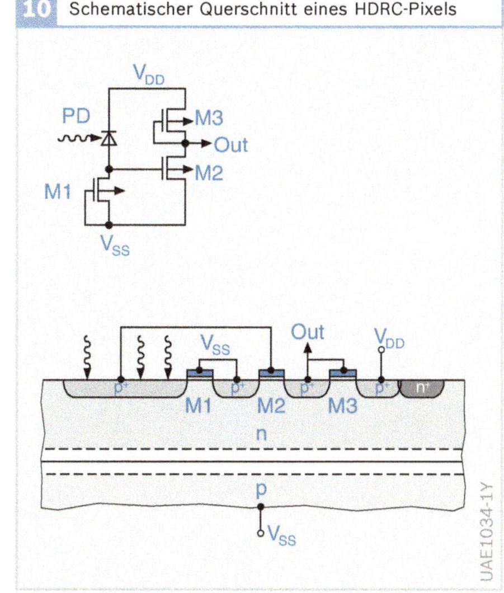

weitem Bereich nahezu ideal logarithmisch vom durchfließenden Drainstrom (= Photostrom) ab. Die beiden übrigen Transistoren M2 und M3 dienen der Auskopplung des Signals, das über einen Multiplexer einem schnellen 10-bit-AD-Wandler zugeführt wird.

Anwendungen

Bildgebende optoelektronische Sensoren sind dabei, im Bereich des sichtbaren oder auch des infraroten Lichts Einzug in das Fahrzeug zu halten. Sie können dort der Innenraumbeobachtung dienen, sind aber vor allem zur Umfeldbeobachtung auch nach außen gerichtet.

Mit den Bildsensoren wird versucht, die überlegene Fähigkeit des menschlichen Auges und der damit verbundenen mentalen Erkennung (vorerst noch in recht bescheidenem Maße) nachzubilden. Sie sind in der industriellen Messtechnik – insbesondere auch bei Handhabungsautomaten (Robotern) – bereits längst in großem Umfang eingeführt. Die Kosten der Bildsensoren und der zur Interpretation einer Szene erforderlichen, sehr leistungsstarken Prozessoren (DSP) sind bereits in den für Kfz-Anwendungen interessanten Bereich gekommen.

Gängige Bildsensoren sind im Gegensatz zum menschlichen Auge auch im nahen IR-Bereich (Wellenlänge ca. 1 µm) empfindlich. Mit einer entsprechenden, nicht sichtbaren IR-Ausleuchtung ist damit ohne weiteres für alle im Auto denkbaren Anwendungen auch ein Nachtbetrieb möglich. Für Anwendungen im Bereich des sichtbaren Lichts wird den Bildsensoren meist ein IR-Filter vorgeschaltet, um Farbverfälschungen und Unschärfen zu vermeiden.

Bildsensoren könnten in Zukunft einen vielfältigen Einsatz für die Beobachtung des Kfz-Innenraums (Sitzposition, Vorverlagerung bei Crash, Anwesenheit und Größe der Insassen usw.) und der Fahrzeugumgebung (Spurführung, Kollisionsvermeidung, Einpark- und Rückfahrhilfe, Verkehrszeichenerkennung usw.) finden. Bereits in Serie ist ein Nachtsichtgerät (Night Vision), das die mit IR-Scheinwerfern ausgeleuchtete und mit einer IR-fähigen Kamera aufgenommene Fahrbahnszene auf einem Bildschirm wiedergibt. Damit wird bei schlechten Sichtbedingungen (Dunkelheit, Nebel usw.) zusätzliche Fahrsicherheit geboten.

11 CMOS-Bildsensor mit wahlfreiem Pixelzugriff

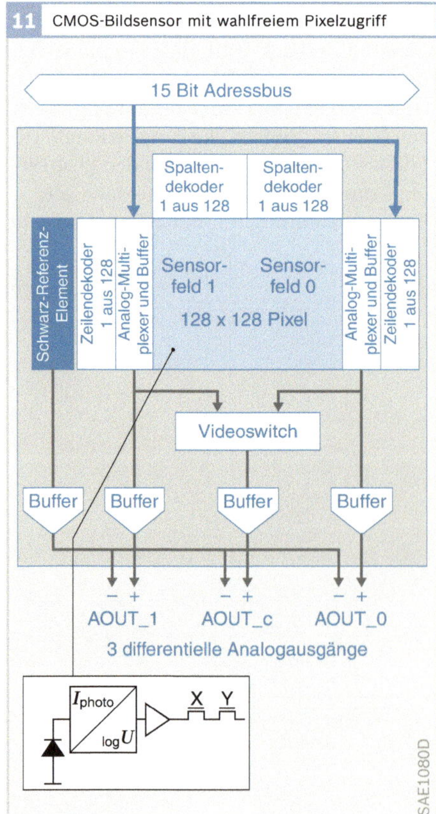

Bild 11
Pixelprozessoren an jedem Bildpunkt der aktiven Pixelmatrix sorgen für eine logarithmische Signalkompression.
Das Auslesen ist wahlfrei und nicht signalzerstörend, die Übertragung ist verlustfrei.

Miniaturen

Die Mikromechanik macht es möglich, Sensorfunktionen auf kleinstem Raum auszuführen. Die typischen mechanischen Dimensionen bewegen sich bis in den Bereich von Mikrometern. Speziell Silizium mit seinen besonderen Eigenschaften hat sich dabei als geeignetes Material zum Herstellen der sehr kleinen, oft filigranen mechanischen Strukturen herausgestellt. Seine Elastizität, kombiniert mit seinen elektrischen Eigenschaften, ist nahezu ideal für die Herstellung von Sensoren. Mit abgewandelten Prozessen der Halbleitertechnik können mechanische und elektronische Funktionen der Sensoren auf einem Chip oder auf andere Weise integriert werden.

1994 ging ein Ansaugdrucksensor zur Lasterfassung im Kfz als erstes Produkt mit einer mikromechanischen Messzelle von Bosch in Serie. Neuere Beispiele für die Miniaturisierung sind mikromechanische Beschleunigungs- und Drehratesensoren in Fahrsicherheitssystemen für den Insassenschutz und die Fahrdynamikregelung. Die untenstehenden Abbildungen veranschaulichen sehr gut die minimalen Größenverhältnisse.

Mikromechanischer Beschleunigungssensor

Schaltung

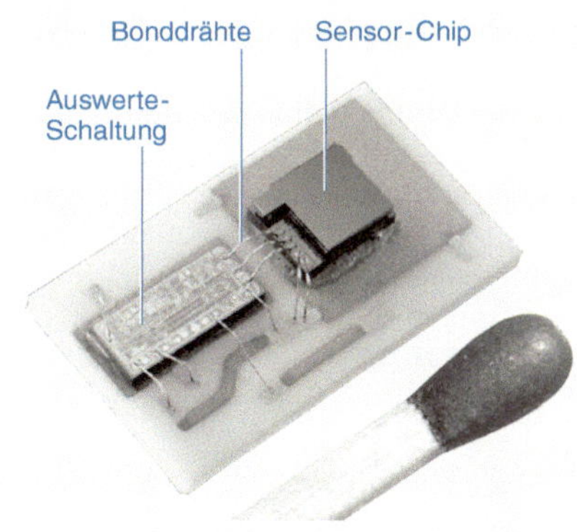

Kammstruktur im Vergleich zu einem Insekt

Mikromechanische Drehratesensoren

DRS-MM1 Fahrdynamikregelung

DRS-MM2 Überrollsensierung, Navigation

Sensoren

Sensoren erfassen einerseits den Fahrerwunsch als Sollwert und andererseits den Betriebszustand des Motors. Dabei wandeln sie physikalische oder chemische Größen in elektrische Signale um, die vom Motorsteuergerät ausgewertet werden können.

Einsatz im Kraftfahrzeug

Sensoren und Aktoren bilden die Schnittstelle zwischen dem Fahrzeug mit seinen komplexen Antriebs-, Brems,- Fahrwerk- und Karosseriefunktionen und den elektronischen Steuergeräten als Verarbeitungseinheiten (z. B. Motorsteuerung, ESP, Klimasteuerung). Ein Sensorelement wandelt dabei die zu erfassende Größe in eine elektrische Größe wie z. B. eine Widerstands- oder Kapazitätsänderung um. In der Regel bereitet eine Auswerteschaltung im Sensor diese Größen in ein elektrisches Ausgangssignal auf, das vom Steuergerät eingelesen werden kann. Je nach Partitionierung der Funktionen werden unterschiedliche Integrationsstufen von Sensoren unterschieden (**Bild 1**).

Die Ausgangssignale von Sensoren beeinflussen direkt Leistung, Drehmoment und Emissionen des Motors, das Fahrverhalten und die Sicherheit des Fahrzeugs. Daraus ergibt sich die Forderung nach präzisen und zuverlässigen Sensoren, die auch unter extremen Einsatzbedingungen sicher funktionieren:

- typischer Temperaturbereich -40 ... +140 °C, teilweise bis 150 °C, im Abgasbereich bis 1 000 °C,
- Schüttelbeanspruchung über einen weiten Frequenzbereich mit Beschleunigungsamplituden bis zu 70 *g*,
- aggressive Umgebungsbedingungen hervorgerufen durch Wasser, Salz, Kraftstoff und Abgase,
- hohe elektromagnetische Einstrahlung und Einkopplung über den Kabelbaum.

Mit der Funktionalität des Motormanagements steigt der Umfang beteiligter Sensoren. Sensoren müssen deshalb zum einen geringe Abmessungen und Leistungsaufnahmen besitzen und zum anderen zu geringen Preisen verfügbar sein. Eine Möglichkeit, diese Anforderungen zu erfüllen, bietet die Mikromechanik, weshalb

1 Integrationsstufen von Sensoren

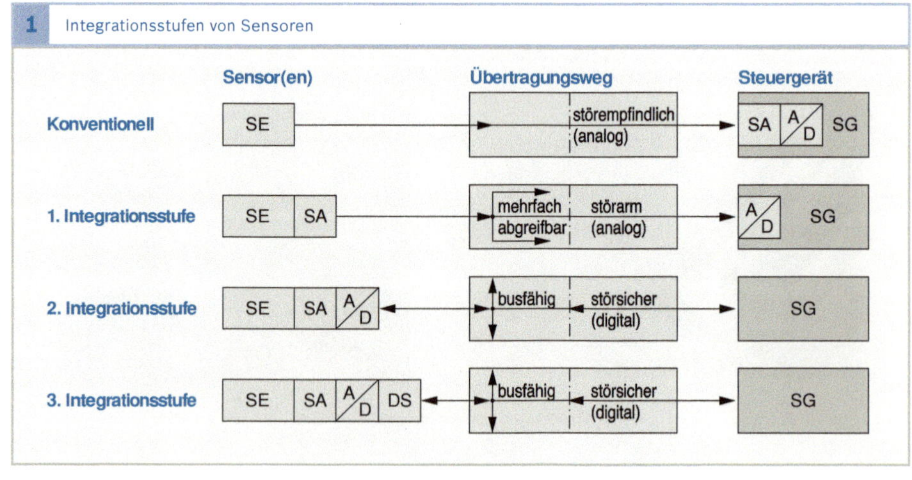

Bild 1
SE Sensorelement
SA analoge Signalaufbereitung
A/D Analog-Digital-Wandler
DS digitale Signalverarbeitung
SG Steuergerät

viele der derzeit eingesetzten Sensoren mikromechanische Sensoren sind. Durch eine Integration mikromechanischer Sensorelemente und mikroelektronischer Auswerteschaltungen können Sensorelement, Signalaufbereitung, Analog-Digital-Wandlung und Selbstkalibrierungsfunktionen kostengünstig in einem Chip integriert werden.

Durch die Kombination verschiedener Sensoren, wie z. B. Druck-, Feuchte-, Temperatur- und Durchflusssensoren, in so genannten Sensormodulen ergeben sich darüber hinaus Synergieeffekte hinsichtlich Funktion, Bauraum und Kommunikation vom Sensormodul zum Steuergerät.

Temperatursensoren

Beim Motormanagement kommt eine Vielzahl von Temperatursensoren zum Einsatz. Die wichtigsten Sensorgruppen werden im Folgenden beschrieben.

Anwendung

Motortemperatursensor

Dieser Sensor ist im Kühlmittelkreislauf eingebaut (**Bild 2**), um für die Motorsteuerung von der Kühlmitteltemperatur auf die Motortemperatur schließen zu können (Messbereich -40 ... +130 °C).

Lufttemperatursensor

Dieser Sensor erfasst die Ansauglufttemperatur im Ansaugtrakt, mit der sich in Verbindung mit einem Ladedrucksensor die angesaugte Luftmasse berechnen lässt. Außerdem können Sollwerte für Regelkreise (z. B. Abgasrückführung, Ladedruckregelung) an die Lufttemperatur angepasst werden (Messbereich -40 ... +130 °C).

Motoröltemperatursensor

Das Signal des Motoröltemperatursensors wird unter anderem bei der Berechnung

2 Kühlmitteltemperatursensor

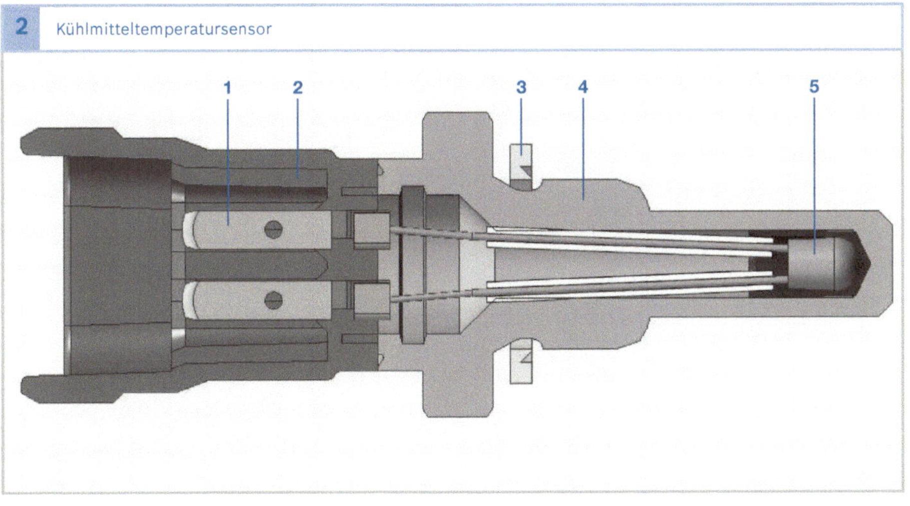

Bild 2
1 elektrischer Anschluss
2 Gehäuse
3 Dichtring
4 Einschraubgewinde
5 Messwiderstand

des Service-Intervalls verwendet (Messbereich -40 ... +170 °C).

Kraftstofftemperatursensor

Er ist z. B. im Dieselkraftstoff-Niederdruckteil eingebaut. Mit der Kraftstofftemperatur kann die eingespritzte Kraftstoffmenge genau berechnet und Dichteschwakungen entsprechend korrigiert werden (Messbereich -40 ... +120 °C).

Abgastemperatursensor

Dieser Sensor wird an temperaturkritischen Stellen im Abgassystem montiert. Er wird für die Regelung der Systeme zur Abgasnachbehandlung eingesetzt. Der Messwiderstand besteht meist aus Platin (Messbereich -40 ... +1 000 °C).

Temperatursensoren in Sensormodulen

Oft wird der Temperatursensor mit anderen Sensoren in Sensormodulen verbaut. Beispielsweise werden Drucksensoren in Kombination mit Temperatursensoren angeboten. Es ergeben sich Synergien hinsichtlich des mechanischen Aufbaus und der elektrischen Kontaktierung.

3 Kennlinie eines NTC-Sensors

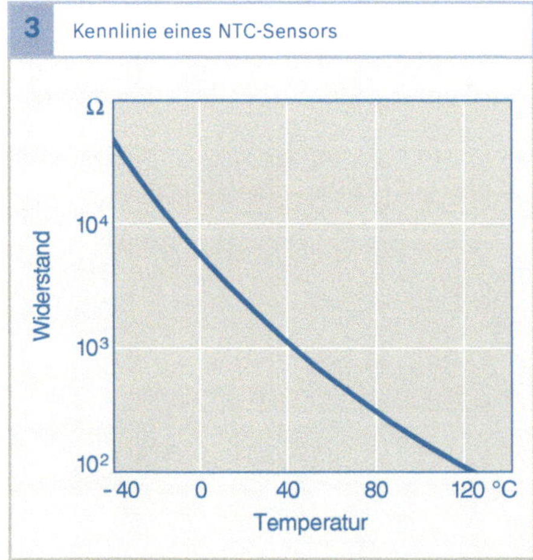

Aufbau und Arbeitsweise

Temperatursensoren werden je nach Anwendungsgebiet in unterschiedlichen Bauformen angeboten. In einem Gehäuse ist ein temperaturabhängiger Messwiderstand aus Halbleitermaterial eingebaut. Dieser hat üblicherweise einen negativen Temperaturkoeffizienten (NTC, Negative Temperature Coefficient, **Bild 3**). Sein Widerstand verringert sich bei steigender Temperatur stark.

Der Messwiderstand ist Teil einer Spannungsteilerschaltung, die mit einer Referenzspannung versorgt wird. Die am Messwiderstand gemessene Spannung ist damit tem-
peraturabhängig. Sie wird im Steuergerät über einen Analog-Digital-Wandler eingelesen und ist ein Maß für die Temperatur am Sensor. Im Motorsteuergerät ist eine Kennlinie gespeichert, die der Ausgangspannung eine entsprechende Temperatur zuweist.

Motordrehzahlsensoren

Anwendung

Motordrehzahlsensoren, auch Drehzahlgeber genannt, werden beim Motor-Management eingesetzt zum

- Messen der Motordrehzahl,
- Ermitteln der Winkellage der Kurbelwelle (Stellung der Motorkolben),
- Ermitteln der Arbeitsspielposition von 4-Takt-Motoren (0–720° Kurbelwellenwinkel) durch Lageerkennung der Nockenwelle in Bezug zur Kurbelwelle,
- Notbetrieb des Motors bei Ausfall des Phasengebers.

Über Impulsräder werden magnetische Feldänderungen erzeugt. Mit steigender Drehzahl steigt die Anzahl der erzeugten Impulse. Die Drehzahl wird im Steuergerät über den Zeitabstand zweier Impulse berechnet.

Induktive Drehzahlsensoren

Aufbau und Arbeitsweise

Der Sensor ist – durch einen Luftspalt getrennt – direkt gegenüber einem ferromagnetischen Impulsrad montiert (**Bild 4**, Pos. 7). Er enthält einen Weicheisenkern (Polstift, Pos. 4), der von einer Wicklung (5) umgeben ist. Der Polstift ist mit einem Dauermagneten (1) verbunden. Der magnetische Fluss erstreckt sich über den Polstift bis hinein in das Impulsrad. Der magnetische Fluss durch die Spule hängt davon ab, ob dem Sensor eine Lücke oder ein Zahn des Impulsrads gegenübersteht. Ein Zahn bündelt den Streufluss des Magneten. Es kommt zu einer Verstärkung des Magnetflusses durch die Spule. Eine Lücke dagegen schwächt den Magnetfluss. Diese Magnetflussänderungen induzieren beim Drehen des Impulsrads in der Spule eine zur Änderungsgeschwindigkeit und damit zur Motordrehzahl proportionale periodische Ausgangsspannung (**Bild 5**). Die Amplitude der Wechselspannung wächst mit steigender Drehzahl stark an (von wenigen Millivolt bis über hundert Volt). Eine ausreichende Amplitude ist ab einer Mindestdrehzahl von ca. 20 Umdrehungen pro Minute vorhanden.

Die Anzahl der Zähne des Impulsrads hängt vom Anwendungsfall ab. Für die Motorsteuerung kommen Impulsräder mit 60er-Teilung zum Einsatz, wobei zwei Zähne ausgelassen sind (siehe **Bild 4**, Pos. 7). Das Impulsrad hat somit 60 – 2 = 58 Zähne. Die Lücke bei den fehlenden Zähnen stellt eine Bezugsmarke dar und

4 Aufbau induktiver Drehzahlgeber

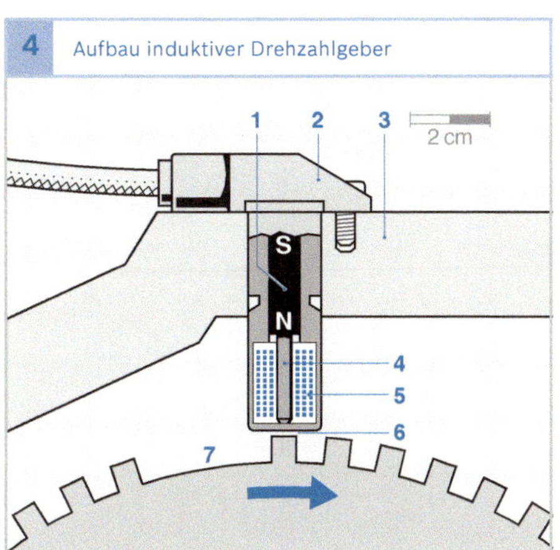

Bild 4
1 Dauermagnet
2 Sensorgehäuse
3 Motorgehäuse
4 Polstift
5 Wicklung
6 Luftspalt
7 Impulsrad mit Bezugsmarke
N Nordpol des Dauermagneten
S Südpol des Dauermagneten

5 Signal eines induktiven Motordrehzahlsensors

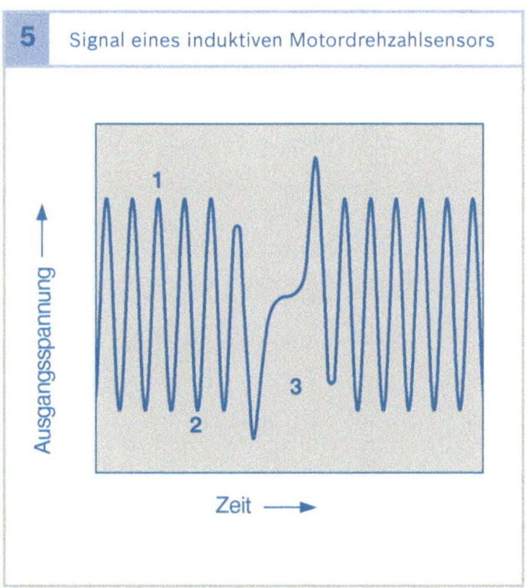

Bild 5
1 Zahn
2 Zahnlücke
3 Bezugsmarke

6 Hall-Sensorelement

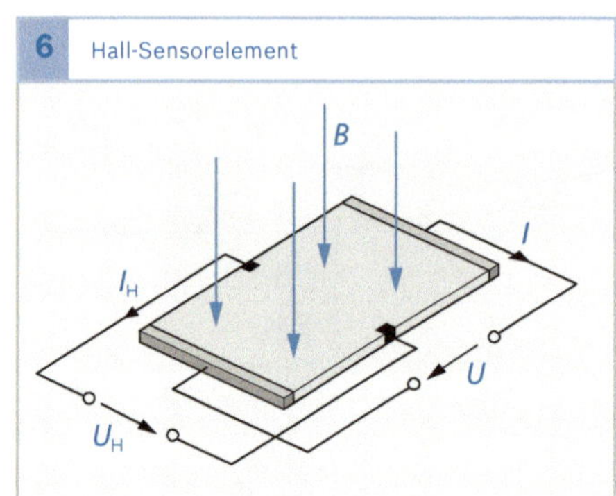

Bild 6
- *B* Flussdichte
- *I* Versorgungsstrom
- *U* Versorgungsspannung
- I_H Hall-Strom
- U_H Hall-Spannung

Bild 7
- a Anordnung
- b Signal des Hall-Sensors
- c Ausgangssignal
- 1 Magnet (N Nordpol, S Südpol)
- 2, 3 Hall-Sensoren
- 4 Impulsrad
- 5 Flanke
- 6 große Amplitude bei kleinem Luftspalt
- 7 kleine Amplitude bei großem Luftspalt

ist einer definierten Kurbelwellenstellung zugeordnet. Sie dient zur Synchronisation des Steuergeräts.

Zahn- und Polgeometrie müssen aneinander angepasst sein. Eine Auswerteschaltung im Steuergerät formt die sinusähnliche Spannung mit stark unterschiedlicher Amplitude in eine Rechteckspannung mit konstanter Amplitude um. Dieses Signal wird im Mikrocontroller des Steuergeräts ausgewertet.

7 Prinzip eines Differential-Hall-Sensors

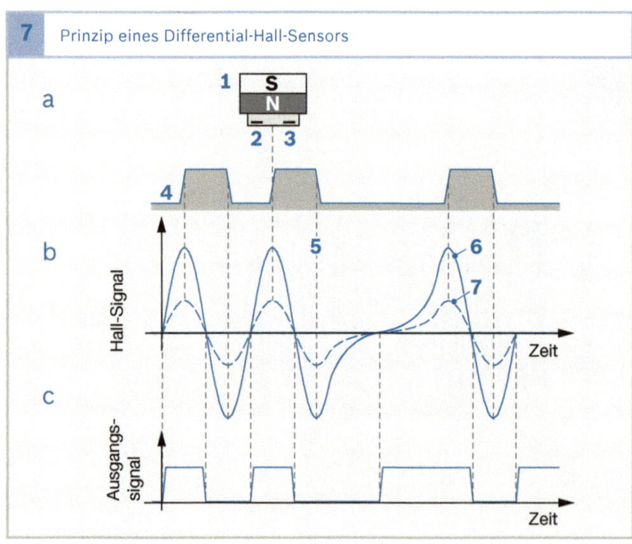

Aktive Drehzahlsensoren

Aktive Drehzahlsensoren arbeiten nach dem magnetostatischen Prinzip. Damit ist eine Drehzahlerfassung auch bei sehr kleinen Drehzahlen möglich. Es erfolgt also eine quasistatische Drehzahlerfassung. Das aufgenommene Rohsignal wird durch eine Auswerteschaltung im Sensor aufbereitet, die Amplitude des Ausgangssignals ist damit nicht von der Drehzahl abhängig.

Differential-Hall-Sensor

An einem stromdurchflossenen Plättchen, das senkrecht von einer magnetischen Induktion *B* durchsetzt wird, kann quer zur Stromrichtung eine zum Magnetfeld proportionale Spannung U_H (Hall-Spannung) abgegriffen werden (**Bild 6**). Beim Differential-Hall-Sensor wird das Magnetfeld von einem Permanentmagneten im Sensor erzeugt (**Bild 7**, Pos. 1). Zwischen dem Magneten und dem Impulsrad (4) befinden sich zwei Hall-Sensorelemente (2 und 3). Der magnetische Fluss, von dem diese durchsetzt werden, hängt davon ab, ob dem Drehzahlsensor ein Zahn oder eine Lücke gegenübersteht. Mit Differenzbildung der Signale aus beiden Sensoren wird eine Reduzierung magnetischer Störsignale und ein verbessertes Signal-Rausch-Verhältnis erreicht.

Die Flanken des Sensorsignals können ohne Digitalisierung direkt im Steuergerät verarbeitet werden. Anstelle des ferromagnetischen Impulsrads werden auch Multipolräder eingesetzt (**Bild 8**). Hier ist auf einem nichtmagnetischen metallischen Träger ein magnetisierbarer Kunststoff aufgebracht und wechselweise magnetisiert. Diese Nord- und Südpole übernehmen die Funktion der Zähne des Impulsrads. Bei Einsatz eines Multipol-Geberrades werden keine Permanent-Magnete im Sensor benötigt.

AMR-Sensoren

Der elektrische Widerstand von magnetoresistivem Material ist anisotrop. Das heißt, er hängt von der Richtung des ihm

8 Drehzahlmessung mit Multipol-Geberrad

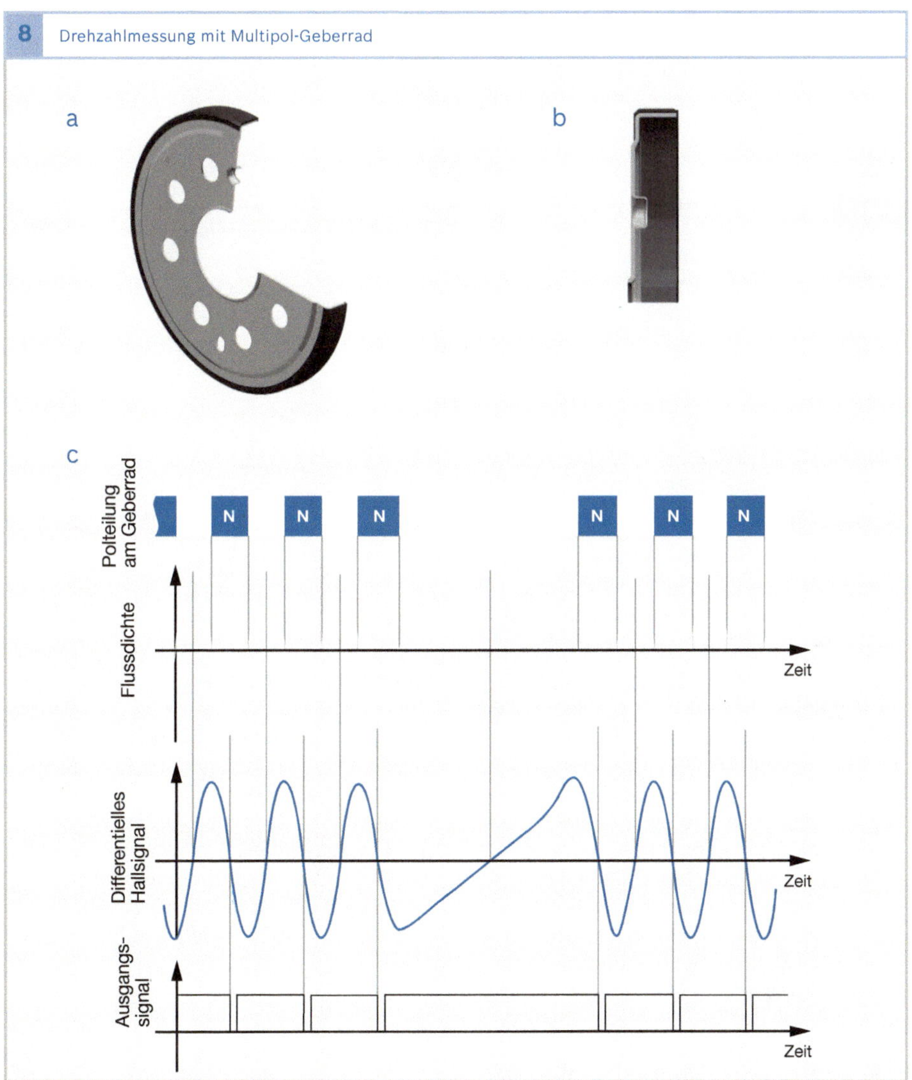

Bild 8
a, b Multipol-Geberrad
c Sensorsignale

ausgesetzten Magnetfelds ab. Diese Eigenschaft wird im AMR-Sensor (Anisotropic Magnetoresistance Sensor) ausgenutzt. Der Sensor sitzt zwischen einem Magneten und dem Impulsrad. Die Feldlinien ändern ihre Richtung, wenn sich das Impulsrad dreht. Daraus ergibt sich eine sinusförmige Spannung, die in einer Auswerteschaltung im Sensor verstärkt und in ein Rechtecksignal umgewandelt wird.

9 Prinzip der Drehzahlerfassung mit Richtungserkennung

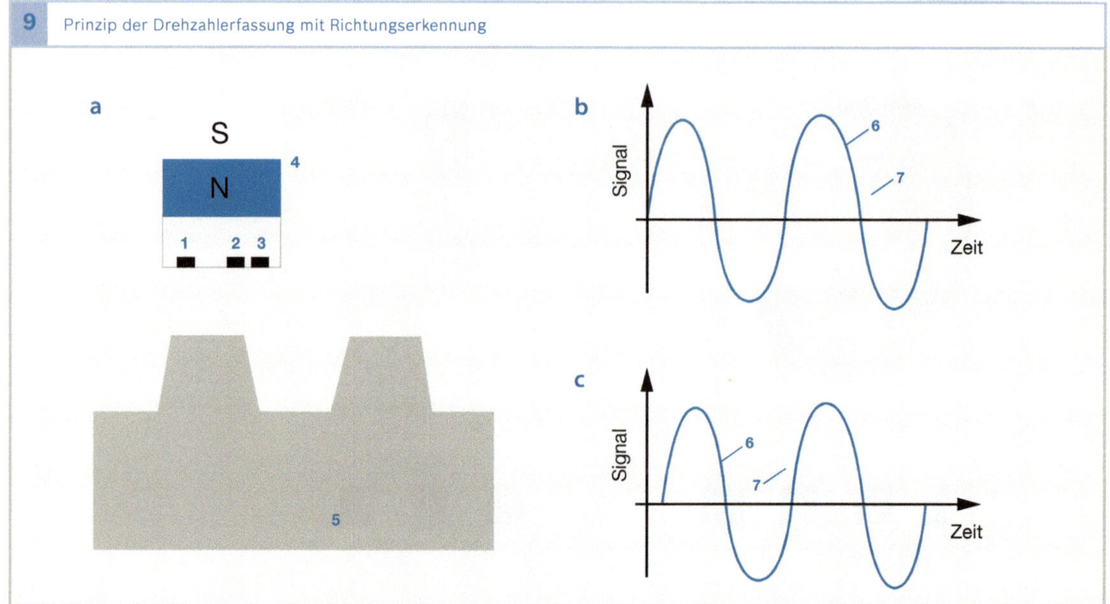

Bild 9
- a Anordnung
- b Sensorsignale bei Drehrichtung vorwärts
- c Sensorsignale bei Drehrichtung rückwärts

1, 2, 3 Hall-Sensoren (der erste Differential-Hall-Sensor besteht aus den Hall-Sensoren 1 und 2, der zweite Differential-Hall-Sensor besteht aus den Hall-Sensoren 2 und 3)
4 Permanentmagnet
5 Impulsrad
6 Signal des ersten Differential-Hall-Sensors
7 Signal des zweiten Differential-Hall-Sensors

Sensoren mit Drehrichtungserkennung

Insbesondere bei Motoren mit Start-Stopp-Funktion ist nach Abschalten des Motors die genaue Kenntnis von der Position der Kurbelwelle notwendig, um einen schnellen Motorstart zu ermöglichen. Dazu muss eine Pendelbewegung der Kurbelwelle erkannt werden, die bei Abstellen des Motors entsteht. Neben der Bestimmung der Drehzahl muss dazu die Drehrichtung detektiert werden. Die Bestimmung der Drehrichtung erfolgt über zwei verschoben angeordnete Differential-Hall-Sensoren (**Bild 9**). Die Phasenverschiebung zwischen den beiden Signalen gibt die Drehrichtung an. Beide Sensorelemente sind in einem Gehäuse untergebracht.

Hall-Phasensensoren

Anwendung

Die Nockenwelle ist bei 4-Takt-Motoren gegenüber der Kurbelwelle um 1:2 untersetzt. Ihre Stellung zeigt an, ob sich ein zum oberen Totpunkt bewegender Motorkolben im Verdichtungs- oder im Ausstoßtakt befindet. Der Phasensensor an der Nockenwelle (auch Phasengeber genannt) gibt diese Information an das Steuergerät. Sie wird bei Zündanlagen mit Einzelfunken-Zündspulen und mit sequentieller Einspritzung (SEFI) für die Ermittlung des Verstellwinkels der Nockenwelle (bei Nockenwellenverstellung) und für den Notbetrieb des Motors beim Ausfall des Drehzahlgebers benötigt.

10 Phasengeber (Aufbau)

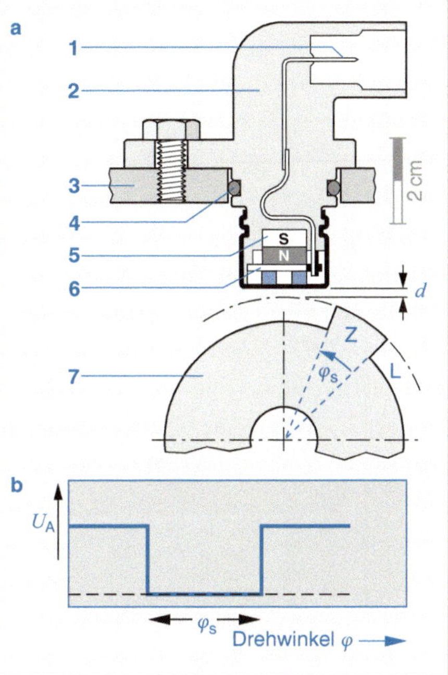

Bild 10
a Positionierung von Sensor und Impulsrad
b Ausgangsspannungsverlauf U_A

1 elektrischer Anschluss (Stecker)
2 Sensorgehäuse
3 Motorgehäuse
4 Dichtring
5 Dauermagnet
6 Hall-IC
7 Impulsrad mit Zahn (Z) und Lücke (L)
d Luftspalt
φ Drehwinkel
φ_S vom Zahn überdeckter Winkel
U_A Ausgangsspannung

Der in **Bild 10** gezeigte Sensor kann beliebig um die Sensorachse gedreht werden, ohne an Genauigkeit zu verlieren. Durch diese flexibel drehbare Einbaulage (Twist Insensitive Mounting) kann er mit der gleichen Geometrie und den gleichen Befestigungsflanschen in unterschiedlichen Anwendungen und Einbausituationen verbaut werden, die Variantenvielfalt wird reduziert.

Außerdem erkennt der Sensor in **Bild 10** direkt beim Einschalten, ob er über einem Zahn oder einer Lücke steht. Diese Eigenschaft wird „True Power on“ genannt. Sie reduziert Synchronisierzeiten zwischen Kurbelwellen- und Nockenwellensignal, was insbesondere bei Start-Stopp-Systemen von Bedeutung ist.

Aufbau und Arbeitsweise

Hallsensoren (**Bild 10**) nutzen den Hall-Effekt: Mit der Nockenwelle rotiert ein Impulsrad (**Bild 10**, Pos. 7) mit Zähnen, Segmenten oder einer Lochblende aus ferromagnetischem Material. Der Hall-IC (6) befindet sich zwischen Rotor und einem Dauermagneten (5), der ein Magnetfeld senkrecht zum Hall-Element liefert.

Passiert ein Zahn (Z) das stromdurchflossene Sensorelement (Halbleiterplättchen) des Phasengebers, verändert er die Feldstärke des Magnetfelds senkrecht zum Hall-Element. Dadurch entsteht ein Spannungssignal (eine Hall-Spannung), das unabhängig von der Relativgeschwindigkeit zwischen dem Sensor und dem Impulsrad ist. Die im Hall-IC integrierte Auswerteelektronik des Sensors bereitet das Signal auf und gibt es als Rechtecksignal aus (**Bild 10**).

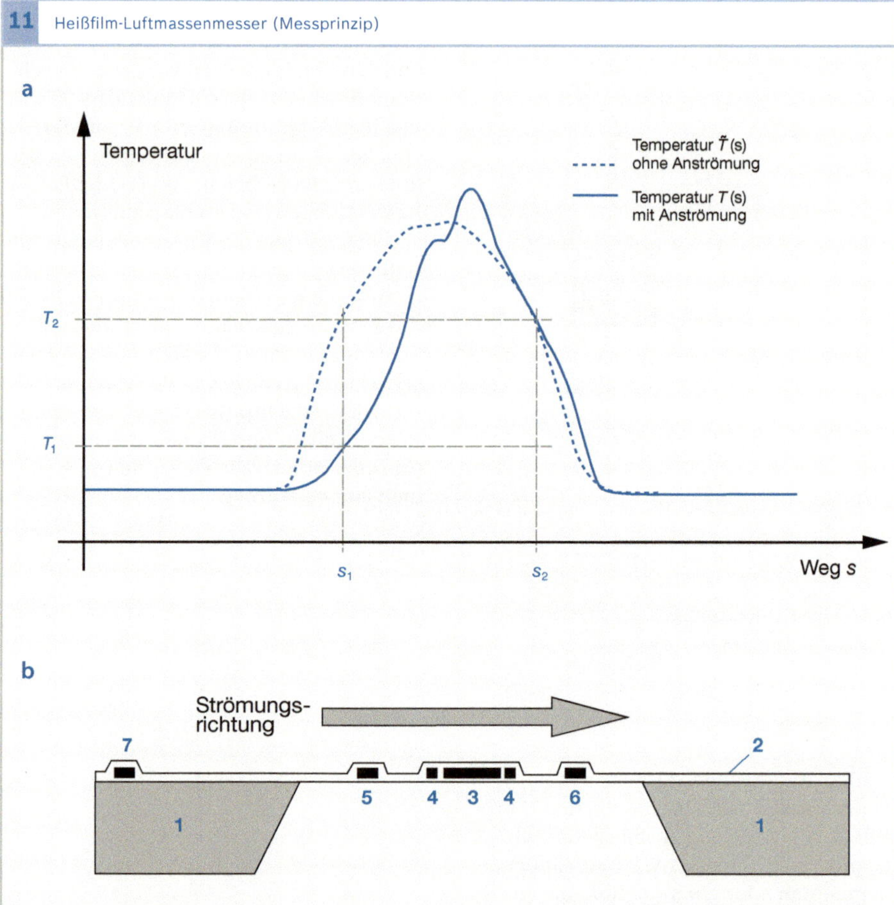

Bild 11
a Temperaturprofil entlang der Strömungsrichtung
b Querschnitt durch das mikromechanische Sensorelement

1 Siliziumrahmen
2 Membran
3 Heizwiderstand
4 Heizungstemperatursensor
5, 6 Temperatursensoren
7 Ansauglufttemperatursensor

Heißfilm-Luftmassenmesser

Anwendung

Eine genaue Vorsteuerung des Luft-Kraftstoff-Verhältnisses setzt voraus, dass die im jeweiligen Betriebszustand zugeführte Luftmasse präzise bestimmt wird. Zu diesem Zweck misst der Heißfilm-Luftmassenmesser einen Teilstrom des tatsächlich angesaugten Luftmassenstroms. Er berücksichtigt auch die durch das Öffnen und Schließen der Ein- und Auslassventile hervorgerufenen Pulsationen und Rückströmungen. Änderungen der Ansauglufttemperatur oder des Luftdrucks haben keinen Einfluss auf die Messgenauigkeit.

Aufbau und Arbeitsweise

Heißfilm-Luftmassenmesser (HFM) arbeiten nach einem thermischen Messprinzip. Der Heißfilm-Luftmassenmesser in **Bild 11b** enthält ein mikromechanisches Sensorelement, das auf einem Silizium-Rahmen (1) eine Sensor-Membran (2) aufspannt. In der Mitte der Sensor-Membran befindet sich ein Heizbereich, der mit Hilfe eines Heizwiderstands (3) und eines Temperaturfühlers (4) auf eine Tempera-

12 Kennlinie eines Heißfilm-Luftmassenmessers

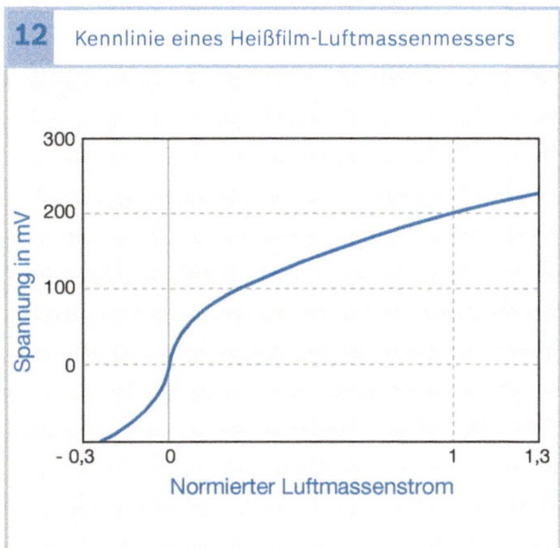

13 Heißfilm-Luftmassenmesser

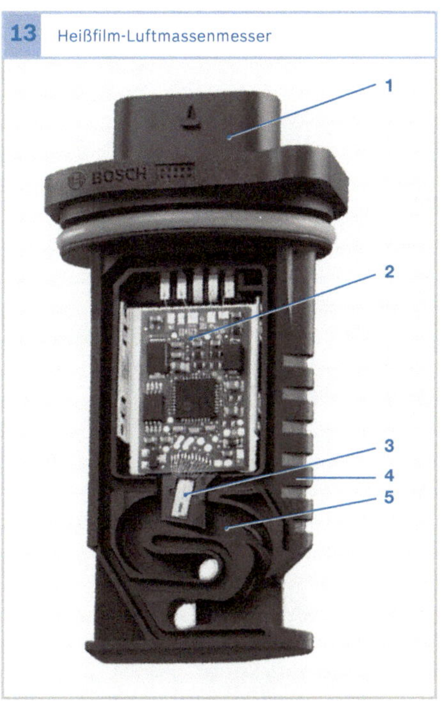

Bild 13
1 elektrische Anschlüsse (Stecker)
2 Auswertelektronik
3 Sensorelement
4 Sensorgehäuse
5 Messkanal

tur geregelt wird, die deutlich über der Temperatur der Ansaugluft liegt. Ein auf dem Silizium-Rahmen liegender Temperatursensor (7) erfasst die Temperatur der angesaugten Luft als Referenz. Durch die implementierte analoge Regelung wird die Membran auf eine Temperatur geregelt, die ca. 100 K höher ist als die angesaugte Luft.

Ohne Anströmung fällt die Temperatur $\tilde{T}$ vom Heizbereich zu den Membranrändern hin symmetrisch ab (**Bild 11a**). Stromauf und stromab des Heizbereichs befinden sich Messpunkte s_1 und s_2, die in diesem Fall auf demselben Temperaturniveau liegen, d.h.

$$\tilde{T}(s_1) = \tilde{T}(s_2) = T_2.$$

Mit der Anströmung wird durch die Wärmeübertragung von der heißen Membran an den kälteren Luftmassenstrom der stromauf des Heizbereiches liegende Teil der Membran abgekühlt und die Temperatur an der Stelle s_1 sinkt auf $T(s_1) = T_1$, wie **Bild 11a** zeigt. Die vorbeiströmende Luft heizt sich über dem Heizbereich auf. Der stromab liegende Temperaturfühler behält durch die Erwärmung der Luft im Heizbereich seine Temperatur $T(s_2) = T_2$ näherungsweise bei. Die Temperaturfühler weisen damit eine Temperaturdifferenz auf, die in Betrag und Richtung von der Anströmung abhängt. Die Temperaturdifferenz wird über eine Messbrücke erfasst und repräsentiert die Luftmasseninformation. Die Ausgangsspannung ist in **Bild 12** als Funktion des Luftmassenstroms dargestellt.

Auf Grund der sehr dünnen mikromechanischen Membran reagiert der Sensor sehr schnell auf Veränderungen (die Zeitkonstante liegt unter 15 ms). Dies ist besonders bei stark pulsierenden Luftströmungen wichtig. Eine Kontamination der Sensormembran mit Staub, Schmutzwasser oder Öl führt zu Fehlanzeigen der Luftmasse und muss deshalb vermieden werden.

Der Heißfilm-Luftmassenmesser in **Bild 13** ragt mit seinem Gehäuse in ein Messrohr, das je nach der für den Motor benötigten Luftmasse unterschiedliche Durchmesser haben kann. In den Sensor ist ein Elektronikmodul integriert, das die

14 Messkanal des Heißfilm-Luftmassenmessers

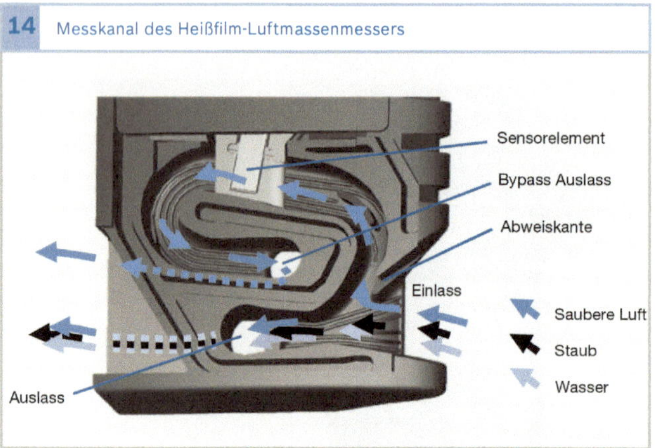

15 Heißfilm-Luftmassenmesser als Sensormodul

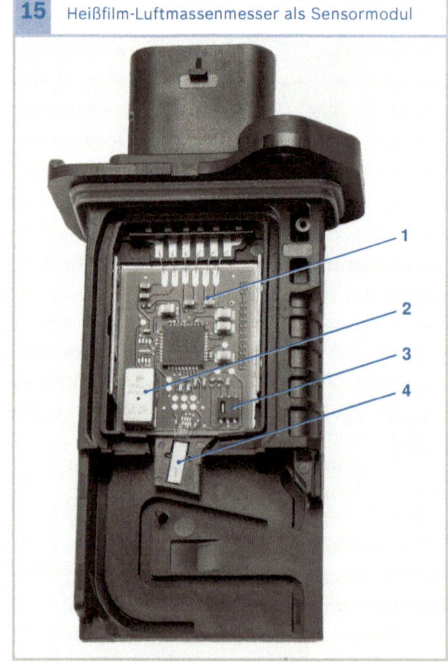

Bild 15
1 Standard-Heißfilm-Luftmassenmesser
2 Drucksensor
3 Feuchtesensor
4 Sensorelement mit integriertem Temperatursensor

Auswerteelektronik (2) und das mikromechanische Sensorelement (3) trägt. Die Auswerteelektronik ist über elektrische Anschlüsse (1) mit dem Steuergerät verbunden.

Zur Verbesserung des Kontaminationsschutzes wird der Messkanal (**Bild 13**, Pos. 5 und **Bild 14**) zweiteilig ausgeführt. Der Kanal, der am Sensorelement vorbeiführt, weist eine scharfe Kante auf, die von der Luft umströmt werden muss. Schwere Partikel und Schmutzwassertropfen können dieser Umlenkung nicht folgen und werden aus dem Teilstrom ausgeschieden. Sie verlassen den Sensor über einen zweiten Kanal. Dadurch gelangen deutlich weniger Schmutzpartikel und Tropfen zum Sensorelement, sodass die Kontamination reduziert wird und die Lebensdauer des Luftmassenmessers auch bei Betrieb mit kontaminierter Luft deutlich verlängert wird.

Der Heißfilm-Luftmassenmesser als Sensormodul

Der Heißfilm-Luftmassenmesser wird bei einigen Anwendungen als Sensormodul verwendet (**Bild 15**), das den Luftmassenstrom, den Ansaugdruck, die Ansaugtemperatur und die Luftfeuchte der Ansaugluft bestimmt. Damit werden im Luftmassenmesser alle für die Füllungserfassung und Füllungsdiagnose relevanten Größen bestimmt.

16 Signale des Klopfsensors

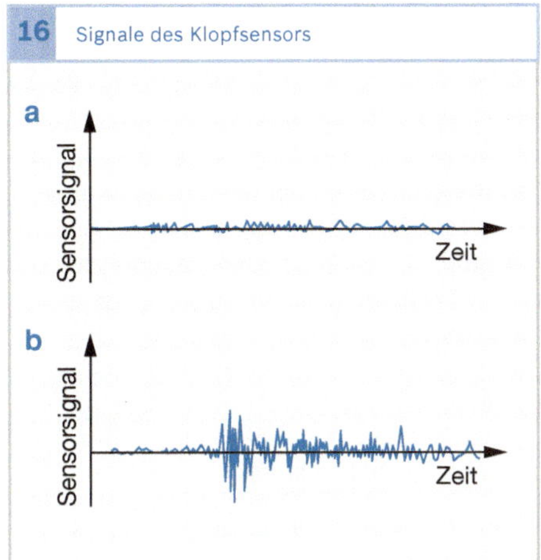

17 Klopfsensor (Aufbau und Anbau)

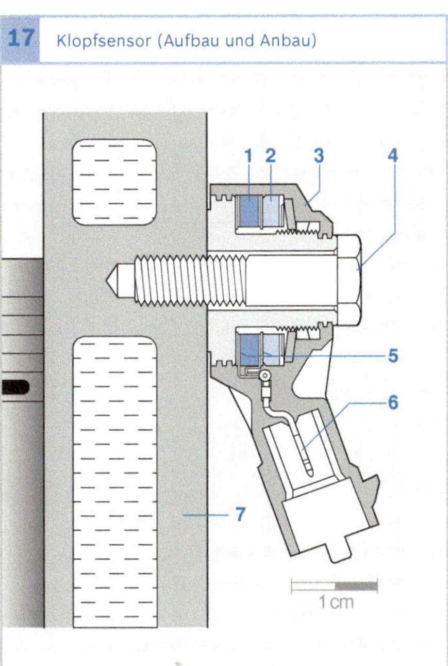

Bild 16
a ohne Klopfen
b mit Klopfen

Bild 17
1 Piezokeramik
2 seismische Masse
3 Gehäuse
4 Schraube
5 Kontaktierung
6 elektrischer Anschluss
7 Motorblock

Piezoelektrische Klopfsensoren

Anwendung

Klopfsensoren sind vom Funktionsprinzip Vibrationssensoren und eignen sich zum Erfassen von Körperschallschwingungen. Diese treten z. B. in Ottomotoren bei unkontrollierten Verbrennungen als „Klopfen" auf. Sie werden vom Klopfsensor in elektrische Signale umgewandelt (**Bild 16**) und dem Motorsteuergerät zugeführt, das durch Verstellen des Zündwinkels dem Motorklopfen entgegenwirkt.

Aufbau und Arbeitsweise

Eine vom Gehäuse entkoppelte (seismische) Masse (**Bild 17**, Pos. 2) übt aufgrund ihrer Trägheit Druckkräfte im Rhythmus der anregenden Schwingungen auf eine ringförmige Piezokeramik (1) aus. Diese Kräfte bewirken innerhalb der Keramik eine Ladungsverschiebung.Zwischen der Keramikober- und -unterseite (bezogen auf die Richtung der Befestigungsschraube) entsteht eine elektrische Spannung, die über Kontaktscheiben (5) abgegriffen und im Motorsteuergerät weiterverarbeitet wird.

Anbau

Für 4-Zylinder-Motoren ist ein Klopfsensor ausreichend, um die Klopfsignale für alle Zylinder zu erfassen. Höhere Zylinderzahlen erfordern zwei oder mehr Klopfsensoren. Der Anbauort der Klopfsensoren am Motor ist so ausgewählt, dass das Klopfen aus jedem Zylinder sicher erkannt werden kann. Er liegt meist auf der Breitseite des Motorblocks. Die entstehenden Signale (Körperschallschwingungen) müssen vom Messort am Motorblock resonanzfrei in den Klopfsensor eingeleitet werden können. Hierzu ist eine feste Schraubverbindung mit einem definierten Drehmoment erforderlich. Die Auflagefläche und die Bohrung im Motor müssen eine vorgeschriebene Güte aufweisen und es dürfen keine Unterleg- oder Federscheiben zur Sicherung verwendet werden.

Mikromechanische Drucksensoren

Anwendung

Mikromechanische Drucksensoren erfassen den Druck verschiedener Medien im Fahrzeug, z. B.:

- den Saugrohrdruck, z. B. für die Lasterfassung in Motormanagementsystemen,
- den Ladedruck für die Ladedruckregelung,
- den Umgebungsdruck für die Berücksichtigung der Luftdichte z. B. in der Ladedruckregelung,
- den Öldruck für die Kontrolle der Motorschmierung (und ggf. Warnung über die Kontrollleuchte),
- den Kraftstoffdruck für die Überwachung des Verschmutzungsgrads des Kraftstofffilters und zur Erfassung des Füllstandes von Kraftstofftanks,
- den Differenzdruck, z. B. zur Überwachung des Beladungszustandes von Diesel-Partikelfiltern.

Arbeitsweise von Drucksensoren

Die Messzelle mikromechanischer Drucksensoren besteht aus einem Silizium-Chip (**Bild 18a**, Pos. 2), in den mit Hilfe von mikromechanischen Prozessen eine dünne Membran eingeätzt ist (1). Auf der Membran sind vier Messwiderstände eindiffundiert, deren elektrischer Widerstand sich bei mechanischer Dehnung ändert.

Abhängig von der anliegenden Druckdifferenz wird die Membran der Sensorzelle durchgebogen. Die Verschiebung der Membranmitte liegt dabei im Bereich von 10 ... 1 000 µm und nimmt mit steigendem Differenzdruck zu. Die vier Messwiderstände auf der Membran ändern (gemäß dem piezoresistiven Effekt) aufgrund der Durchbiegung und den damit verbundenen mechanischen Dehnungen oder Stauchungen ihren elektrischen Widerstand.

Die Messwiderstände sind auf dem Silizium-Chip so angeordnet, dass der elektrische Widerstand von zwei Messwiderständen zunimmt und von den beiden anderen abnimmt. Sie werden als Brückenschaltung angeordnet (**Bild 18b**). Diese Messspannung U_M ist damit ein Maß für den an der Membran anliegenden Differenzdruck.

Die Elektronik für die Signalaufbereitung ist auf dem Chip integriert (**Bild 19**) und hat die Aufgabe, die Brückenspannung zu verstärken, Temperatureinflüsse zu kompensieren und die Druckkennlinie zu linearisieren. Die Ausgangsspannung liegt typischerweise im Bereich von 0 ... 5 V und wird über elektrische Anschlüsse dem Motorsteuergerät zugeführt. Das Steuergerät berechnet aus dieser Ausgangsspannung den gemessenen Druck.

Drucksensoren zur Messung eines Absolutdruckes sind ähnlich aufgebaut wie Drucksensoren zur Differenzdruckmessung. Der zur Durchbiegung der Sensormembran erforderliche Differenzdruck ergibt sich in diesem Fall aus dem zu messenden Absolutdruck und einem Referenzvakuum. Das Referenzvakuum wurde in der Vergangenheit in einem Sensorgehäuse mit Kappe realisiert. Ein erster Kostenfortschritt wurde durch Konzepte erreicht, die ein Referenzvakuum direkt unter der Sensormembran einschließen (**Bild 20a**). Bei aktuellen Absolutdrucksensoren wird die Sensormembran und das Referenzvakuum durch Prozesse der Oberflächen-Mi-

18 Messzelle des Drucksensors

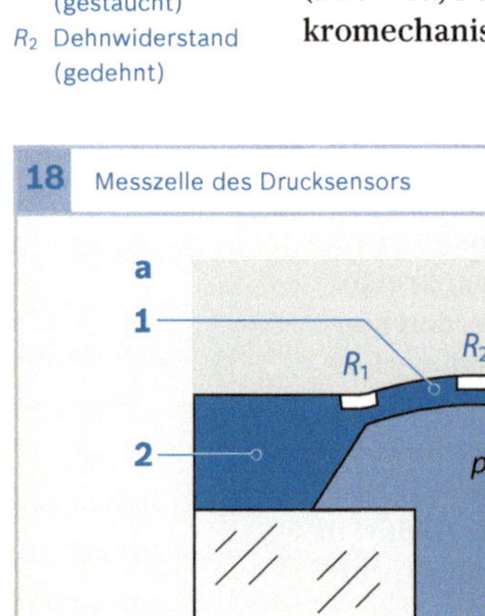

Bild 18
a Schnittbild
b Brückenschaltung

1 Membran
2 Silizium-Chip
3 Träger
p Messdruck
U_0 Versorgungsspannung
U_M Messspannung
R_1 Dehnwiderstand (gestaucht)
R_2 Dehnwiderstand (gedehnt)

19 Mikromechanischer Drucksensor mit integrierter Auswerteelektronik

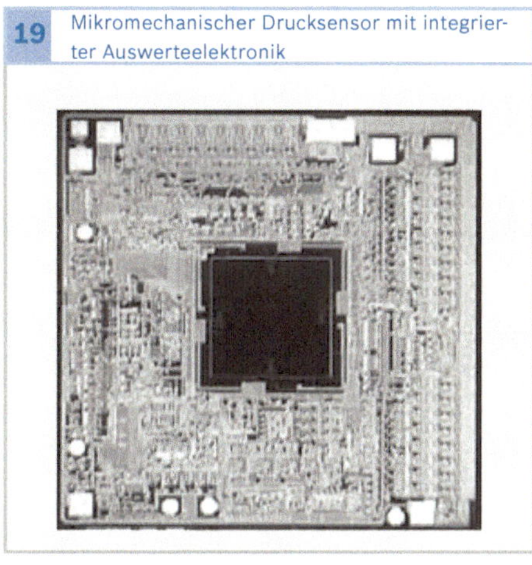

20 Mikromechanische Absolutdrucksensoren mit Referenzvakuum im Querschnitt

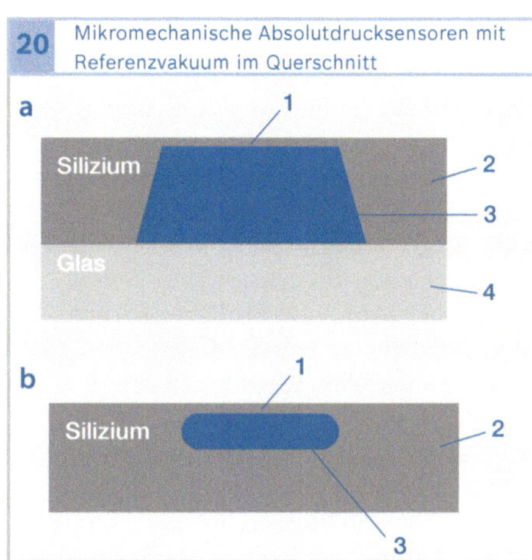

Bild 20
a Referenzvakuum in einer Kaverne
b Absolutdrucksensor in Oberflächen-Mikromechanik

1 Membran
2 Silizium-Chip
3 Referenzvakuum
4 Glasträger

kromechanik direkt auf dem Sensor-Chip realisiert (**Bild 20b**). Durch die höhere Integrationsdichte und die einfacheren Aufbau- und Verbindungsprozesse ergibt sich ein weiterer Kostenvorteil.

Aufbau von Drucksensoren

Der Aufbau der Drucksensoren ist abhängig von der jeweiligen Anwendung. Ausgangspunkt ist eine Messzelle (**Bild 21**). Die Kontakte des Sensor-Chips werden auf das Lead-Frame eines Premold-Gehäuses gebondet. Die so entstehende Messzelle wird in ein Gehäuse montiert, wobei die Kontaktierung von der Messzelle zu den Kontakten des Steckers über Bond- oder Schweißprozesse erfolgt. Nach Montage und Kontaktierung wird das Sensorgehäuse mit Deckeln verschlossen. Zur Steigerung der Sensor-Robustheit wird die Oberseite des Sensor-Chips mit einem speziellen Gel gegen Umwelteinflüsse geschützt.

21 Messzelle zur Absolutdruckmessung

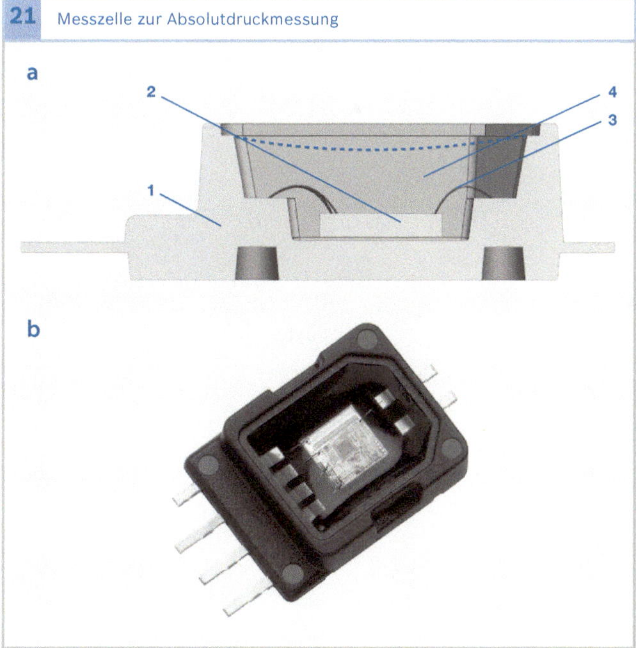

Bild 21
a Aufbau
b Ausführungsform

1 Premould-Gehäuse mit Lead-Frame
2 Sensor-Chip mit Auswerteschaltung
3 Dünndraht-Bond-Verbindung
4 Schutzgel

Absolutdrucksensoren (Bild 22) und Differenzdrucksensoren (Bild 23) unterscheiden sich in der Messzelle und in dem konstruktiven Aufbau. Bei der Absolutdruckmessung wird die Sensormembran einseitig mit dem zu messenden Druck beaufschlagt, der erforderliche Gegendruck ergibt sich aus dem eingeschlossenen Referenz-Vakuum. Bei Differenzdrucksensoren, die die Druckdifferenz $p_1 - p_2$ bestimmen sollen, wird der Druck p_1 zur Membran-Oberseite und der Druck p_2 zur Membran-Unterseite zugeführt. Weiteres Ziel der Konstruktion ist der Schutz des Sensors vor schädigenden Umwelteinflüssen, wobei hier ein Kompromiss zwischen geeigneter Zugänglichkeit für den Druck und Schutz des Sensors eingegangen werden muss.

Im Gehäuse des Drucksensors kann zusätzlich ein Temperatursensor integriert sein, dessen Signale unabhängig ausgewertet werden können.

22 Saugrohr-Drucksensor als Beispiel für einen Absolutdrucksensor (Aufbau)

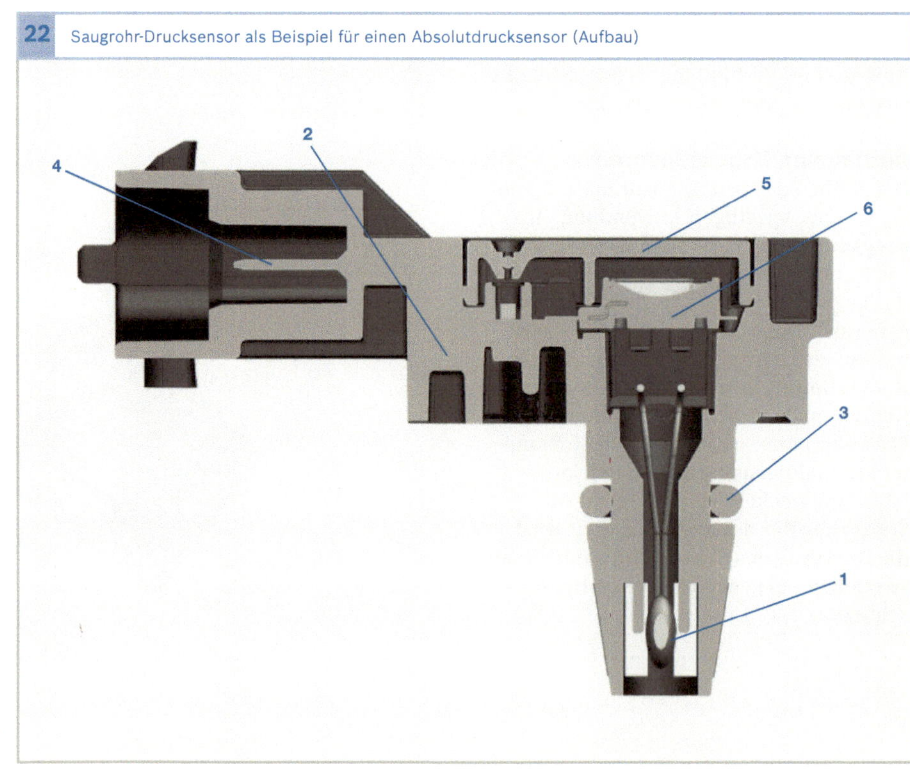

Bild 22
1 Temperatursensor (NTC)
2 Gehäuseunterteil
3 Dichtring
4 elektrischer Anschluss (Stecker)
5 Gehäusedeckel
6 Messzelle zur Absolutdruckmessung

23 Tankdrucksensor als Beispiel für einen Differenzdrucksensor (Aufbau)

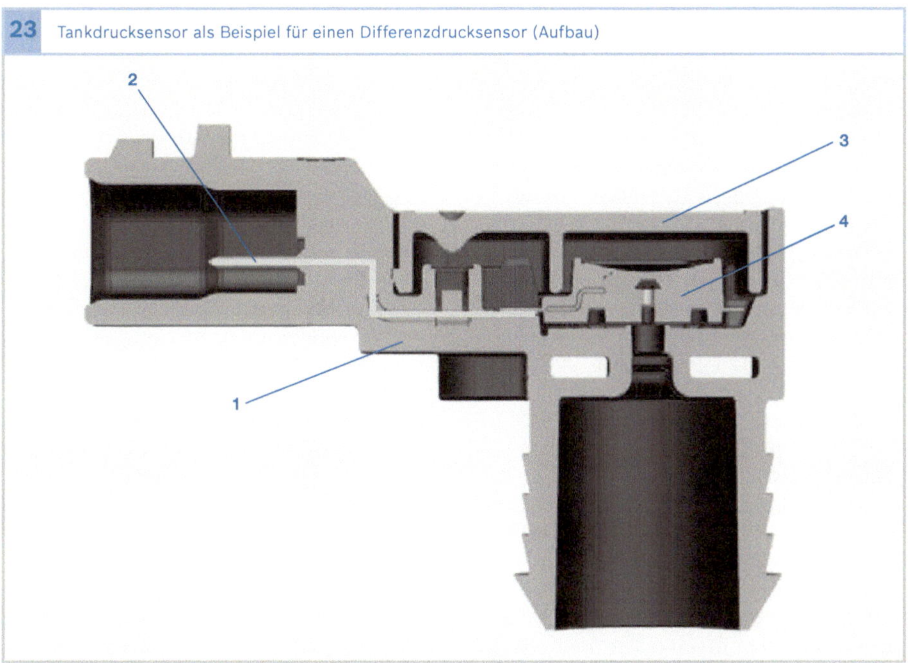

Bild 23
1 Gehäuseunterteil
2 elektrischer Anschluss (Stecker)
3 Gehäusedeckel
4 Messzelle zur Differenzdruckmessung

Hochdrucksensoren

Anwendung

Hochdrucksensoren werden im Kraftfahrzeug zur Messung von Kraftstoffdruck und Bremsflüssigkeitsdruck eingesetzt, z. B. als Raildrucksensor für ein Benzin-Direkteinspritzsystem (mit einem Druck bis 200 bar) oder für ein Dieseleinspritzsystem mit Common Rail (mit einem Druck bis 2 000 bar) und als Bremsflüssigkeitsdrucksensor im Hydroaggregat des elektronischen Stabilitätsprogramms (mit einem Druck bis 350 bar).

Aufbau und Arbeitsweise

Hochdrucksensoren arbeiten nach dem gleichen Prinzip wie mikromechanische Drucksensoren. Den Kern des Sensors bildet eine Stahlmembran, auf der Dehnwiderstände in Brückenschaltung aufgedampft sind (**Bild 24**, Pos. 3). Der Messbereich des Sensors hängt von der Dicke der Membran ab. Je dicker die Membran ist, desto höhere Drücke können gemessen werden. Sobald der zu messende Druck über den Druckan-

24 Hochdrucksensor

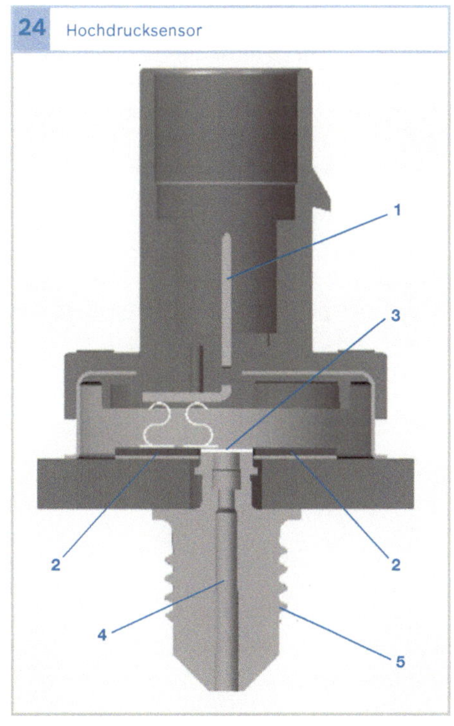

Bild 24
1 Elektrischer Anschluss (Stecker)
2 Auswerteschaltung
3 Stahlmembran mit Dehnwiderständen
4 Druckanschluss
5 Befestigungsgewinde

schluss (4) auf die eine Seite der Membran wirkt, ändern die Dehnwiderstände aufgrund der Membrandurchbiegung ihren Widerstandswert. Die von der Brückenschaltung erzeugte Ausgangsspannung ist proportional zum anliegenden Druck. Sie wird über Verbindungsleitungen (Bonddrähte) zu einer Auswerteschaltung (2) im Sensor geleitet. Diese verstärkt das Brückensignal auf 0 ... 5 V und leitet es dem Steuergerät zu, das daraus mithilfe einer Kennlinie den Druck berechnet.

λ-Sonden

Grundlagen

λ-Sonden messen den Sauerstoffgehalt im Abgas. Sie werden zur Regelung des Luft-Kraftstoff-Verhältnisses in Kraftfahrzeugen eingesetzt. Der Name leitet sich von der Luftzahl λ ab. Sie gibt das Verhältnis der aktuellen Luftmenge zur theoretischen Luftmenge an, die für eine vollständige Verbrennung des Kraftstoffs benötigt wird. Sie kann im Abgas nicht direkt bestimmt werden, sondern nur indirekt über den Sauerstoffgehalt im Abgas oder über die benötigte Sauerstoffmenge zum vollständigen Umsatz der brennbaren Komponenten. λ-Sonden bestehen aus Platinelektroden, die auf einem Sauerstoffionen leitenden, keramischen Festelektrolyten (z. B. ZrO_2) angebracht sind. Das Signal von allen λ-Sonden beruht auf elektrochemischen Reaktionen unter Beteiligung von Sauerstoff.

25 Nernstzelle

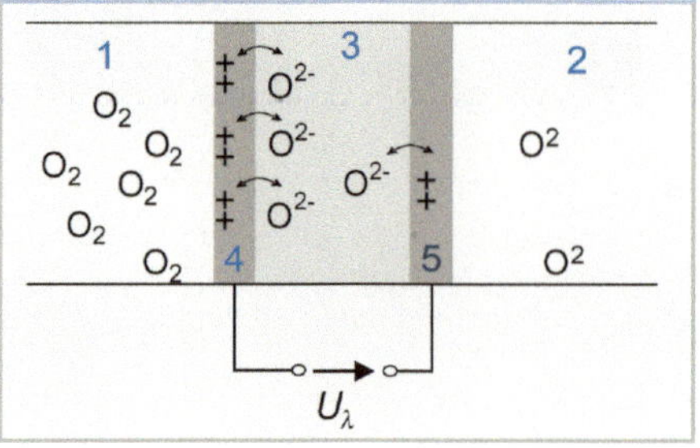

Bild 25
1 Referenzgas
2 Abgas
3 Festelektrolyt aus Y-dotiertem ZrO_2
4 Anode
5 Kathode
O^{2-} Sauerstoffion
U_λ Sondenspannung

Die eingesetzten Platinelektroden katalysieren die Reaktion von Resten der oxidierbaren Anteile im Angas (CO, H_2 und Kohlenwasserstoffe $C_xH_yO_2$) mit Restsauerstoff. λ-Sonden messen folglich nicht den realen Sauerstoff im Abgas, sondern den, der dem chemischen Gleichgewicht des Abgases entspricht. Sie setzen sich aus Nernst- und Pumpzellen zusammen.

Nernstzelle

Der Ein- und Ausbau von Sauerstoffionen in das Festelektrolytgitter ist abhängig vom Sauerstoffpartialdruck an der Oberfläche der Elektrode (**Bild 25**). So treten bei niedrigem Partialdruck mehr Sauerstoffionen aus als ein. Die frei werdenden Leerstellen im Gitter werden von nachrückenden Sauerstoffionen wieder besetzt. Aufgrund der dadurch resultierenden Ladungstrennung bei unterschiedlichen Sauerstoffpartialdrücken an den zwei Elektroden entsteht ein elektrisches Feld. Die elektrischen Feldkräfte drängen nachrückende Sauerstoffionen zurück und es bildet sich ein Gleichgewicht aus, dem die so genannte Nernstspannung entspricht.

Pumpzelle

Durch Anlegen einer Spannung, die kleiner oder größer als die sich ausbildende Nernstspannung ist, kann dieser Gleichgewichtszustand verändert und Sauerstoffionen aktiv durch die Keramik transportiert werden. Zwischen den Elektroden entsteht damit ein Strom, getragen von Sauerstoffionen. Entscheidend für die Richtung und Stärke ist dabei die Differenz zwischen angelegter Spannung U_P und sich ausbildender Nernstspannung. Dieser Vorgang wird elektrochemisches Pumpen genannt.

Zweipunkt-λ-Sonden

Anwendung

Zweipunkt-λ-Sonden zeigen an, ob ein fettes ($\lambda < 1$, Kraftstoffüberschuss) oder ein mageres Luft-Kraftstoff-Gemisch ($\lambda > 1$, Luftüberschuss) vorliegt. Mit ihrer Hilfe kann aufgrund des steilen Teils der Kennlinie der Sauerstoffpartialdruck von stöchiometrischen Luft-Kraftstoff-Gemischen sehr genau gemessen werden. Durch die Regelung der Kraftstoffmenge wird ein möglichst schadstoffarmes Abgas erzielt.

Wirkungsweise

Die Wirkungsweise beruht auf dem Prinzip einer Nernstzelle (NZ, **Bild 25**). Das Nutzsignal ist die Nernstspannung U_λ, die sich zwischen je einer dem Abgas und einer dem Referenzgas ausgesetzten Elektrode ausbildet. Sie ist proportional zum Logarithmus aus dem Verhältnis zwischen dem Partialdruck des Referenzgases $p_R(O_2)$ und dem Partialdruck des Abgases $p_A(O_2)$. Die Proportionalitätskonstante setzt sich aus der Faradaykonstante F, der allgemeinen Gaskonstante R und der absoluten Temperatur T zusammen und ergibt (siehe z. B. [3]):

$$U_\lambda = \frac{RT}{4F} \ln \frac{p_R(O_2)}{p_A(O_2)}.$$

Die Kennlinie der Nernstspannung ist sehr steil bei $\lambda = 1$ (**Bild 26**).

In mageren Luft-Kraftstoff-Gemischen steigt die Nernstspannung linear mit der Temperatur an. In fetten Luft-Kraftstoff-Gemischen dagegen dominiert der Einfluss der Temperatur auf den Gleichgewichtssauerstoffpartialdruck. Die Gleichgewichtseinstellung an der Abgaselektrode ist auch die Ursache für sehr kleine Abweichungen des λ-Sprungs vom exakten Wert. Zum Schutz vor Verschmutzungen und zur Förderung der Gleichgewichtseinstellung durch Begrenzung der Zahl der ankommenden Gasteilchen ist die Abgaselektrode mit einer porösen Keramikschutzschicht

Bild 26
U_λ Sondenspannung
$p_A(O_2)$ Sauerstoffpartialdruck im Abgas
λ Luftzahl

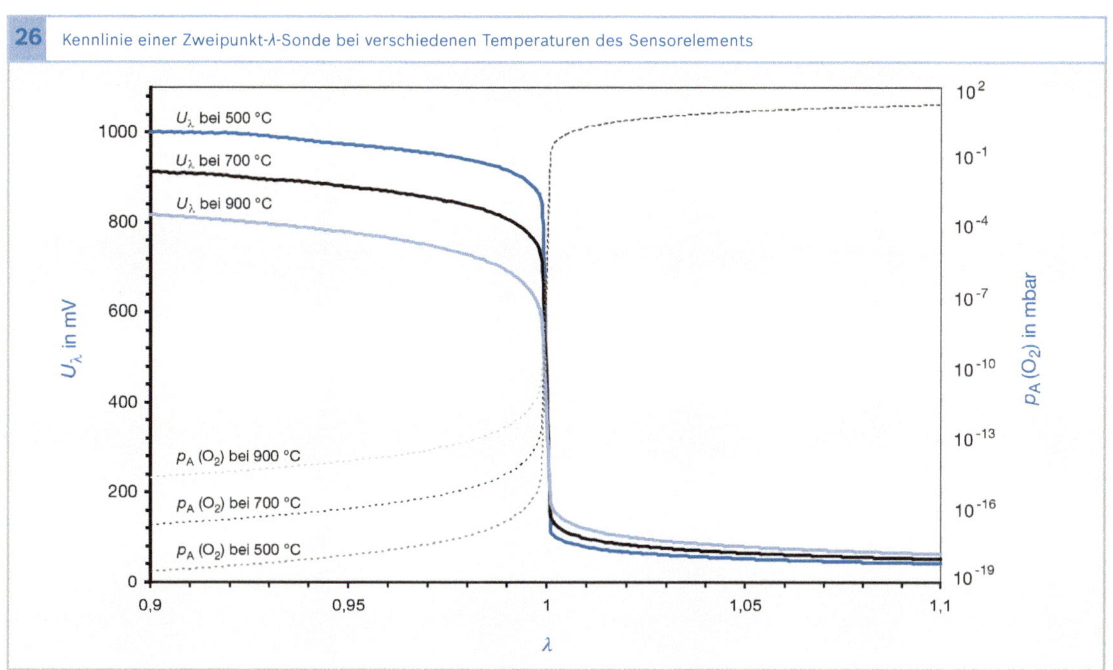

26 Kennlinie einer Zweipunkt-λ-Sonde bei verschiedenen Temperaturen des Sensorelements

abgedeckt. Wasserstoff und Sauerstoff diffundieren durch die poröse Schutzschicht und werden an der Elektrode umgesetzt. Zum vollständigen Umsatz des schneller diffundierenden Wasserstoffs an der Elektrode muss mehr Sauerstoff an der Schutzschicht zur Verfügung stehen; im Abgas muss ein insgesamt leicht mageres Luft-Kraftstoff-Gemisch vorliegen.

Die Kennlinie ist daher in Richtung mager verschoben. Dieser „λ-Shift" wird bei der Regelung elektronisch kompensiert. Zur Ausbildung des Signals wird ein Referenzgas benötigt, das vom Abgas durch die ZrO_2-Keramik gasdicht abgetrennt ist. In **Bild 27** ist der Aufbau eines planaren Sensorelements mit Referenzluftkanal dargestellt. Bei diesem Typ wird als Referenzgas Luft aus der Umgebung verwendet.

Bild 28 zeigt das Element im Sensorgehäuse. Abgas- und Referenzgasseite sind über die Dichtpackung gasdicht voneinander getrennt. Die Referenzgasseite im Gehäuse wird entlang der elektrischen Zuleitungen ständig mit Referenzluft versorgt. Als Alternative zur Referenzluft werden verstärkt Systeme mit „gepumpter" Referenz verwendet. Unter Pumpen versteht man hier den aktiven Transport von Sauerstoff in der ZrO_2-Keramik durch Einprägen eines Stroms, wobei der so gering gewählt wird, dass die eigentliche Messung nicht gestört wird. Die Referenzelektrode selbst ist über einen dichteren Ausgang im Element an den Referenzgasraum angebunden. Dadurch baut sich ein Sauerstoffüberdruck an der Referenzelektrode auf. Dieses System bietet einen zusätzlichen Schutz gegen in den Referenzgasraum vordringende Gaskomponenten.

Robustheit

Das keramische Sensorelement ist durch ein Schutzrohr vor dem direkten Abgasstrom geschützt (**Bild 28**). Dieses enthält Öffnungen, durch die nur ein geringer Anteil des Abgases zum Sensorelement geführt wird.
Es verhindert starke thermische Beanspru-

27 Aufbau einer planaren Zweipunkt-λ-Sonde mit Beschaltung (Explosionszeichnung)

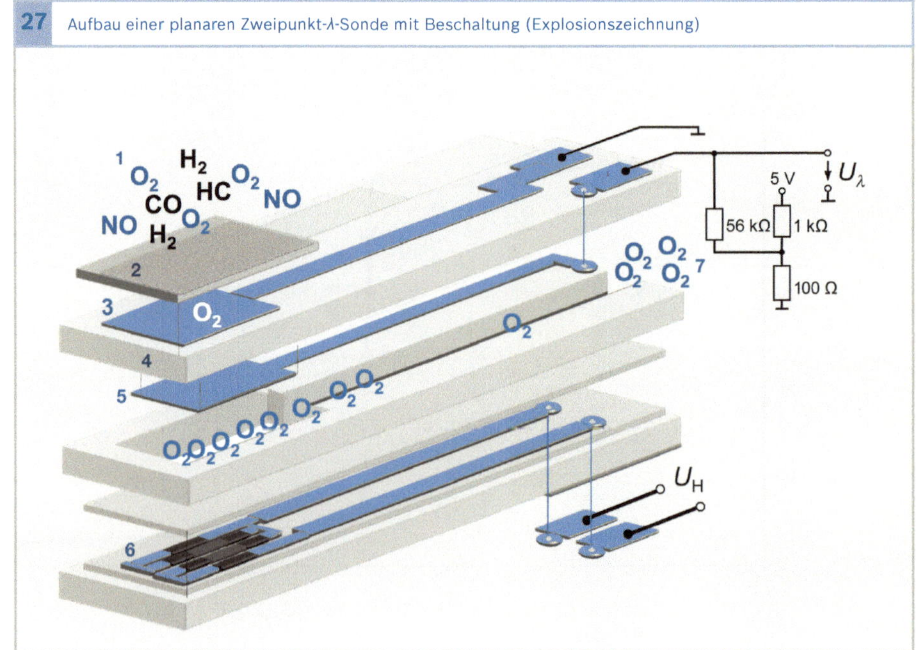

Bild 27
Die senkrechten blauen Linien symbolisieren leitende Verbindungen
1 Abgas
2 Schutzschicht
3 Außenelektrode
4 Nernstzelle
5 Referenzelektrode
6 Heizer
7 Referenzluft

chungen durch den Abgasstrom und bietet gleichzeitig einen mechanischen Schutz für das keramische Element.

Die meisten Zweipunkt-λ-Sonden sind zusätzlich mit einem Heizer ausgerüstet (**Bild 27**). Dieser erlaubt das schnelle Aufheizen (Fast-Light-Off, FLO) des Sensorelements auf die Betriebstemperatur und ermöglicht eine früh verfügbare Regelbereitschaft.

In der Praxis wird die λ-Sonde nach dem Motorstart häufig erst verzögert eingeschaltet. Wasser, das als Verbrennungsprodukt entsteht und im kalten Abgastrakt wieder kondensiert, wird vom Abgas transportiert und kann zum Sensorelement gelangen. Trifft ein derartiger Tropfen auf ein heißes Sensorelement, so verdampft er augenblicklich und entzieht dem Sensorelement lokal sehr viel Wärme; es entsteht ein Thermoschock. Die dabei auftretenden starken mechanischen Spannungen können zum Bruch des keramischen Sensorelements führen. In vielen Motorapplikationen wird der Sensor deshalb erst nach ausreichender Erwärmung des Abgastraktes eingeschaltet. In neueren Entwicklungen werden die Keramikelemente mit einer porösen keramischen Schicht (Thermal Shock Protection, TSP) umgeben, die zu einer deutlichen Robustheitssteigerung hinsichtlich des Thermoschocks führt (**Bild 29**). Beim Auftreffen eines Wassertropfens verteilt sich dieser in der porösen Schicht. Die lokale Auskühlung wird breiter verteilt und mechanische Spannungen vermindert.

An das Gehäuse (**Bild 28**) werden hohe Temperaturanforderungen gestellt, die den Einsatz hochwertiger Materialien erfordern. Im Abgas können Temperaturen von über 1 000 °C auftreten, am Sechskant noch 700 °C und am Kabelabgang bis zu 280 °C. Aus diesem Grund kommen im heißen Bereich des Sensors nur keramische und metallische Werkstoffe zum Einsatz.

Beschaltung

In **Bild 27** ist die Beschaltung einer Zweipunkt-λ-Sonde gezeigt. Da sie im kalten Zustand wegen der fehlenden Leitfähigkeit der ZrO_2-Keramik kein Signal generieren kann, ist sie über einen Widerstand an einen Spannungsteiler gekoppelt. Im kalten Zustand liegt das Sensorsignal auf ca. 450 mV, dem Wert eines stöchiometrisch verbrannten Gases (mit $\lambda = 1$). Mit zunehmender Temperatur ist der Sensor in der Lage, die Nernstspannung auszubilden. **Bild 30** zeigt dazu den Aufheizvorgang. Nach ca. 10 s ist die λ-Sonde auf ausreichend hoher Temperatur, um extern vorgegebene Mager-Fett-Wechsel anzuzeigen. Im Fahrzeug kann dann auf Regelbetrieb umgeschaltet werden.

Ausführungsformen

Von den Zweipunkt-λ-Sonden gibt es verschiedene Ausführungsformen. Die Sensorelemente können in Form eines Fingers mit separatem Heizelement (**Bild 31**) oder als planares Element mit integriertem Heizer (**Bild 27**) ausgestaltet sein, das in Folientechnik hergestellt wird (siehe z. B. [2]).

28 Zweipunkt-λ-Sonde: Sensorelement im Gehäuse

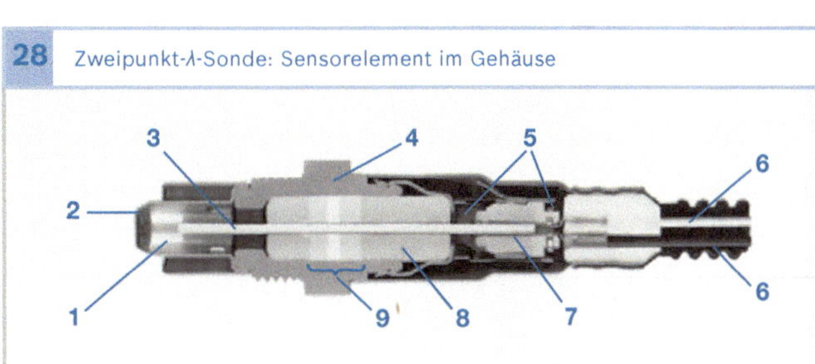

Bild 28
1 Abgasseite
2 Schutzrohr
3 Sensorelement
4 Sechskant
5 Referenzgas
6 elektrische Zuleitung
7 Kontaktierung
8 Stützkeramik
9 Dichtpackung

29 Sensorelement mit zusätzlicher poröser Schutzschicht

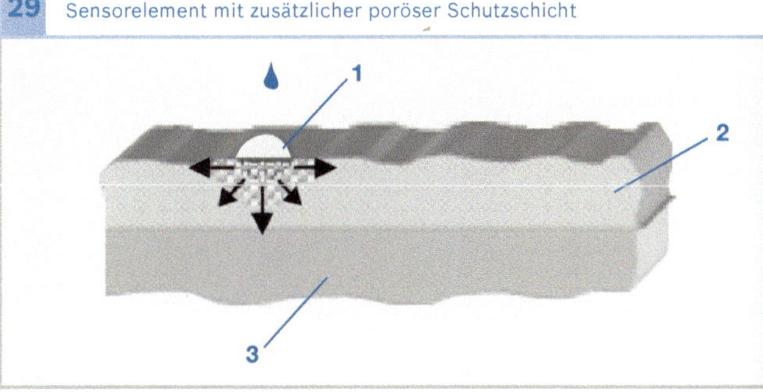

Bild 29
1 Wassertropfen
2 poröse Schutzschicht
3 Sensorelement

30 Signalverlauf während des Aufheizvorgang einer λ-Sonde

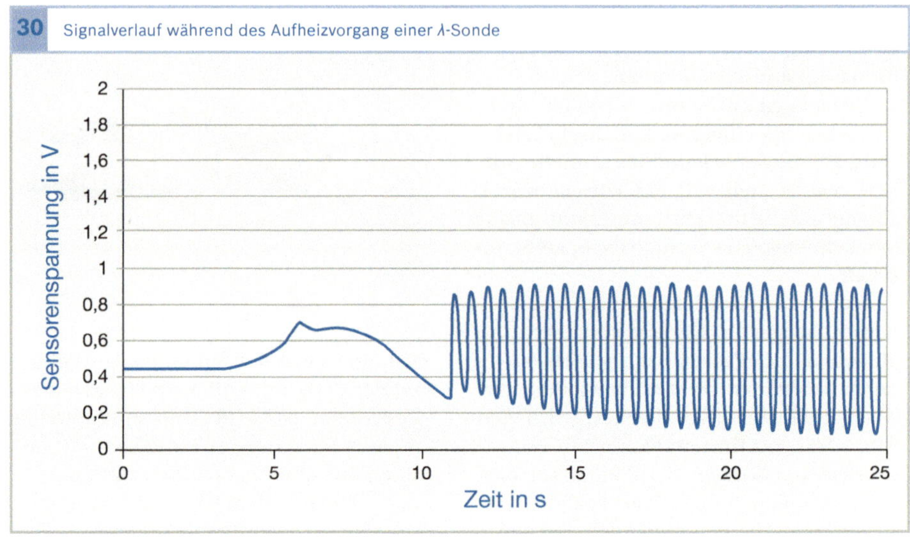

Breitband-λ-Sonde

Anwendung

Mit dem Sprungsensor kann der Sauerstoffpartialdruck von stöchiometrischen Luft-Kraftstoff-Gemischen im steilen Teil der Kennlinie sehr genau gemessen werden. Bei Luftüberschuss ($\lambda > 1$) oder Kraftstoffüberschuss verläuft die Kennlinie allerdings sehr flach (**Bild 26**).

Der große Messbereich von Breitband-λ-Sonden ($0{,}6 < \lambda < \infty$) ermöglicht erst den Einsatz in Systemen mit Direkteinspritzung und Schichtbetrieb sowie in Dieselmotoren. Durch ein mit der Breitband-λ-Sonde darstellbares stetiges Regelkonzept ergeben sich erhebliche Systemvorteile wie z. B. ein geregelter Bauteilschutz.
Die hohe Signaldynamik von Breitband-λ-Sonden (Zeitkonstante $t_{63} < 100$ ms, Zeit bis zum Anwachsen auf 63 % des Maximalwerts) ermöglicht eine Verbesserung des Abgases in emissionsarmen Fahrzeugen, z. B. durch Einzelzylinderregelung.

Bild 31
1 Fingerelement
2 Heizelement
3 Dichtung
4 Stützkeramik

31 Zweipunkt-λ-Sonde mit keramischem Fingerelement

Aufbau und Funktion

Die Breitband-λ-Sonde ist in einer einfachen Bauform (Einzeller) nur aus einer Pumpzelle aufgebaut, mit einer Elektrode im Abgas und einer zweiten in einem Referenzgasraum. In einer optimierten Bauform (Zweizeller) sind eine Nernstzelle und eine Pumpzelle kombiniert. Dabei ist die erste Elektrode der Pumpzelle dem Abgas zugewandt, die zweite befindet sich in einem Hohlraum in der Sauerstoffionenleitenden Keramik. In der optimierten Bauform ist darin auch eine Elektrode der Nernstzelle untergebracht, die zweite wie bei der Zweipunkt-λ-Sonde in einem Referenzgas.

Der Abgaszutritt zum Hohlraum ist durch eine poröse keramische Struktur mit gezielt eingestellten Porenradien, die so genannte Diffusionsbarriere (DB), begrenzt.

Einzeller

Die Pumpzelle entfernt durch elektrochemisches Pumpen den Sauerstoff aus dem Hohlraum solange, bis Pumpspannung und Nernstspannung über den Elektroden der Pumpzelle gleich groß sind. Bei ausreichender Pumpspannung ist in diesem stationären Gleichgewicht der aus dem Abgas eindiffundierende Sauerstoffmolekülstrom I_M proportional zum Pumpstrom I_p der Pumpzelle und aufgrund des Diffusionsgesetzes direkt proportional dem Partialdruck im Abgas $p_A(O_2)$. Es ergibt sich [1]:

$$\frac{I_p}{4F} = I_M = \frac{A\,D(T)}{R\,T\,l}\left[p_A(O_2) - p_H(O_2)\right].$$

Hierbei ist $p_H(O_2)$ der vernachlässigbar geringe Sauerstoffpartialdruck im Hohlraum, T die Temperatur, $D(T)$ die temperaturabhängige Diffusionskonstante, l die Länge und A die Querschnittsfläche der Diffusionsbarriere (siehe **Bild 32a**).

Falls fettes Abgas vorhanden ist, entsteht eine Nernstspannung von ca. 1 000 mV, sodass aufgrund der resultierenden negativen Spannung Sauerstoff in den Hohlraum gepumpt und damit der lineare Verlauf der Kennlinie in den fetten Bereich erweitert wird. Der Sauerstoff dafür wird an der abgasseitigen Elektrode aus der Reduktion von Wasser und CO_2 gewonnen.

Nachteilig an dieser einfachen Bauform einer Breitband-λ-Sonde ist, dass die feste Pumpspannung von z. B. 500 mV ausreichen muss, um im fetten Abgas Sauerstoff in den Hohlraum hinein und im mageren Abgas Sauerstoff aus ihm heraus zu pumpen. Daher muss der Innenwiderstand der Pumpzelle sehr niedrig sein. Daneben ist der Messbereich bei Luftmangel durch den Molekülstrom im Referenzkanal eingeschränkt. Beim Wechsel ist die Dynamik des einzelligen Sensors durch die Umladung der Elektrodenkapazitäten bei Änderung der Pumpspannung eingeschränkt.

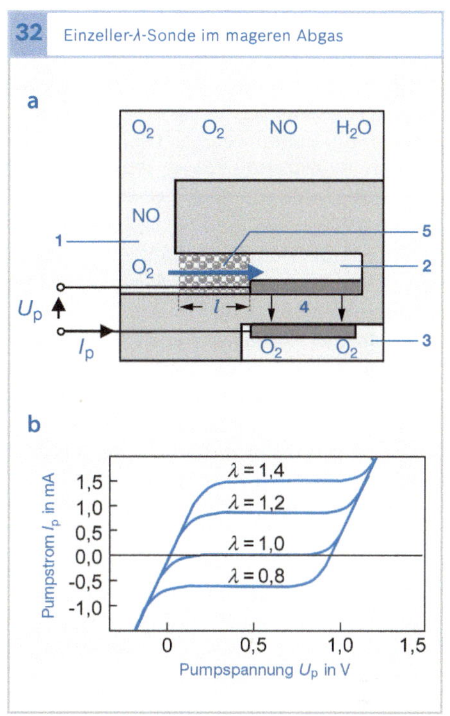

Bild 32
a Querschnitt
b Kennlinien

1 mageres Abgas
2 Hohlraum
3 Referenzluft
4 Pumpzelle
5 Diffusionsbarriere mit Fläche A und der Länge l

Die Pfeile in der Pumpzelle geben die Pumprichtung an.

Zweizeller

Um die Nachteile des Einzellers zu beheben, wird über eine ebenfalls an den Hohlraum gekoppelte Nernstzelle der Sauerstoffpartialdruck im Hohlraum gemessen und die Pumpspannung mittels eines Reglers (siehe **Bilder 33** und **34**) so nachgeführt, dass im Hohlraum ein Sauerstoffpartialdruck von ca. 10^{-2} Pa vorliegt, welches einer vorgegebenen Nernstspannung von z. B. 450 mV entspricht (**Bild 33b**).

Im Fall fetten Abgases (**Bild 33a**) wird durch Umpolen der Spannung an der Außenpumpelektrode Sauerstoff aus H_2O und CO_2 generiert, durch die Keramik transportiert und im Hohlraum wieder abgegeben. Dort reagiert der Sauerstoff mit dem eindiffundierenden fetten Abgas. Die entstandenen inerten Reaktionsprodukte H_2O und CO_2 diffundieren durch die Diffusionsbarriere nach außen. Da der Diffusionsgrenzstrom mit der Temperatur des Sensors ansteigt, muss sie möglichst konstant gehalten werden. Hierzu wird der stark temperaturabhängige Widerstand der Nernstzelle gemessen. Der Sensor wird durch pulsweitenmodulierte Spannungspulse beheizt und die Betriebselektronik regelt den Widerstand der Nernstzelle und damit die Temperatur.

Bei fettem Abgas machen sich die unterschiedlichen Diffusionskoeffizienten der Abgasbestandteile (H_2, CO, $C_xH_yO_z$), die mit den Massen der Gasmoleküle korrelieren, bemerkbar. Sie diffundieren unterschiedlich schnell in den Hohlraum und besitzen darüber hinaus noch unterschiedliche Sauerstoffbedarfe zu deren Oxidation. Die Kennlinien sind deshalb unterschiedlich steil (siehe **Bild 33c**). Daher wird das Signal über eine für die jeweilige Gaszusammensetzung applizierte Kennlinie im Steuergerät berechnet.

Der Diffusionsgrenzstrom des Sensors und damit die Empfindlichkeit hängen von der Geometrie der Diffusionsbarriere ab. Um in der Fertigung die hohe geforderte Genauigkeit zu erreichen, ist ein Abgleich des Pumpstroms notwendig. Oft geschieht dies durch einen Widerstand im Sensorstecker, der zusammen mit dem Messwiderstand als Stromteiler wirkt. Alternativ kann der Diffusionsgrenzstrom schon im Fertigungsprozess des Sensorelements durch gezielte Öffnungen eingestellt werden, so dass ein Abgleich nicht notwendig ist. Zur nachträglichen Kalibrierung des Sensors im Fahrzeug kann im Schubbetrieb die Sauerstoffkonzentration der Luft gemessen und im Steuergerät die Kennlinie damit korrigiert werden. Das Sensorelement wird analog zur Zweipunkt-λ-Sonde in einem Gehäuse verbaut (**Bild 28**).

33 Zweizellensensor im fetten und mageren Abgas

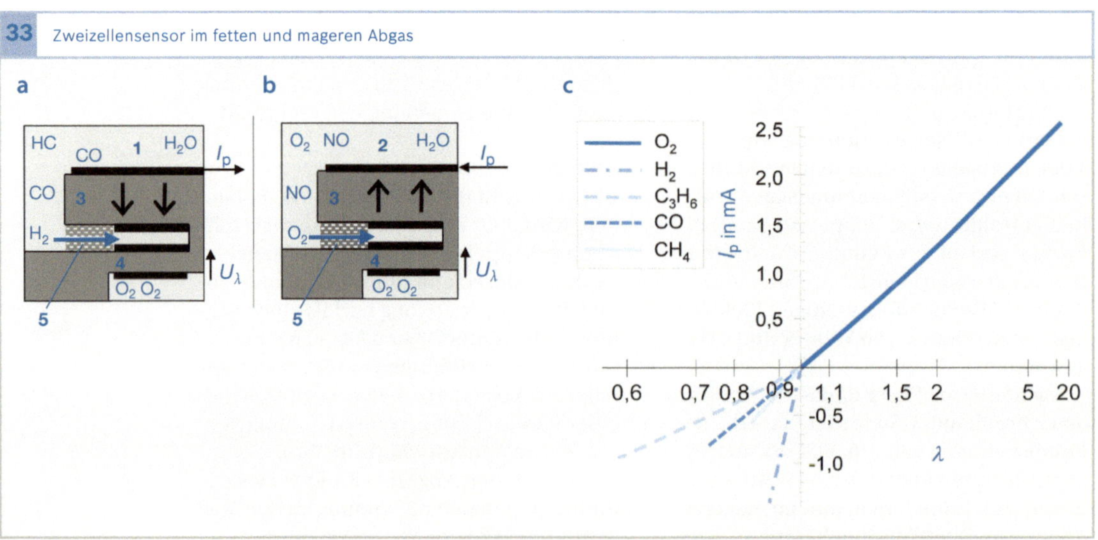

Bild 33
a, b Querschnitt
c Kennlinie.
Je nach Polarität des Pumpstroms I_p diffundieren überwiegend reduzierende Abgasbestandteile (Teilbild a) oder Sauerstoff (Teilbild b) durch die Diffusionsbarriere. Für $\lambda < 1$ hängt die Kennlinie (Teilbild c) von der Abgaszusammensetzung ab, hier sind die Kennlinien einzelner Abgaskomponenten eingetragen.

1 fettes Abgas
2 mageres Abgas
3 Pumpzelle
4 Nernstzelle
5 Diffusionsbarriere

34 Explosionszeichnung einer Breitband-λ-Sonde

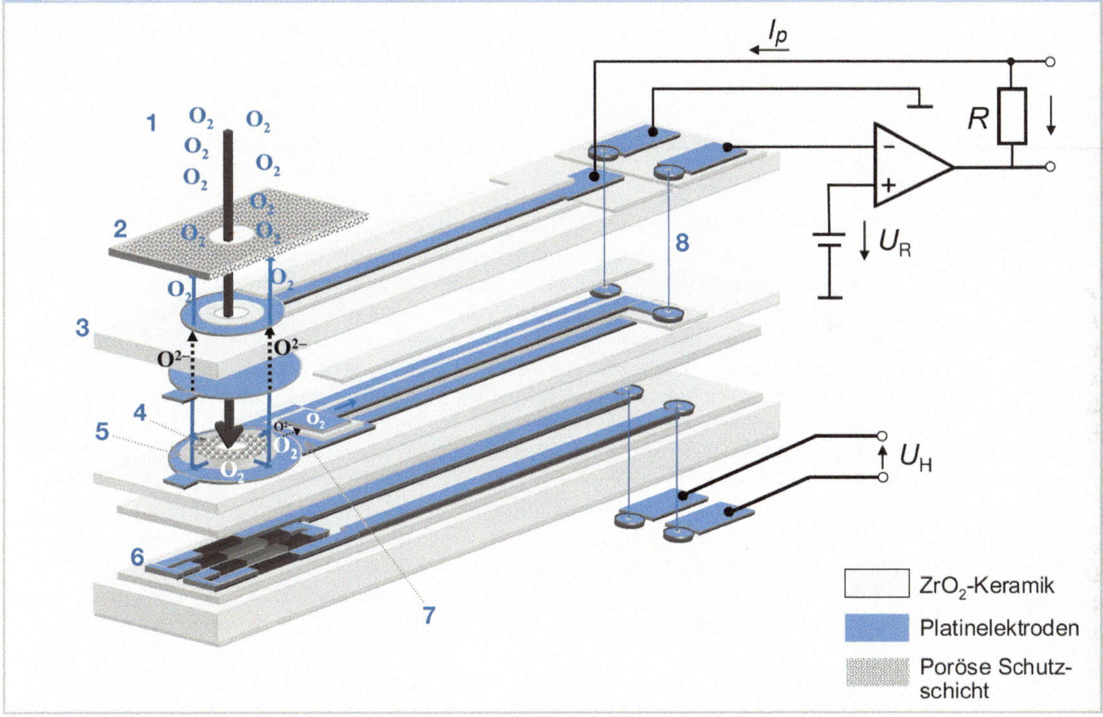

Bild 34
I_p Pumpstrom
U_R Referenzspannung
U_H Heizspannung
R Widerstand

1 Abgas
2 Schutzschicht
3 Pumpzelle
4 Diffusionsbarriere
5 Hohlraum
6 Heizer
7 Nernstzelle
8 leitende Verbindung

NO_x-Sensor

Anwendung

NO_x-Sensoren finden in Systemen zur Reduzierung von Stickoxidemissionen von Diesel- und Ottomotoren Anwendung. Bei Systemen mit Dieselmotoren werden sie vor und hinter SCR-Katalysatoren (Selective Catalytic Reduction, selektive katalytische Reduktion) sowie hinter NO_x-Speicherkatalysatoren (NO_x Storage Catalysts, NSC) verbaut. Bei Systemen mit Ottomotoren kommen sie nur hinter NO_x-Speicherkatalysatoren zum Einsatz. An diesen Positionen bestimmen die NO_x-Sensoren die Stickoxid- und die Sauerstoffkonzentration im Abgas sowie hinter SCR-Katalysatoren zusätzlich die Ammoniakkonzentration als Summensignal.

So erhält das Motormanagement den Wert über die aktuelle Restkonzentration an Stickoxiden und sorgt für die exakte Dosierung der Harnstoffwasserlösung bei SCR-Katalysatoren und detektiert etwaige Fehler im Abgassystem. Die Stickoxide reagieren kontinuierlich mit im SCR-Katalysator eingespeichertem Ammoniak:

$$2\,NH_3 + NO_2 + NO \rightarrow 3\,H_2O + 2\,N_2. \quad (1)$$

Bei den NO_x-Speicherkatalysatoren werden Stickoxide als Nitrat eingelagert:

$$BaCO_3 + 2\,NO + O_2 \rightarrow Ba(NO_3)_2 + CO_2. \quad (2)$$

Der NO_x-Sensor detektiert dabei das Ende der Einspeichermöglichkeit anhand eines rasch ansteigenden NO_x-Signals. In kurzen Fettphasen wird der Katalysator regeneriert, indem die Nitrate mit Hilfe von Kohlenmonoxid oder Wasserstoff zu Stickstoff reduziert werden (hier am Beispiel von CO):

$$Ba(NO_3)_2 + 3\,CO$$

$$\rightarrow BaCO_3 + 2\,NO + 2\,CO_2 \quad (3)$$

$$2\,NO + 2\,CO \rightarrow N_2 + 2\,CO_2 \quad (4)$$

Aufbau und Arbeitsweise

Der NO_x-Sensor in Bild 35 ist ein planarer Dreizellen-Grenzstromsensor. Eine Nernst-Konzentrationszelle und zwei modifizierte Sauerstoff-Pumpzellen (Sauerstoff-Pumpzelle und NO_x-Zelle), wie sie von den Breitbandsensoren bekannt sind, bilden das Gesamtsensorsystem. Das Sensorelement besteht aus mehreren gegeneinander isolierten, Sauerstoffionen leitenden, keramischen Festelektrolytschichten (dunkel dargestellt), auf denen sechs Elektroden aufgebracht sind. Der Sensor ist mit einem integrierten Heizer versehen, der die Keramik auf eine Betriebstemperatur von 600 ... 800 °C aufheizt.

Die dem Abgas ausgesetzte äußere Pumpelektrode und die innere Pumpelektrode im ersten Hohlraum, der vom Abgas durch eine Diffusionsbarriere getrennt ist, bilden die Sauerstoffpumpzelle. Im ersten Hohlraum befindet sich auch die Nernstelektrode. In einem Referenzgasraum befindet sich die Referenzelektrode. Dieses Paar bildet die Nernstzelle. Das sind die Funktionskomponenten, die identisch zu denen von Breitband-λ-Sonden sind.

Zusätzlich gibt es eine dritte Zelle, nämlich die NO_x-Pumpelektrode und ihre Gegenelektrode. Erstere liegt in einem zweiten Hohlraum, der vom ersten durch eine weitere Diffusionsbarriere getrennt ist, letztere befindet sich im Referenzgasraum. Alle Elektroden im ersten und zweiten Hohlraum haben einen gemeinsamen Rückleiter.

Die innere Pumpelektrode ist hier im Gegensatz zur inneren Pumpelektrode der Breitband-λ-Sonde durch die Legierung von Platin mit Gold in ihrer katalytischen Aktivität stark eingeschränkt. Die angelegte Pumpspannung U_p genügt nur, um Sauerstoffmoleküle, nicht aber um NO zu spalten (dissoziieren). NO wird bei der eingeregelten Pumpspannung nur wenig dissoziiert und passiert den ersten Hohlraum mit geringen Verlusten. NO_2 als starkes Oxidationsmittel wird an der inneren Pumpelektrode unmittelbar in NO umgewandelt. Ammoniak reagiert an der inneren Pumpelektrode in Anwesenheit

Bild 35
A Sauerstoffpumpzelle
B Nernstzelle
C NO_x-Zelle

1 äußere Pumpelektrode
2 Diffusionsbarriere 1
3 innere Pumpelektrode
4 erster Hohlraum
5 Nernstelektrode
6 Diffusionsbarriere 2
7 zweiter Hohlraum
8 gemeinsamer Rückleiter
9 Referenzelektrode
10 Referenzgasraum
11 NO_x-Gegenelektrode
12 NO_x-Elektrode
13 Heizer
14 Sauerstoffregler
15 NO-Stromverstärker und Spannungswandler

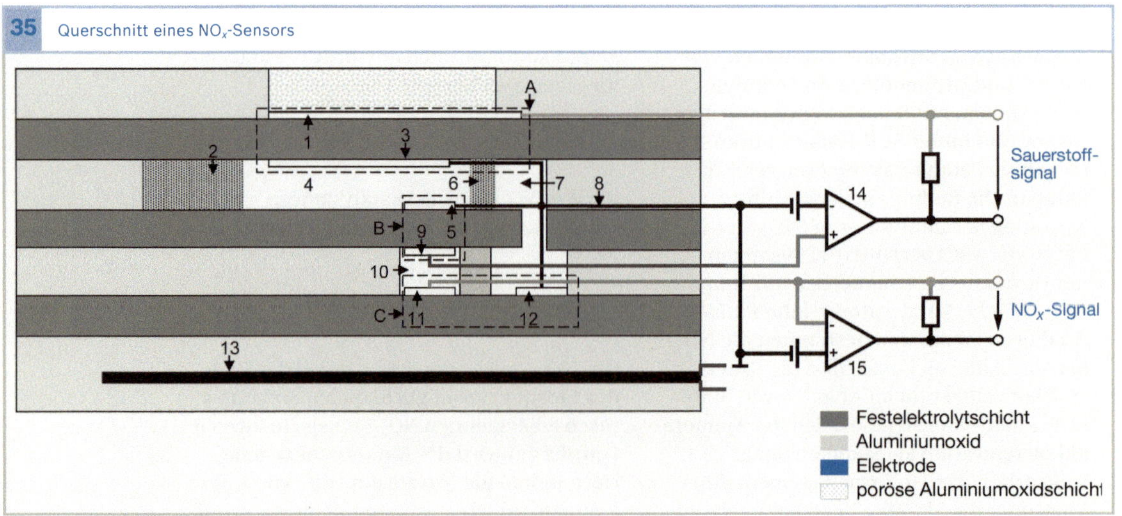

35 Querschnitt eines NO_x-Sensors

von Sauerstoff und bei Temperaturen von 650 °C zu NO und Wasser. Das in der Konzentration nahezu unveränderte NO und das NO aus der NO_2-Reduktion sowie aus der Ammoniakoxidation gelangen über die zweite Diffusionsbarriere in den zweiten Hohlraum. Aufgrund der höheren Spannung an der NO-Pumpelektrode und ihrer durch Beimengung von Rhodium katalytisch verbesserten Aktivität wird an dieser Elektrode NO vollständig dissoziiert und der entstehende Sauerstoff durch den Festelektrolyten abgepumpt.

Elektronik

Im Gegensatz zu anderen keramischen Abgassensoren ist der NO_x-Sensor mit einer Auswerteelektronik (Sensor Control Unit, SCU) versehen. Sie liefert via CAN-Bus das Sauerstoff-Signal, das NO_x-Signal sowie jeweils den Status dieser Signale. In dieser Auswerteelektronik befinden sich ein Mikrocontroller und ein ASIC (Application Specific Integrated Circuit) zum Betrieb der Sauerstoffpumpzelle und zur Verstärkung der sehr kleinen NO-Signalströme. Daneben befinden sich noch ein Spannungsregler und ein CAN-Treiber sowie die Heizerendstufe in der Elektronik.

Kennlinien

Das Sauerstoffsignal liegt bei 3,7 mA für Luft. Die Sauerstoffkennlinie ist nahezu identisch mit der einer Breitband-λ-Sonde (siehe **Bild 33**). Die NO_x-Kennlinie ist in **Bild 36** dargestellt.

36 Kennlinie des Stickoxidsignals

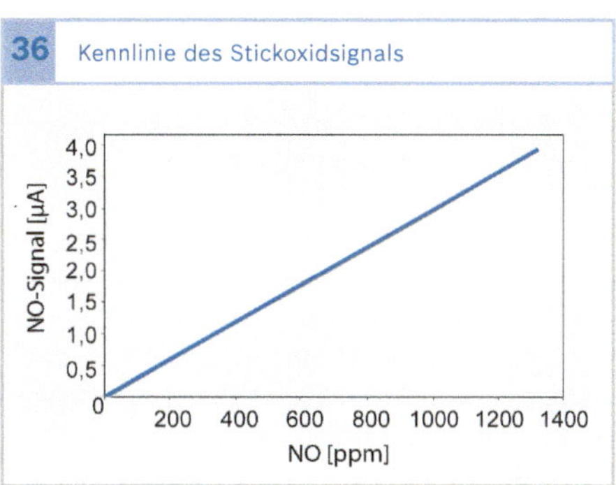

Literatur

[1] Thorsten Baunach, Katharina Schänzlin und Lothar Diehl. Sauberes Abgas durch Keramiksensoren. Physik Journal 5 (2006) Nr. 5.

[2] Robert Bosch GmbH (Hrsg.); Konrad Reif (Autor), Karl-Heinz Dietsche (Autor) und über 200 weitere Autoren: Kraftfahrtechnisches Taschenbuch. 28., überarbeitete und erweiterte Auflage, Springer Vieweg, Wiesbaden 2014, ISBN 978-3-658-03800-7

[3] H. Czichos (Herausgeber), M. Hennecke (Herausgeber). Hütte. Das Ingenieurwissen, Gebundene Ausgabe: 1566 Seiten; Verlag: Springer; Auflage: 33 (2007);
ISBN-10: 3540203257;
ISBN-13: 978-3540203254

Partikelsensor

Die Emissionsvorschriften in den USA und in Europa erzwingen den Einsatz von Diesel-Partikelfiltern (DPF) in Diesel-Fahrzeugen. Zur Erfüllung zukünftiger On-Board-Diagnose-Gesetzgebungen (OBD), die strengere Anforderungen an die Überwachung der Funktionsfähigkeit dieser Partikelfilter stellen, sind Partikelsensoren neben dem Differential-Drucksensor erforderlich. Die Partikelsensoren messen die Rußemissionen nach dem Partikelfilter.

Aufbau

Das Sensorelement besteht aus einer Interdigitalstruktur mit zwei kammförmigen Elektroden aus Platin auf einem keramischen Substrat mit einem integrierten Heizelement, wie sie von der λ-Sonde bekannt sind (**Bild 37**). Ein Platinmäander dient zur Messung der Temperatur des Sensorelements.

Arbeitsweise

Der Partikelsensor ist ein resistiver Sensor. An der Interdigitalstruktur mit anfänglich sehr hohem elektrischen Widerstand wird eine Gleichspannung von z. B. 60 V angelegt. Aufgrund der Feldkräfte werden Rußpartikel aus dem Abgas auf den interdigitalen Elektroden gesammelt und bilden zunehmend leitfähige Rußpfade zwischen den beiden kammförmigen Strukturen aus. Dadurch ergibt sich ein monoton ansteigender Strom zwischen den Elektroden (**Bild 38**). Nach einer gewissen Sammelzeit wird ein vordefinierter Stromschwellenwert erreicht. Er ist Auslöser der Regeneration, bei der durch Erwärmen des Sensorelements und Abbrennen des Rußes bei Temperaturen über 600 °C der Ausgangszustand wieder hergestellt wird.

Die Zeit zwischen dem Beginn der Messung und der Beginn der Regeneration wird als Auslösezeit definiert. Um zu gewährleisten, dass eine kontrollierte Regeneration des Sensorelements stattfindet, dient ein integrierter Temperaturmessmäander zur Temperatursteuerung.

Das Sensorelement des Partikelsensors ist wie das von der λ-Sonde in ein Sensorgehäuse eingebaut. Da hier Partikelablagerungen auf dem Sensorelement gewünscht sind, ist besonderes Augenmerk auf die Konstruktion des Schutzrohrs zu legen.

37 Explosionszeichnung des Partikelsensors

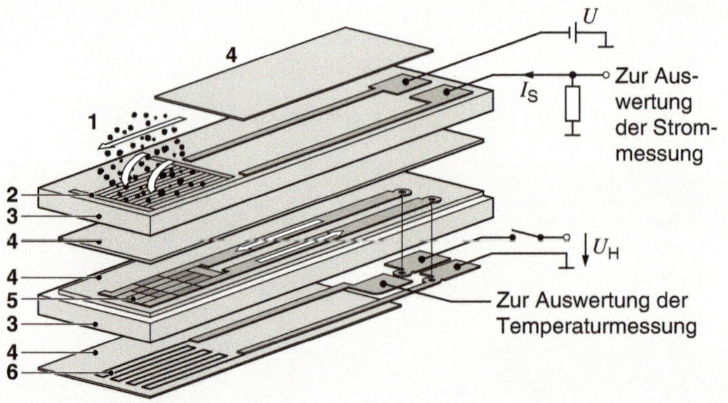

Bild 37
1 Abgas,
2 Interdigitalstruktur mit zwei kammförmigen Elektroden,
3 Keramik,
4 Isolation,
5 Heizelement,
6 Platinmäander.

U Gleichspannung, z. B. 60 V,
I_S Sensorstrom,
U_H Heizspannung.

Elektronik

Der Partikelsensor ist wie der NO_x-Sensor mit einer Auswerteelektronik versehen. Sie liefert via CAN-Bus den Sensorstrom und den Signalstatus. Ein Mikrocontroller übernimmt die Steuerung des zeitlichen Ablaufs der Messung und der Regeneration, sowie die Kompensation der Daten aufgrund der gemessenen Sensorelementtemperatur. Daneben befinden sich noch ein Spannungsstabilisator und ein CAN-Treiber sowie die Endstufe für das Heizelement in der Elektronik.

Wasserstoffsensoren

Der Einsatz von Brennstoffzellen im Kfz erfordert Wasserstoffsensoren. Diese Sensorik hat zwei Aufgaben - die Sicherheitsüberwachung mit Leckerkennung (Messbereich 0...4 % Wasserstoffgehalt in Luft) und die Prozesssteuerung mit Einstellung von Betriebsbedingungen (Messbereich 0...100 %).

Die gebräuchlichsten Messprinzipien werden in absteigender Nutzungshäufigkeit beschrieben. Meist werden verschiedene Verfahren kombiniert, um die Querempfindlichkeit gegenüber anderen Gasen zu reduzieren oder die Empfindlichkeit zu steigern sowie den Messbereich auszuweiten [3].

Elektrochemisches Messprinzip

Bei der amperometrischen Messung wird an einen nur protonenleitenden Elektrolyten (z. B. sulfoniertes Tetrafluorethylen-Polymer) eine konstante Spannung angelegt. Der Elektrolyt wird durch eine Diffusionsbarriere abgedeckt, die sehr selektiv nur Wasserstoff durchlässt. Diese Sensoren sind dadurch langzeitstabil. An der Elektrode spaltet sich Wasserstoff in Protonen, die als Pumpstrom durch den Elektrolyten fließen. Die Elektronen fließen durch die Elektroden, getrieben von der angelegten Spannung, über den äußeren Stromkreis auf die andere Seite des Elektrolyten. An der dortigen Elektrode findet die Rekombination mit Sauerstoff zu Wasser statt. Die Stromstärke ist über das Faradaygesetz proportional zur Protonenmenge, die wiederum von der Diffusion durch die Diffusionsbarriere bestimmt wird (vergleiche λ-Sonde).

Potentiometrische Messverfahren nutzen die Potentialdifferenz zweier Elektroden. Die eine Elektrode mit einem Katalysator aus Platin oder Palladium befindet sich in der Wasserstoffumgebung, die andere z. B. in Luft. Entsprechend der Nernst-Gleichung bildet sich eine Potentialdifferenz aus. Die potentiometrischen Sensoren sind gegen Kohlenmonoxid querempfindlich, das den Katalysator belegt. Sie altern schnell und haben eine hohe Drift. Der Messbereich liegt zwischen 100 ppm und 100 %.

Widerstandsbasiertes Messprinzip

Palladium und Halbleiter-Metalloxide (z. B. SnO_2) zeigen nach Adsorption von

38 Stromverlauf zwischen den Elektroden eines Partikelsensors

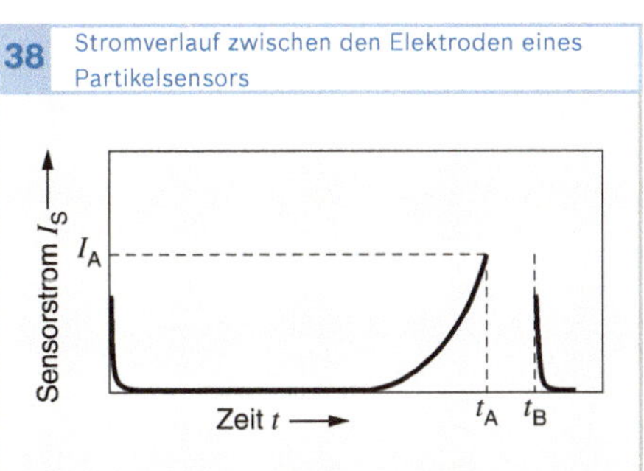

39 Widerstandsbasiertes Messprinzip eines Wasserstoffsensors

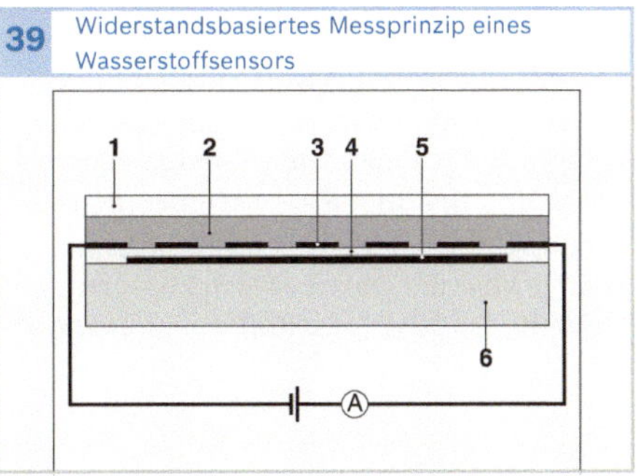

Bild 38
I_A Auslöseschwelle,
t_A Auslösezeitpunkt für Regeneration,
t_B Beginn des nächsten Messzyklus.

Bild 39
1 Gasfilternde Membran,
2 sensitive Schicht,
3 Halbleiter-Metalloxidfilm,
4 Isolierschicht,
5 Heizung,
6 Substrat (Al_2O_3).

Wasserstoff eine Widerstandsänderung. Der Halbleiter-Metalloxidsensor (Bild 39) besteht aus einer gasfilternden Membran, die nur Wasserstoff durchlassen sollte. Die sensitive Schicht absorbiert den Wasserstoff und bewirkt die Widerstandsänderung, die mit einer Wheatstonebrücke gemessen wird.

Als Variante kann auch ein MOSFET mit einem Palladium-Gate ausgeführt werden. Dieser ändert den Strom zwischen Source und Drain proportional zum am Gate absorbierten Wasserstoff. Bei einer Schottky-Diodenanordnung erniedrigt sich die Durchbruchspannung bei Adsorption von Wasserstoff.

Der Messbereich für die widerstandsbasierten Messprinzipien liegt zwischen 10 ppm und 2 %.

Katalytisches Messprinzip

Bei der Oxidation von adsorbierten Gasen an der Oberfläche eines Katalysators wird Wärme erzeugt. In einem Pellistor erwärmt sich ein dem Wasserstoff ausgesetzter aus Katalysatormaterial bestehender Draht (z. B. aus Platin oder Palladium) und erfährt dadurch eine von der Wasserstoffkonzentration abhängige Widerstandsänderung, während Temperatur und Widerstand eines Vergleichsdrahts unverändert bleiben. Die Widerstände sind Bestandteile einer Wheatstone-Brückenschaltung, mit der die Widerstandsänderung gemessen und daraus auf die Wasserstoffkonzentration geschlossen werden kann.

Beim thermoelektrischen Verfahren wird der Spannungsaufbau durch die Temperaturdifferenz (Seebeck-Effekt) genutzt.

Die katalytischen Verfahren sind querempfindlich gegen andere oxidierbare Gase und benötigen eine Mindestmenge an Sauerstoff (5...10 %) als Oxidationspartner, daher liegt der Messbereich zwischen 1 % und 90...95 % Wasserstoffkonzentration.

Literatur

[1] Nernstgleichung: Zeitschrift für physikalische Chemie, IV. Band Heft 1, Verlag Wilhelm Engelmann, 1889, Herausgegeben von W. Ostwald, J. H. Van't Hoff, W. Nernst: Die elektromotorische Wirksamkeit der Ionen.

[2] T. Baunach, K. Schänzlin, L. Diehl. Sauberes Abgas durch Keramiksensoren. Physik Journal 5 (2006) Nr. 5.

[3] T. Hübert et al.: Hydrogen sensors - A review, Sensors and Actuators B 157 (2011) 329 - 352.

Drehzahlsensoren für Getriebesteuerung

Anwendung

Getriebedrehzahlsensoren erfassen Wellendrehzahlen in AT-, ASG-, DKG- und CVT-Getrieben. Dies sind bei AT-Getrieben mit hydrodynamischem Drehmomentwandler die Turbinen- und Abtriebsdrehzahl, bei CVT-Getrieben die Drehzahlen von Primär- und Sekundär-Pulley und bei DKG-Getrieben die Drehzahlen der beiden Eingangswellen und der Abtriebswelle. Bei hohen Dynamikanforderungen der Anfahrregelung wird auch die am Anfahrelement anstehende Motordrehzahl erfasst.

Zur Optimierung von Kupplungsmanagement und Rückrollverhinderung kann bei „High end"-Getrieben zusätzlich eine Drehrichtungserkennung erforderlich sein.

Zum Einsatz kommen sowohl stand-alone-Sensoren als auch in Elektronikmodulen integrierte Ausführungen, die von außen in das Getriebe hineinragen oder intern verbaut werden.

Anforderungen

Die Getriebedrehzahlsensoren sind sehr hohen Betriebsbelastungen ausgesetzt durch

- extreme Umgebungstemperatur zwischen -40 und +150°C,
- aggressive Betriebsumgebung durch Getriebeöl, auch als ATF bezeichnet (enthält getriebespezifische Additive und geringen Gehalt an Kondenswasser),
- hohe mechanische Beanspruchung mit Schwingbeschleunigungen bis zu 30 *g* sowie
- metallischen Abrieb und Partikelbildung im Getriebe.

Aus diesen Belastungen leiten sich hohe Anforderungen an das Package der in den Sensoren eingesetzten Elektronik ab. Mittels einer geeigneten ölresistenten Verpackung wird eine Lebensdauer im Getriebeöl über mehr als 15 Jahre ermöglicht.

Aufgrund der sehr kompakten Getriebebauweisen ist die mechanische Kundenschnittstelle durch Standardgeometrien in der Regel nicht abzudecken. So sind für jedes Getriebe spezifische Sensorausführungen erforderlich, die sich bei modulintegrierten Typen in Einbaulänge, Erfassungsrichtung und Montageflansch unterscheiden (**Bild 1**). Bei stand-alone-Sensoren kommt als weitere Varianz die Lage der Montagebuchse und die Steckerausführung hinzu.

Zur Abdeckung des gesamten Spektrums der Funktionsanforderungen werden Hall-ASICs (Application Specific Integrated Circuit) mit unterschiedlich hoher Komplexität der Auswertealgorithmen eingesetzt (**Bild 2**).

Steht für die Drehzahlerfassung ein ferromagnetisches Triggerrad bzw. ein Triggerbereich (gezahnt, gestanzt oder geprägt) auf der sich drehenden Getriebekomponente zur Verfügung, wird das zum

1 Sensorausführungen

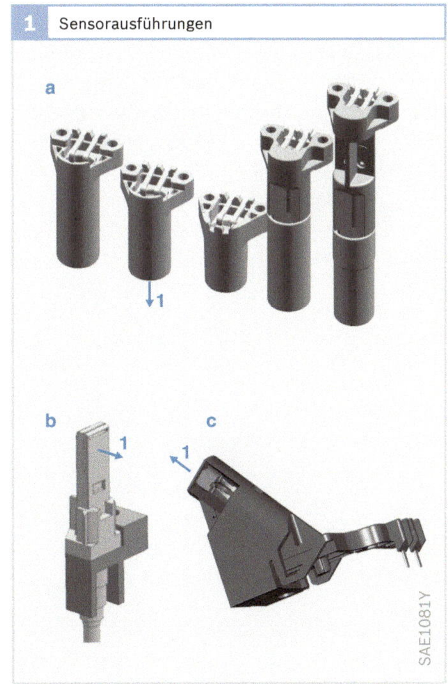

Bild 1
a Bottom read
b Side read
c Slant read

1 Erfassungsrichtung

Betrieb des Hallsensors erforderliche Magnetfeld durch einen back-bias-Magneten erzeugt. Er wird im Sensor direkt hinter dem ASIC angeordnet.

Kompakte Getriebebauweisen erfordern zunehmend eine Drehzahlerfassung über größere Abstände (magnetische Luftspalte) durch sich drehende, nichtmagnetische Komponenten oder durch eine Gehäusewand hindurch. Für diese Anwendungen kommen Multipolräder (magnetisierte Ringe) zum Einsatz, im Sensor entfällt der back-bias-Magnet.

Aufbau

Die in den Getriebedrehzahlsensoren eingesetzten Hall-ASICs werden - je nach magnetischer Schnittstelle - mit bzw. ohne back-bias-Magnet in einem Halter fixiert und per Schweißprozess elektrisch kontaktiert, dann in ein Gehäuse gesetzt, mit Epoxidharz vergossen oder - bei getriebeextern angebauten Ausführungen - per Umspritzung öldicht umhüllt (**Bild 3**).

Der Sensor verfügt über eine Zweidraht-Schnittstelle, die optimale Diagnosemöglichkeiten mit minimaler Anzahl an elektrischer Verbindungen in sich vereinigt. Die zwei Anschlüsse dienen sowohl der Versorgung des Hall-ICs als auch der Signalübertragung.

Arbeitsweise

Getriebedrehzahlsensoren arbeiten nach dem Differenz-Hall-Prinzip. Aus den Hall-Spannungen zweier auf dem ASIC integrierten Hall-Flächen wird die Differenz gebildet. Auf diese Weise lässt sich ein Großteil gleichartiger Störeinflüsse kompensieren. Das Differenzsignal wird bei einigen ASIC-Typen erst noch verstärkt, dann durch unterschiedlich komplexe Trigger-Algorithmen in ein digitales Signal umgewandelt. Dieses bildet die Steuergröße für die Modulation des Ausgangsstromes mittels einer Stromquelle.

3 Hall-Sensor mit Zweidraht-Stromschnittstelle

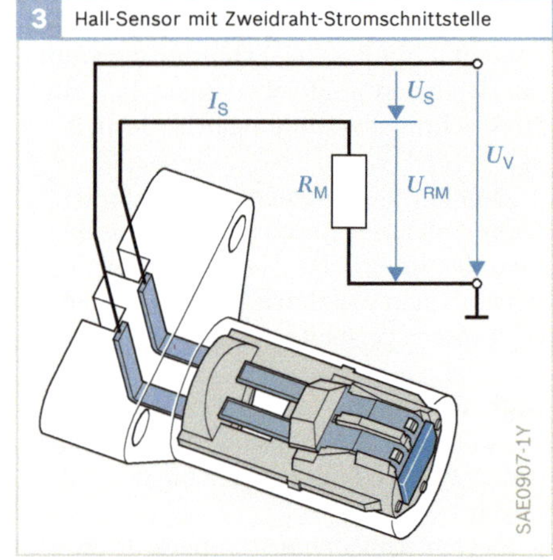

2 Anforderungskomplexität

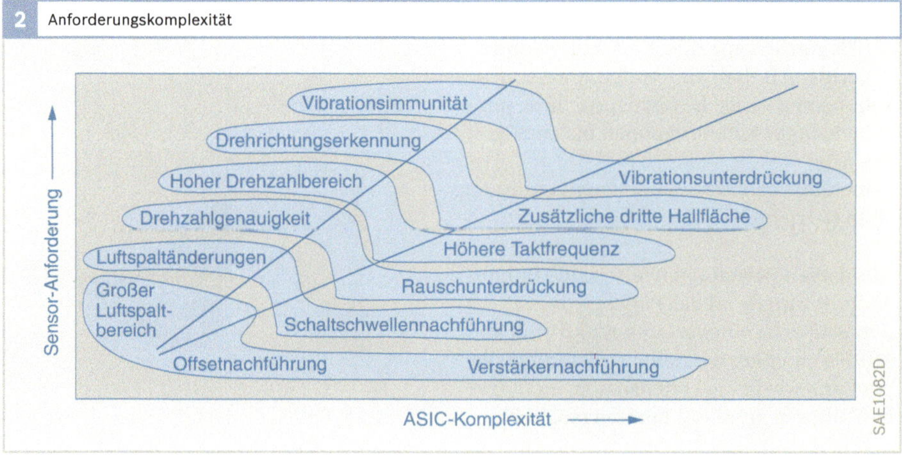

Dabei entsteht ein digitales Signal mit zwei Strompegeln (typisch sind 7 mA bei Low-Pegel und 14 mA bei High-Pegel), dessen Modulationsfrequenz der Zahnwechselfrequenz des Triggerrades entspricht und das somit die Drehzahl wiedergibt. Die Auswertung des Sensorsignals erfolgt im Steuergerät mittels eines Messwiderstands R_M, der den Sensorstrom I_S in die Signalspannung U_{RM} umwandelt.

Grundsätzlich ist die Arbeitsweise eines Differenz-Hall-ASICs unabhängig davon, ob der Sensor an einem Stahl-Triggerrad oder an einem Multipolrad betrieben wird (**Bild 4a** und **4b**).

4 Funktionsprinzip Getriebedrehzahlsensor

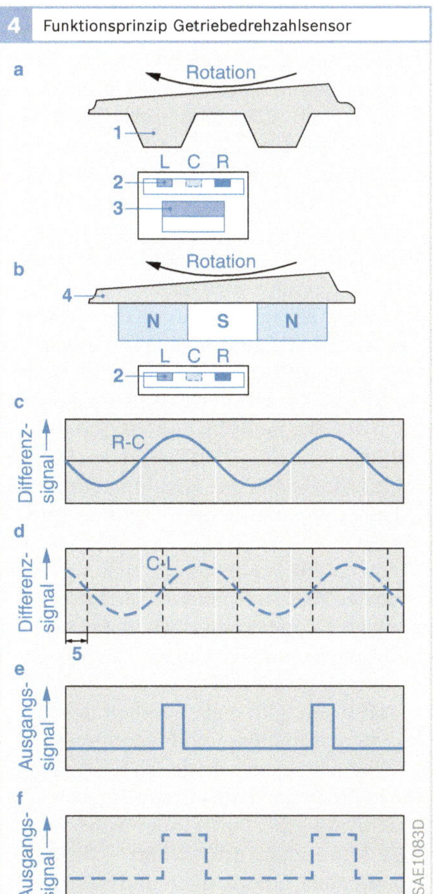

Bild 4
a Anordnung mit Triggerrad
b Anordnung mit Multipolrad
c Sensorsignal (Differenzsignal zwischen den Hall-Flächen R und C)
d Sensorsignal (Differenzsignal zwischen den Hall-Flächen C und L)
e Ausgangssignal für Drehrichtung rechts
f Ausgangssignal für Drehrichtung links

1 Triggerrad
2 Hallflächen L und R (C optional für Drehrichtungs-erkennung)
3 Permanentmagnet (back-bias)
4 Multipolrad
5 Phasenversatz abhängig von der Drehrichtung

In einigen Getriebesteuerungen sind Funktionen implementiert, die eine Stillstandserkennung erfordern. Für diesen Einsatzfall muss der Sensor möglichst hohe Immunität gegenüber vibrationsbedingten Luftspaltänderungen und Drehschwingungen des Triggerrades aufweisen. Diese Sensoreigenschaft – als Vibrationsimmunität bezeichnet – kann bei den Differenz-Hall-Sensoren mit nur zwei Hall-Flächen nur stark eingeschränkt z. B. durch adaptive Triggerschwellen realisiert werden. Mit dem Einsatz einer dritten Hall-Fläche stehen zwei phasenversetzte Differenzsignale zur Verfügung. Diese ermöglichen sowohl eine Erkennung der Drehrichtung (**Bild 4c** bis **f**), als auch zusätzliche Funktionsalgorithmen zur Erhöhung der Vibrationsimmunität.

Die typischen Werte von „Value"- und „High feature"-Sensoren unterscheiden sich im erreichbaren Luftspaltbereich (Abstand sensitiver Bereich am Sensor zum Triggerrad), im Signalfrequenzbereich und den implementierten Zusatzfunktionalitäten (**Tabelle 1**).

Die Komplexität aus Getriebeart, Bauraumrestriktionen inkl. aller abgeleiteten konstruktiven Randbedingungen sowie der Funktionsanforderungen führt bei den meisten Anwendungen zu applikationsspezifischen Lösungen. Diese kennzeichnet eine auf die Systemanforderungen ausgerichtete Kombination aus ASIC, Verpackungsausführung sowie mechanischer und magnetischer Schnittstelle des Sensors.

1 Typische Charakteristiken

Ausführung	Value	High feature
Maximaler Luftspalt an Triggerrad an Polrad	 2,5 mm 5 mm	 3,5 mm 7 mm
Signalfrequenz	0...8 kHz	0...12 kHz
Drehrichtungs-erkennung	nein	ja
Triggerradvibration	–	± 1,5°

Raddrehzahlsensoren

Anwendung

Raddrehzahlsensoren dienen dazu, die Drehgeschwindigkeit von Fahrzeugrädern zu ermitteln (Raddrehzahl). Die Drehzahlsignale werden mittels Kabel an das ABS-, ASR- oder ESP-Steuergerät des Fahrzeugs weitergeleitet, das die Bremskraft je Rad individuell regelt. Diese Regelschleife verhindert ein Blockieren (bei ABS) oder Durchdrehen der Räder (bei ASR bzw. ESP) und sichert die Stabilität und Lenkbarkeit des Fahrzeugs.

Navigationssysteme benötigen ebenfalls die Raddrehzahlsignale, um daraus die gefahrene Wegstrecke zu errechnen (z. B. in Tunnels oder wenn keine Satellitensignale zur Verfügung stehen).

Aufbau und Arbeitsweise

Die Signale für den Raddrehzahlsensor werden mittels eines fest mit der Radnabe verbundenen Stahl-Impulsgebers (für passive Sensoren) oder Multipol-Magnetimpulsgebers (für aktive Sensoren) erzeugt. Dieser Impulsgeber weist die gleiche Umdrehungsgeschwindigkeit wie das Rad auf und bewegt sich berührungslos am sensitiven Bereich des Sensorkopfes vorbei. Der Sensor „liest" somit ohne direkten Kontakt über einen Luftspalt von bis zu 2 mm (Bild 2).

Der Luftspalt (mit engen Toleranzen) dient dazu, eine störungsfreie Signalerfassung zu gewährleisten. Mögliche Störungen wie z. B. Schwingungen im Bereich der Radbremse, Vibrationen, Temperatur, Feuchte, Einbauverhältnisse am Rad usw. werden dadurch eliminiert.

Seit 1998 werden statt den passiven (induktiven) Raddrehzahlsensoren bei Neuentwicklungen fast nur noch aktive Raddrehzahlsensoren eingesetzt.

Passiver (induktiver) Drehzahlsensor

Ein passiver (induktiver) Drehzahlsensor besteht aus einem Permanentmagneten (Bild 2, Pos. 1) und einem damit verbundenen weichmagnetischen Polstift (3), der in einer Spule (2) mit mehreren tausend Drahtwindungen steckt. Auf diese Weise wird ein konstantes Magnetfeld erzeugt.

Der Polstift befindet sich direkt über dem Impulsrad (4), einem fest mit der Radnabe verbundenen Zahnrad. Beim Drehen des Impulsrades wird das vorhandene, konstante Magnetfeld durch die ständig wechselnde Folge von Zahn und Lücke „gestört". Dadurch ändert sich der magnetische Fluss durch den Polstift und somit auch der magnetische Fluss durch die Spulenwicklung. Der Wechsel des Magnetfelds induziert in der Wicklung eine Wechselspannung, die an den Wicklungsenden abgegriffen wird.

Sowohl die Frequenz als auch die Amplitude der Wechselspannung sind proportional zur Raddrehzahl (Bild 3). Bei einem stillstehenden Rad ist somit die induzierte Spannung gleich null.

Zahnform, Luftspalt, Steilheit des Spannungsanstiegs und Eingangsempfindlichkeit des Steuergeräts bestimmen die kleinste noch messbare Fahrzeuggeschwindigkeit und damit für die ABS-Anwendung minimal erreichbare Ansprechempfindlichkeit und Schaltgeschwindigkeit.

1 Passive (induktive) Drehzahlsensoren

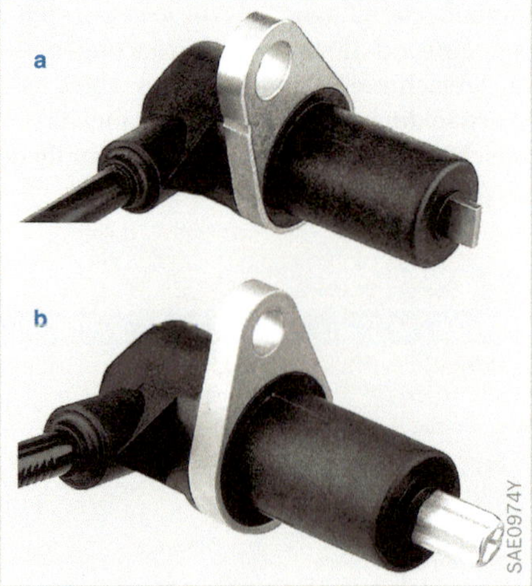

a

b

SAE0974Y

Bild 1
a Meißelpolstift (Flachpolstift)
b Rautenpolstift (Kreuzpolstift)

2 Prinzipskizze des passiven Drehzahlsensors

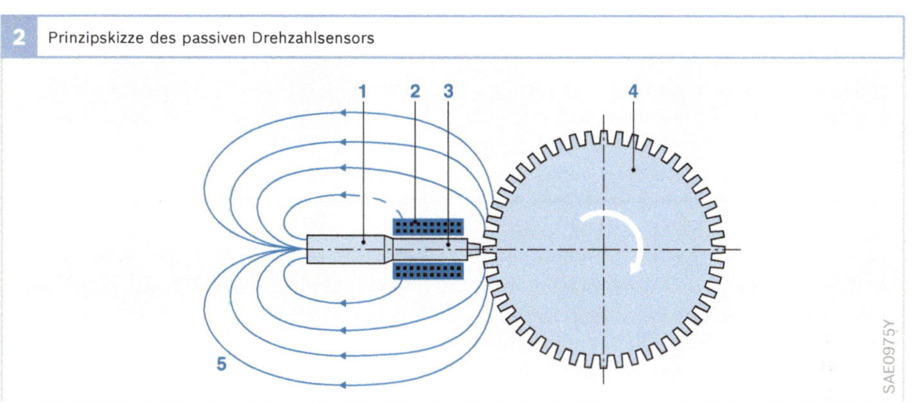

Bild 2
1 Permanentmagnet
2 Magnetspule
3 Polstift
4 Impulsrad aus Stahl
5 magnetische Feldlinien

Da die Einbauverhältnisse am Rad nicht überall gleich sind, gibt es verschiedene Polstiftformen und unterschiedliche Einbauarten. Am weitesten verbreitet ist der Meißel-Polstift (**Bild 1a**, auch Flachpol genannt) und Rauten-Polstift (**Bild 1b**, auch Kreuzpol genannt). Beide Polstiftarten müssen beim Einbau genau zum Impulsrad ausgerichtet werden.

Aktiver Drehzahlsensor

Sensorelemente

In heutigen, modernen Bremssystemen werden fast ausschließlich nur noch aktive Drehzahlsensoren eingesetzt (**Bild 4**). Diese bestehen üblicherweise aus einem hermetisch mit Kunststoff vergossenen Silizium-IC, der im Sensorkopf sitzt.

Neben magnetoresistiven ICs (Änderung des elektrischen Widerstands bei Magnetfeldänderung) werden mittlerweile bei Bosch in der Mehrzahl nur noch Hall-Sensorelemente verwendet, die schon auf kleinste Änderungen des magnetischen Feldes reagieren und deshalb größere Luftspalte gegenüber den passiven Drehzahlsensoren zulassen.

3 Signalausgangsspannung des passiven Drehzahlsensors

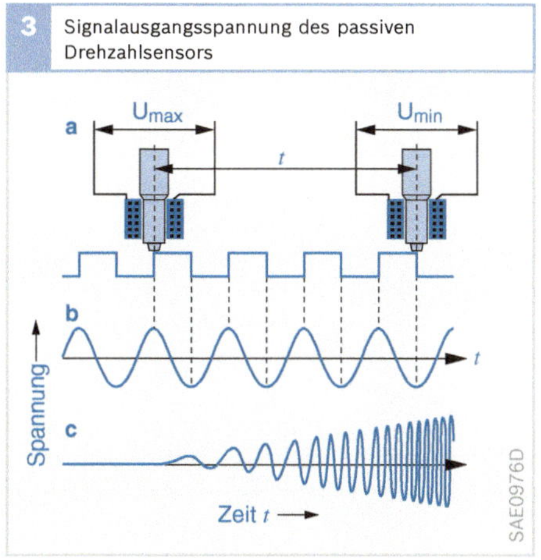

4 Aktiver Drehzahlsensor

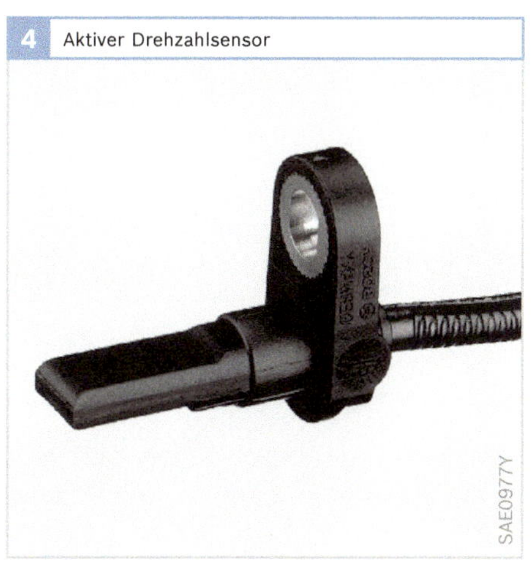

Bild 3
a Passiver Drehzahlsensor mit Impulsrad
b Sensorsignal bei konstanter Raddrehzahl
c Sensorsignal bei steigender Raddrehzahl

Impulsräder

Als Impulsrad des aktiven Drehzahlsensors dient ein Multipolring. Es handelt sich hierbei um wechselweise magnetisierte Kunststoffelemente, die ringförmig auf einem nichtmagnetischen metallischen Träger angeordnet sind (**Bild 6** und **Bild 7a**). Diese Nord- und Südpole übernehmen die Funktion der Zähne des Impulsrads. Der IC des Sensors ist dem ständig wechselnden Magnetfeld dieser Magnete ausgesetzt. Deshalb ändert sich der magnetische Fluss durch den IC beim Drehen des Multipolrings ständig.

5 Explosionsskizze mit Multipol-Impulsgeber

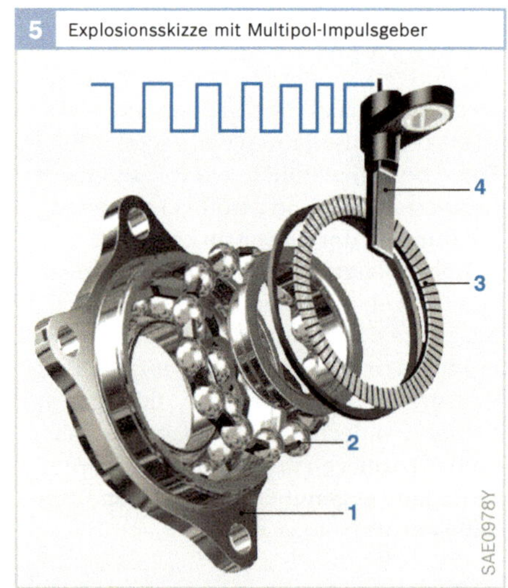

Bild 5
1 Radnabe
2 Kugellager
3 Multipolring
4 Raddrehzahlsensor

6 Schnittbild durch den aktiven Drehzahlsensor

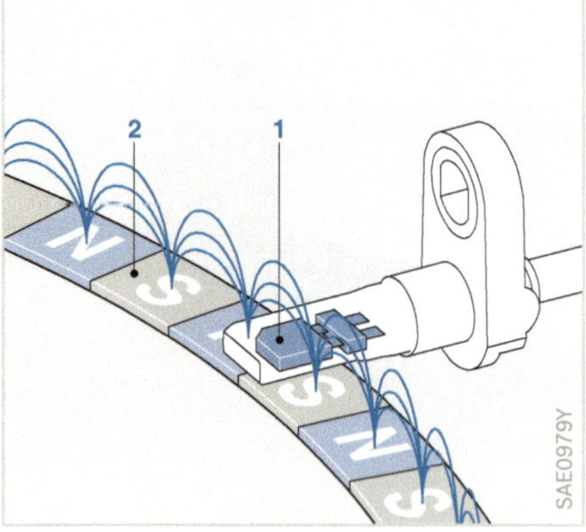

Bild 6
1 Sensorelement
2 Multipolring mit abwechselnder Nord- und Südmagnetisierung

Alternativ zum Multipolring ist auch ein Stahl-Impulsrad möglich. In diesem Fall wird auf den Hall-IC ein Magnet aufgebracht, der ein konstantes Magnetfeld erzeugt (**Bild 7b**). Beim Drehen des Impulsrads wird das vorhandene, konstante Magnetfeld durch die ständig wechselnde Folge von Zahn und Lücke „gestört". Messprinzip, Signalverarbeitung und IC sind ansonsten identisch wie beim Sensor ohne Magnet.

Merkmale

Typisch für den aktiven Drehzahlsensor ist die Integration von Hall-Messelement, Signalverstärker und Signalaufbereitung in einem IC (**Bild 8**). Die Drehzahlinformation wird als eingeprägter Strom in Form von Rechteckimpulsen übertragen (**Bild 9**). Die Frequenz der Stromimpulse ist proportional zur Raddrehzahl und eine Detektion ist fast bis zum Radstillstand (0,1 km/h) möglich.

Die Versorgungsspannung liegt zwischen 4,5 und 20 Volt. Der Rechteck-Ausgangssignalpegel liegt bei 7 mA (low) und 14 mA (high).

7 Prinzipskizzen für Drehzahlerfassung

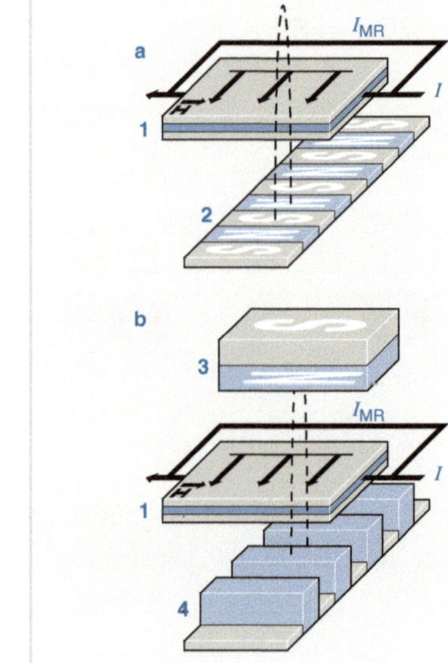

Bild 7
a Hall-IC mit Multipol Impulsgeber
b Hall-IC mit Stahl-Impulsrad und Magnet im Sensor

1 Sensorelement
2 Multipolring
3 Magnet
4 Stahl-Impulsrad

Bei dieser Übertragungsform mit den digitalen Signalen sind z. B. induktive Störspannungen unwirksam im Vergleich zum passiven, induktiven Sensor. Ein zweiadriges Kabel stellt die Verbindung zum Steuergerät her.

8 Blockschaltbild des Hall-IC

Das kleine Bauvolumen und das geringe Gewicht erlauben es, den aktiven Drehzahlsensor am oder im Radlager eines Fahrzeugs einzubauen (**Bild 10**). Hierzu sind verschiedene Standard-Sensorkopfformen geeignet.

Die digitale Signalaufbereitung ermöglicht es, codierte Zusatzinformationen mittels eines pulsweitenmodulierten Ausgangssignals zu übertragen (**Bild 11**):

- Drehrichtungserkennung der Räder: Dies wird insbesondere für die Funktion „Hill Hold Control" benötigt, die ein Zurückrollen des Fahrzeugs während des Anfahrens am Berg durch gezieltes Abbremsen verhindert. Die Drehrichtungserkennung wird auch für die Fahrzeugnavigation herangezogen.
- Stillstandserkennung: Auch diese Information kann bei der Funktion „Hill Hold Control" ausgewertet werden. Eine weitere Verwertung der Information liegt in der Eigendiagnose.
- Signalqualität des Sensors: Im Signal kann eine Information zur Signalqualität des Sensors übermittelt werden. Dadurch kann der Fahrer im Fehlerfall aufgefordert werden, rechtzeitig den Kundendienst aufzusuchen.

9 Signalumwandlung im Hall-IC

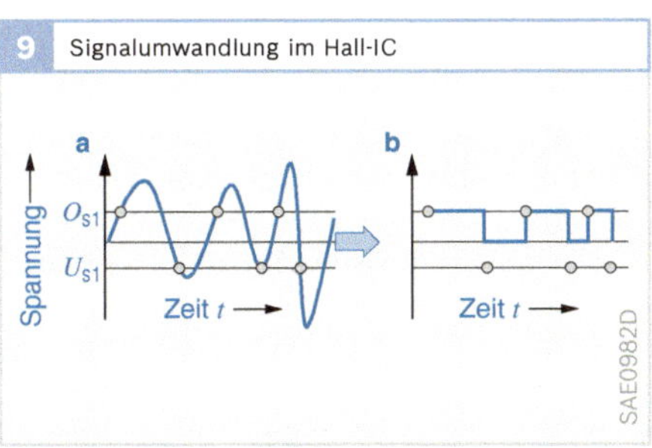

10 Radlager mit Drehzahlsensor

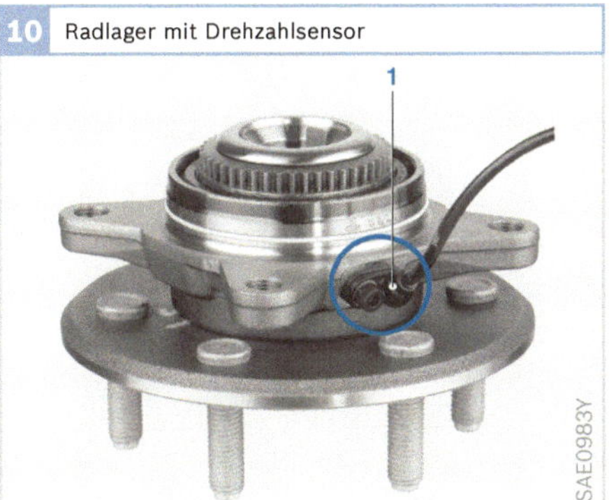

11 Codierte Informationsübertragung mit pulsweitenmodulierten Signalen

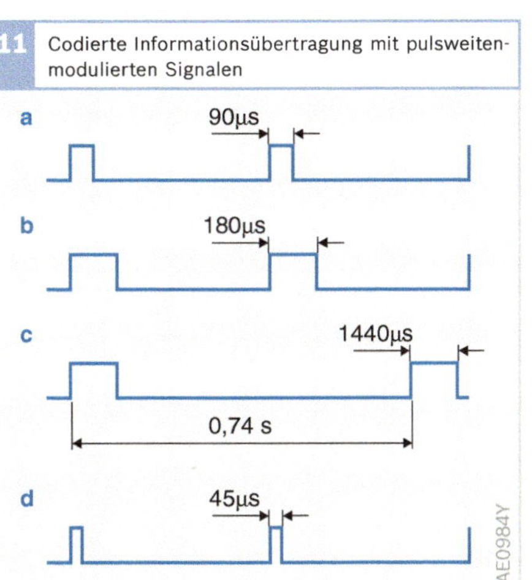

Bild 9
a Rohsignal
b Ausgangssignal

O_{S1} Obere Schaltschwelle
U_{S1} Untere Schaltschwelle

Bild 10
1 Drehzahlsensor

Bild 11
a Geschwindigkeitssignal bei Rückwärtsfahrt
b Geschwindigkeitssignal bei Vorwärtsfahrt
c Signal bei Fahrzeugstillstand
d Signalqualität des Sensors, Eigendiagnose

Mikromechanische Drehratesensoren

Anwendung

Mikromechanische Siliziumdrehrate- bzw. Giergeschwindigkeitssensoren (auch Gyrometer genannt) erfassen in Fahrzeugen mit Elektronischem Stabilitätsprogramm ESP zur Fahrdynamikregelung die Drehbewegungen eines Fahrzeugs um seine Hochachse. Zum Beispiel bei gewöhnlichen Kurvenfahrten, aber auch beim Ausbrechen oder Schleudern. Diese Sensoren haben inzwischen als kostengünstige, kompakt bauende Sensoren die früher üblichen feinmechanischen Sensoren abgelöst.

1 Struktur des Drehratesensors MM1

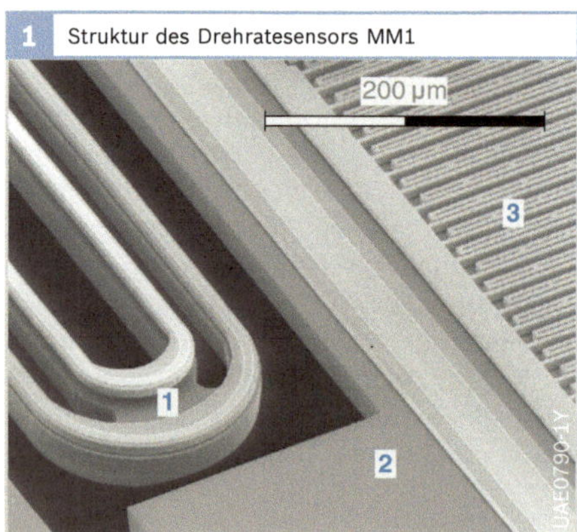

Bild 1
1 Halte-/Führungsfeder
2 Teil der Schwingplatte
3 Coriolis-Beschleunigungssensor

Als weiteres Anwendungsgebiet ist die Überrollerkennung in Airbag-Steuergeräten zur Zündung von Rückhaltemitteln (z. B. Seiten-/Fenster-Airbags, Überrollbügel) im Falle eines Fahrzeugüberschlags zu nennen. Speziell für diesen Bereich wurden die Drehratensensoren der MM2-Familie entwickelt, die sich hier durch die optimale Sensierrichtung zur Erfassung von Drehbewegungen um die Längsachse auszeichnen. Dies ermöglicht eine sehr kompakte Bauform sowie platzsparenden Einbau in Airbag-Steuergeräte, die entlang der Längsachse im Fahrzeug installiert werden. Insbesondere die Verpackung des Sensorelements und der Auswerteelektronik zusammen in ein Standard-IC-Gehäuse tragen hier zur Kostenreduktion bei.

Mikromechanischer Drehratesensor MM1

Zur Erzielung der für Fahrdynamiksysteme erforderlichen hohen Genauigkeit wird eine Mischtechnologie eingesetzt: zwei dickere, mittels Bulk-Mikromechanik aus einem Wafer herausgearbeitete Masseplatten schwingen im Gegentakt in ihrer Resonanzfrequenz, die durch ihre Masse und ihre Koppelfedersteife bestimmt ist (> 2 kHz). Sie tragen jede einen oberflächenmikromechanischen, kapazitiven Beschleunigungssensor kleinster Abmessung, der Coriolis-Beschleunigungen in

2 Mikromechanischer Drehratesensor MM1 (Aufbau)

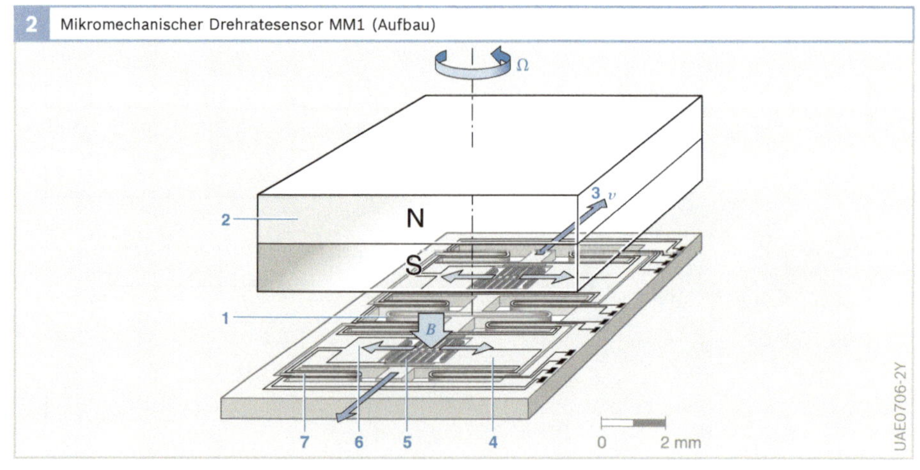

Bild 2
1 Frequenzbestimmende Koppelfeder
2 Dauermagnet
3 Schwingrichtung
4 Schwingplatte
5 Coriolis-Beschleunigungssensor
6 Richtung der Coriolis-Beschleunigung
7 Halte-/Führungsfeder
Ω Drehrate
v Schwinggeschwindigkeit
B dauermagnetisches Feld

der Waferebene senkrecht zur Schwingrichtung erfassen kann, wenn sich der Sensorchip mit der Drehrate Ω um seine Hochachse dreht (Bilder 1 und 2). Die Coriolis-Beschleunigungen sind proportional zum Produkt aus der Drehrate und der elektronisch auf einen konstanten Wert geregelten Schwinggeschwindigkeit.

Zum Antrieb dient eine einfache, Strom führende Leiterbahn auf der jeweiligen Schwingplatte, die in einem dauermagnetischen Feld B senkrecht zur Chipfläche eine Lorentz-Kraft erfährt. Mittels eines ebenso einfachen, Chipfläche sparenden Leiters wird mit dem gleichen Magnetfeld auf induktive Weise direkt die Schwinggeschwindigkeit gemessen. Die unterschiedliche physikalische Natur von Antriebs- und Sensorsystem vermeidet unerwünschtes Übersprechen zwischen beiden Teilen. Die beiden gegenläufigen Sensorsignale werden zur Unterdrückung externer Fremdbeschleunigungen (Gleichtaktsignal) voneinander subtrahiert (durch Summenbildung kann man jedoch auf vorteilhafte Weise auch die äußere Fremdbeschleunigung messen). Der präzise mikromechanische Aufbau hilft, den Einfluss hoher Schwingbeschleunigung gegenüber der um mehrere Zehnerpotenzen niedrigeren Coriolis-Beschleunigung zu unterdrücken (Querempfindlichkeit weit unter 40 dB).

Antriebs- und Messsystem sind hier mechanisch und elektrisch strengstens entkoppelt.

Mikromechanischer Drehratesensor MM2

Wird der Silizium-Drehratesensor ganz in Oberflächenmikromechanik (OMM) hergestellt und gleichzeitig das magnetische Antriebs- und Regelsystem durch ein elektrostatisches ersetzt, so lässt sich die Entkopplung von Antriebs- und Messsystem weniger konsequent verwirklichen. Ein zenral gelagerter Drehschwinger wird von Kammstrukturen (Bilder 3 und 4) elektrostatisch zu einer Schwingung angetrieben, deren Amplitude mithilfe eines gleich-

3 Struktur des Drehratesensors MM2

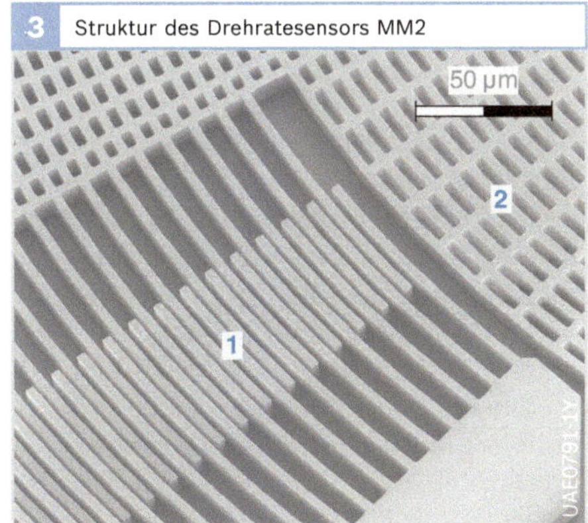

Bild 3
1 Kammstruktur
2 Drehschwinger

4 Oberflächenmikromechanischer Drehratesensor MM2 (Aufbau)

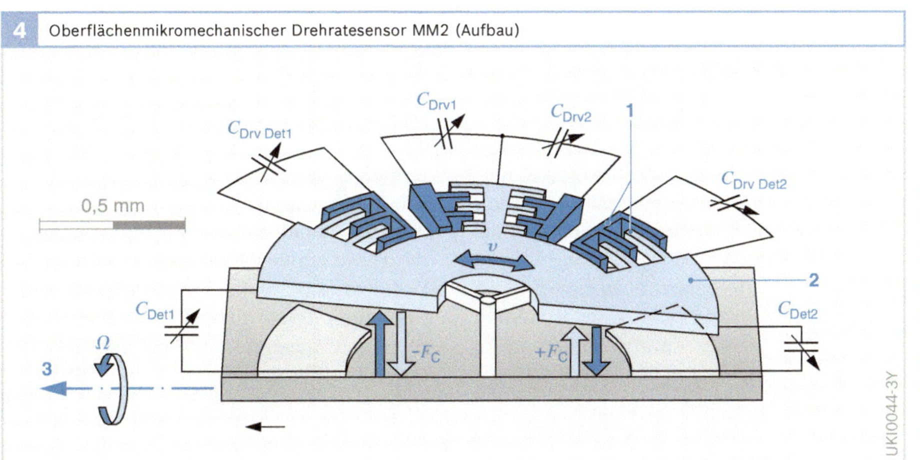

Bild 4
1 Kammstruktur
2 Drehschwinger
3 Messachse
C_{Drv} Antriebselektroden
C_{Det} kapazitiver Drehschwingabgriff
F_C Coriolis-Kraft
v Schwinggeschwindigkeit
Ω = ΔC_{Det}, zu messende Drehrate

artigen, kapazitiven Abgriffs konstant geregelt wird. Coriolis-Kräfte erzwingen eine gleichzeitige „out-of-plane"-Kippbewegung, deren Amplitude zur Drehrate Ω proportional ist und die von den unter dem Schwinger liegenden Elektroden kapazitiv detektiert wird. Um diese Bewegung nicht zu sehr zu bedämpfen, muss der Sensor in Vakuum betrieben werden. Zwar führt die geringere Chipgröße und der einfachere Herstellprozess zu einer deutlichen Kostenreduktion, doch verringert die Verkleinerung auch den ohnehin nicht großen Messeffekt und damit die erzielbare Genauigkeit. Sie stellt höhere Anforderungen an die Elektronik. Der Einfluss von seitlichen Fremdbeschleunigungen ist hier durch Lagerung in der Schwerpunktachse sowie hohe Biegesteifigkeit des Systems bereits mechanisch unterdrückt.

Sensorcluster DRS MM3x

Im Sensorcluster DRS MM3x kommt eine neue Generation mikromechanischer Elemente zum Einsatz, die Winkelgeschwindigkeiten und Beschleunigungen messen und digital aufbereiten. Auf der Basis der Leiterplattentechnologie bilden sie ein modulares Konzept für Hardware und Software mit vielen neuen Sicherheitsmerkmalen, die zu einer vielseitigen und verlässlichen Lösung für viele Fahrzeuganwendungen führen.

Anwendung

Das ESP-System, die Verbindung zu weiteren Chassis-Komfortsystemen und die Entwicklung fortschrittlicher Fahrzeugstabilisierungssysteme riefen nach Inertialsignalen mit hohen Anforderungen, besonders im Hinblick auf Signalqualität und Robustheit, zusätzlichen Messachsen bei hoher Zuverlässigkeit. Deshalb entwickelte Bosch eine dritte Generation, das vielseitige und kostengünstige Sensorcluster DRS MM3.x, um den Anforderungen zu genügen an Funktionen wie z. B Hill Hold Control (HHC, Bergbremse), Automated Parking Brake (APB, Automatisiertes Bremsen beim Parken), Navigation (Navi, Travel Pilot), Adaptive Cruise Control (ACC), Roll over Mitigation (ROM), Electronic Active Steering (EAS), Active Suspension Control (ASC), Steer-by-Wire.

DRS MM3.7k stellt die Basis-Variante der MM3 Generation für die ESP-Applikation dar. Sie umfasst ein Drehratensensor sowie ein integriertes Querbeschleunigungsmodul.

Funktionsprinzip

Das neue mikromechanische Messelement zur Messung der Drehrate gehört zur bekannten Gruppe der nach dem Coriolis-Prinzip arbeitenden, schwingenden Gyrometer (CVG = Coriolis Vibrating Gyros). Es besteht aus einer inversen Stimmgabel mit zwei zueinander senkrechten, linearen Schwingungsmoden, Antriebskreis und Auswertekreis. Antrieb und Auswertung erfolgen elektrostatisch mit einer Kammstruktur. Die Messung der Coriolis-Beschleunigung erfolgt elektrostatisch über ineinander greifende Elektroden. Das Messelement besteht aus zwei Massen, die über eine Koppelfeder verbunden sind. Die Resonanzfrequenz ist für beide Schwingmodi gleich. Sie liegt bei typisch 15 kHz und damit außerhalb des fahrzeugüblichen Störspektrums und ist somit resistent gegen Störbeschleunigungen. Die Auswerteschaltung (ASIC) und das mikromechanische Messelement befinden sich in einem vorgefertigten Gehäuse mit 20 Anschlüssen (Premold 20).

Das Beschleunigungsmodul ist vergleichbar dem Drehratesensormodul aufgebaut und besteht aus einem mikromechanischen Messelement, einer elektronischen Auswerteschaltung und einem Gehäuse mit 12 Anschlüssen (Premold12). Die Feder-Masse-Struktur wird in ihrer empfindlichen Achse durch äußere Beschleunigungen ausgelenkt und mit einem Differentialkondensator in Form einer Kammstruktur ausgewertet.

Piezoelektrischer Stimmgabel-Drehratesensor

Anwendung

Der Rechner von Fahrzeug-Navigationssystemen benötigt Informationen über die Fahrzeugbewegungen, damit er den gefahrenen Weg mithilfe einer auf CD-ROM gespeicherten digitalen Straßenkarte nachvollziehen kann (Koppelnavigation).

Der in die Navigationskomponente integrierte Drehratesensor erfasst bei Kurvenfahrten die Fahrzeugdrehungen um die Hochachse und ermöglicht so die Bestimmung der Fahrtrichtung. Zusammen mit der Ermittlung der gefahrenen Strecke aus dem Tacho- oder Radsensorsignalen kann somit durch „Koppelortung" die Fahrzeugposition berechnet werden.

Anfangs wurde bei Navigationssystemen die Fahrzeugrichtung mit einer Magnetfeldsonde aus dem Erdmagnetfeld ermittelt. Diese konnte aber leicht durch magnetische Störfelder des Fahrzeugs beeinflusst werden. Da Schwingungsgyrometer auf der Messung von Massekräften basieren, sind sie unanfällig gegen magnetische Störer.

1 Piezoelektrischer Stimmgabel-Drehratesensor

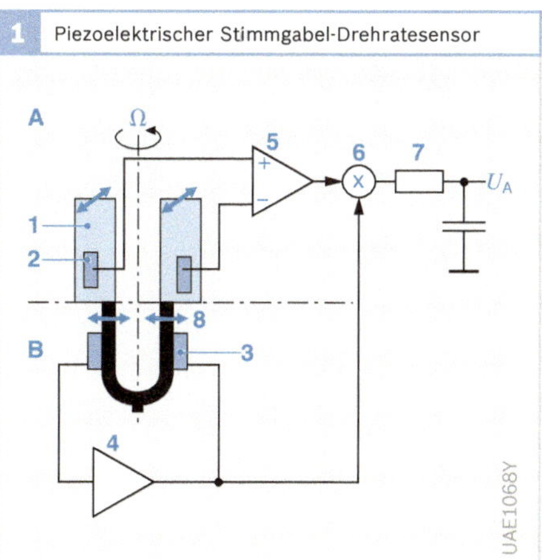

Bild 1
- A Sensierender Abschnitt des Schwingkörpers
- B stimulierender Abschnitt des Schwingkörpers
- 1 Schwingkörper
- 2 Beschleunigungsaufnehmer
- 3 Aktor (piezoelektrisches Element für die Vibrationsanregung)
- 4 Regler für konstante Vibrationsanregung
- 5 Ladungsverstärkung
- 6 Multiplikation (Demodulation)
- 7 Tiefpass
- 8 Vibrationsanregung
- U_A Ausgangsspannung (proportional zur Drehrate)
- Ω Drehrate

Aufbau

Der piezoelektrische Stimmgabel-Drehratesensor besteht aus einem stimmgabelförmigen Stahlkörper mit vier Piezoelementen (zwei unten- und zwei obenliegend, **Bild 1**) und einer Sensorelektronik. Die Stimmgabeln haben eine Länge von ca. 15 mm.

Arbeitsweise

Bei anliegender Spannung beginnen die unteren Piezoelemente zu vibrieren und regen die oberen Bereiche der Stimmgabel mit den oberen Piezoelementen zu gegenphasigen Schwingungen an. Die Frequenz beträgt ca. 2 kHz.

Geradeausfahrt

Bei Geradeausfahrt wirkt keine Coriolis-Beschleunigung auf die Stimmgabel. Da die oberen Piezoelemente immer gegenphasig schwingen und nur senkrecht zur Schwingrichtung sensitiv sind, erzeugen sie keine Spannung.

Kurvenfahrt

Während einer Kurvenfahrt verursacht die Drehbewegung um die Hochachse des Fahrzeugs eine Auslenkung der oberen Stimmgabelbereiche aus der Schwingebene heraus. Dadurch entsteht in den oberen Piezoelementen eine elektrische Wechselspannung, die über eine Elektronik im Sensorgehäuse zum Navigationsrechner gelangt. Die Amplitude des Spannungssignals hängt sowohl von der Dreh- als auch der Schwinggeschwindigkeit ab, ihr Vorzeichen vom Drehsinn der Kurvenfahrt.

Fahrpedalsensoren

Bei Motronic-Systemen mit elektronischem Gaspedal (EGAS) erfasst der Fahrpedalsensor den Weg bzw. die Winkelposition des Fahrpedals. Hierzu werden neben berührungslos arbeitenden Sensorprinzipien auch noch Potenziometer eingesetzt. Der Fahrpedalsensor ist zusammen mit dem Fahrpedal im Fahrpedalmodul integriert. Bei diesen einbaufertigen Einheiten entfallen Justierarbeiten am Fahrzeug.

Potenziometrischer Fahrpedalsensor

Das Motorsteuergerät erhält den am Schleifer des Potenziometers abgegriffenen Messwert als elektrische Spannung. Mithilfe einer gespeicherten Sensorkennlinie rechnet das Steuergerät diese Spannung in den relativen Pedalweg bzw. die Winkelstellung des Fahrpedals um (**Bild 1**).

Für Diagnosezwecke und für den Fall einer Störung ist ein redundanter (doppelter) Sensor integriert. Er ist Bestandteil des Überwachungssystems. Eine Sensorausführung arbeitet mit einem zweiten Potenziometer, das in allen Betriebspunkten immer die halbe Spannung des ersten Potenziometers liefert. Für die Fehlererkennung stehen damit zwei unabhängige Signale zur Verfügung (**Bild 1**). Eine andere Ausführung arbeitet anstelle des zweiten Potenziometers mit einem Leergasschalter, der dem Steuergerät die Leerlaufstellung signalisiert. Der Zustand dieses Schalters und die Potenziometerspannung müssen plausibel sein.

Für Fahrzeuge mit automatischem Getriebe kann ein weiterer Schalter ein elektrisches Kickdown-Signal erzeugen. Alternativ hierzu kann diese Information auch aus der Änderungsgeschwindigkeit der Potenziometerspannung abgeleitet werden. Eine weitere Möglichkeit ist die Auslösung der Kickdown-Funktion durch einen definierten Spannungswert der Sensorkennlinie, der Fahrer erhält dabei die Rückmeldung über einen Kraftsprung in einer mechanischen Kickdown-Dose. Das ist die am häufigsten verwendete Lösung.

1 Kennlinie eines Fahrpedalsensors

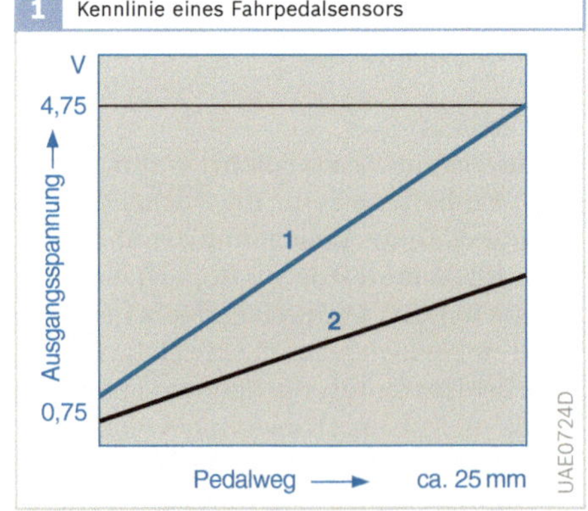

Bild 1
1 Potenziometer (Führungspotenziometer)
2 Potenziometer (halbe Spannung)

2 Hall-Winkelsensor ARS1

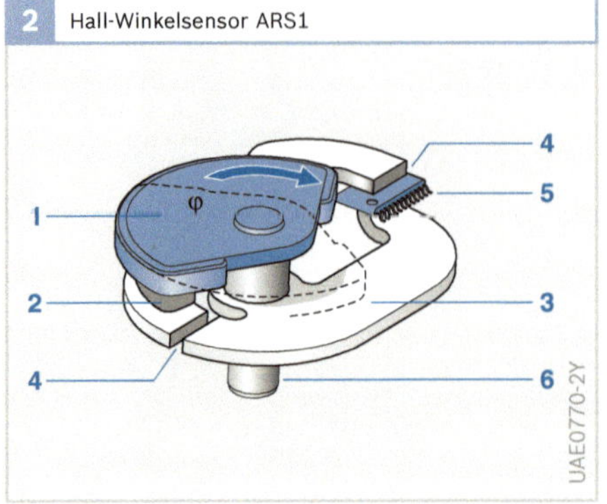

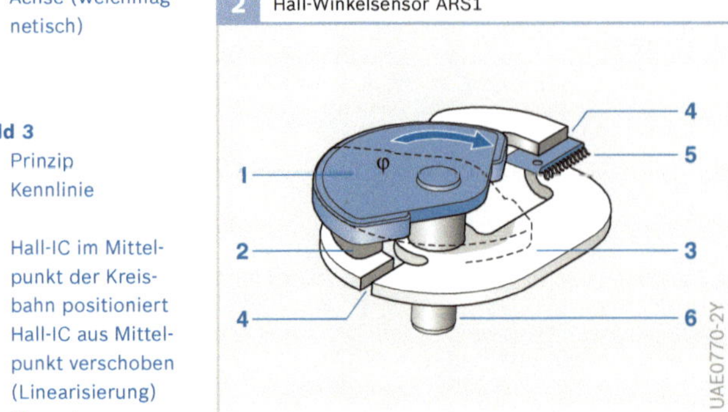

Bild 2
1 Rotorscheibe (dauermagnetisch)
2 Polschuh
3 Flussleitstück
4 Luftspalt
5 Hall-Sensor
6 Achse (weichmagnetisch)

3 Prinzip des Hall-Winkelsensors ARS2

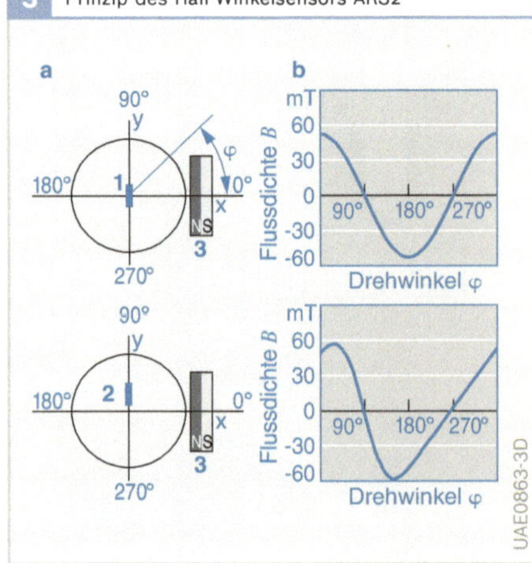

Bild 3
a Prinzip
b Kennlinie

1 Hall-IC im Mittelpunkt der Kreisbahn positioniert
2 Hall-IC aus Mittelpunkt verschoben (Linearisierung)
3 Magnet

Hall-Winkelsensoren

Mit Hall-Sensoren kann die Bewegung des Fahrpedals berührungslos gemessen werden. Beim Hall-Winkelsensor vom Typ ARS1 (Angle of Rotation Sensor) wird der magnetische Fluss einer etwa halbringförmigen dauermagnetischen Scheibe über einen Polschuh, zwei weitere Flussleitstücke und die ebenfalls ferromagnetische Achse zum Magneten zurückgeführt (**Bild 2**). Hierbei wird er je nach Winkelstellung mehr oder weniger über die beiden Flussleitstücke geführt, in deren magnetischen Pfad sich auch ein Hall-Sensor befindet. Damit lässt sich die im Messbereich von 90° weitgehend lineare Kennlinie erzielen.

Eine vereinfachte Anordnung beim Typ ARS2 kommt ohne weichmagnetische Leitstücke aus (**Bild 3**). Hier wird der Magnet auf einem Kreisbogen um den Hall-Sensor bewegt. Der dabei entstehende sinusförmige Kennlinienverlauf besitzt nur über einen relativ kurzen Abschnitt gute Linearität. Ist der Hall-Sensor jedoch etwas außerhalb der Mitte des Kreises platziert, weicht die Kennlinie zunehmend von der Sinusform ab. Sie weist nun einen kürzeren Messbereich von knapp 90° und einen längeren gut linearen Abschnitt von über 180° auf. Nachteilig ist aber die geringe Abschirmung gegen Fremdfelder, die verbleibende Abhängigkeit von geometrischen Toleranzen des Magnetkreises und Intensitätsschwankungen des Magnetflusses im Dauermagneten mit Temperatur und Alterung.

Beim Hall-Winkelsensor vom Typ FPM2.3 wird nicht die Feldstärke, sondern die Magnetfeldrichtung zur Generierung des Ausgangssignals verwendet. Die Feldlinien werden von vier, in einer Ebene liegenden und radial angeordneten Messelementen in x- und y-Richtung erfasst (**Bild 4**). Die Ausgangssignale werden im ASIC aus den Rohdaten (cos- und sin-Signal) mittels der arctan-Funktion abgeleitet. Zur Erzeugung eines homogenen Magnetfeldes wird der Sensor zwischen zwei Magneten positioniert. Der Sensor ist somit unempfindlich gegenüber Bauteiltoleranzen und temperaturstabil.

Wie beim Fahrpedalmodul mit potentiometrischen Sensor enthalten auch diese berührungslosen Systeme zwei Sensoren, um zwei redundante Spannungssignale zu erhalten.

4 Messprinzip des FPM2.3

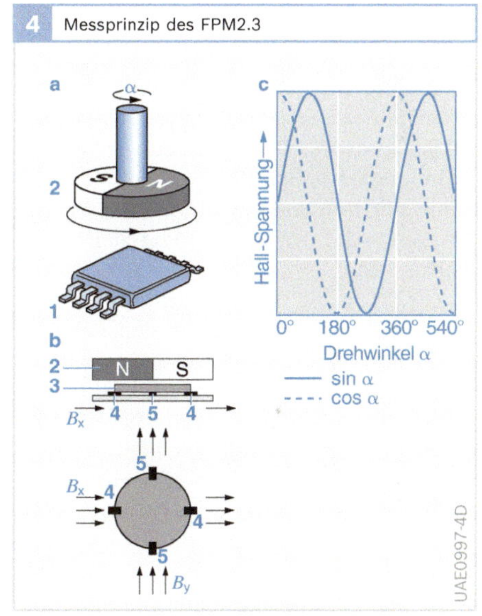

Bild 4
a Aufbau
b Prinzip
c Messsignale

1 Integrierter Schaltkreis (IC) mit Hall-Elementen
2 Magnet (der gegenüberliegende Magnet hier nicht dargestellt)
3 Flussleitstück
4 Hall-Elemente (zur Erfassung der x-Komponente von B)
5 Hall-Elemente (zur Erfassung der y-Komponente von B)

B_x homogenes Magnetfeld (x-Komponente)
B_y homogenes Magnetfeld (y-Komponente)

5 Explosionsdarstellung des Fahrpedalsenmoduls FPM2.3

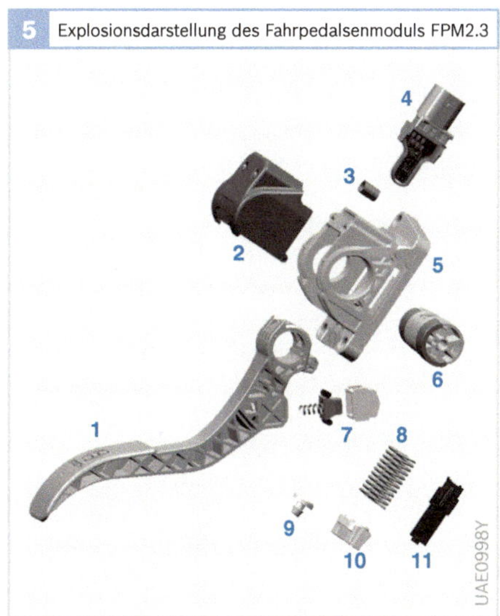

Bild 5
1 Pedal
2 Deckel
3 Abstandshülse
4 Sensorblock mit Gehäuse und Stecker
5 Lagerblock
6 Welle mit zwei Magneten und Hysterese-elementen (runde Magnete nicht sichtbar)
7 Kickdown (optional)
8 zwei Federn
9 Anschlagsdämpfer
10 Druckstück
11 Bodendeckel

Lenkwinkelsensoren

Anwendung

Das Elektronische Stabilitätsprogramm (ESP) hat die Aufgabe, das Fahrzeug mit gezielten Bremseingriffen auf dem vom Fahrer vorgegebenen Sollkurs zu halten. Dazu werden in einem Steuergerät der eingestellte Lenkwinkel und der eingegebene Bremsdruck mit der tatsächlichen Drehbewegung und der Geschwindigkeit des Fahrzeugs verglichen und bei Bedarf einzelne Räder abgebremst. Damit wird der „Schwimmwinkel" (Abweichung zwischen Fahrzeugachse und Fahrzeugbewegung) klein gehalten und ein Ausbrechen bis zum Erreichen der physikalischen Grenzen verhindert.

Zur Erfassung des Lenkwinkels sind prinzipiell alle Arten von Winkelsensoren geeignet. Um die Sicherheit zu gewährleisten, werden aber Ausführungen benötigt, die entweder auf einfache Art auf Plausibilität geprüft werden können oder die sich idealerweise selbst überprüfen können. Eingesetzt werden Potenziometer, optische Code-Erfassung und magnetische Prinzipien. Bei den meisten verwendeten Sensoren ist allerdings eine ständige Registrierung und Speicherung der aktuellen Umdrehung des Lenkrads erforderlich, da gängige Winkelsensoren maximal 360° messen können, ein Pkw-Lenkrad aber einen Winkelbereich von ±720° (vier Umdrehungen insgesamt) hat.

Aufbau und Arbeitsweise

Lenkwinkelsensor mit AMR-Element

Der Lenkwinkelsensor LWS3 arbeitet mit „Anisotrop magnetoresistiven Sensoren" (AMR), deren elektrischer Widerstand sich durch die Richtung eines äußeren Magnetfelds verändert. Die Winkelinformation über einen Bereich von vier vollen Umdrehungen ergibt sich dabei durch das Messen der Winkel zweier Zahnräder, die ein Zahnrad auf der Lenkwelle antreibt. Die beiden Zahnräder haben einen Zahn Differenz, wodurch zu jeder möglichen Stellung des Lenkrades ein eindeutiges Winkelwertepaar gehört.

Durch einen mathematischen Algorithmus (nach bestimmtem Schema ablaufender Rechenvorgang), der als modifiziertes Noniusprinzip bezeichnet wird, kann auf diese Weise der Lenkwinkel in einem Mikroprozessor berechnet werden, wobei selbst Messungenauigkeiten der

1 AMR-Lenkwinkelsensor LWS3 (Prinzip)

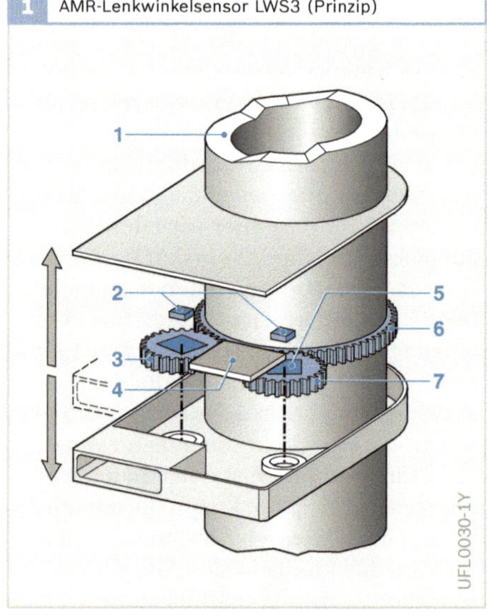

Bild 1
1 Lenkwelle
2 AMR-Messzellen
3 Zahnrad mit m Zähnen
4 Auswerteelektronik
5 Magnete
6 Zahnrad mit n > m Zähnen
7 Zahnrad mit m + 1 Zähnen

2 AMR-Lenkwinkelsensor LWS3 (Ansicht)

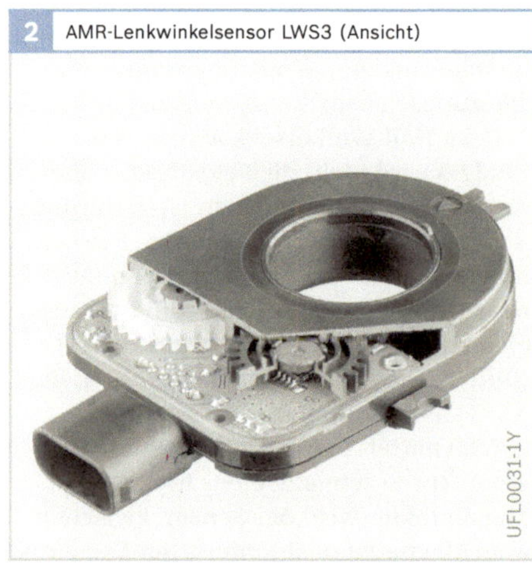

beiden AMR-Sensoren korrigiert werden können. Zusätzlich besteht die Möglichkeit einer Selbstkontrolle, sodass über den CAN-Ausgang ein sehr plausibler Messwert an das Steuergerät übermittelt werden kann.

Bild 1 zeigt den schematischen Aufbau des Lenkwinkelsensors LWS3. Zu erkennen sind die beiden Zahnräder, in denen Magnete eingelassen sind. Darüber sind die Sensoren und die Auswerteelektronik angeordnet.

Eine andere Ausführung ist der Lenkwinkelsensor LWS4, der einen Lenkwinkel von180° eindeutig misst. Einbauort ist das Wellenende der Lenkachse (**Bild 3**)

Lenkwinkelsensor mit GMR-Element

Der LWS5 ist der erste Lenkwinkelsensor, der auf dem GMR-Effekt (Giant Magneto-Resistance) beruht. Mechanischer Aufbau und Funktionsweise sind vom LWS3 übernommen. Zwischen LWS3 und LWS5 besteht mechanische und elektrische Kompatibilität.

Die GMR-Schichten werden auf die planarisierte Oberfläche der Auswerteschaltung prozessiert (vertikale Integration). GMR-Widerstandsbrücke und Auswertung sind über Durchkontaktierungen miteinander verbunden. Diese kurzen Verbindungen vergrößern die Robustheit des Sensors gegen äußere Störungen.
Die beiden GMR-Elemente messen jeweils die Richtung der Feldlinien der beiden Magnete. Im Mikroprozessor wird daraus der Lenkwinkel berechnet. Die Kommunikation zwischen Sensorelement und Mikroprozessor geschieht über eine digitale Schnittstelle (SPI-Schnittstelle). Der berechnete Lenkwinkelwert wird vom Mikroprozessor auf den CAN gegeben.

Wegen der - verglichen mit dem AMR-Effekt - größeren Empfindlichkeit kann der LWS5 mit schwächeren Magneten und größeren Luftspalten arbeiten. Dies bringt deutliche Kostenvorteile bei Material und Design. Der 360° -Winkelmessbereich eines einzelnen GMR-Elements (AMR typisch ist ein 180°-Messbreich) ermöglicht beim LWS5 den Einsatz kleiner Zahnräder. Er benötigt damit einen deutlich kleineren Bauraum als der LWS3. Zusätzlich bietet er ein hohes Maß an Skalierbarkeit, das sich im Messbereich (±90° bis ±780°) und im Grad der Redundanz widerspiegelt. Dadurch wird erreicht, dass der Sensor möglichst genau die spezifischen Anforderungen der verschiedenen Fahrzeughersteller erfüllt.

3 AMR-Lenkwinkelsensor LWS4 zum Anbau an das Wellenende der Lenkachse

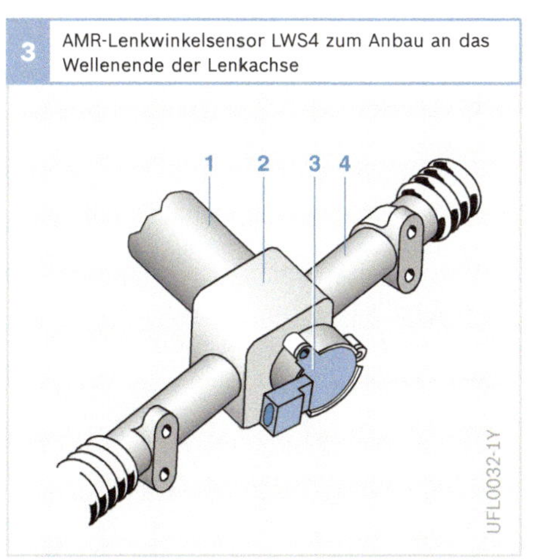

Bild 3
1 Lenksäule
2 Lenkgetriebe
3 Lenkwinkelsensor
4 Zahnstange

Positionssensoren für Getriebesteuerung

Anwendung

Der Positionssensor erfasst in AT-, ASG-, DKG- und CVT-Getrieben die Stellungen eines Stellgliedes (z. B. Wählhebelwelle, Wählschieber oder Parksperrenzylinder). Die Sensoren, können stand-alone oder in Elektronikmodulen integriert verbaut werden.

Anforderungen

Im Getriebe eingebaute Sensoren müssen für die dort vorherrschenden anspruchsvollen Betriebsbedingungen ausgelegt sein:

- Umgebungstemperaturen zwischen -40 und +150°C,
- aggressives Umgebungsmedium Getriebeöl,
- hohe mechanische Beanspruchung bis zu 30 *g*,
- metallischer Abrieb bzw. Partikelbildung im Getriebe.

Die Medien- und Temperaturbeständigkeit wird in diesen Anwendungen durch eine ölresistente Verpackung der Elektronik sowie dem Einsatz von Hochtemperatur-Leiterplatten und AVT für die Elektronik gewährleistet. Die Elektronikkomponenten ASIC, Kondensatoren, Widerstände und Schnittstellen (Bonds, Lötstellen) müssen so robust ausgeführt sein, dass sie den starken mechanischen Belastungen über die Fahrzeuglebensdauer standhalten.

Anbausensoren hingegen werden mit den aus Motorraumanwendungen bekannten Standard-Packages realisiert. Sie müssen entsprechende Anforderungen wie Spritzwasserdichtheit erfüllen und Betriebstemperaturen von -40...130°C standhalten.

Aufgrund der komplexen Anforderungen (Tabelle 1) aus den unterschiedlichen Getriebetopologien sowie den Bauraum- und Funktionsanforderungen (Sicherheitskonzept, Genauigkeitsanforderungen usw.) kommen unterschiedliche physikalische Messprinzipen (Hall-, AMR-, GMR-, Wirbelstrom-Prinzip) und Bauformen (linear und rotatorische Erfassung) zum Einsatz. Diese werden nachfolgend am Beispiel von Hall- und Wirbelstromprinzip näher erläutert.

Tabelle 1

1	Anforderunsspektrum Positionserfassung
Anbauort	Getriebeeinbau Getriebeanbau
Bauform	Linear Rotatorisch
Messprinzip	Hall AMR GMR Wirbelstrom
Signalerfassung	Digital (Gray-Code) Analog
Ausgangssignal	Digital (2/4-Bit) PWM Analog
Systemsicherheit	Redundanz hohe Verfügbarkeit P/N-Erkennung
Schaltungsart	M- und E-Schaltung

Lineare Positionserfassung auf Basis Hall-Schalter

Aufbau

Vier digitale Hall-Schalter sind auf einer Leiterplatte derart angeordnet, dass sie die magnetische Codierung eines linear verschiebbaren multipolaren Dauermagneten erfassen (Bild 1). Der Magnetschlitten ist mit dem linear betätigten Wählschieber (Hydraulikschieber in der Getriebesteuerplatte) oder dem Parksperrenzylinder gekoppelt.

Neben den Hall-Schaltern befinden sich auf der Leiterplatte Widerstände zur Darstellung von Diagnosefunktionen und EMV-Kondensatoren.

Die Sensorelektronik ist durch einen dichten, ölresistenten Epoxidharz-Verguss vor den Einflüssen des Getriebeöls geschützt.

Arbeitsweise

Bei einem Automatikgetriebe mit manueller Schaltung, auch M-Schaltung genannt, erfasst der Positionssensor die Stellungen des Wählschiebers P, R, N, D, 4, 3, 2 sowie die Zwischenbereiche und gibt diese in Form eines 4-Bit-Codes an die Getriebesteuerung aus (**Bild 2**). Aus Sicherheitsgründen ist die Codierung der Positionsstellung einschrittig ausgeführt, d. h., es sind immer zwei Bitwechsel bis zum Erkennen einer neuen Position erforderlich. Durch Fehlfunktion verursachte einfache Bitwechsel können vom Steuergerät mittels Plausibilitätsbetrachtung als falsch erkannt werden. Die Abfolge dieser Bitwechsel entspricht einem Gray-Code.

1 Positionssensor mit Hall-Schalter

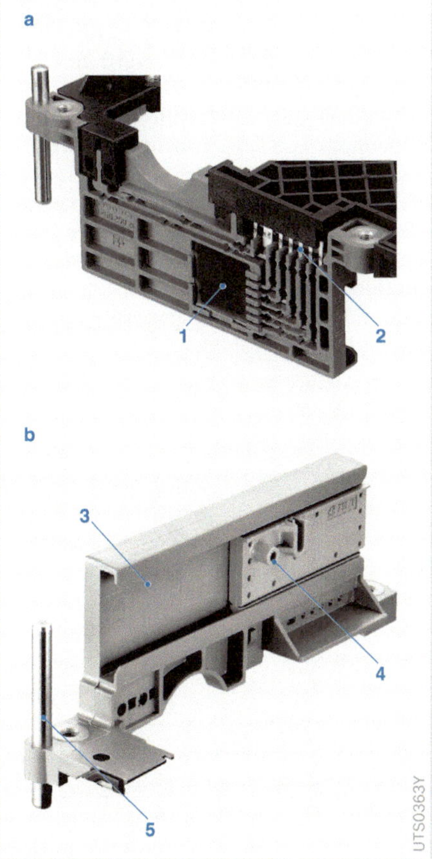

In einigen Anwendungen übermittelt der Sensor durch einen prozessorunabhängigen Hardwarepfad die Steuergröße für die Starterfreigabe „P/N-Signal" direkt. Dies erhöht die Verfügbarkeit in Betriebszuständen (z. B. bei niedriger Bordnetzspannung), in denen das Steuergerät noch nicht arbeitet.

Bei einem Automatikgetriebe mit elektronischer Schaltung, auch E-Schaltung genannt, erfasst der Positionssensor nur die Stellungen des Parksperrenzylinders P_{ein} und P_{aus} sowie den Zwischenbereich und gibt diese in Form eines 2-Bit-Codes an das Steuergerät.

Rotatorische Positionserfassung auf Basis Wirbelstrom

Aufbau

In **Bild 3** ist die Ausführung eines Positionssensors mit rotatorischer Bauform dargestellt. Bei diesem Beispiel befindet sich getriebeextern an der Wählhebelwelle ein mitdrehender, speziell geformter Rotor mit Rückschlussspule. Sie stellt die Schnittstelle zum Getriebestellglied dar. Auf der feststehenden Sensorplatine sind redundante Sende- und Empfangsspulen mit zugehörigen Auswerte-ASICs aufgebracht. Bei dieser Lösung wird die Platine vom Stellglied (Welle) durchdrungen.

2 Kodierung des Magnetschlittens

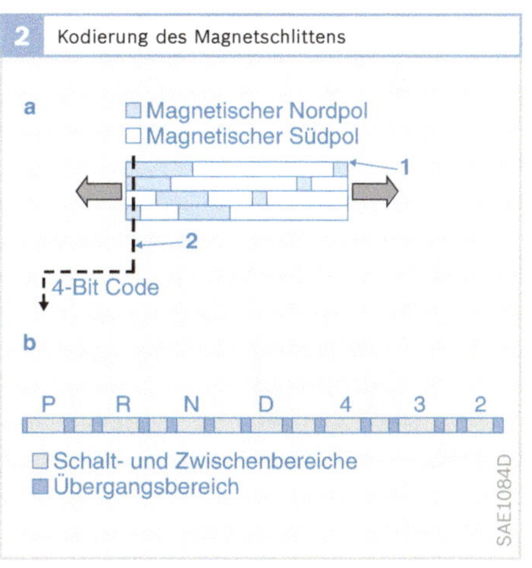

Bild 1
a Ansicht vorn
b Ansicht hinten

1 Ölresistente Verpackung
2 elektrische Verbindung per Stanzgitter
3 Leiterplatte mit vergossenen Hall-Elementen
4 Schlitten mit Dauermagnet
5 Fixierstift

Bild 2
a Magnetische Kodierung
b Positionsbereiche

1 Bewegter Schlitten
2 feste Position der Hall-Elemente

Arbeitsweise

Der Sensor arbeitet nach dem Wirbelstromprinzip. Die Sendespule induziert in der Rückschlussspule einen seiner Ursache entgegen gesetzten Wirbelstrom, dessen Magnetfeld eine Spannung in die Empfangsspulen induziert. Die Geometrien der Rückschlussspule und der Empfangsspulen sind aufeinander abgestimmt, sodass kontinuierlich veränderbare Stellungen des Rotors erfassbar sind.

Ähnlich wie beim Beispiel der linearen Positionserfassung erfasst der rotatorische Positionssensor die Stellungen P, R, N, D, 4, 3 und 2. In diesem Fall jedoch an der aus dem Getriebe ragenden Wählhebelwelle. Die Stellungen der Welle entsprechen den Stellungen des getriebeinternen Wählschiebers.

Ein Vorteil der analogen Signalaufbereitung besteht darin, dass die Zuordnung der einzelnen Schalt- und Zwischenbereiche zu den vom Sensor erfassten Winkelstellungen per Software erfolgt und somit leicht an konstruktive Getriebevarianten anpassbar ist.

Aus Sicherheitsgründen stellt der Sensor zwei voneinander unabhängige gegenläufige Ausgangssignale zur Verfügung, wobei die oberen und unteren 5 % des Signalhubes als Diagnosebereiche verwendet werden. Bei einem sensorintern erkannten Fehler wird ein Spannungswert im oberen Diagnosebereich ausgegeben. Fehler, die auf dem Übertragungsweg zum Steuergerät auftreten können (z. B. Unterbrechung oder Kurzschluss) führen ebenfalls zu Spannungspegeln, die in den Diagnosebereichen zu liegen kommen. Darüber hinaus wird im Steuergerät eine Überprüfung auf Signalplausibilität mittels Summenbildung der beiden Signale durchgeführt. Somit können Sensor- oder Übertragungsfehler vom Steuergerät erkannt und fehlerbezogen ein entsprechendes Notlaufprogramm gewählt werden.

Tabelle 2 stellt die beiden beschriebenen Beispiele von Positionssensoren gegenüber und verdeutlicht ähnlich die Komplexität der Thematik.

Die umfangreichen Anforderungen der mechanischen Schnittstelle des Stellgliedes, des Bauraums, der Umgebungseinflüsse sowie des Sicherheitskonzepts führen häufig zu applikationsspezifischen Sensorsystem-Lösungen.

3 Positionssensor mit Wirbelstromprinzip

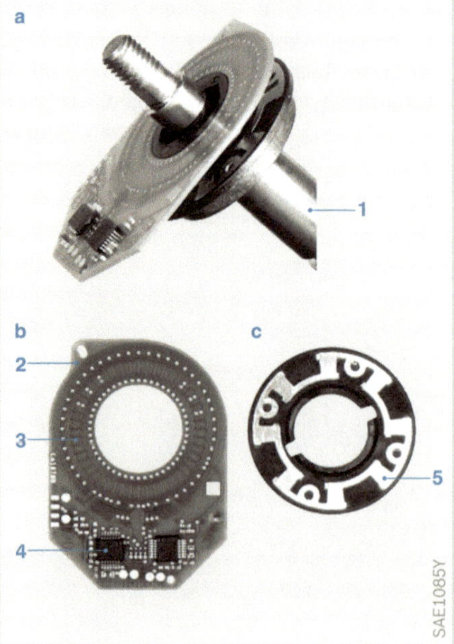

a

b

c

1

2

3

4

5

SAE1085Y

Bild 3
- a Komponenten (ohne Gehäuse)
- b Leiterplatte
- c Rotor

1. Wählhebelwelle
2. Sensor-Leiterplatte
3. redundante Sende- und Empfangsspulen
4. redundante Elektronik
5. Rotor mit Rückschlussspule

2 Typische Charakteristiken

Positionssensor	Hall-Schalter	Wirbelstrom
Messprinzip	Hall-Effekt (digital)	Wirbelstrom (analog)
Magnetische Fremdfeldempfindlichkeit	ja	nein
Empfindlichkeit Metallumgebung	nein	ja
Flexible Positionseinteilung	nein	ja (Software)
Betriebsspannungsbereich	4...12V	4,5...5,5 V
Luftspaltempfindlichkeit	hoch	gering

Achssensoren

Anwendung

Mithilfe der Automatischen Leuchtweitenregulierung ALWR wird die Leuchtweite der Fahrzeugscheinwerfer selbsttätig korrigiert. Sie regelt bei eingeschaltetem Abblendlicht die Fahrzeugneigung so aus, dass eine ausreichende Sichtweite für den Fahrer ohne Blendung des Gegenverkehrs sichergestellt ist. Die statische ALWR korrigiert die durch die Fahrzeugbeladung bedingte Karosserieneigung. Die dynamische ALWR korrigiert zusätzlich auch fahrdynamisch bedingte Nickbewegungen des Fahrzeugs, hervorgerufen durch Brems- oder Beschleunigungsvorgänge. Die Achssensoren erfassen dabei sehr genau den Neigungswinkel der Karosserie.

Aufbau und Arbeitsweise

Die Messung der Fahrzeugneigung erfolgt mit Achssensoren (Drehwinkelsensoren), die vorne und hinten an der Karosserie montiert sind. Über einen Drehhebel, der über eine Schubstange mit der jeweiligen Fahrzeugachse bzw. Radaufhängung verbunden ist, wird die auftretende Einfederung gemessen. Die Neigung des Fahrzeuges berechnet sich dann aus der Spannungsdifferenz zwischen Vorder- und Hinterachssensor.

Die Funktion der Achssensoren basiert auf dem Prinzip des Hall-Effekts. Im Stator (Bild 1, Pos. 5) ist ein Hall-IC integriert, der sich in einem homogenen Magnetfeld befindet. Das Magnetfeld verursacht im Hall-IC eine Hall-Spannung, die der magnetischen Feldstärke proportional ist. Beim Drehen des Ringmagneten (6) mit der Welle (2) ändert sich das Magnetfeld durch den Hall-IC.

Entsprechend der Einfederung durch Beladung und/oder Beschleunigen bzw. Bremsen überträgt eine Schubstange (Bild 2, Pos. 4) die Einfederwerte auf den Drehhebel des Achssensors zum Umwandeln in ein dem Drehwinkel proportionales elektrisches Spannungssignal.

Das Steuergerät erfasst die Signale der Achssensoren, bildet die Differenz zwischen Vorder- und Hinterachse und berechnet unter Berücksichtigung der Fahrgeschwindigkeit den Sollwert für die Stellmotorposition. Bei Konstantfahrt bleibt die dynamische Leuchtweitenregelung im Modus mit großer Dämpfung. Die Schrittmotoren werden nur langsam der Fahrzeugneigung angepasst, um zu verhindern, dass Bodenwellen oder Schlaglöcher zu ständigen Korrekturen der Leuchtweite führen. Beim Beschleunigen oder Bremsen schaltet sofort der dynamische Modus ein. Er sorgt innerhalb weniger Millisekunden für die Anpassung der Leuchtweite. Danach schaltet das System automatisch wieder in den langsamen Modus zurück.

1 Achssensor (Schnitt)

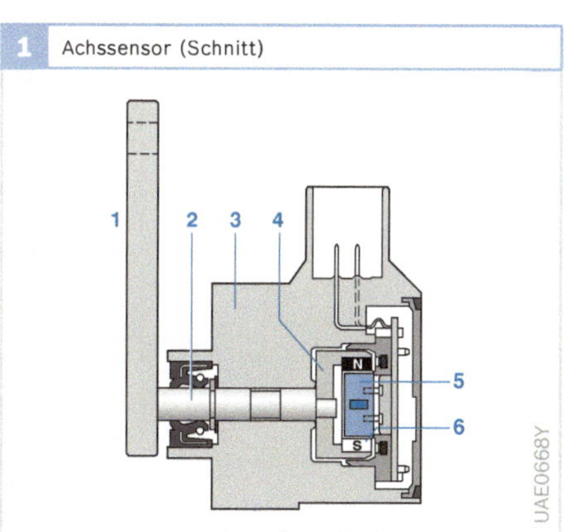

2 Achssensor (Einbau im Fahrzeug)

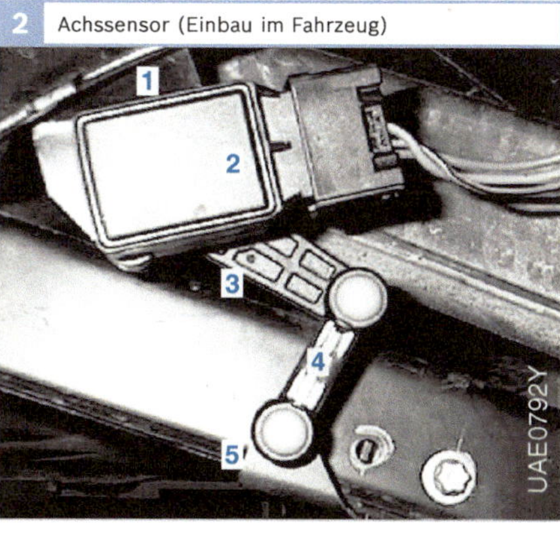

Bild 1
1 Drehhebel
2 Welle
3 Gehäuse
4 Ringmagnetaufnahme
5 Stator mit Hall-IC
6 Ringmagnet

Bild 2
1 Karosseriebefestigung
2 Achssensor mit Steckverbindung
3 Drehhebel
4 Schubstange
5 Fahrzeugachse

OMM-Beschleunigungssensoren

Anwendung

Oberflächenmikromechanische (OMM) Beschleunigungssensoren kommen bei verschiedenen Anwendungen der Beschleunigungsdetektion im KfZ zum Einsatz. Hierzu gehören bei Insassen-Rückhaltesystemen die Erfassung von Beschleunigungswerten eines frontalen oder seitlichen Aufpralls zur Auslösung der Gurtstraffer, der Airbags und des Überrollbügels. Im Bereich der aktiven Fahrzeugsicherheit kommen oberflächenmikromechanische Beschleunigungssensoren bei ABS-, ESP- und HHC-Systemen (Hill-Hold-Control, Anfahrhilfe am Berg) zum Einsatz. Weitere Einsatzmöglichkeiten von Beschleunigungssensoren liegen bei der Fahrwerkregelung (Active Suspension) und bei Fahrzeug-Alarmanlagen (Car-Alarm), wobei hier über die Änderung der Fahrzeugneigung ein Alarm ausgelöst wird.

Aufbau und Arbeitsweise

Die oberflächenmikromechanischen Sensorelemente werden – je nach Anwendung – für verschiedene Messbereiche ausgelegt. Diese Messbereiche liegen zwischen 1 g und 400 g (1 $g \approx 9{,}81\ \mathrm{m/s^2}$). Im Folgenden ist der Aufbau eines Beschleunigungssensors für die Seiten- bzw. Upfront-Crash-Sensierung dargestellt. Das OMM-Sensorelement ist zusammen mit der Auswerteelektronik (ASIC) in einer ersten Verpackungsstufe (Modul) verbaut. In Bild 1 ist ein Modul in einem SO16-Gehäuse dargestellt. Dieses Modul wird auf einer kleinen Leiterplatte mit weiteren Schaltungselementen in die zweite Verpackungsstufe, ein Kunststoffgehäuse eingepresst. Durch einen aufgeschweißten Kunststoffdeckel wird dieses Gehäuse verschlossen und abgedichtet. Dieser Sensor ist nach Abgleich bzw. Prüfung für die Montage im Seitenbereich bzw. Stoßfängerbereich des Fahrzeugs vorgesehen und liefert sein Beschleunigungssignal über Stecker und Kabel an das zentrale Airbag-Steuergerät.

Die Funktionsschichten des Sensorelements zur Darstellung eines Feder-Masse-System werden mit einem additiven Verfahren auf der Oberfläche des Siliziumwafers aufgebracht (Bild 3, Oberflächenmikromechanik).

Im Sensorkern ist die seismische Masse mit ihren kammförmigen Elektroden (Bilder 2 und 3, Pos. 1) über Federelemente (2) mit Ankerpunkten (Bild 3, Pos. 4) verbunden. Zu beiden Seiten dieser beweglichen Elektroden stehen auf dem Chip feste, ebenfalls kammförmige Elektroden (3, 6). Durch die Parallelschaltung der

1 Oberflächenmikromechanische Beschleunigungssensoren für die Airbagauslösung (Beispiel)

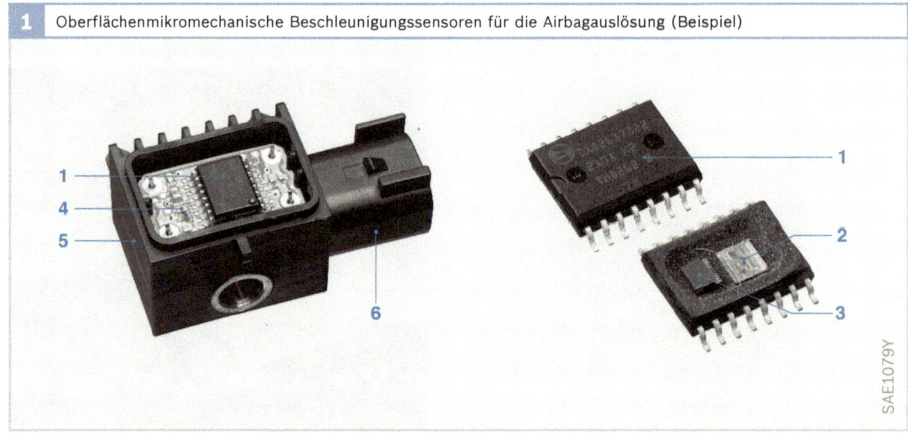

Bild 1
1 Erste Verpackungsstufe (Modul) in SO16-Gehäuse
2 Auswertechip (ASIC)
3 OMM-Sensorelement
4 bestückte Platine
5 zweite Verpackungsstufe (Gerät)
6 Stecker

durch die festen und beweglichen Elektrodenfinger gebildeten Einzelkapazitäten ergibt sich eine nutzbare Kapazität im Bereich 300 fF...1 pF. Mittels zweier parallelgeschalteter Elektrodenfingerreihen ergeben sich zwei Nutzkapazitäten (C_1 - C_M und C_2 - C_M), die sich bei der Auslenkung der Mittelmasse gegensinnig ändern. Das Feder-Masse-System erfährt durch eine angelegte Beschleunigung eine Auslenkung, die sich über die Federrückstellkraft linear zur angelegten Beschleunigung verhält. Durch Auswertung dieses Differentialkondensators lässt sich ein linear von der Beschleunigung abhängiges elektrisches Ausgangssignal gewinnen.

Das in der ersten Stufe der Auswerteschaltung gewonnene Beschleunigungssignal wird im ASIC weiter aufbereitet, d.h. verstärkt, gefiltert und für die Ausgangsschnittstelle aufbereitet.

Als Ausgangsschnittstelle sind analoge Spannungen, pulsweitenmodulierte Signale, SPI-Protokolle oder Stromschnittstellen üblich. Über einen Abgleich am Ende des Fertigungsflusses programmierbarer Speicherzellen werden Toleranzen aus der Herstellung des Sensorelements, der Auswerteschaltung und Verpackungseinflüsse auf Empfindlichkeit und Nullpunkt eliminiert. Eine Selbsttestfunktion prüft den gesamten mechanischen und elektrischen Signalpfad ab. Bei dieser Eigendiagnose wird über eine elektrostatische Kraft die Sensorstruktur ausgelenkt - also eine Beschleunigung im Fahrzeug simuliert - und die Antwort des Messsignals gegenüber einem Sollwert verglichen.

Bis zu drei Beschleunigungssensoren (für ESP und HHC) und bis zu zwei Drehratesensoren (für ESP) sind im ESP-Sensorcluster integriert. Durch diese Clusterung von Sensormodulen verringert sich die Anzahl der Komponenten und der Signalleitungen im Vergleich zu separat ausgeführten Sensorgeräten. Außerdem sind innerhalb des Fahrzeugs weniger Befestigungen und weniger Bauraum nötig.

3 Kammstruktur der Sensormesszelle

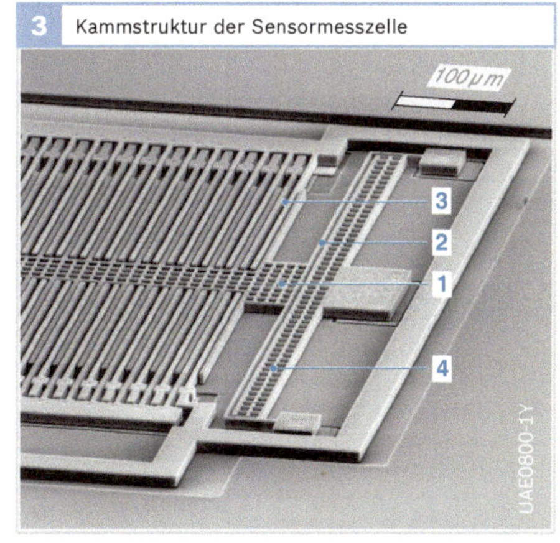

Bild 3
1 Federnde seismische Masse mit Elektrode
2 Feder
3 feste Elektroden
4 Ankerbereiche

2 Oberflächenmikromechanische Beschleunigungssensoren mit kapazitivem Abgriff

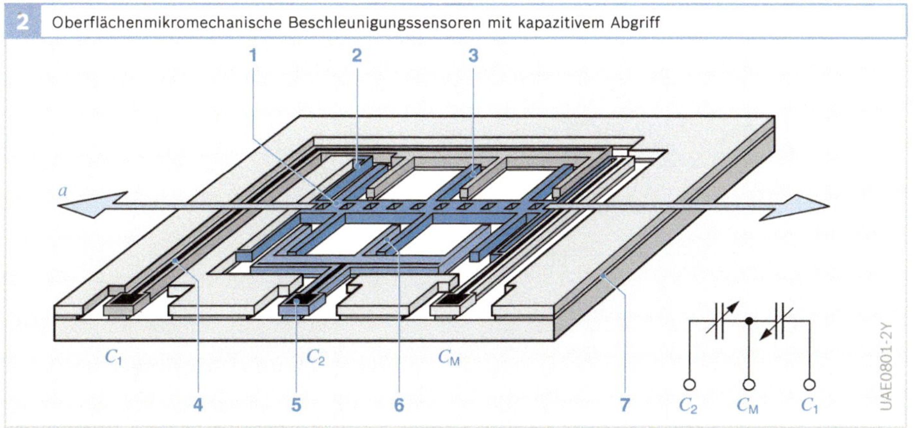

Bild 2
1 Federnde seismische Masse mit Elektroden
2 Feder
3 feste Elektroden mit Kapazität C_1
4 Al-Leiterbahn
5 Bondpad
6 feste Elektroden mit Kapazität C_2
7 Siliziumoxid
a Beschleinigung in Sensierrichtung
C_M Messkapazität

Mikromechanische Bulk-Silizium-Beschleunigungssensoren

Anwendung

Mikromechanische Bulk-Silizium-Beschleunigungssensoren erfassen die für ABS, ESP und Stoßdämpferregelung notwendigen Beschleunigungssignale.

Diese Sensorart ist heute vorwiegend bei niedrigen Beschleunigungsbereichen und hohen Anforderungen an das Signalrauschen im Einsatz (< 2 g_n).

Aufbau und Arbeitsweise

Das erforderliche Feder-Masse-System der Sensoren ist mit anisotroper und selektiver Ätztechnik aus dem vollen Silizium-Wafer herausgearbeitet (Bulk- oder Volumen-Mikromechanik). Zur besonders fehlerarmen Messung der Auslenkung dieser Masse haben sich kapazitive Abgriffe bewährt. Diese benötigen über und unter der federgefesselten Masse (**Bild 1**, Pos. 2) eine weitere waferdicke Platte (1, 4) aus Silizium oder Glas mit Gegenelektroden. Hierbei dienen die Platten mit den Gegenelektroden zusätzlich als Überlastschutz.

Diese Anordnung entspricht einer Reihenschaltung von zwei Kondensatoren $C_{1\text{-M}}$ und $C_{2\text{-M}}$. An den Anschlüssen C_1 und C_2 werden Wechselspannungen eingespeist, deren Überlagerung an C_M, also an der seismischen Masse, abgegriffen wird.

Im Ruhezustand sind die Kapazitäten $C_{1\text{-M}}$ und $C_{2\text{-M}}$ idealerweise gleich. Damit ist die Differenz ΔC gleich Null. Wirkt eine Beschleunigung a in Messrichtung, wird die Si-Mittelplatte als seismische Masse ausgelenkt. Diese Abstandsänderung zur Ober- bzw. Unterplatte bewirkt eine Kapazitätsänderung in den Kondensatoren $C_{1\text{-M}}$ und $C_{2\text{-M}}$ und damit zu einer Differenz ΔC ungleich Null. Dadurch ändert sich das elektrischen Signal an C_M, das in der Auswerteelektronik verstärkt und gefiltert wird.

Die Luftschicht zwischen den Platten ermöglicht eine wirksame und temperaturstabile Dämpfung.

1 Bulk-Silizium-Beschleunigungssensor mit kapazitivem Abgriff (Schema)

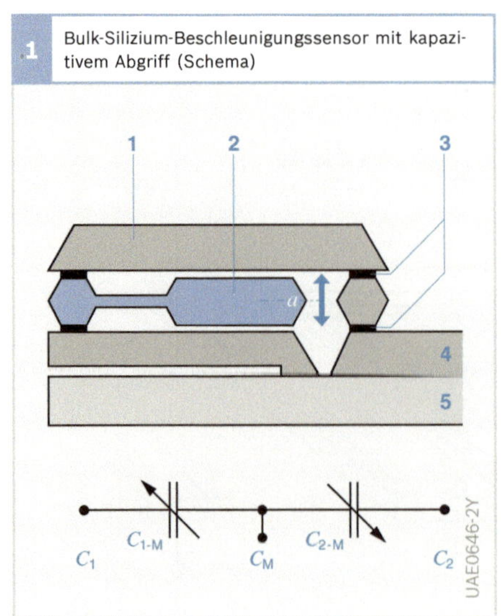

Bild 1
1 Si-Oberplatte
2 Si-Mittelplatte (federgefesselte bzw. seismische Masse)
3 Si-Oxid
4 Si-Unterplatte
5 Glassubstrat
a Beschleunigung in Sensierrichtung
C_M Messkapazität

Piezoelektrische Beschleunigungssensoren

Anwendung

Piezoelektrische Biegeelemente eignen sich als Beschleunigungssensoren für Rückhaltesysteme zum Auslösen der Gurtstraffer, der Airbags und des Überrollbügels.

Aufbau und Arbeitsweise

Kern des Beschleunigungssensors ist ein Biegeelement („Biegebalken“) aus zwei gegensinnig polarisierten piezoelektrischen Schichten, die miteinander verklebt sind („Bimorph“). Eine darauf einwirkende Beschleunigung bewirkt in der einen Schicht eine mechanische Zugspannung und in der zweiten Schicht eine Druckspannung. (**Bild 1**).

Die Metallisierungen an Ober- und Unterseite des Biegeelements dienen als Elektroden, an denen die resultierende elektrische Spannung abgegriffen wird.
Dieser Aufbau wird, zusammen mit der notwendigen Elektronik, in einem hermetisch dichten Gehäuse verpackt (**Bild 2**).
Die elektronische Schaltung besteht aus einem Impedanzwandler und einem abgleichbaren Verstärker mit vorgegebener Filtercharakteristik. Prinzipbedingt können keine statischen Signale gemessen werden (untere Grenzfrequenz typisch 1...10 Hz).

Piezo-Biegeelemente benötigen keine zusätzliche seismische Masse. Ihre Eigenmasse ist für ein gut auswertbares Signal ausreichend.

2 Piezoelektrischer Beschleunigungssensor (Zweikanaliger Sensor für Leiterplattenmontage)

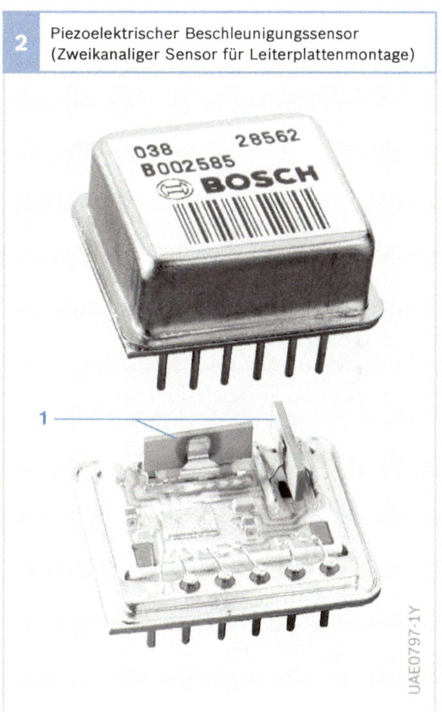

Bild 2
1 Biegeelemente

1 Biegeelement des piezoelektrischen Beschleunigungssensors

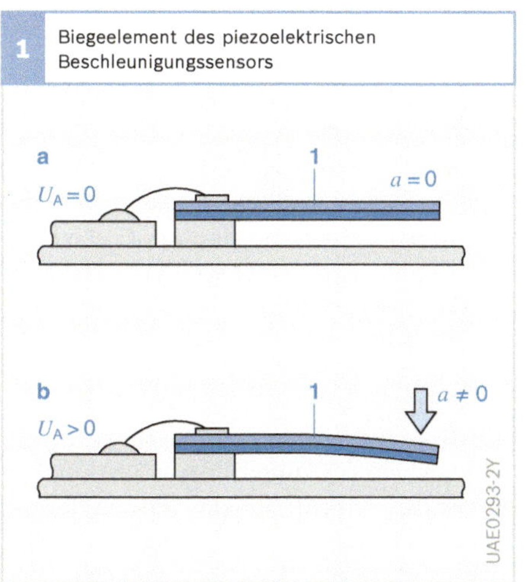

Bild 1
a im Ruhezustand
b bei Beschleunigung a
1 Piezokeramisches Bimorph-Biegeelement
U_A Messspannung

Sitzbelegungserkennung

Anwendung

Seit 2004 gilt in den USA die Vorschrift NHTSA FMVSS-208 (National Highway Traffic Safety Administration; Federal Motor Vehicle Safety Standards and Regulations 208). Diese Vorschrift wurde eingeführt, um Verletzungen von Kindern auf dem Beifahrersitz durch das Auslösen des Airbags zu vermeiden bzw. zu reduzieren. Die Klassifizierung des Beifahrers über eine Gewichtsmessung ermöglicht, den Airbag gezielt abzuschalten, wenn sich ein Kleinkind auf dem Sitz befindet.

Der Bosch Sensor iBolt™ (intelligenter Bolzen) wurde entwickelt, um diese Gewichtsklassifizierung zuverlässig und robust durchzuführen. In das Sitzuntergestell des Beifahrersitzes werden dazu vier iBolts™ integriert (in jeder Sitzecke ein Sensor, Bild 1). Ein ebenfalls in den Sitz integriertes Steuergerät übernimmt die Auswertung der vier analogen, elektrischen Gewichtssignale und übermittelt das Klassifizierungsergebnis an das Airbag-Steuergerät.

1 Integration von vier iBolt™ in das Sitzuntergestell des Beifahrersitzes

Bild 1
1 Sitzuntergestell
2 Bosch iBolt™-Sensor

Aufbau und Arbeitsweise

Das Arbeitsprinzip des iBolt™-Sensors basiert auf der Messung der Auslenkung eines Biegebalkens durch die Gewichtskraft des Beifahrers. Die Höhe der Auslenkung wird durch die Messung der Magnetfeldstärke in einer speziellen Hallsensor/Magnetanordnung erfasst (Bild 2a).

Der iBolt™ ist so ausgelegt, dass vorzugsweise die z-Komponente des Gewichts des Beifahrers eine Auslenkung des Biegebalkens verursacht. Das Fahrzeugkoordinatensystem definiert hierbei die x-Achse in Fahrtrichtung, die z- und y-Achse vertikal bzw. horizontal dazu. Die Anordnung des Magneten und des Hall-ICs im Sensor ist so gewählt, dass das statische Magnetfeld, das den Hall-IC durchdringt, ein zur Auslenkung des Biegebalkens lineares elektrisches Signal ergibt. Das spezielle Design des iBolt™-Sensors verhindert hierbei eine horizontale Auslenkung des Hall-ICs gegenüber dem Magneten, um den Einfluss von Querkräften und Momenten gering zu halten. Zusätzlich wird die maximale Spannung im Biegebalken durch einen mechanischen Überlastanschlag begrenzt (Bild 2b). Dieser schützt den iBolt™ insbesondere bei Überlasten im Falle eines Crashs.

Abgleich

Der lineare Hallsensor nach dem „Spinning Current"-Messprinzip erlaubt den Abgleich der Empfindlichkeit, des Offsets und des Temperaturgangs der Empfindlichkeit. Die Abgleichdaten werden in einem EEPROM gespeichert, der auf dem Substrat des Hallsensors integriert ist.

Linearität des Ausgangssignals

Ein lineares Ausgangssignal wurde durch ein besonderes konstruktives Merkmal erreicht. Die Kraft, die das Gewicht des Beifahrers erzeugt, wird von der oberen Sitzstruktur über die Hülse weiter in den Biegebalken geleitet (**Bild 2a**). Vom Biegebalken wird die Kraft dann in die untere Sitzstruktur weitergeleitet. Der Biegebalken wurde als Doppelbiegebalken ausgelegt, da dieser eine S-förmige Verformungslinie besitzt. Hierbei bleiben die beiden vertikalen Verbindungspunkte des Doppelbiegebalkens für den gesamten Auslenkungsbereich vertikal. Dies garantiert eine lineare und parallele Bewegung des Hall-ICs gegenüber dem Magneten, wodurch sich ein lineares Ausgangssignal ergibt (**Bild 3**).

Symmetrischer Messbereich

Tests des Systems in Autositzen haben gezeigt, dass auf die Sensoren positive wie auch negative Kräfte wirken können. Dies hat mehrere Ursachen: Zum einen können negative Kräfte auf einen einzelnen Sensor wirken, die durch Vorspannungen verursacht werden, die aus Toleranzen im Zusammenbau des Sitzes und dem Einbau des Sitzes im Fahrzeug resultieren. Zum anderen ergeben sich negative Kräfte auf einzelne Sensoren abhängig von der durch die Sitzposition des Insassen erzeugten Kraftverteilung auf die Sensoren, die auch von der Stellung der Rückenlehne abhängt. Deshalb wurde der Messbereich des iBolt™ Sensors so ausgelegt, dass Kräfte in positiver und negativer z-Richtung erfasst werden können. Dies ermöglicht die eindeutige Bestimmung des Gewichts des Beifahrers.

Durch seinen symmetrischen Messbereich erfasst der iBolt™-Sensor Druck- und Zugkräfte mit der gleichen Empfindlichkeit und den gleichen Toleranzen. Dies ermöglicht, die gleichen Sensoren in beiden vertikalen Montagerichtungen für alle vier Verbindungsstellen der oberen mit der unteren Sitzstruktur einzusetzen.

2 Messprinzip eines Bosch iBolt™-Sensors

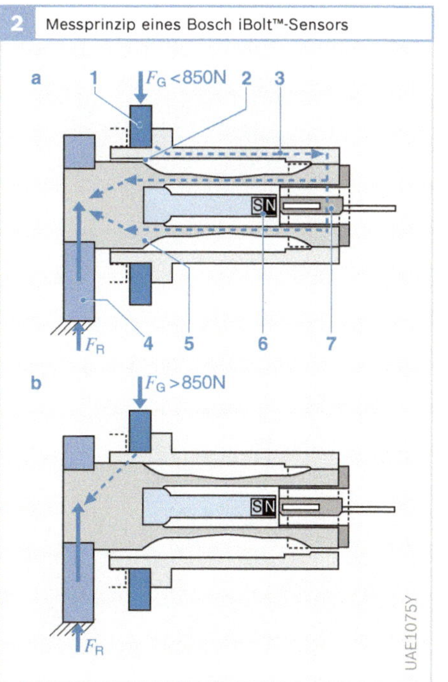

Bild 2
a Verhältnisse für Gewichtskraft F_G < 850 N (innerhalb des Messbereichs)
b Verhältnisse für Gewichtskraft F_G > 850 N (außerhalb des Messbereichs)
1 Schwinge
2 Luftspalt
3 Hülse
4 Sitzschiene
5 doppelter Biegebalken
6 Magnet
7 Hall-IC

3 Typisches Ausgangssignal des Sensors

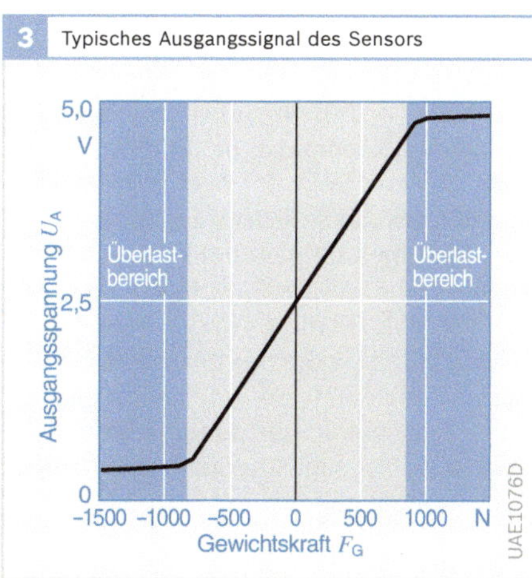

Bild 3
Ausgangssignal als Funktion der angelegten Kraft

Drehmomentsensor

Anwendung

Zunehmend werden in Fahrzeugen der Klein-, Kompakt- und Mittelklasse elektromechanische Servolenkungen eingesetzt. Die wesentlichen Vorteile sind die einfache Installation und Inbetriebnahme im Fahrzeug, die Energieeinsparung sowie die Eignung dieser Systeme im Steuergeräteverbund des Fahrzeugs für Assistenzsysteme zur Steigerung von Komfort und Sicherheit.

Aufbau und Arbeitsweise

Zur Sensierung des Fahrerwunsches ist es bei einer elektromechanischen Servolenkung erforderlich, das vom Fahrer eingeleitete Drehmoment zu messen. Bei den aktuell dafür im Serieneinsatz befindlichen Sensoren wird dazu in die Lenkwelle ein Torsionsstab eingebracht, der bei einem Lenkmoment des Fahrers eine definierte und zum eingeleiteten Drehmoment des Fahrers lineare Verdrehung erfährt (**Bild 1**). Die Verdrehung lässt sich wiederum mit geeigneten Mitteln messen und in elektrische Signale umwandeln. Der erforderliche Messbereich eines Drehmomentsensors zum Einsatz in einer elektromechanischen Servolenkung beträgt üblicherweise circa ± 8 bis ± 10 Nm. Zum Schutz des Torsionsstabs vor Überlast oder Zerstörung wird der maximale Verdrehwinkel über Mitnahmeelemente mechanisch begrenzt.

Um die Verdrehung und damit das anstehende Drehmoment messen zu können, wird auf einer Seite des Drehstabes ein magnetoresistiver Sensor angebracht, der das Feld eines auf der anderen Seite befestigten magnetischen Multipolrades abtastet. Die Polzahl dieses Rades wird dabei so gewählt, dass der Sensor innerhalb seines maximalen Messbereiches ein eindeutiges Signal abgibt und somit jederzeit eine eindeutige Aussage über das anstehende Drehmoment möglich ist.

Der eingesetzte magnetoresitive Sensor liefert dabei über den Messbereich zwei Signale, die über den Verdrehwinkel des Drehstabes dargestellt ein Sinus- und Kosinussignal beschreiben. Die Berechnung des Verdrehwinkels und damit des Drehmoments erfolgt dann in einem elektrischen Steuergerät mit Hilfe einer Arcus-Tangens Funktion.

Da über den definierten Messbereich immer eine feste Zuordnung der beiden Signale gegeben ist, können bei einer Abweichung davon Fehler des Sensors erkannt und die erforderlichen Ersatzmaßnahmen eingeleitet werden.

Zur elektrischen Kontaktierung des Sensors über den Verdrehbereich von circa ± 2 Lenkradumdrehungen wird eine Wickelfeder mit der erforderlichen Zahl von Kontakten eingesetzt. Über diese Wickelfeder wird die Versorgungsspannung und die Übertragung der Messwerte auf realisiert.

1 Drehmomentsensor

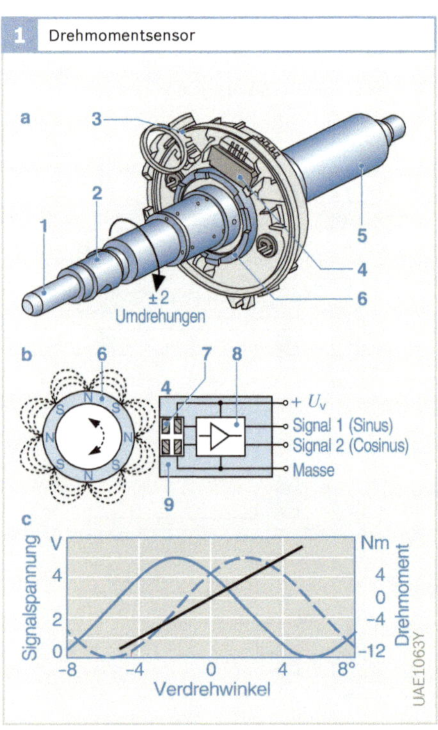

Bild 1
- a Sensormodul
- b Messprinzip
- c elektrische Ausgangssignale

1. Torsionsstab (Verdrehbereich innen liegend)
2. Eingangswelle (vom Lenkrad)
3. Gehäuse Wickelfeder zur elektrischen Verbindung
4. Sensormodul mit magnetoresistivem Sensorchip und Signalverstärkung
5. Lenkritzel/ Ausgleichswelle
6. magnetisches Multipolrad

Ultraschallsensor

Anwendung

Ultraschallsensoren kommen für Rück- und Einparkhilfen zur Anwendung. Sie sind zur Ermittlung von Abständen zu Hindernissen und zur Überwachung eines Raumes (z. B. beim Ein- und Ausparken bzw. Rangieren) in den Stoßfängern von Kraftfahrzeugen integriert. Mit dem großen Erfassungswinkel, der sich bei der Nutzung mehrerer Sensoren ergibt (Fahrzeugheck und -front jeweils bis zu sechs Sensoren), können mithilfe der Triangulation Entfernung und Winkel zum Hindernis bestimmt werden. Das Annähern an ein Hindernis wird dem Fahrer akustisch oder optisch angezeigt.

Der Detektionsbereich eines solchen Systems reicht derzeit von ca. 0,25...2,5 m. Mit Ultraschallsensoren der nächsten Generation wird ein Erfassungsbereich bis zu 4 m möglich sein. Damit lassen sich zusätzliche Funktionen realisieren, wie z. B. die Parklückenvermessung oder der Einparkassistent, der dem Fahrer während des Einparkens Hinweise zum optimalen Einparken gibt.

Aufbau

Ein Ultraschallsensor besteht aus einem Kunststoffgehäuse mit integrierter Steckverbindung, einem Ultraschallwandler (Aluminiumtöpfchen mit Membran, auf deren Innenseite ein Piezoschwinger eingeklebt ist) und einer Leiterplatte mit Sende- und Auswerteelektronik (Bild 1). Zwei der drei elektrischen Verbindungsleitungen zum Steuergerät dienen der Spannungsversorgung. Über die dritte, bidirektionale Leitung wird die Sendefunktion eingeschaltet und das ausgewertete Empfangssignal an das Steuergerät zurückgemeldet.

Arbeitsweise

Der Ultraschallsensor arbeitet nach dem Puls-Echo-Prinzip in Verbindung mit der Triangulation. Empfängt er vom Steuergerät einen digitalen Sendeimpuls, regt die elektronische Schaltung die Aluminiummembran mit Rechteckimpulsen bei der Resonanzfrequenz (ca. 43,5 kHz) in typisch ca. 300 µs zum Schwingen bzw. zum Aussenden von Ultraschall an. Der von einem Hindernis reflektierte Schall versetzt die inzwischen wieder beruhigte Membran wiederum in Schwingungen (während der Abklingdauer von ca. 900 µs kein Empfang möglich). Diese Schwingungen werden von der Piezokeramik als analoges elektrisches Signal ausgegeben und von der Sensorelektronik verstärkt und in ein digitales Signal umgewandelt.

Um einerseits möglichst viele Hindernisse im Erfassungsbereich zu erkennen, andererseits Bodenunebenheiten zu ignorieren, ist die Detektionscharakteristik der Sensoren asymmetrisch ausgebildet. Der Erfassungswinkel in der Horizontalen beträgt ca. ±60°, in der Vertikalen ca ±30°. Die Asymmetrie wird vorzugsweise mit einem selektiven, länglichen dünnen Membranbereich erreicht.

1 Ultraschallsensor (Schnittbild)

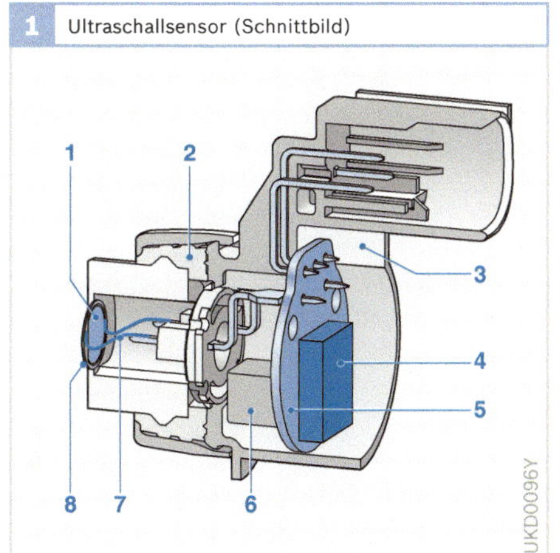

Bild 1
1 Piezokeramik
2 Entkopplungsring
3 Gehäuse mit Steckverbinder
4 ASIC
5 Leiterplatte mit Sende- und Auswerteelektronik
6 Übertrager
7 Bonddraht
8 Membran

Regen-/Lichtsensor

Der Regen- und der Lichtsensor sind in einem Gehäuse integriert, das innen an der Windschutzscheibe, im Bereich des Rückspiegels, aufgeklebt ist. Der Sensor wird in aller Regel über eine LIN-Bus-Verbindung mit der Zentralsteuereinheit oder dem Dachmodulsteuergerät verbunden.

Anwendung

Regensensor

Der Regensensor erkennt feinste Wassertropfen auf der Windschutzscheibe und ermöglicht somit die automatische Betätigung des Scheibenwischers. Abhängig von der gemessenen Regenmenge steuert der Sensor die Geschwindigkeit der Wischanlage (Intervall, Stufe 1 und Stufe 2).

Zusammen mit elektronisch geregelten Wischerantrieben kann im Intervallbetrieb die Wischgeschwindigkeit stufenlos geregelt werden. Tritt z. B. beim Überholen eines Nkw Schwallwasser auf die Windschutzscheibe, wird der Wischer sofort auf die höchste Geschwindigkeit geschaltet.

Verschiedene Aktivierungsstrategien sind verfügbar:

- Permanent aktiv,
- Aktivieren über Lenkstockschalter,
- Aktivieren nach Lenkstockschalterbewegung („Transienten").

Die Empfindlichkeit des Ansprechverhaltens kann am Lenkstockschalter eingestellt werden.

Durch diese Assistenzfunktion wird der Fahrer von vielen Handgriffen befreit, die bisher bei konventionellen Wischersteuerungen erforderlich waren. Die manuelle Steuerung bleibt ihm jedoch als zusätzlicher Eingriff erhalten.

Der Regensensor lässt sich auch für Zusatzfunktionen, wie z. B. zum automatischen Schließen der Fenster und des Schiebedachs nutzen.

Lichtsensor

Zusätzlich ist im Regensensor ein Lichtsensor integriert. Dieser kann die verschiedenen Lichtsituationen (z. B. Morgen- und Abenddämmerung, Tunnelein- und -ausfahrt, Fahrt unter langen Brücken) detektieren und das Abblendlicht entsprechend ein- oder ausschalten. Darüber hinaus kann der Lichtsensor zur Steuerung sämtlicher Beleuchtungsfunktionen am Fahrzeug genutzt werden. Zum Beispiel die Illuminationsanpassung des Kombiinstruments, „coming home leaving home" (Licht bleibt in Abhängigkeit des vorherigen Zustandes noch etwas länger an bzw. schaltet morgens sofort nach Fahrzeugaktivierung wieder ein) oder selektives Zuschalten der Heckscheinwerfer.

1 Regen-/Lichtsensor für Windschutzscheiben

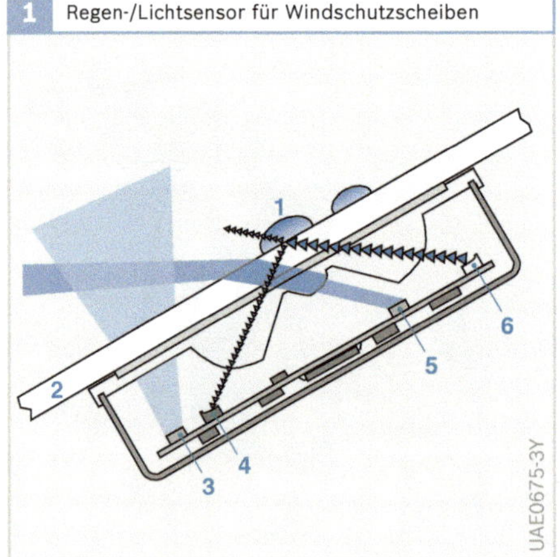

Bild 1
1 Regentropfen
2 Windschutzscheibe
3 Umgebungslichtsensor
4 Photodiode
5 in die Entfernung gerichteter Lichtsensor
6 Leuchtdiode

Aufbau und Arbeitsweise

Regensensor

Der Regensensor besteht aus einer optischen Sende-Empfangsstrecke (**Bild 1**). Eine Leuchtdiode (6) emittiert Licht unter einem bestimmten Winkel in die Windschutzscheibe (2), das an der äußeren Grenzschicht (Glas/Luft) reflektiert (Totalreflektion) und dann auf einem ausgerichteten Empfänger (Photodiode, Pos. 4) ausgewertet wird. Befindet sich Feuchtigkeit auf der sensitiven Außenfläche, wird ein

Teil des Lichts ausgekoppelt und schwächt das Empfangssignal in Abhängigkeit der Tropfengröße und ihrer Anzahl. Die Veränderung des Empfangssignals bildet die Grundlage für die Ermittlung der Statusinformation und damit die Ansteuerung der Wischanlage. Um nach dem Wischvorgang die neu auftreffende Regenmenge bestimmen zu können, befindet sich der Regensensor im Wischfeld des Scheibenwischers.

Die neue Generation von Regensensoren arbeitet mit Infrarotlicht. Damit kann der Regensensor auch im getönten Bereich der Windschutzscheibe und somit - ja nach Tönung - von außen nahezu unsichtbar angebracht werden.

Lichtsensor

Der integrierte Lichtsensor besteht meist aus zwei oder drei Photodioden (Bild 1, Pos. 3, 5), die das Licht aus verschiedenen Richtungen empfangen und auswerten. Je nach Funktion des Lichtsensors werden Dioden eingesetzt, die das Empfangsverhalten des menschlichen Auges widerspiegeln („Silicon Eyes"), oder mehr im Nahinfrarotbereich ihre maximale Empfindlichkeit haben. Für Lichtschaltfunktionen sind Silicon Eyes besser geeignet, für zusätzliche Klimafunktionen ist eine Kombination aus Silicon Eyes und Standarddioden notwendig.

Ausgabe

Im Regen-/Lichtsensor sind komplexe Filterfunktionen und Auslösestrategien hinterlegt. Die daraus abgeleiteten Statusinformationen (z. B. Wischen Stufe 1, stufenlose Wischgeschwindigkeit, Intervallzeit, Licht ein, Licht aus) werden über einen Datenbus (z. B. CAN, LIN) anderen Steuergeräten zur Verfügung gestellt.

Schmutzsensor

Anwendung

Der Schmutzsensor (Bild 2) erkennt den Verschmutzungsgrad der Secheinwerferstreuscheiben und ermöglicht eine eigenständige automatische Reinigung.

Aufbau und Arbeitsweise

Die Reflexionslichtschranke des Sensors besteht aus einer Lichtquelle (LED) und einem Lichtempfänger (Photodiode). Sie sitzt auf der Innenseite der Streuscheibe innerhalb des Reinigungsbereichs, jedoch nicht im direkten Strahlengang des Fahrlichts. Bei sauberer oder auch von Regentropfen bedeckter Streuscheibe tritt das im nahen Infrarotbereich strahlende Messlicht ungehindert ins Freie. Nur ein verschwindend geringer Teil reflektiert in den Lichtempfänger. Trifft das Messlicht jedoch an der äußeren Oberfläche der Streuscheibe auf Schmutzpartikel, so streut es proportional dem Verschmutzungsgrad in den Empfänger zurück und löst ab einer bestimmten Schwelle die Scheinwerferreinigungsanlage automatisch aus.

2 Schmutzsensor für Scheinwerfer

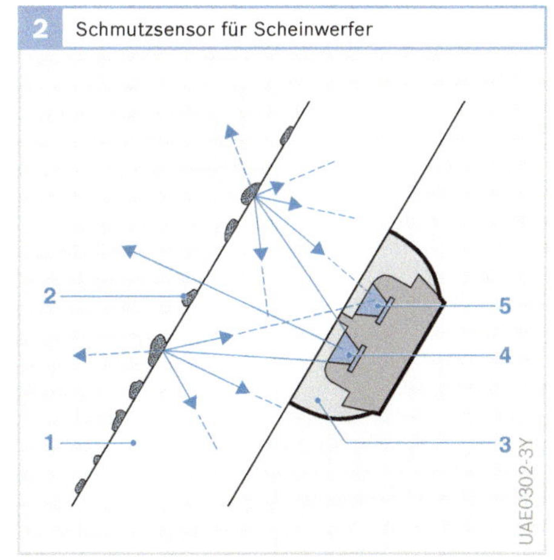

Bild 2
1 Streuscheibe
2 Schmutzpartikel
3 Sensorgehäuse
4 Sender
5 Empfänger

Climate Control Sensor

Anwendung

Der Climate Control Sensor (CCS) misst fortwährend den Kohlendioxidgehalt (CO_2) der Fahrzeuginnenraumluft. Ein erhöhter Kohlendioxidgehalt kann zu Müdigkeit, Unwohlsein und körperlichen Beschwerden führen und ist ein Indikator für verbrauchte Luft im Fahrzeuginnenraum. Der Sensor eröffnet somit erstmals die Möglichkeit einer bedarfsabhängigen Belüftung des Fahrzeugs. Dadurch kann über eine weitgehende Nutzung bereits klimatisierter Luft eine erhebliche Verringerung des Energieverbrauchs der Fahrzeugklimaanlage und damit eine Kraftstoffeinsparung erreicht werden. Die Qualität der Klimatisierung wird durch diese Regelung nicht beeinträchtigt.

In Fahrzeugen, die mit einer neuartigen R744-Klimaanlage ausgerüstet sind, kann der Sensor ferner zur Erkennung von Leckagen des Kältekreislaufs eingesetzt werden, da sich auch hierdurch der Kohlendioxidgehalt der Innenraumluft erhöht.

Aufbau und Arbeitsweise

Für den Climate Control Sensor wird eine spektroskopische Gasmessung verwendet (Bild 1a). Hierbei wird die CO_2-Konzentration über eine wellenlängenabhängige Absorption infraroter Strahlung gemessen. Die von einer thermischen Quelle (1) erzeugte breitbandige Infrarotstrahlung wird durch eine luftdurchlässige Küvette geleitet, in der ein Teil der Strahlung durch das in der Luft enthaltene CO_2 (4) absorbiert wird. Die restliche Strahlung wird von einem eigens für diese Anwendung entwickelten mikrostrukturierten Infrarotdetektor (3) empfangen und in eine elektrische Spannung umgewandelt.

Der Detektor erzeugt eine elektrische Spannung, deren Höhe von der auftreffenden Strahlungsintensität abhängig ist. Er besitzt einen Messkanal, der durch ein optisches Filter (2) auf die Absorptions-

1 Prinzip des Climate Control Sensors

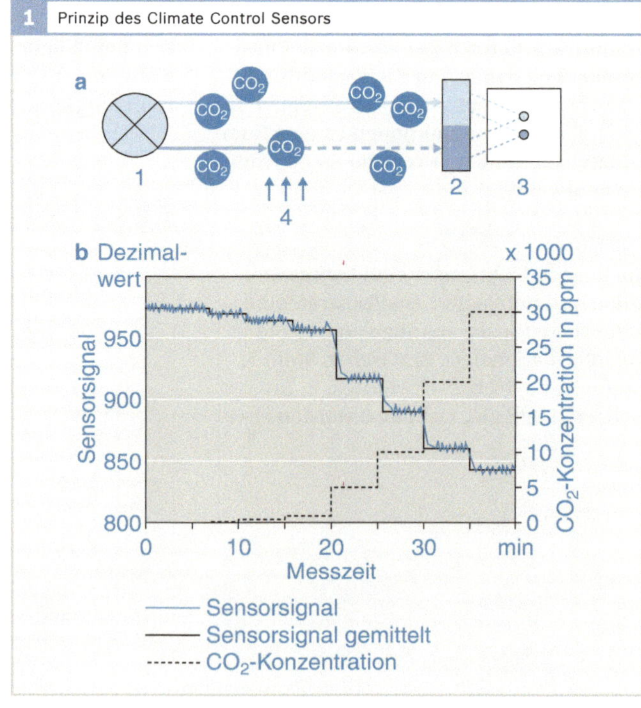

Bild 1
a Messprinzip
b Signalspannung

1 Infrarotstrahler
2 optisches Filter
3 Infrarotdetektor
4 Luft

linie von CO_2 (4,26 µm) abgestimmt wird und einen Referenzkanal (4,0 µm), der nicht durch Gase oder Wasserdampf beeinflusst wird. Durch die Referenzmessung wird die Langzeitstabilität des Sensors sichergestellt.

Die Signale des Infrarotdetektors werden in einem ASIC weiterverarbeitet. Die Signalvorverarbeitung und die Realisierung einer digitalen LIN-Schnittstelle oder ggf. anderer Schnittstellen erfolgen in einem Microcontroller. Über die Schnittstelle kommuniziert der Sensor mit dem Klimasteuergerät im Fahrzeug. Dieses steuert dann die Umluftklappe der Klimaanlage an und regelt so den dem Innenraum zugeführten Außenluftanteil.

Der Sensor misst einen CO_2-Gehalt in der Innenraumluft von 0...3 Vol.-% mit einer Auflösung von < 0,02 Vol.-%. Die Messfrequenz beträgt 1 Hz, die Ansprechzeit liegt bei unter 10 s. **Bild 1b** zeigt das digitale Ausgangssignal des Sensors bei stufenweiser Erhöhung der CO_2-Konzentration über einen Zeitraum von 40 Minuten.

Bei Bedarf kann der Sensor um eine Lufttemperatur- und Luftfeuchtemessung ergänzt werden.

Elektronik

Grundlagen der Halbleitertechnik

Elektrische Leitfähigkeit von Festkörpern

Die Anzahl und die Beweglichkeit der freien Ladungsträger in den verschiedenen Stoffen bestimmen ihre spezifische Eignung zur Stromleitung. Die elektrische Leitfähigkeit fester Körper hat bei Raumtemperatur die Variationsbreite von 24 Zehnerpotenzen. Das führt zur Einteilung in drei elektrische Stoffklassen. Tabelle 1 gibt eine Übersicht mit einigen Beispielen.

Leiter (Metalle)

Alle Festkörper haben je Kubikzentimeter rund 10^{22} Atome, die durch elektrische Kräfte zusammengehalten werden. In Metallen ist die Zahl der freien – d. h. nicht gebundenen – Ladungsträger sehr groß (je Atom ein bis zwei freie Elektronen), ihre Beweglichkeit ist mäßig. Die elektrische Leitfähigkeit von Metallen ist hoch, sie beträgt für gute Leiter ca. 10^6 S/cm.

Nichtleiter (Isolatoren)

In Isolatoren ist die Anzahl der freien Ladungsträger praktisch null. Dementsprechend ist die elektrische Leitfähigkeit verschwindend klein. Die Leitfähigkeit guter Isolatoren beträgt ca. 10^{-18} S/cm.

Halbleiter

Die elektrische Leitfähigkeit von Halbleitern liegt zwischen der von Metallen und Isolatoren. Sie ist – im Gegensatz zur Leitfähigkeit von Metallen und Isolatoren – stark von folgenden Größen abhängig:

- der Druck beeinflusst die Beweglichkeit der Ladungsträger,
- die Temperatur hat Einfluss auf die Anzahl und Beweglichkeit der Ladungsträger,
- die Lichteinwirkung hat ebenfalls Einfluss auf die Anzahl der Ladungsträger, zugefügte Fremdstoffe bestimmen unter Anderem ebenso die Anzahl und Art der Ladungsträger.

Aufgrund dieser Abhängigkeiten sind Halbleiter auch als Druck-, Temperatur- und Lichtsensoren geeignet.

Dotieren von Halbleitern

Durch Dotieren, d. h. durch kontrollierten Einbau von elektrisch wirksamen Fremdstoffen, lässt sich die Leitfähigkeit von Halbleitern definiert und lokalisiert einstellen. Dies bildet die Grundlage der Halbleiterbauelemente. Die durch Dotieren reproduzierbar herstellbare und auch einstellbare elektrische Leitfähigkeit von Silizium beträgt $10^4 ... 10^{-2}$ S/cm.

Elektrische Leitfähigkeit von Halbleitern

Im Folgenden wird von Silizium gesprochen. Silizium bildet im festen Zustand ein Kristallgitter, in dem jedes Siliziumatom jeweils vier gleich weit entfernte Nachbaratome hat. Jedes Siliziumatom hat vier Außenelektronen. Die Bindung mit den Nachbaratomen erfolgt durch je zwei gemeinsame Elektronen. In diesem Idealzustand besitzt das Silizium keine freien Ladungsträger, ist also ein Nichtleiter. Das ändert sich grundlegend durch geeignete Zusätze und bei Energiezufuhr.

1 Klassifizierung der Leitfähigkeit mit Beispielen

Leiter	Halbleiter	Nichtleiter (Isolatoren)
Silber	Germanium	Teflon
Kupfer	Silizium	Quarzglas
Aluminium	Galliumarsenid	Aluminiumoxid

Hier soll anhand einer anschaulichen Modellvorstellung die Dotierung erläutert werden. Es ist jedoch zu beachten, dass nicht alle Effekte anhand dieses Modells erklärt werden können.

1 Dotiertes Silizium

a) n-dotiertes Silizium,
b) p-dotiertes Silizium.
o Elektron, Si Silizium, P Phosphor, B Bor,
E elektrisches Feld.
Die gekrümmten Pfeile geben die Bewegungsrichtung der Elektronen an.

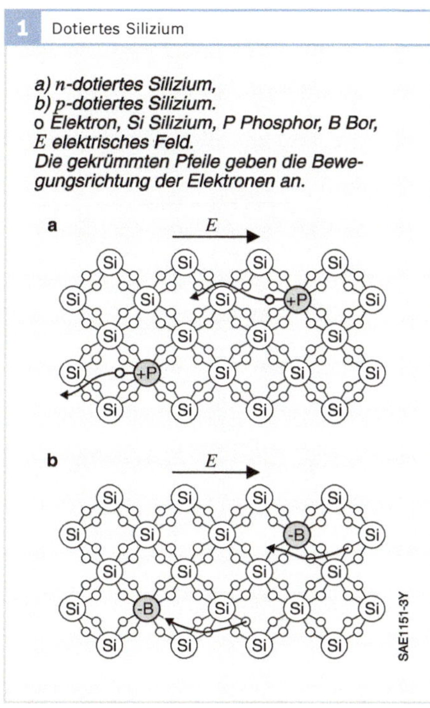

n-Dotierung

Der Einbau von Fremdatomen mit fünf Außenelektronen (z. B. Phosphor) liefert freie Elektronen, denn zur Bindung in das Siliziumgitter werden nur vier Elektronen benötigt (**Bild 1a**). Jedes eingebaute Phosphoratom liefert also ein freies, negativ geladenes Elektron, wobei ein einfach positiv geladener Phosphor-Atomkern zurückbleibt. Das Silizium wird n-leitend (n-Silizium), da ein Überschuss an negativen Ladungen (Elektronen) vorliegt. Aufgrund einer von außen angelegten Spannung wird in **Bild 1** ein elektrisches Feld E erzeugt, das den beweglichen Ladungsträgern eine Vorzugsrichtung für die Bewegung vorgibt.

p-Dotierung

Der Einbau von Fremdatomen mit drei Außenelektronen (z. B. Bor) erzeugt Elektronenlücken („Löcher"), denn zur vollständigen Bindung in das Siliziumgitter fehlt dem Boratom ein Elektron (**Bild 1b**). Diese Lücke wird als Loch oder Defektelektron bezeichnet; dies bedeutet ein fehlendes Elektron. Löcher sind im Silizium beweglich, in einem elektrischen Feld wandern sie in entgegengesetzter Richtung wie die Elektronen. Löcher verhalten sich wie freie positive Ladungsträger. Jedes eingebaute Boratom liefert also ein freies, positiv geladenes Defektelektron (Loch). Das Silizium ist p-leitend und wird p-Silizium genannt.

Eigenleitung

Durch Wärmezufuhr oder Lichteinstrahlung werden auch im undotierten Silizium freie bewegliche Ladungsträger erzeugt, nämlich Elektron-Loch-Paare, die zu einer Eigenleitfähigkeit des Halbleiters führen. Sie ist im Allgemeinen klein gegenüber der durch Dotieren erzeugten Leitfähigkeit. Mit steigender Temperatur nimmt die Zahl der Elektron-Loch-Paare exponentiell zu und verwischt schließlich die durch Dotieren erzeugten elektrischen Unterschiede zwischen p- und n-Gebieten. Dadurch ergibt sich eine Grenze für die maximale Betriebstemperatur von Halbleiterbauelementen. Sie beträgt für Germanium 90 ... 100 °C, für Silizium 150 ... 200 °C und für Galliumarsenid 300 ... 350 °C.

Im n- und im p-Halbleiter sind stets eine kleine Anzahl von Ladungsträgern entgegengesetzter Polarität vorhanden. Diese Minoritätsladungsträger sind für die Arbeitsweise fast aller Halbleiterbauelemente wesentlich.

pn-Übergang im Halbleiter

Der Grenzbereich zwischen einer p-leitenden Zone und einer n-leitenden Zone im selben Halbleiterkristall wird pn-Übergang genannt. Seine Eigenschaften sind grundlegend für die meisten Halbleiterbauelemente.

pn-Übergang ohne äußere Spannung

Im p-Gebiet sind sehr viele Löcher, im n-Gebiet extrem wenige; im n-Gebiet sind sehr viele Elektronen, im p-Gebiet extrem wenige. Dem Konzentrationsgefälle folgend diffundieren die beweglichen

Ladungsträger ins jeweils andere Gebiet (Bild 2b).

Durch die Diffusion der Löcher in das n-Gebiet lädt sich das p-Gebiet innerhalb der Raumladungszone negativ auf, da die negativ geladenen Atomrümpfe (z. B. Boratome) ortsfest bleiben. Durch den Verlust an Elektronen lädt sich das n-Gebiet positiv auf, da hier ortfeste positiv geladene Atomrümpfe (z. B. Phosphor) überschüssig sind. Dadurch bildet sich zwischen dem p- und dem n-Gebiet eine Spannung (Diffusionsspannung U_D) aus, die der Ladungsträgerwanderung aufgrund des Konzentrationsgefälles entgegenwirkt. Der Ausgleich von Löchern und Elektronen kommt hierdurch zum Stillstand. Die aufgrund der Diffusion entstandene Spannung U_D ist von außen nicht direkt messbar und beträgt im Silizium typischerweise knapp 0,6 V.

Am pn-Übergang entsteht somit eine an beweglichen Ladungsträgern verarmte, elektrisch schlecht leitende Zone: Diese wird Raumladungszone oder Sperrschicht genannt. In ihr herrscht ein elektrisches Feld, dessen Stärke auch von der außen angelegten Spannung abhängt.

pn-Übergang mit äußerer Spannung

Nun sollen die Verhältnisse an einer Diode erklärt werden, da ein pn-Übergang dem Aufbau einer Diode entspricht; hierbei liegt am p-dotierten Silizium die Anode, am n-dotierten Bereich die Kathode vor.

Bei Anlegen einer Spannung U in Sperrrichtung (Minuspol am p-Gebiet und Pluspol am n-Gebiet) verbreitert sich die Raumladungszone (Bild 2c). Infolgedessen ist der Stromfluss I bis auf einen geringen Rest, der von den Minoritätsladungsträgern herrührt (Sperrstrom), gesperrt. Die Spannung U fällt dann innerhalb der Raumladungszone ab; daher herrscht dort eine hohe elektrische Feldstärke.

Als Durchbruchspannung wird die Spannung in Sperrichtung bezeichnet, von der ab eine geringe Spannungserhöhung einen steilen Anstieg des Sperrstroms hervorruft (Bild 3). Dieser Effekt lässt sich folgendermaßen erklären: Elektronen, welche die Raumladungszone erreichen, werden aufgrund der hohen Feldstärke stark beschleunigt. Dadurch können sie ihrerseits infolge von Stößen freie Ladungsträger erzeugen; dies wird auch als Stoßionisation bezeichnet. Dadurch steigt der Strom lawinenartig an und führt zum Lawinendurchbruch. Neben dem Lawinendurchbruch ist noch der Zenerdurchbruch

2 pn-Übergang in einer Diode

a) Schaltzeichen der Diode,
b) pn-Übergang ohne äußere Spannung,
c) pn-Übergang in Sperrrichtung,
b) pn-Übergang in Durchlassrichtung.
U angelegte Spannung (Diodenspannung),
I Diodenstrom.
⊕ Positiv geladene Atomrümpfe,
⊖ negativ geladene Atomrümpfe.

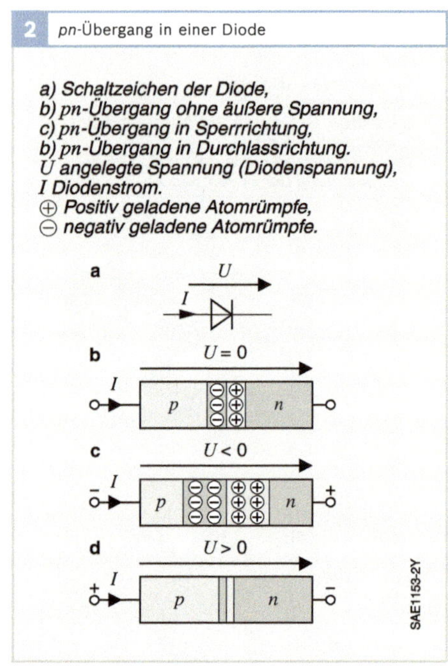

3 Kennlinie einer Si-Diode

U angelegte Spannung (Diodenspannung),
I Diodenstrom.

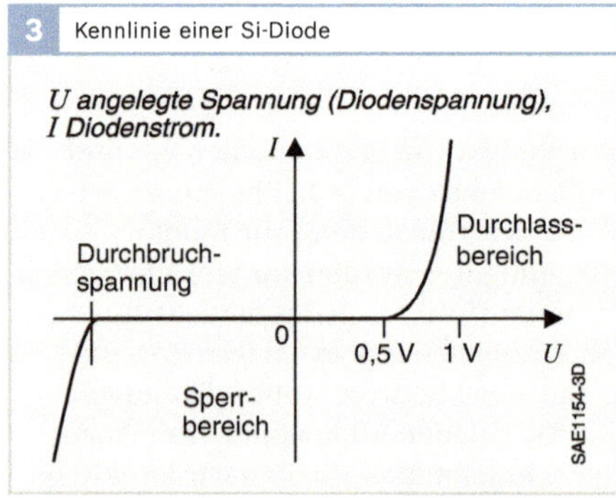

bekannt, der auf dem Tunneleffekt beruht. Der Durchbruch eines *pn*-Übergangs kann diesen zerstören und ist daher oft nicht erwünscht. In manchen Fällen ist der Durchbruch jedoch gewollt. Der Lawinendurchbruch und der Zenerdurchbruch treten nur auf, wenn die Diode in Sperrrichtung betrieben wird.

Bei Anlegen einer Spannung U in Durchlassrichtung (Pluspol am p-Gebiet und Minuspol am n-Gebiet) wird die Raumladungszone abgebaut (**Bild 2d**). Ladungsträger überschwemmen den *pn*-Übergang und es fließt ein großer Strom in Durchlassrichtung (**Bild 3**), da die Raumladungszone keinen nennenswerten Widerstand mehr darstellt. Es wirkt lediglich der Bahnwiderstand, also der ohmsche Widerstand der dotieren Schichten. Der Anstieg des Stroms I in Abhängigkeit von U erfolgt exponentiell. Zu beachten ist aber auch der „thermische Durchbruch", bei welchem der Halbleiter aufgrund der starken Erwärmung zerstört werden kann. Dieser kann z. B. dann auftreten, wenn die Diode in Durchlassrichtung mit einem unzulässig hohen Strom betrieben wird.

Diskrete Halbleiterbauelemente

Die Eigenschaften des *pn*-Übergangs und die Kombination mehrerer *pn*-Übergänge im gleichen Halbleiterkristallplättchen (Chip) sind die Basis einer immer noch wachsenden Fülle von Halbleiterbauelementen, die klein, robust, zuverlässig und kostengünstig sind. Ein *pn*-Übergang führt zu Dioden, zwei *pn*-Übergänge führen zu Transistoren. Die durch Planartechnik mögliche Zusammenfassung einer Vielzahl solcher Funktionselemente auf einem Chip führt zu der wichtigen Familie der integrierten Halbleiterschaltungen. In der Regel sind die wenige Quadratmillimeter messenden Halbleiterchips in genormte Gehäuse (aus Metall, Keramik oder Plastik) montiert.

Dioden

Dioden sind Halbleiterbauelemente mit einem *pn*-Übergang. Das spezifische Verhalten wird durch den jeweiligen Verlauf der Dotierungskonzentration im Kristall bestimmt. Dioden mit mehr als 1 A Durchlassstrom werden als Leistungsdioden bezeichnet.

Gleichrichterdiode

Die Gleichrichterdiode wirkt wie ein Stromventil und ist deshalb das geeignete Bauelement zur Gleichrichtung von Wechselströmen. Der Strom in Sperrrichtung (Sperrstrom) kann etwa 10^7-mal kleiner sein als der Durchlassstrom (**Bild 3**). Er wächst mit steigender Temperatur stark an.

Gleichrichterdiode für hohe Sperrspannung

Bei einem Gleichrichter mit hoher Sperrspannung fällt die Spannung über der Raumladungszone ab. Da diese im Allgemeinen nur wenige Mikrometer groß ist, herrscht dort eine hohe elektrische Feldstärke, die freie Elektronen stark beschleunigen kann. Beschleunigte Elektronen können zur Zerstörung des Halbleiters führen (Lawinendurchbruch). Um dies zu verhindern, erweist sich die Integration einer intrinsischen (eigenleitenden) Schicht zwischen der p- und n-Schicht als nützlich, da sich in dieser nur wenig freie Elektronen befinden und somit die Gefahr eines Durchbruchs vermindert wird.

Schaltdiode

Die Schaltdiode wird vorzugsweise für ein rasches Umschalten von hoher auf niedrige Impedanz und umgekehrt eingesetzt. Die Schaltzeit wird durch zusätzliche Diffusion von Gold verkürzt; dies begünstigt die Rekombination von Elektronen und Löchern.

Z-Diode

Die Z-Diode (Zenerdiode) ist eine Halbleiterdiode, bei der im Fall wachsender Spannung in Sperrrichtung ab einer bestimmten Spannung ein steiler Anstieg des Stroms infolge eines Zener- oder eines Lawinendurchbruchs eintritt. Z-Dioden sind für den Dauerbetrieb im Bereich dieses Durchbruchs konstruiert. Sie werden häufig zur Bereitstellung einer Konstantspannung oder Referenzspannung genutzt.

Kapazitätsdiode

Die Raumladungszone am *pn*-Übergang wirkt wie ein Kondensator; als Dielektrikum wirkt das von Ladungsträgern entblößte Halbleitermaterial. Eine Erhöhung der angelegten Spannung verbreitert die Sperrschicht und verkleinert die Kapazität, eine Spannungserniedrigung vergrößert die Kapazität.

Schottky-Diode

Die Schottky-Diode enthält einen Metall-Halbleiter-Übergang. Weil Elektronen leichter aus *n*-Silizium in die Metallschicht gelangen als umgekehrt, entsteht im Halbleiter eine an Elektronen verarmte Randschicht (Schottky-Sperrschicht). Der Ladungstransport erfolgt ausschließlich durch Elektronen. Das führt zu einem extrem schnellen Umschalten, weil keine Minoritäten-Speichereffekte auftreten. Die Durchlassspannung und damit der Spannungsfall ist bei Schottky-Dioden mit ca. 0,3 V kleiner als bei Silizium-Dioden (ca. 0,6 V).

Solarzelle

Fotovoltaik bezeichnet die direkte Umwandlung von Lichtenergie in elektrische Energie. Die Bauelemente der Fotovoltaik sind die Solarzellen, die im Wesentlichen aus Halbleitermaterialien bestehen. Bei Lichteinwirkung können im Halbleiter freie Ladungsträger (Elektron-Loch-Paare) gebildet werden. Befindet sich im Halbleiter ein *pn*-Übergang, so werden in dessen elektrischem Feld die freien Ladungsträger getrennt und zu den Metallkontakten an den Oberflächen des Halbleiters geleitet. Es entsteht je nach Halbleitermaterial eine elektrische Gleichspannung (Fotospannung) zwischen den Kontakten von 0,5 ... 1,2 V. Dies passiert nur dann, wenn die Lichtquanten mindestens die benötigte Energie zur Erzeugung eines Elektronen-Loch-Paares besitzen. Der theoretische Wirkungsgrad von kristallinen Siliziumsolarzellen liegt bei ca. 30 %.

Fotodiode

In der Fotodiode wird der Sperrschichtfotoeffekt ausgenutzt. Der *pn*-Übergang wird in Sperrrichtung betrieben. Einfallendes Licht erzeugt zusätzliche freie Elektronen und Löcher. Sie erhöhen den Sperrstrom (Fotostrom) proportional zur Lichtintensität. Daher ist die Fotodiode vom Prinzip her betrachtet der Solarzelle sehr ähnlich.

Leuchtdiode

Die Leuchtdiode (LED, Light Emitting Diode) gehört zu den Elektrolumineszensstrahlern. Sie besteht aus einem Halbleiterelement mit *pn*-Übergang. Beim Betrieb in Durchlassrichtung rekombinieren die Ladungsträger (freie Elektronen und Löcher). Der dabei frei werdende Energiebetrag wird in elektromagnetische Strahlungsenergie umgewandelt.

Je nach Wahl des Halbleiters sowie dessen Dotierung strahlt die Leuchtdiode in einem begrenzten Spektralbereich. Häufig verwendete Halbleiterwerkstoffe sind Galliumarsenid (infrarot), Galliumarsenidphosphid (rot bis gelb), Galliumphosphid (grün) und Indium-Galliumnitrid (blau). Um weißes Licht zu erzeugen, wird entweder eine Kombination aus drei Leuchtdioden mit den Grundfarben Rot, Grün und Blau verwendet, oder man regt mit einer blau oder ultraviolett strahlenden Leuchtdiode einen Fluoreszensfarbstoff an.

Bipolare Transistoren

Zwei eng benachbarte *pn*-Übergänge führen zum Transistoreffekt und zu Bauelementen, die elektrische Signale verstärken oder als Schalter wirken. Bipolare Transistoren bestehen aus drei Zonen unterschiedlicher Leitfähigkeit: *pnp* oder *npn*.

Die Zonen (und ihre Anschlüsse) heißen Emitter E, Basis B und Kollektor C (**Bild 4**).

Je nach Einsatzgebieten unterscheidet man z. B. zwischen Kleinsignaltransistoren (bis 1 Watt Verlustleistung), Leistungstransistoren, Schalttransistoren, Niederfrequenztransistoren, Hochfrequenztransistoren, Mikrowellentransistoren und Fototransistoren. Sie heißen bipolar, weil Ladungsträger beider Polaritäten (Löcher und Elektronen) am Transistoreffekt beteiligt sind.

Wirkungsweise eines bipolaren Transistors

Die Wirkungsweise eines bipolaren Transistors ist hier am Beispiel eines *npn*-Transistors erklärt (**Bild 5**). Der *pnp*-Transistor ergibt sich analog durch Vertauschen der *n*- und *p*-dotierten Gebiete.

4 *npn*-Transistor

a) Schaltbild, b) Aufbau. E Emitter, B Basis, C Kollektor. U_{BE} Basis-Emitter-Spannung, U_{CE} Kollektor-Emitter-Spannung. I_B Basisstrom, I_C Kollektorstrom, I_E Emitterstrom.

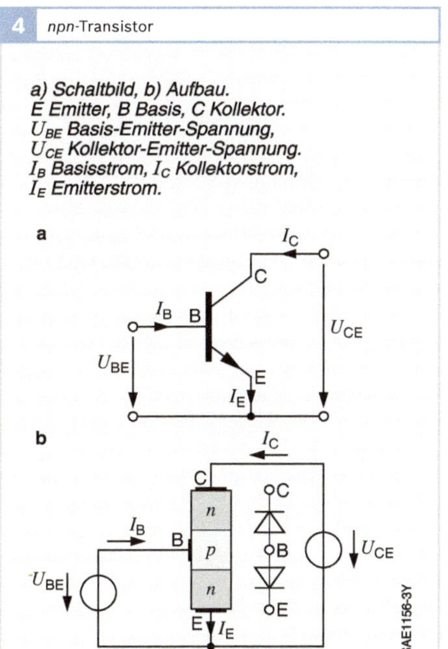

Der Basis-Emitter-Übergang wird in Durchlassrichtung gepolt; dies ist in **Bild 4b** als Diode zwischen Basis B und Emitter E dargestellt. Dadurch werden bei ausreichender Spannung U_{BE} Elektronen in die Basiszone injiziert und es fließt der Basisstrom.

Der Basis-Kollektor-Übergang wird in Sperrrichtung gepolt; dies ist in **Bild 4b** als Diode zwischen Basis B und Kollektor C dargestellt. Dadurch bildet sich eine Raumladungszone im *pn*-Übergang zwischen Basis und Kollektor mit einem hohen elektrischen Feld aus.

Wegen der in Durchlassrichtung gepolten Diode zwischen Basis und Emitter fließt ein großer Strom bestehend aus Elektronen vom Emitter zur Basis. Hier kann jedoch nur ein geringer Bruchteil mit den (weit weniger) vorhandenen Löchern rekombinieren und als Basisstrom I_B aus dem Basisanschluss herausfließen; zu beachten ist, dass in **Bild 4** die technische Stromrichtung – also die Bewegungsrichtung der positiven Ladungsträger – angegeben ist. Der weitaus größere Teil der in die Basis injizierten Elektronen diffundiert durch die Basiszone hin zum Basis-Kollektor-Übergang und fließt dann als Kollektorstrom I_C zum Kollektor (**Bild 5**). Da die Basis-Kollektor-Diode in Sperrrichtung betrieben ist und eine Raumladungszone vorherrscht, werden fast alle (ca. 99 %) der vom Emitter fließenden Elektronen durch das starke elektrische Feld in der Raumladungszone vom Kollektor „abgesaugt". Zwischen dem Kollektorstrom I_C und dem Basisstrom I_B gilt dann näherungsweise ein linearer Zusammenhang:

$$I_C = B\, I_B$$

mit B als Stromverstärkung, die im Allgemeinen zwischen 100 und 800 liegt. Im bipolaren Transistor gilt ebenso die Beziehung für den Emitterstrom I_E (vgl. **Bild 4** und **Bild 5**):

$$I_E = I_B + I_C\,.$$

Mit der Annahme, dass I_B aufgrund der Stromverstärkung B viel kleiner als I_C ist, folgt dann:

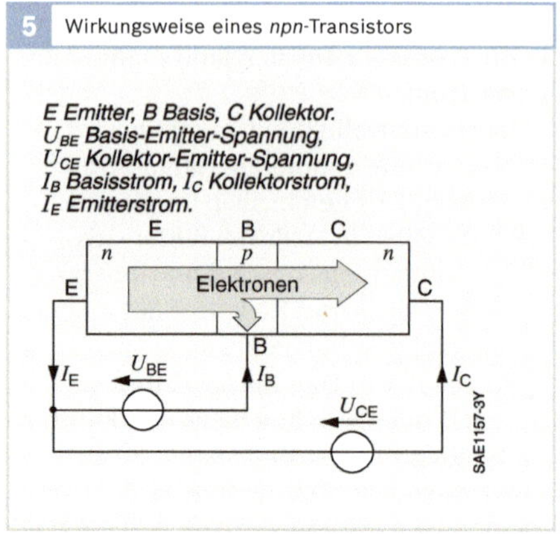

5 Wirkungsweise eines *npn*-Transistors

E Emitter, B Basis, C Kollektor.
U_{BE} Basis-Emitter-Spannung,
U_{CE} Kollektor-Emitter-Spannung,
I_B Basisstrom, I_C Kollektorstrom,
I_E Emitterstrom.

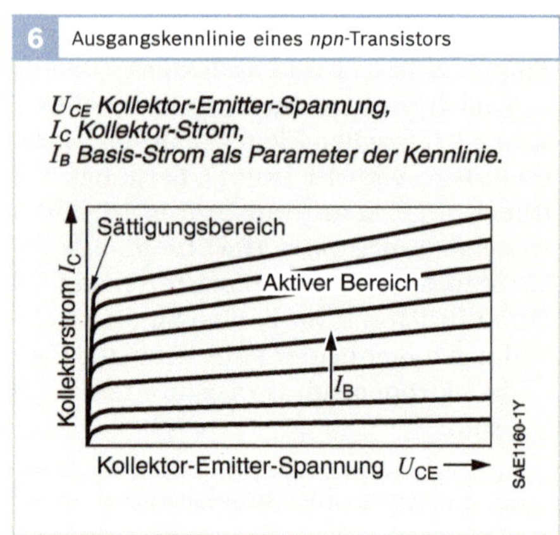

6 Ausgangskennlinie eines *npn*-Transistors

U_{CE} Kollektor-Emitter-Spannung,
I_C Kollektor-Strom,
I_B Basis-Strom als Parameter der Kennlinie.

$I_E \approx I_C$.

Die sehr dünne (und relativ niedrig dotierte) Basis stellt eine über die Basis-Emitter-Spannung U_{BE} einstellbare Barriere für den Ladungsträgerfluss vom Emitter zum Kollektor dar. Mit einer kleinen Änderung von U_{BE} und dem Basisstrom I_B kann eine größere Änderung des Kollektorstroms I_C und der Kollektor-Emitter-Spannung U_{CE} gesteuert werden. Kleine Änderungen des Basisstroms I_B bewirken somit große Änderungen im Emitter-Kollektor-Strom I_C. Der *npn*-Transistor ist ein bipolares, stromgesteuertes, verstärkendes Halbleiterbauelement. Insgesamt erfolgt eine Leistungsverstärkung.

In **Bild 6** ist die Ausgangskennlinie für einen *npn*-Transistor dargestellt. Ab der Sättigungsspannung von ca. 0,2 V für U_{CE} ist der Kollektorstrom I_C nahezu nur noch vom Basisstrom I_B als Parameter abhängig; dieser Bereich wird als „aktiver Bereich" bezeichnet: U_{CE} hat hierbei dann kaum mehr Einfluss auf I_C und es gilt:

$I_C = B\, I_B$.

Der Bereich unterhalb der Sättigungsspannung heißt „Sättigungsbereich". In diesem Bereich steigt I_C stark mit U_{CE} an.

Feldeffekt-Transistoren

Beim Feldeffekt-Transistor (FET) wird der Strom in einem leitenden Kanal im Wesentlichen durch ein elektrisches Feld gesteuert, das durch eine über eine Steuerelektrode (Gate) angelegte Spannung entsteht (**Bild 7**). Im Gegensatz zum bipolaren Transistor arbeiten Feldeffekt-Transistoren nur mit Ladungsträgern einer Sorte (entweder Elektronen oder Löchern), daher auch die Bezeichnung unipolare Transistoren. Diese lassen sich einteilen in Sperrschicht-Feldeffekt-Transistoren (Junction-FET, JFET) und Isolierschicht-

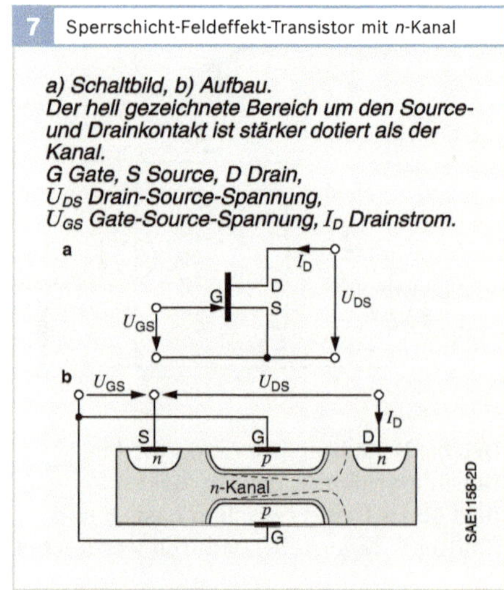

7 Sperrschicht-Feldeffekt-Transistor mit *n*-Kanal

a) Schaltbild, b) Aufbau.
Der hell gezeichnete Bereich um den Source- und Drainkontakt ist stärker dotiert als der Kanal.
G Gate, S Source, D Drain,
U_{DS} Drain-Source-Spannung,
U_{GS} Gate-Source-Spannung, I_D Drainstrom.

Feldeffekt-Transistoren, insbesondere MOS-Feldeffekt-Transistoren (MOSFET oder MOS-Transistoren).

MOS-Feldeffekt-Transistoren eignen sich gut für hochintegrierte Schaltungen. Leistungs-Feldeffekt-Transistoren sind für viele Anwendungen ernst zu nehmende Konkurrenten zu bipolaren Leistungstransistoren. Die Vorteile eines bipolaren Transistors und eines Feldeffekt-Transistors werden in der Leistungselektronik in „Insulated Gate Bipolar Transistoren" (IGBT) kombiniert. Diese IGBC weisen einen geringen Durchgangswiderstand (und damit kleine Verluste) und eine vergleichsweise kleine Ansteuerleistung auf.

Wirkungsweise eines Sperrschicht-FET

Die Wirkungsweise des Sperrschicht-Feldeffekt-Transistors wird anhand des *n*-Kanal-Typs erklärt (**Bild 7**). Die Anschlüsse des Feldeffekt-Transistors werden mit Gate (G), Source (S) und Drain (D) bezeichnet.

An den Enden eines *n*-leitenden Kristalls liegt die positive Gleichspannung U_{DS}. Elektronen fließen durch den Kanal von Source zu Drain. Die Breite des Kanals wird von zwei seitlich eindiffundierten *p*-Zonen und der an diesen anliegenden negativen Gate-Source-Spannung U_{GS} bestimmt. Die Spannung U_{GS} zwischen der Steuerelektrode (Gate G) und dem Anschluss Source (S) steuert somit den Strom I_D zwischen Source und Drain (D).

Für die Funktion des Feldeffekt-Transistors sind nur Ladungsträger einer Polarität notwendig. Die Steuerung des Stroms erfolgt nahezu leistungslos. Der Sperrschicht-FET ist also ein unipolares, spannungsgesteuertes Bauelement. Erhöht man U_{GS}, dehnen sich die Raumladungszonen stärker in den Kanal hinein aus und schnüren den Kanal und somit die Strombahn ein (vgl. gestrichelte Linien in **Bild 7**). Wenn die Spannung U_{GS} an der Steuerelektrode (Gate) null beträgt, ist der Kanal zwischen den beiden *p*-Gebieten nicht eingeschnürt und der Strom I_D von Drain D nach Source S ist maximal.

Die Übertragungskennlinie – also I_D in Abhängigkeit von U_{GS} – sieht dann genauso wie die Kennlinie eines selbstleitenden *n*-Kanal-Feldeffekt-Transistors (NMOS) gemäß **Bild 9c** aus.

Wirkungsweise eines MOS-Transistors

Die Wirkungsweise des MOS-Transistors (Metal-Oxide-Semiconductor) wird anhand des selbstsperrenden (Anreicherungstyp) *n*-Kanal-MOSFET erklärt (**Bild 8**). Ohne Spannung an der Gate-Elektrode fließt zwischen Source und Drain kein Strom, die *pn*-Übergänge sperren. Durch eine positive Spannung am Gate werden aufgrund der Influenz im *p*-Gebiet unterhalb dieser Elektrode die Löcher in das Kristallinnere verdrängt und Elektronen – die ja als Minoritätsladungsträger auch im *p*-Silizium immer vorhanden sind – an die Oberfläche gezogen. Es entsteht eine schmale *n*-leitende Schicht unter der Oberfläche, ein *n*-Kanal. Zwischen beiden *n*-Gebieten (Source und Drain) kann jetzt Strom fließen. Er besteht nur aus Elektronen. Da die Gate-Spannung über eine isolierende Oxidschicht wirkt, fließt kein stationärer Strom über das Gate, die Steuerung erfolgt leistungslos. Es ist lediglich zum Ein- und Ausschalten elektrische Leistung erforderlich, um die Gatekapazität umzuladen. Der MOS-Transistor ist also ein unipolares, spannungsgesteuertes Bauelement.

8 *n*-Kanal-MOSFET im Querschnitt

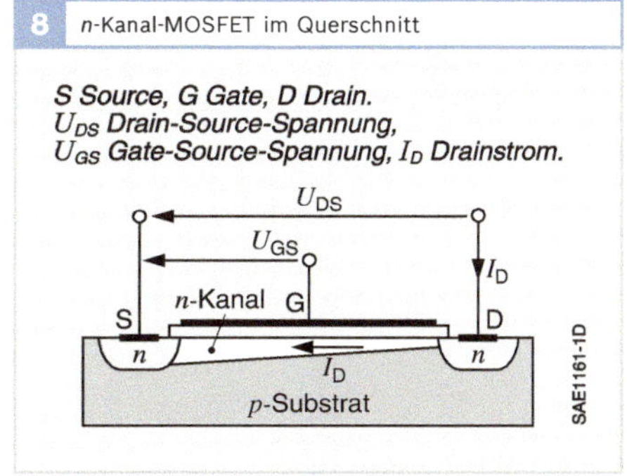

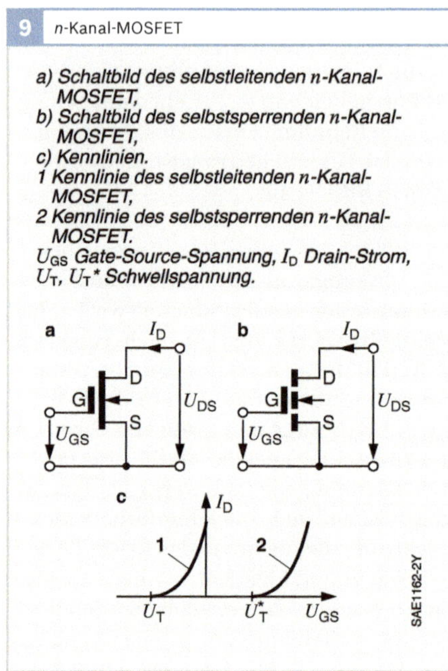

9 n-Kanal-MOSFET

a) Schaltbild des selbstleitenden n-Kanal-MOSFET,
b) Schaltbild des selbstsperrenden n-Kanal-MOSFET,
c) Kennlinien.
1 Kennlinie des selbstleitenden n-Kanal-MOSFET,
2 Kennlinie des selbstsperrenden n-Kanal-MOSFET.
U_{GS} Gate-Source-Spannung, I_D Drain-Strom, U_T, $U_T{}^*$ Schwellspannung.

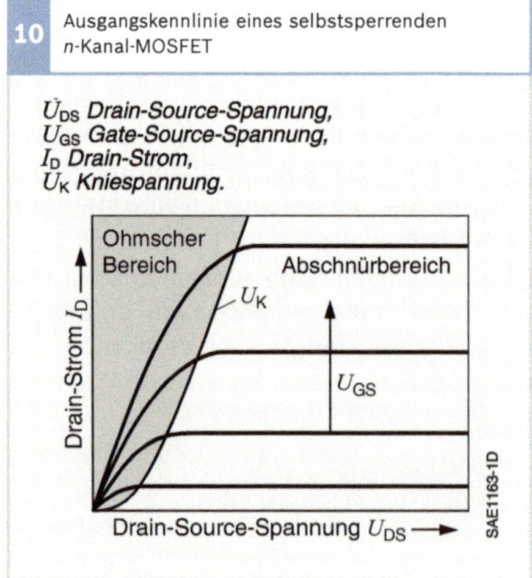

10 Ausgangskennlinie eines selbstsperrenden n-Kanal-MOSFET

U_{DS} Drain-Source-Spannung,
U_{GS} Gate-Source-Spannung,
I_D Drain-Strom,
U_K Kniespannung.

Beim selbstleitenden n-Kanal-MOSFET (Verarmungstyp, **Bild 9a**) liegt die Gate-Source-Spannung U_{GS} zwischen der hier negativen Schwellspannung U_T (Threshold-Spannung) und null Volt (**Bild 9c**). Bei $U_{GS} = 0$ V weist der selbstleitende n-Kanal-MOSFET einen Kanal unterhalb des Gates für den Stromfluss auf. In **Bild 9c** ist I_D in Abhängigkeit der Spannung U_{GS} dargestellt, wobei die Schaltung bei ausreichendem und konstantem U_{DS} im aktiven Bereich betrieben wird. Die Übertragungskennlinie ist eine Parabel. Im Gegensatz hierzu leitet der selbstsperrende n-Kanal-MOSFET (**Bild 9b**) erst ab der hier positiven Schwellspannung $U_T{}^* > 0$ V (vgl. **Bild 9c**). Der selbstsperrende MOSFET ist wesentlich gebräuchlicher als der selbstleitende MOSFET.

In **Bild 10** ist die Ausgangskennlinie eines selbstsperrenden n-Kanal-MOSFET dargestellt. Den Bereich unterhalb der Kniespannung U_K, d. h. für $U_{DS} < U_K$, bezeichnet man aufgrund der linearen Kennlinie als linearen oder als ohmschen Bereich; hier verhält sich der MOSFET wie ein ohmscher Widerstand. Oberhalb der Kniespannung U_K, d. h. für $U_{DS} > U_K$, ist der Ausgangsstrom I_D nahezu unbeeinflusst von der Drain-Source-Spannung U_{DS}; dieser Bereich wird Abschnürbereich genannt. Der Betrag von I_D hängt nur von der Gate-Source-Spannung U_{GS} ab. Der formelmäßige Zusammenhang lautet:

$$I_D = 0{,}5\,K\,(U_{GS} - U_T)^2$$

mit K als Proportionalitätszahl (abhängig unter Anderem von technologischen Größen) und der Schwellspannung U_T, ab welcher der Transistor leitet, d. h. sich ein Kanal ausbildet (vgl. **Bild 9c**).

Source-Schaltung mit Feldeffekt-Transistoren

Die Source-Schaltung ist die am weitesten verbreitete Schaltung mit Feldeffekt-Transistoren; sie entspricht im Wesentlichen der Emitterschaltung mit Bipolar-Transistoren. Für die Diskussion dieser Transistorschaltung sind noch weitere Größen relevant: Die Steilheit S ist definiert als

$$S = \left.\frac{\partial I_D}{\partial U_{GS}}\right|_{U_{DS}=\text{const}} = K\,(U_{GS} - U_T), \tag{1}$$

wenn

$$I_D = 0{,}5\,K\,(U_{GS} - U_T)^2 \tag{2}$$

gilt. Der differentielle Ausgangs-Widerstand r_{DS} lautet

$$r_{DS} = \left.\frac{\partial U_{DS}}{\partial I_D}\right|_{U_{GS}=\text{const}}. \tag{3}$$

Die Source-Schaltung wird prinzipiell gemäß **Bild 11** aufgebaut.

Insgesamt lässt sich folgender Zusammenhang für die differentielle Spannungsverstärkung A angeben (vgl. [1]):

$$A = \frac{\partial U_A}{\partial U_E} = \frac{\partial U_{DS}}{\partial U_{GS}} = -S\left(\frac{R_D\,r_{DS}}{R_D + r_{DS}}\right) \tag{4}$$

Häufig ist $R_D >> r_{DS}$; dann gilt:

$$A = -S\,r_{DS}\,. \tag{5}$$

Der differentielle Ausgangswiderstand beträgt

$$r_A = \frac{\partial U_A}{\partial I_D} = \frac{R_D\,r_{DS}}{R_D + r_{DS}}\,. \tag{6}$$

Allerdings wird für die Praxis häufig auf die Source-Schaltung mit Stromgegenkopplung gemäß **Bild 12** zurückgegriffen: Wenn I_D (= I_S) größer wird, steigt auch das Sourcepotential U_S und die Spannung U_{GS} zwischen Gate und Source – als treibende „Kraft" für den Stromanstieg – wird verkleinert; dies stellt eine Gegenkopplung dar. Da es in der Regel um die Verstärkung von Wechselspannungen geht, werden die Wechselspannungen über Kondensatoren C_E bzw. C_A ein- bzw. ausgekoppelt. In **Bild 12** wird ein Sperrschicht-Feldeffekt-Transistor eingesetzt.

Wenn wie in **Bild 17** parallel zu R_S noch die Kapazität C_S angeschlossen wird, kann hierdurch eine frequenzabhängige Gegenkopplung eingestellt werden: Bei kleinen Frequenzen stellt C_S einen Leerlauf dar und dies ergibt eine maximale Gegenkopplung, d. h. eine verminderte Verstärkung für langsame Änderungen von U_E. Dagegen

11 Source-Schaltung mit einem selbstsperrenden *n*-Kanal-MOS-Feldeffekt-Transistor

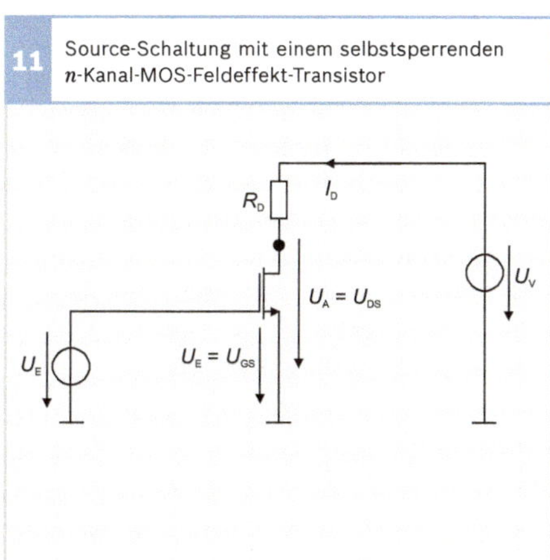

12 Prinzipschaltbild einer Source-Schaltung mit Stromgegenkopplung (mit Sperrschicht-Feldeffekt-Transistor, stets selbstleitend)

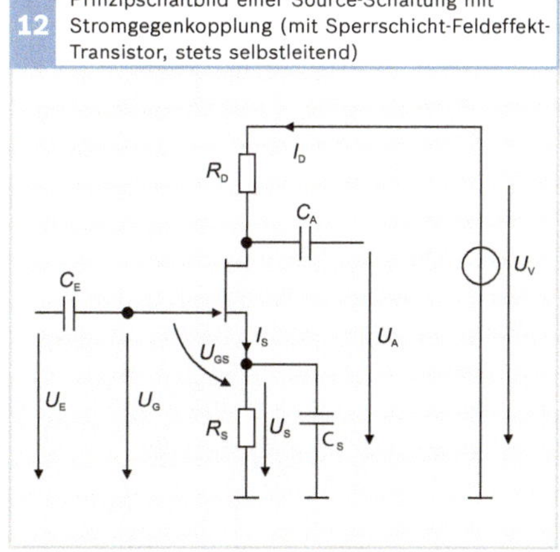

wirkt bei großen Frequenzen C_S wie ein Kurzschluss, sodass mit R_S keine Gegenkopplung mehr bewirkt werden kann, d. h. für die Verstärkung A gelten dann die Gleichungen (4) und (5). Weitere Informationen hierzu finden sich z. B. in [1].

PMOS-, NMOS-, CMOS-Transistoren

Neben dem n-Kanal-MOSFET (NMOS-Transistor) gibt es durch Vertauschen der Dotierung den PMOS-Transistor. NMOS-Transistoren sind wegen der höheren Beweglichkeit der Elektronen schneller als PMOS-Transistoren, die leichter herstellbar und daher zuerst verfügbar waren.

Wenn PMOS- und NMOS-Transistoren paarweise im selben Silizium-Chip hergestellt werden, spricht man von komplementärer MOS-Technik oder Complementary-MOS-Transistoren (CMOS-Transistoren, **Bild 13**). Besondere Vorteile von CMOS-Transistoren sind die sehr niedrige Verlustleistung, die hohe Störsicherheit, eine unkritische Versorgungsspannung sowie die Eignung für Analogsignalverarbeitung und Hochintegration.

13 Aus PMOS- und NMOS-Technik zusammengesetzter CMOS-Inverter

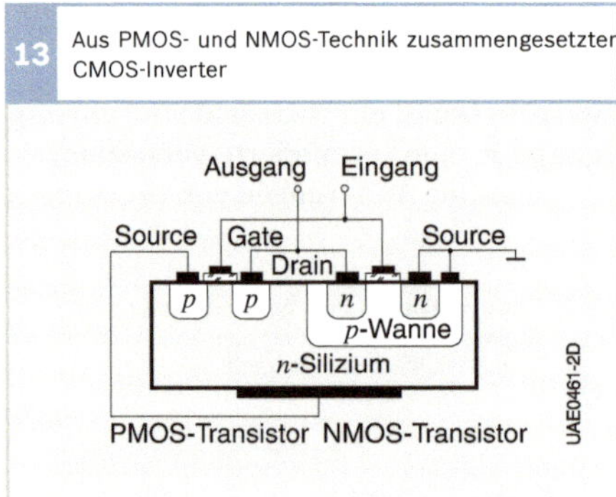

BCD-Mischprozess

Steigende Bedeutung gewinnen integrierte Strukturen für Leistungselektronikanwendungen. Sie werden auf einem Silizium-Chip mit Bipolar- und MOS-Bauelementen realisiert und können damit die Vorteile beider Technologien nutzen. Ein für die Automobilelektronik wichtiger Herstellungsprozess, der auch MOS-Leistungsbauelemente (DMOS) ermöglicht, ist der BCD-Mischprozess. Dieser ist eine Kombination aus Bipolar-, CMOS- und DMOS-Technologie.

Operationsverstärker

Anwendungsgebiete der Operationsverstärker

Der Name „Operationsverstärker“ (OPV) kommt aus der Analogrechentechnik und kennzeichnet einen (fast) idealen Verstärker. Aufgrund seiner Eigenschaften wurde er insbesondere in Analogrechnern für die Lösung nichtlinearer Differentialgleichungen verwendet; z. B. als Summierer, Integrierer und Differenzierer. Mit der stürmischen Weiterentwicklung der Digitalelektronik wurden die Analogrechner immer mehr vom Markt verdrängt, sodass Analogrechner aktuell keine Rolle mehr spielen.

Durch die Integration in mikroelektronischen Schaltkreisen ist es heute möglich, solche Operationsverstärker zu einem sehr günstigen Preis auf dem Markt anzubieten, sodass viele Verstärkeranwendungen damit realisiert werden können. Um die gewünschten Eigenschaften zu erzielen, enthalten Operationsverstärker in integrierter Form einige (je nach Anforderung 10 ... 250) Transistoren, deren Anzahl bei der Integration jedoch nur eine untergeordnete Bedeutung spielt.

Ausgehend von einem „normalen“ Operationsverstärker mit Spannungseingang und Spannungsausgang (VV-Operationsverstärker) soll zunächst das Verhalten eines idealen Operationsverstärkers beschrieben und seine Anwendung gezeigt werden. Danach werden die realen – d. h. nichtidealen – Eigenschaften näher beleuchtet und ihr Einfluss auf die zu realisierende Schaltung untersucht.

Grundlagen

Der ideale Standard-Operationsverstärker ist ein Verstärker mit zwei Eingängen und (normalerweise) einem Ausgang (**Bild 14**).

14 Grundsätzliches Schaltbild eines Operationsverstärkers

+ Nichtinvertierender Verstärkereingang,
– invertierender Verstärkereingang,
U_D Differenzspannung zwischen den beiden Eingangspotentialen U_P und U_N mit
$U_D = U_P - U_N$,
U_A Ausgangsspannung,
U_{CC} positive Versorgungsspannung,
U_E negative Versorgungsspannung.
Alle Spannungen sind auf Masse bezogen.

Die Eingänge sind der nichtinvertierende und der invertierende Eingang. Die Differenzspannung U_D wird verstärkt und dann am Ausgang als Ausgangsspannung U_A bereitgestellt: Es gilt die Beziehung:

$$U_A = A_D\, U_D\,.$$

A_D stellt die Leerlaufverstärkung dar. Der Operationsverstärker wird an eine positive und an eine negative Versorgungsspannung bezüglich des Massepotentials angeschlossen. Bei unipolarer Versorgung kann die negative Versorgungsspannung auf Massepotential liegen. Üblicherweise werden die Versorgungsspannungen in vielen Schaltplänen nicht angegeben. Sie sind aber sehr wohl erforderlich, um die Energieversorgung des Operationsverstärkers zu gewährleisten.

Als Typen des Operationsverstärkers sind folgende Varianten geläufig (**Bild 15**):

- „Normaler“ Operationsverstärker (VV-Operationsverstärker) mit Spannungseingang und Spannungsausgang,
- Transkonduktanz-Verstärker (VC-Operationsverstärker) mit Spannungseingang und Stromausgang,
- Transimpedanz-Verstärker (CV-Operationsverstärker) mit Stromeingang und Spannungsausgang,
- Stromverstärker (CC-Operationsverstärker) mit Stromeingang und Stromausgang.

In der Regel wird der VV-Operationsverstärker eingesetzt, der nun im Folgenden näher erläutert wird. Da für die Funktion eines Operationsverstärkers die Beschaltung von entscheidender Bedeutung ist, wird zunächst auf diese näher eingegangen. Wichtig ist hierbei die Unterscheidung zwischen einer Mit- und einer Gegenkopplung. Des Weiteren soll bei der Herleitung der Zusammenhänge von einem idealen Operationsverstärker ausgegangen werden.

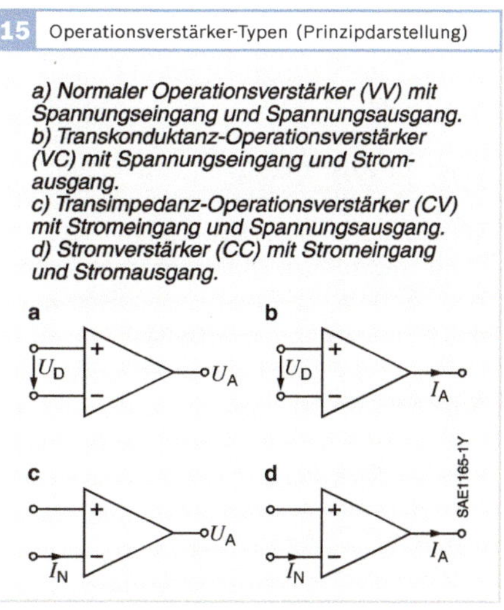

15 Operationsverstärker-Typen (Prinzipdarstellung)

a) Normaler Operationsverstärker (VV) mit Spannungseingang und Spannungsausgang.
b) Transkonduktanz-Operationsverstärker (VC) mit Spannungseingang und Stromausgang.
c) Transimpedanz-Operationsverstärker (CV) mit Stromeingang und Spannungsausgang.
d) Stromverstärker (CC) mit Stromeingang und Stromausgang.

Beschaltung: Gegen- und Mitkopplung

Die Gegenkopplung wirkt der Ursache entgegen. Beim Operationsverstärker ist hierfür eine Verbindung vom Ausgang auf den invertierenden Eingang erforderlich (Bild 16). Diese Verbindung kann durch ein Netzwerk realisiert sein. Die Ursache für eine Änderung der Ausgangsspannung U_A ist stets eine Änderung der Differenzspannung U_D am Eingang; daher wirkt die Gegenkopplung immer so, dass die Spannung U_D sehr klein und im Idealfall null wird.

16 Gegen- und Mitkopplung

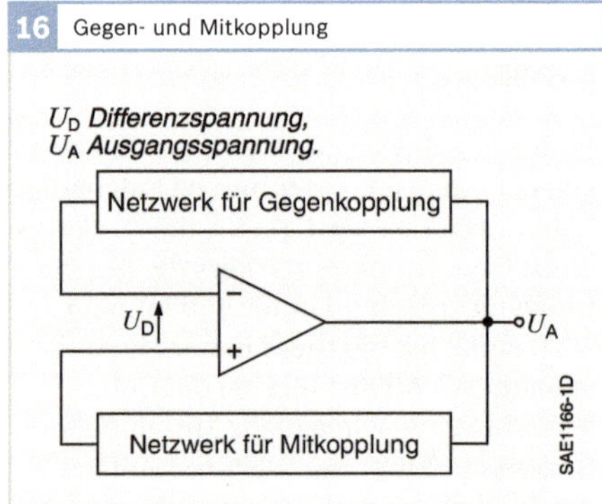

Die Mitkopplung unterstützt im Unterschied zur Gegenkopplung die Ursache für die Änderung am Ausgang. So wird U_A durch die Mitkopplung verstärkt, d. h., U_D wächst mit sich änderndem U_A noch an und ist damit stets ungleich null. Damit kann die Ausgangsspannung U_A nur zwei stationäre Werte annehmen, nämlich den Maximalwert oder den Minimalwert.

Aus regelungstechnischer Sicht ergibt sich aus dem Operationsverstärker und der Rückkopplung gemäß Bild 17 eine

17 Gegenkopplung

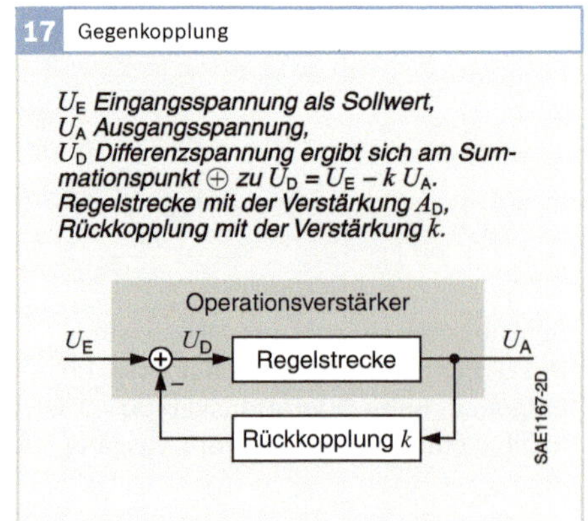

Gegenkopplung. Unter Berücksichtung einer hohen Verstärkung A_D folgt

$$U_A = A_D\,U_D = A_D\,(U_E - k\,U_A)$$

und für die die Gesamtverstärkung

$$A = \frac{U_A}{U_E} = \frac{A_D}{1 + k\,A_D} \approx \frac{1}{k}.$$

Damit wird deutlich, dass trotz einer sehr hohen Leerlaufverstärkung A_D des Operationsverstärkers mit Hilfe der Gegenkopplung eine endliche Verstärkung A mit dem Gegenkoppelnetzwerk eingestellt werden kann. Dies wird weiter unten anhand von Beispielen näher erläutert.

Idealer und realer Operationsverstärker

Zunächst werden die Eigenschaften eines idealen Operationsverstärkers gemäß Bild 18 im Überblick dargestellt.

18 Idealer Operationsverstärker

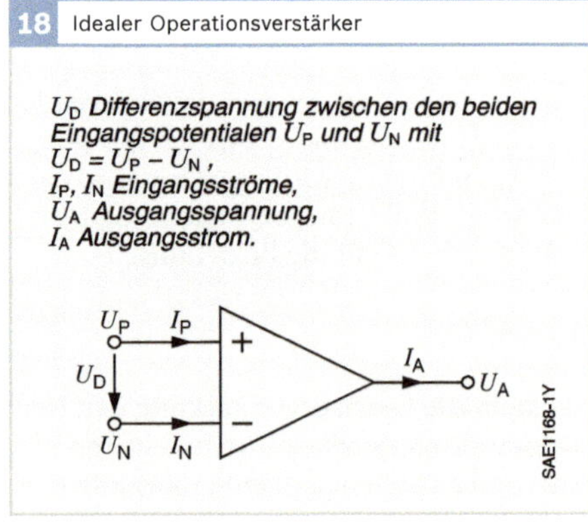

Weitere Informationen hierzu siehe [1].

- Gleichtakt-Eingangswiderstand zwischen je einem Eingang und Masse, wobei gilt: $r_{GP} = U_P/I_P$; $r_{GN} = U_N/I_N$. Im Allgemeinen kann der Gleichtakt-Eingangswiderstand vernachlässigt werden.
- Differenz-Eingangswiderstand zwischen den beiden Eingängen; hier gilt: $r_D = (U_P - U_N)/I_P$. Durch die Gegenkopplung wird r_D erhöht.

- Ausgangswiderstand, differentielle Größe $r_A = dU_A/dI_A$. Der Ausgangswiderstand r_A wird durch eine Gegenkopplung erniedrigt.
- Offsetspannung U_{OS}: Kenngröße zur Beschreibung der Tatsache, dass auch bei Kurzschluss zwischen den beiden Eingängen (also $U_D = 0$) die Ausgangsspannung U_A ungleich null ist.
- Gleichtaktunterdrückungsverhältnis (CMRR, Common-Mode-Rejection-Ratio): Diese Größe beschreibt die Änderung der Ausgangsspannung U_A, wenn sich die beiden Eingangsspannungen U_P und U_N gleichzeitig (im Falle vom periodischen Eingangssignalen gleichphasig) ändern, d. h. U_D konstant bleibt.
- Netzstörunterdrückungsverhältnis (PSRR, Power-Supply-Rejection-Ratio): Änderung der Ausgangsspannung U_A aufgrund einer Änderung der Versorgungsspannungen.

Die wesentlichen Idealisierungen lauten:

- Die Leerlaufverstärkung A_D geht gegen unendlich; im Falle einer Gegenkopplung gilt dann: $U_D = 0$.
- Die Eingangsströme I_N und I_P gehen jeweils gegen null.
- Falls I_N und I_P jeweils gegen null gehen, folgt, dass der Gleichtakt- und der Differenz-Eingangswiderstand gegen unendlich gehen.
- Die Offsetspannung U_{OS} geht gegen null.
- Der Ausgangswiderstand R_A geht gegen null.
- Das Gleichtaktunterdrückungsverhältnis (CMRR) geht gegen unendlich, d. h., bei gleich großer und gleichphasiger Änderung der Spannungen U_P und U_N bleibt U_A unverändert.
- Das Netzstörunterdrückungsverhältnis (PSRR) geht gegen unendlich, d. h., bei einer Änderung der Versorgungsspannung ändert sich U_A nicht.
- Das Verhalten ist unabhängig von der Frequenz.

In der Realität treffen die oben genannten Idealisierungen nicht ganz zu:

- Die Leerlaufverstärkung A_D liegt im Bereich von $10^4 \ldots 10^7$.
- Die Eingangsströme I_N und I_P liegen im Bereich von 10 pA bis 2 µA.
- Der Gleichtakt-Eingangswiderstand liegt im Bereich von $10^6 \ldots 10^{12}\ \Omega$, der Differenz-Eingangswiderstand bei bis zu $10^{12}\ \Omega$.
- Der Ausgangswiderstand R_A liegt im Bereich von 50 Ω bis 2 kΩ.
- Das Gleichtaktunterdrückungsverhältnis (CMRR) liegt im Bereich von 60...140 dB.
- Das Netzstörunterdrückungsverhältnis (PSRR) liegt im Bereich von 60...100 dB.
- Das Verhalten ist abhängig von der Frequenz (Tiefpassverhalten).

Grundschaltungen

Die äußere Beschaltung eines Operationsverstärkers bestimmt das Verhalten der gesamten Schaltung. Hierbei spielt die Gegenkopplung die dominierende Rolle, da hierdurch die Verstärkung durch die Wahl von Widerständen exakt eingestellt werden kann. Anhand von mehreren Beispielen soll nun die Funktion erläutert werden.

Invertierender Verstärker:
In **Bild 19** ist die Grundschaltung für einen invertierenden Verstärker dargestellt.
Der Name ist auf die negative Verstärkung zurückzuführen, d. h., dass bei einer periodischen Eingangsspannung die Ausgangsspannung U_A stets um 180° zur Eingangsspannung U_1 phasenverschoben ist.
Im Folgenden ist es wichtig, dass aufgrund der Gegenkopplung und der hohen Leerlaufverstärkung A_D die Differenzspannung U_D am Eingang stets null ist, da der nichtinvertierende und der invertierende Eingang auf gleichem Potential gehalten werden.
Da aufgrund der Gegenkopplung die Differenzspannung U_D auf null geregelt wird, bezeichnet man dies als „virtuellen Kurzschluss“. Man spricht hier auch von der „virtuellen Masse“, da der invertierende Eingang aktiv auf null (d. h. auf Massepotential) gehalten wird. Außerdem werden

19 Invertierender Verstärker

U_1 Eingangsspannung,
U_D Differenzspannung,
U_A Ausgangsspannung,
R_1, R_2 Netzwerkwiderstände,
I_{R1}, I_{R2} Ströme in R_1 und R_2,
I_N Eingangsstrom.

R1 IR1 IR2 R2 IN = 0 U1 UD UA SAE1169-1Y

20 Nichtinvertierender Verstärker

U_1 Eingangsspannung,
U_D Differenzspannung,
U_A Ausgangsspannung,
R_1, R_2 Netzwerkwiderstände,
I_{R1}, I_{R2} Ströme in R_1 und R_2,
I_N Eingangsstrom.

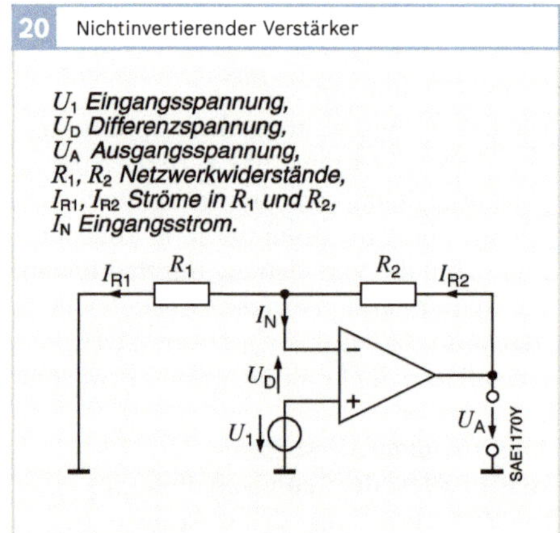

21 Impedanzwandler oder Spannungsfolger

U_1 Eingangsspannung,
U_D Differenzspannung,
U_A Ausgangsspannung,
R_E Eingangswiderstand,
I_P Eingangsstrom.

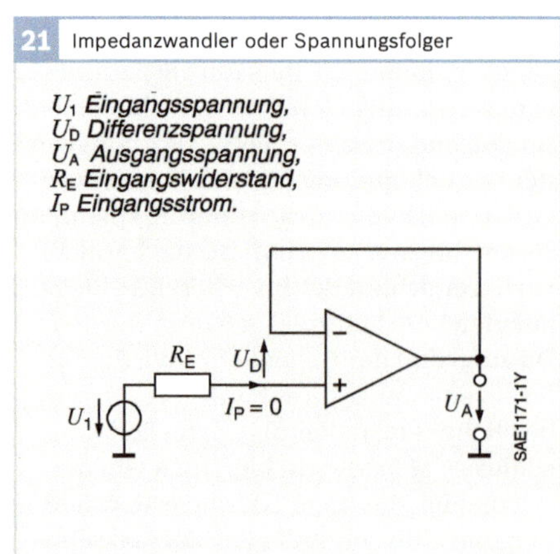

die Eingangsströme vernachlässigt, insbesondere $I_N = 0$ gesetzt. Es gilt:

$$I_{R1} = \frac{U_1}{R_1} \text{ und } I_{R2} = -\frac{U_A}{R_2}.$$

Mit $I_{R1} = I_{R2}$ folgt dann:

$$U_A = -\frac{R_2}{R_1} U_1.$$

Die Ausgangsspannung U_A ist somit direkt von der Eingangsspannung U_1 und von der Wahl der Widerstände R_2 und R_1 abhängig.

Nichtinvertierender Verstärker:
Analog zum invertierenden Verstärker lässt sich der nichtinvertierende Verstärker behandeln (**Bild 20**). Wegen der Gegenkopplung gilt $U_D = 0$. Mit $I_{R1} = I_{R2}$ kann gemäß dem Spannungsteiler - bestehend aus R_1 und R_2 - die Spannung

$$U_1 = \frac{R_1}{R_1 + R_2} U_A$$

berechnet werden. Daraus folgt

$$U_A = \frac{R_1 + R_2}{R_1} U_1 = \left(1 + \frac{R_2}{R_1}\right) U_1.$$

Die Ausgangsspannung U_A ist hier ebenso direkt von der Eingangsspannung U_1 und der Wahl der Widerstände R_2 und R_1 abhängig; allerdings beträgt hier die Verstärkung U_A/U_1 mindestens den Wert eins; U_A und U_1 sind in Phase.

Ein Spezialfall des nichtinvertierenden Verstärkers ist der Spannungsfolger oder Impedanzwandler. Wenn R_1 einen unendlich großen Wert annimmt (Leerlauf) und R_2 gleich null (Kurzschluss) gesetzt wird (**Bild 21**), dann ist die Verstärkung gleich eins (d.h., $U_A = U_1$).

Als Vorteil dieser Schaltung gilt die Eigenschaft, dass die Eingangsspannungsquelle U_1 mit dem Innenwiderstand R_E nicht belastet wird, da der Eingangsstrom I_P näherungsweise gleich null ist. Damit ergibt sich ein vernachlässigbarer Spannungsfall über R_E und wegen $U_D = 0$ steht die Eingangsspannung U_1 am Ausgang des Operationsverstärkers als U_A zur Verfügung. Dies ist insbesondere für die Aufbereitung von Sensorsignalen wichtig, da hier die Sensor-Ausgangsspannung in vielen Fällen nicht belastet werden darf, d. h., dass jeglicher Stromfluss aus dem Sensorelement die abgreifbare Spannung nennenswert erniedrigen kann.

Subtrahierverstärker:
Als gemeinsame Variante der beiden vorher genannten Schaltungen kann der Subtrahierverstärker (**Bild 22**) betrachtet werden. Aufgrund des Überlagerungssatzes (Superpositionsprinzip) kann der Zusammenhang zwischen der Ausgangsspannung U_A und den Eingangsspannungen U_1 und U_2 hergeleitet werden.

$$U_A = \frac{R_2}{R_1}\,(U_2 - U_1).$$

Instrumentenverstärker:
Insbesondere in der Sensorik müssen oft Differenzspannungen an Brückenschaltungen abgegriffen und verstärkt werden, ohne dass eine unzulässig hohe Belastung der Sensorspannung oder der Brückenspannung auftritt. Dies lässt sich durch einen hochohmigen Spannungsabgriff realisieren. Hierfür kann ein Instrumentenverstärker verwendet werden, der die Differenz zwischen zwei Potentialen U_2 und U_1 als verstärkte Ausgangsspannung U_A ausgibt. Der Instrumentenverstärker lässt sich in zwei Teile untergliedern: In den Vorverstärker und einen Subtrahierverstärker (**Bild 22**) mit weiterer Verstärkung. In **Bild 23** ist die prinzipielle Eingangsschaltung der Vorverstärkung eines Instrumentenverstärkers dargestellt.

Gemäß der Regel der Gegenkopplung ist die Spannungsdifferenz zwischen den invertierenden und nichtinvertierenden Eingängen gleich null. Durch die Widerstände R und R' fließt jeweils der Strom I, da die Eingangsströme I_{N1} und I_{N2} vernachlässigt werden können. Es gilt:

$$I = \frac{U_1 - U_2}{R'} = \frac{U_{A1} - U_{A2}}{2\,R + R'}, \text{ also}$$

$$U_{A1} - U_{A2} = (U_1 - U_2)\left(\frac{2\,R}{R'} + 1\right).$$

Somit ergibt sich als Spannungsdifferenz U_D zwischen den beiden Ausgängen der beiden Operationsverstärker die verstärkte Differenz zwischen den beiden Span-

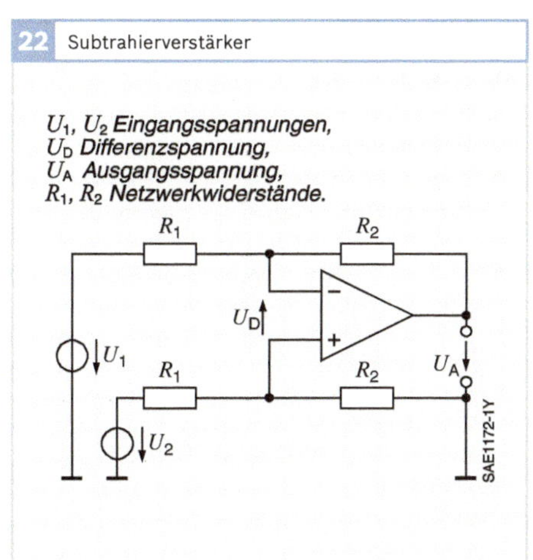

22 Subtrahierverstärker

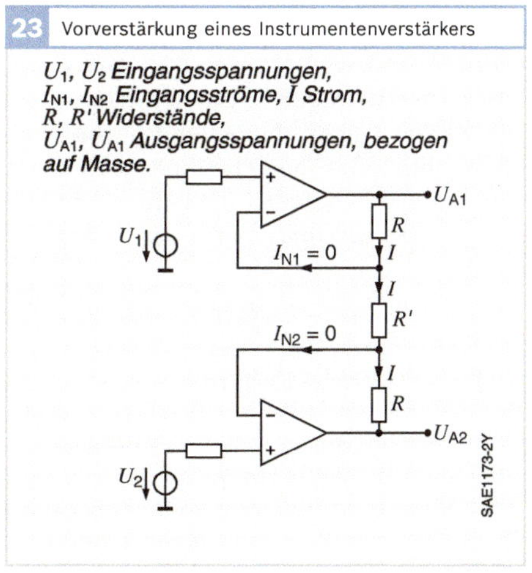

23 Vorverstärkung eines Instrumentenverstärkers

nungen U_1 und U_2. Um diese Spannung U_D als eine auf die Masse bezogene Ausgangsspannung U_A auszugeben, kann ein Subtrahierverstärker nachgeschaltet werden (Bild 22), wobei U_{A1} anstelle von U_1 und U_{A2} anstelle von U_2 eingespeist wird.

Wichtige Kenndaten

Für viele Anwendungen müssen die Operationsverstärker bestimmte Eigenschaften aufweisen, die sich zum Teil widersprechen. Es gibt eine Vielzahl von Operationsverstärkern, welche für verschiedene Einsatzgebiete optimiert sind. Grundsätzlich werden die Daten für bestimmte Arbeitspunkte oder Arbeitsbereiche angegeben.

Temperaturbereich:
Im Konsumelektronik-Bereich ist der Temperaturbereich zwischen 0 °C und 70 °C üblich. Für den erweiterten industriellen Bereich wird häufig der Temperaturbereich zwischen –20 °C und +70 °C genannt; dieser Bereich wird vor allem für Geräte gefordert, die außerhalb von Gebäuden eingesetzt werden. Für militärische Einsatzgebiete wird der Temperaturbereich von –55 °C bis +125 °C angegeben. Diese Forderungen decken allerdings nicht alle Anforderungen für die Anwendung in Fahrzeugen ab; z. B. treten im Motorraum oder in Bremssystemen durchaus noch höhere Temperaturen auf.

Offset-Spannung:
Als Offsetspannung U_{OS} wird die Kenngröße zur Beschreibung der Tatsache bezeichnet, dass auch bei Kurzschluss zwischen den beiden Eingängen (d. h. für $U_D = 0$) die Ausgangsspannung U_A ungleich null ist. Diese wirkt somit wie eine von außen angelegte Spannung U_D und addiert sich zu dieser. Die Offsetspannung U_{OS} kann z. B. dadurch ermittelt werden, dass am Eingang diejenige Spannung ermittelt wird, welche die Ausgangsspannung U_A gleich null einstellt (Bild 24). Die Offsetspannung U_{OS} rührt u. a. von Asymmetrien in der inneren Beschaltung der beiden Eingänge her und liegt typischerweise im Bereich von einigen µV bis wenigen mV.

24 Offsetspannung

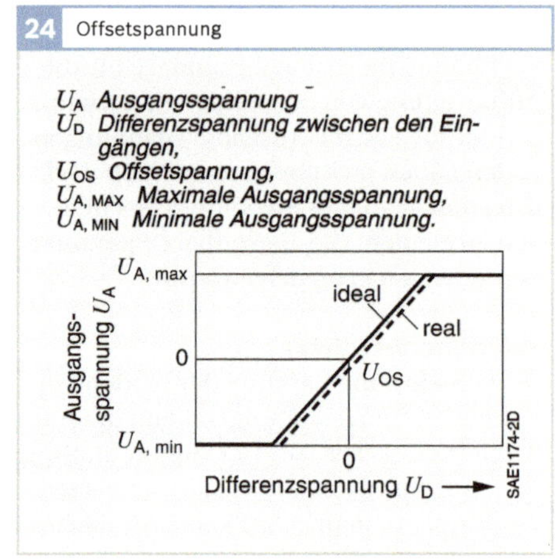

Allerdings ist neben dem Wert der Offsetspannung U_{OS} auch der Temperatureinfluss und die Langzeitstabilität von großer Bedeutung. Bei einigen Operationsverstärkern wird die Möglichkeit geboten, durch eine äußere Beschaltung die Offsetspannung zu kompensieren – soweit dies nicht bereits durch interne schaltungstechnische Maßnahmen realisiert ist. Wichtig ist in diesem Zusammenhang, dass auch die Eingangsspannung aufgrund des Temperatureinflusses driften kann; so stellen Lötstellen Thermoelemente mit einer Spannung in der Größenordnung von 10...100 mV/K dar.

Eingangswiderstände und -ströme:
Aufgrund der in der Regel sehr kleinen Eingangsströme I_N und I_P ergeben sich entsprechend sehr große Eingangswiderstände, die zum Teil im hohen Megaohm-Bereich liegen. Es wird hier zwischen dem Gleichtakt-Eingangswiderstand (Widerstand zwischen je einem Eingang und Masse) und dem Differenz-Eingangswiderstand zwischen den beiden Eingängen unterschieden.

Die Eingänge üblicher Operationsverstärker bilden Transistoren; entweder bipolare Transistoren, bei denen jeweils die Basis angesteuert wird, oder MOS-Feldeffekt-Transistoren, bei denen das Gate umgeladen wird. Hierdurch erklären sich die kleinen Eingangsströme. Bei Verwendung von bipolaren Transistoren sind dies Basisströme und liegen im Bereich von µA. Bei Verwendung von MOSFET ergeben sich die entsprechenden Gate-Ströme, die zum Umladen der beteiligten Gatekapazität erforderlich sind. Letztere sind proportional zur Schaltfrequenz und liegen in der Regel im Bereich von pA.

Der Eingangsstrom (Input Bias Current) kann bei hochohmigen Schaltungen einen Eingangsspannungsfehler verursachen. Dieser kann kompensiert werden, wenn an beiden Eingängen gleiche Impedanzen angeschlossen werden, da dann jeweils die gleiche Spannung abfällt und die Differenzspannung U_D davon unberührt bleibt. Wie die Offsetspannung kann auch der Eingangsstrom über die Temperatur und die Zeitdauer driften.

Ausgangswiderstand:
Der Ausgang des Operationsverstärkers lässt sich durch eine Serienschaltung einer idealen Spannungsquelle und einem Widerstand beschreiben; letzterer ist dann der Ausgangswiderstand R_A. Dieser Widerstand begrenzt den Ausgangsstrom. Im Allgemeinen können Operationsverstärker Ausgangsströme von 20 mA treiben, wobei es auch Typen mit einem Ausgangsstrom bis zu 10 A gibt.

Spannungsanstiegsrate:
Die Spannungsanstiegsrate (SR, Slew Rate) bezeichnet die maximal mögliche Änderung der Ausgangspannung U_A pro Zeit, d. h. den maximalen Wert für dU_A/dt. Die Werte für die Spannungsanstiegsrate liegt für herkömmliche Operationsverstärker im Bereich von unter 1 V/µs bis über 1 V/ns.

Rauschen:
Das Rauschen lässt sich durch durch Angabe der Rauschspannungsdichte oder der Rauschstromdichte beschreiben. Üblicherweise wird die Rauschspannungsdichte U'_R in nV/$\sqrt{\text{Hz}}$ angegeben.
Der Effektivwert der Rauschspannung U_R (analog gilt dies für den Rauschstrom) ergibt sich aus der jeweiligen Kennzahl multipliziert mit der Wurzel der betrachteten Bandbreite B:

$$U_R = U'_R \sqrt{B}.$$

Für eine Verstärkerschaltung ergibt sich die gesamte effektive Rauschspannungsdichte als die Wurzel aus der Summe der Quadrate der Effektivwerte.

$$U'_{R,ges} = \sqrt{(U_{R,1})^2 + \ldots + (U_{R,m})^2}$$

m bezeichnet dabei die Anzahl der Rauschterme.

Das Rauschen wird überwiegend am Eingang des Operationsverstärkers bestimmt. Werden JFET oder MOSFET verwendet, ergibt sich ein niedriges Strom-, aber vergleichsweise hohes Spannungsrauschen. Umgekehrt verhält es sich bei Operationsverstärkern, die auf bipolaren Transistoren basieren (siehe [1] und [4]).

Literatur

[1] U. Tietze, Ch. Schenk: Halbleiter-Schaltungtechnik, 13. Auflage, Springer-Verlag, 2010
[2] A. Führer, K. Heidemann, W. Nerreter:Grundgebiete der Elektrotechnik, Bände 1-3, Carl Hanser Verlag, München, Wien
[3] R. Ose: Elektrotechnik für Ingenieure, Carl-Hanser-Verlag, 2007
[4] R. Müller: Rauschen, Springer Verlag, 1989

Monolithische integrierte Schaltungen

Monolithische Integration

Die Planartechnik beruht darauf, dass sich Siliziumscheiben (Wafer) leicht oxidieren lassen und dass Dotierstoffe um viele Zehnerpotenzen langsamer ins Oxid als ins Silizium eindringen: nur wo Öffnungen in der Oxidschicht sind, erfolgt die Dotierung. Diese durch die IC-Konstruktion bestimmten geometrischen Muster werden mithilfe fotolithografischer Verfahren auf die Wafer übertragen. Alle Prozessschritte (Oxidieren, Abtragen, Dotieren, Abscheiden) erfolgen nacheinander von einer Oberflächenebene her (planar).

Die Planartechnik ermöglicht die Herstellung aller Komponenten einer Schaltung (z. B. Widerstände, Kondensatoren, Dioden, Transistoren) einschließlich der leitenden Verbindungen in einem gemeinsamen Fertigungsprozess auf einem einzigen Siliziumplättchen (Chip). Aus Halbleiterkomponenten werden monolithische integrierte Schaltungen (Integrated Circuit, IC).

Im Allgemeinen umfasst diese Integration ein Teilsystem der elektronischen Schaltung, zunehmend mehr auch das Gesamtsystem: „System on a Chip".

Aufgrund der immer höher steigenden Packungsdichte (Integrationsdichte) wird auch zunehmend die dritte Dimension, d. h. die Ebene senkrecht zur Oberfläche, im Design genutzt. Hierdurch können insbesondere für die Leistungselektronik Vorteile wie kleinere Widerstände, niedrigere Verluste und damit auch höhere Stromdichten erreicht werden.

Integrationsgrad

Der Integrationsgrad ist ein Maß für die Anzahl der Funktionselemente je Chip. Nach Integrationsgrad (und Chipfläche) unterscheidet man folgende Techniken:

- SSI (Small Scale Integration) mit bis zu einigen 100 Funktionselementen pro Chip und einer mittleren Chipfläche von 1 mm². Die Chipfläche kann bei Schaltungen mit hohen Leistungen aber auch sehr viel größer sein (z. B. Smart Power Transistors).
- MSI (Medium Scale Integration) mit einigen 100 bis 10 000 Funktionselementen pro Chip und einer mittleren Chipfläche von 8 mm².
- LSI (Large Scale Integration) mit bis zu 100 000 Funktionselementen pro Chip und einer mittleren Chipfläche von 20 mm².
- VLSI (Very Large Scale Integration) mit bis zu 1 Million Funktionselementen pro Chip und einer mittleren Fläche von 30 mm².
- ULSI (Ultra Large Scale Integration) mit über 1 Million Funktionselementen pro Chip (Flash-Speicher enthalten heute bis zu 20 Milliarden Transistoren pro Chip), einer Fläche bis zu 300 mm² und kleinsten Strukturgrößen von ≤ 30 nm.

Für die Konstruktion integrierter Schaltungen sind rechnergestützte Simulations- und Entwurfsmethoden (CAE und CAD) unerlässlich. Bei VLSI und ULSI werden ganze Funktionsblöcke eingesetzt, da sonst der zeitliche Aufwand und das Fehlerrisiko die Entwicklung unmöglich machen würde. Zusätzlich werden Simulationsprogramme benutzt, um eventuell auftretende Fehler erkennen zu können.

Herstellung von Halbleiterbauelementen und Schaltungen

Halbleiterbauelemente

Die meisten Halbleiterbauelemente werden aus Silizium hergestellt. Ausgangsmaterial ist SiO_2 (Quarz). Es ist in der Natur in Form von Bergkristall oder als Quarzsand in großen Mengen verfügbar. Daraus werden einkristalline Stäbe aus Reinstsilizium mit einem Durchmesser von ca. 50 mm (2″) bis 300 mm (12″) gezogen. Gängigste Durchmesser sind 150 mm (6″) und 200 mm (8″).

Bei der Herstellung der Kristalle wird eine vom Bauelementehersteller spezifizierte Leitfähigkeit (Grunddotierung) eingestellt. Nach Sägen, Läppen und Polieren entstehen Siliziumscheiben von etwa 0,3...0,7 mm Stärke. Sie werden Wafer genannt. Der Herstellungsprozess für Halbleiterbauelemente beginnt mit diesen Siliziumscheiben (**Bild 1**).

Mithilfe mechanischer Trennvorgänge entstehen aus jedem Wafer eine Vielzahl identischer Einzelsysteme (Chips). Vor dem Trennen wird durch eine Zwischenmessung geprüft, ob die Chips die elektrischen Solldaten erreichen. Nicht verwendbare Chips werden markiert und nach dem Trennvorgang ausgeschieden. Nur die ausgewählten Chips werden montiert, d. h. geklebt, gebondet, umhüllt, verschlossen und zum Endmessen gebracht (**Bilder 1** und **3**).

Die Wertschöpfungskette zwischen Ausgangsmaterial und Endprodukt ist extrem: Silizium in Form von reinem Quarzsand kostet etwa 1 Euro pro kg, in Form eines fertig prozessierten, hochwertigen Mikroprozessors bis zu 1 Million Euro pro kg.

Dotierverfahren

Beim Dotieren werden elektrisch wirksame Stoffe in den Halbleiterkristall an bestimmten Stellen mit genau definierter Konzentration reproduzierbar eingebaut. Dotiertechniken sind die Grundverfahren der Halbleitertechnik. Zielparameter sind Konzentrationsprofil, Eindringtiefe, Oberflächenkonzentration und Planparallelität der Dotierstoff-Fronten.

Hersteller von Halbleiterbauelementen kaufen ihr Ausgangsmaterial mit eng spezifizierten Grunddotierungen in Wafer-Form.

Dotieren während des Kristallwachstums

Während des Kristallwachstums wird der Siliziumschmelze z. B. Phosphor als Dotierstoff zugesetzt. Beim Ziehen des Einkristalls bauen sich die Phosphoratome in den Siliziumkristall ein und machen ihn damit N-leitend.

1 Arbeitsschritte bei der Herstellung von Halbleiterbauelementen

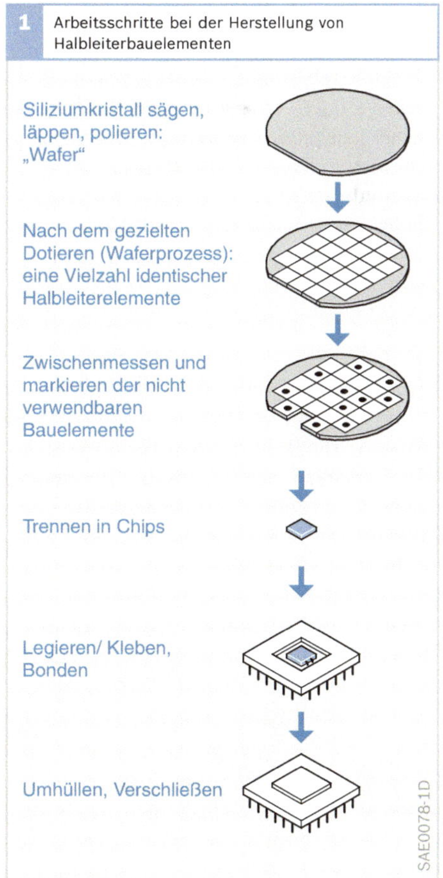

Dotieren durch Diffusion
Bei hohen Temperaturen kann der Dotierstoff in den Siliziumkristall eindiffundieren. Dazu wird an der Oberfläche der Wafer eine bestimmte Konzentration der Fremdatome erzeugt. Aufgrund des Konzentrationsunterschieds wandern die Dotieratome in das Innere der Siliziumwafer.

Für diesen Prozess werden z. B. 50 bis 200 Wafer gleichzeitig in einem Rohrofen bei Temperaturen um 1000 °C dampfförmigen Bor- oder Phosphorverbindungen ausgesetzt. Bor erzeugt P-leitende Gebiete, während durch Einwirkung von Phosphor N-leitende Gebiete entstehen. Oberflächenkonzentrationen, Temperatur und Zeit bestimmen die Eindringtiefe des Dotierstoffs.

Dotieren durch Ionenimplantation
Die Atome eines gasförmigen Dotierstoffs werden im Vakuum zunächst ionisiert, danach durch Hochspannung (bis 300 kV) beschleunigt und so in den Halbleiter „hineingeschossen". Hierbei ist eine besonders genaue Konzentration und Lokalisierung der Dotierung möglich. Zum Einbau der Dotieratome und zur Ausheilung des Kristallgitters ist eine thermische Nachbehandlung erforderlich.

Epitaxie
Dieses Dotierverfahren erzeugt auf einem einkristallinen Substrat eine einkristalline, dotierte Halbleiterschicht von einigen Mikrometern Dicke. Wird gasförmiges Siliziumtetrachlorid mit Wasserstoff über die auf etwa 1200 °C in einem Quarzrohr erhitzten Siliziumscheiben (Wafer) geleitet, zersetzt sich der Dampf und Silizium scheidet sich monokristallin mit etwa 1 µm/min ab. Wird dem Gasstrom eine definierte Menge Dotierstoff zugemischt, dann entsteht eine „Epitaxieschicht", deren elektrische Leitfähigkeit und Leitfähigkeitstyp sich wesentlich und sehr abrupt vom Substrat unterscheiden kann.

2 Mikrostruktur eines Mikrochips mit gebondeten Anschlüssen

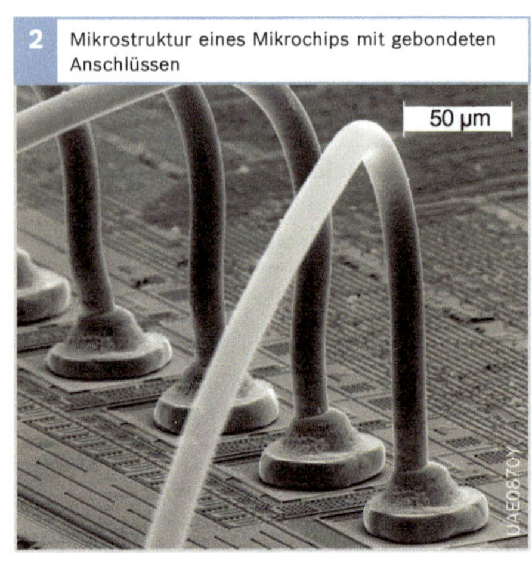

3 Verfahren zur Herstellung von Halbleiterbauelementen

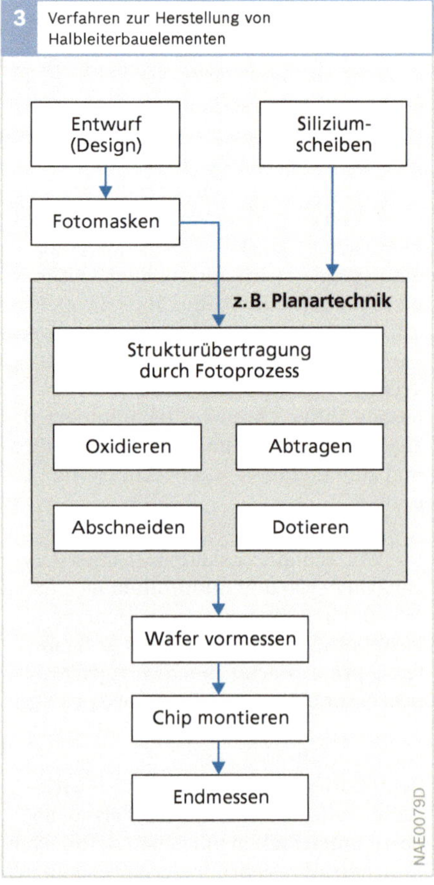

Fotolithographie und Planartechnik
Bei der *Fotolithographie* wird die Struktur des Bauelemente-Entwurfs (Design) mit Metallmasken auf den Wafer übertragen. Die Daten für die Maskenherstellung sind nach Abschluss des Designs auf einem Datenträger (z. B. Magnetband, CD) gespeichert. Damit wird ein Belichtungsgerät gesteuert, das die Strukturen auf Fotoplatten überträgt. Auf optischem Wege werden diese Strukturen anschließend auf Anwendungsgröße verkleinert und so oft auf Metallmasken nebeneinander kopiert, wie es der Fläche der eingesetzten Wafer entspricht.

Da dieses Verfahren bis zu Strukturgrößen anwendbar ist, die sehr viel kleiner sind als die Wellenlänge des genutzten Lichts, wird es auch in Zukunft weiter eingesetzt werden. Die kleinsten erreichbaren Strukturen hängen von der Wellenlänge der Lichtquelle ab. Mit UV-Lasern werden im Labor bereits Strukturen bis zu 0,08 µm auf fotolithographischem Weg erzeugt (zum Vergleich: ein menschliches Haar hat einen Durchmesser von 40...60 µm).

Mit anderen Methoden, wie z. B. mit Röntgen- oder Elektronenstrahllithographie, lassen sich noch wesentlich kleinere Strukturen erzeugen. Diese Verfahren sind aber auch wesentlich teurer, da mit ihnen immer nur *ein* IC auf dem Wafer gleichzeitig „belichtet" werden kann. Deshalb werden sie nur für Spezialfälle verwendet.

Siliziumscheiben (Wafer) lassen sich leicht mit Sauerstoff oder Wasserdampf oxidieren. Diese Oxidschicht verhindert beim Dotieren das Eindringen der Fremdatome. In der Planartechnik werden auf dieser Oxidschicht Öffnungen hergestellt, sodass beim Dotieren durch diese Öffnungen gezielt P- bzw. N-leitende Gebiete entstehen:

Der Wafer wird mit einem speziellen Lack beschichtet und danach durch Metallmasken abgedeckt und belichtet. Nach dem Entwickeln können die vorher von der Maske abgedeckten Lackflächen und die darunter liegende Oxidschicht weggeätzt werden. Die Lage, Größe und Form der so hergestellten Öffnungen entsprechen exakt dem vorgegeben Design. Beim anschließenden Dotieren im Diffusionsofen oder bei der Ionenimplantation dringen elektrisch wirksame Stoffe wie Bor oder Phosphor nur durch diese „Fenster" in der Oxidschicht in das Silizium ein und erzeugen an den gewünschten Stellen N- bzw. P-dotierte Bereiche. Nun wird die Oxidschicht wieder entfernt und der Wafer steht für den nächsten Prozessschritt bereit.

Der fotolithographische Prozess sowie der Dotiervorgang werden so oft wiederholt, wie das Halbleiterbauelement Schichten verschiedener Leitfähigkeit erhalten soll. Bei komplexen, integrierten Schaltungen sind dafür mehr als 20 Prozessschritte notwendig. Um die dadurch hergestellten Funktionselemente elektrisch miteinander zu verbinden, werden die Wafer mit Aluminium oder Kupfer beschichtet und danach die metallischen Leiterbahnen strukturiert, wobei auch bei diesem Verfahren mehrere Metalllagen übereinander angeordnet sein können.

Nach Abschluss dieses Wafer-Prozesses erfolgt die elektrische Prüfung der einzelnen Chips auf dem Wafer (Vormessen). Chips, die nicht den Spezifikationen genügen, werden mit Farbpunkten gekennzeichnet. Danach werden die Wafer mit einer Diamantsäge in Chips vereinzelt. Die funktionsfähigen Chips werden anschließend in Metall- oder Kunststoffgehäuse montiert und mit Anschlüssen versehen. Nach hermetischem Verschluss oder Umhüllen mit Kunststoff erfolgt die Endprüfung.

Konventionelle Leiterplatten

Die Leiterplatte hat sich zu einem eigenständigen elektronischen Bauteil entwickelt. Sie muss genau festgelegte elektrische und mechanische Eigenschaften aufweisen. Zum Beispiel hält die Leiterplatte im Kraftfahrzeug Temperaturen von -40...+145 °C stand. Die Anforderungen an die EMV (Elektromagnetische Verträglichkeit), die Maximalströme und die Komplexität steigen ständig. Dabei sollen die Leiterplatten immer kleiner und kostengünstiger werden - und das bei kürzeren Produktlebenszyklen.

Das Grundmaterial - der Verdrahtungsträger - besteht aus einem Glasfasergewebe. Dieses kann starr oder starrflexibel sein. Die Leiterbahnen an der Oberfläche entstehen aus einer Kupferschicht von 12...70 µm (Basiskupfer). Diese Oberflächen werden, je nach Anwendung, mit Blei-Zinn, Gold oder einem organischen Oberflächenschutz zum Schutz vor Korrosion versehen.

Bauarten

Je nach Komplexität der Schaltung sind Leiterplatten aus mehreren Lagen aufgebaut (**Bild 4**). Die Leiterplatten im Kraftfahrzeug bestehen aus zwei bis acht Lagen.

Einseitige Leiterplatte
Das Leiterbild mit Leiterbahnen und Lötaugen befindet sich nur auf einer Seite des Verdrahtungsträgers (a).

Zweiseitig, nicht durchkontaktierte Leiterplatte
Auf beiden Seiten des Verdrahtungsträgers befindet sich jeweils ein Leiterbild. Die beiden Leiterbilder sind aber nicht miteinander verbunden (b).

Zweiseitig, durchkontaktierte Leiterplatte
Die Leiterbilder der beiden Seiten sind über eine auf den Wandungen der Bohrungen aufgebrachte Kupferschicht miteinander verbunden (c).

Mehrlagige Leiterplatte (Multilayer)
Neben den beiden Außenlagen (hier 1. Lage und 4. Lage) befinden sich zusätzliche Leiterebenen im Innern des Verdrahtungsträgers (Innenlagen). Diese Leiterebenen können elektrisch leitend miteinander verbunden sein. Dazu sind die entsprechenden Leiterebenen an die auf der Wandung der Bohrungen aufgebrachte Kupferschicht angebunden (d).

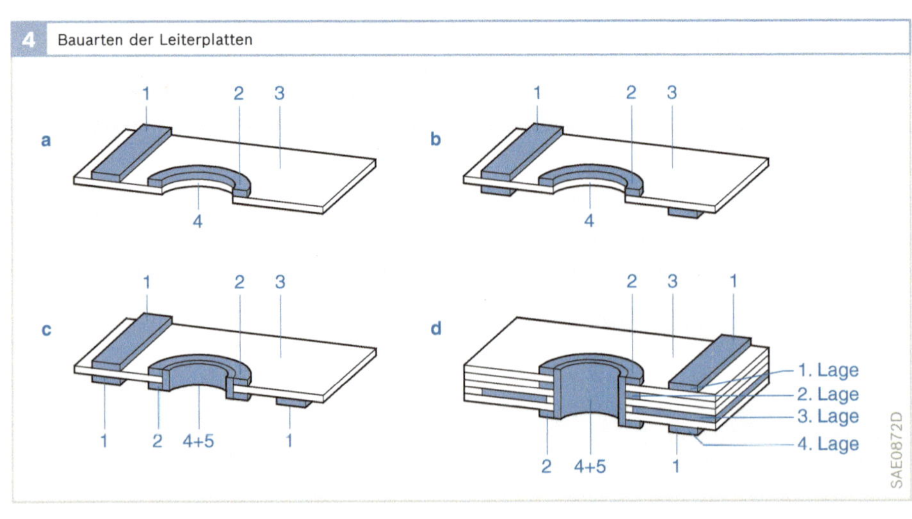

Bild 4
Schematische Darstellung, Leiterbahnen sind überhöht dargestellt

a Einseitig
b zweiseitig, nicht durchkontaktiert
c zweiseitig, durchkontaktiert
d mehrlagig (Multilayer)

1 Leiterbahn
2 Lötauge
3 Verdrahtungsträger
4 Bohrung
5 Kupferschicht (durchmetallisiertes Loch)

Herstellverfahren

Für die Herstellung von Leiterplatten haben sich die Leiterbildgalvanisierung (Pattern Plating) und die Flächengalvanisierung (Panel Plating) durchgesetzt (**Bild 5**).

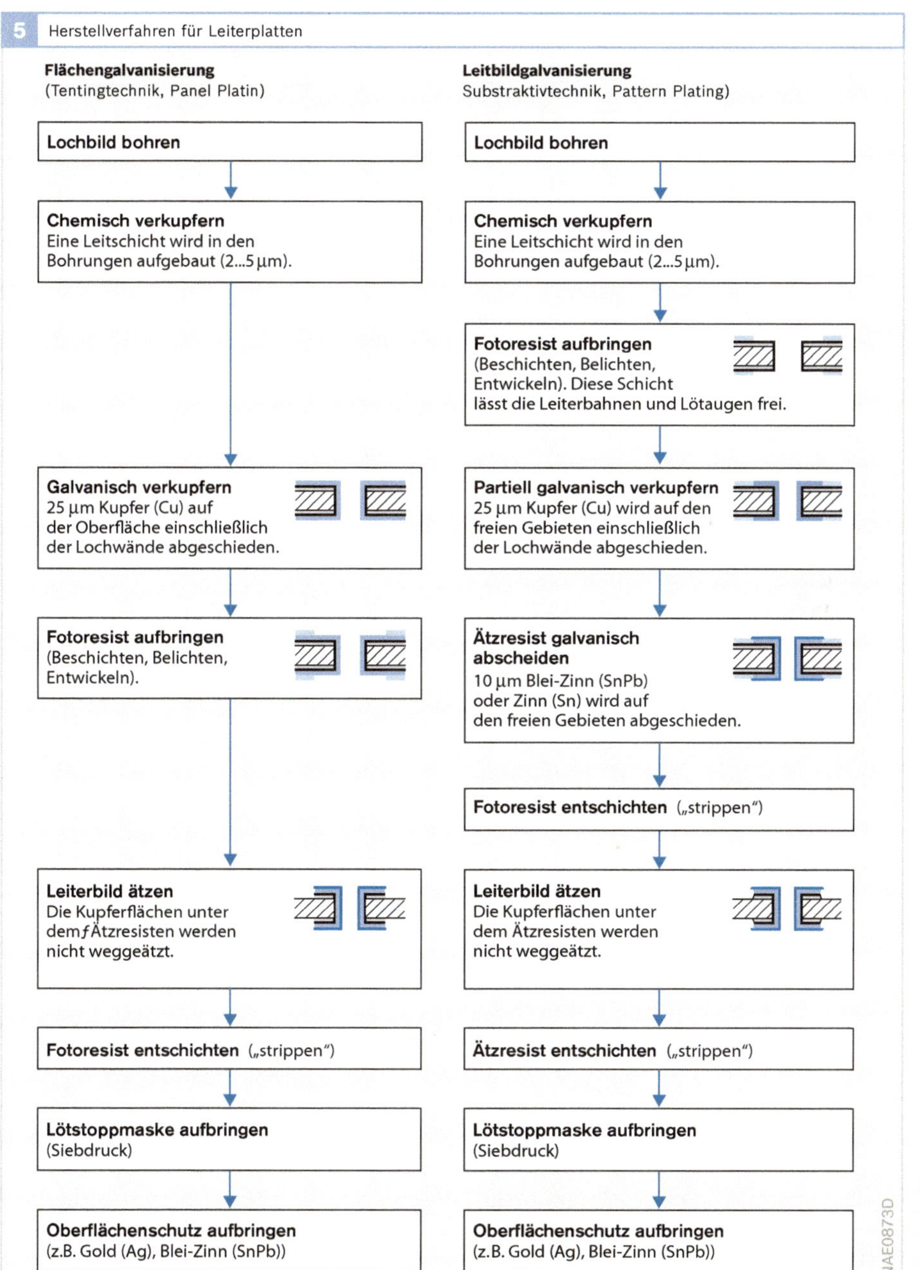

Bild 5
Das Basismaterial ist beidseitig mit einer Kupferfolie beschichtet (kupferkaschiert)

Weiterbearbeitung
Nach ihrer Herstellung wird die Leiterplatte mit Bauteilen bestückt. Auch für diese Bearbeitungsschritte gelten die höchsten Qualitätsstandards, um einen sicheren Betrieb der Steuergeräte im Kraftfahrzeug zu gewährleisten. Diese Weiterverarbeitung erfolgt in der Durchsteckmontagetechnik und in der Oberflächenmontagetechnik.

Durchsteckmontagetechnik
Bei der Durchsteckmontagetechnik werden die Anschlüsse der Bauteile in die Löcher der Leiterplatten gesteckt und anschließend verlötet (**Bild 6a**).

Oberflächenmontagetechnik (SMT)
Die Oberflächenmontagetechnik SMT (Surface Mount Technology) verwendet spezielle elektronische Bauteile, deren Anschlüsse flach auf der Leiterplatte aufliegen (**Bild 6b**). Ein solches Bauelement wird SMD-Bauteil (Surface Mounted Device) genannt. Ein weiterer Vorteil - neben der Erhöhung der Bauteildichte - ist, dass die Leiterplatte vollautomatisch bestückt werden kann. Die Oberflächenmontagetechnik setzt sich deshalb immer mehr durch. Die Bestückautomaten erreichen eine Bestückleistung von über 60 000 Bauelementen pro Stunde und damit eine Erhöhung der Produktivität.

Fertigungsablauf
Für die Weiterverarbeitung gibt es verschiedene Verfahren, die nach der räumlichen Anordnung der Betriebsmittel und der Arbeitsplätze gegliedert sind. Man unterscheidet zwischen der Werkstatt-, Pool-, Reihen- und Fließfertigung.

Das folgende Beispiel beschreibt die Fließfertigung (**Bild 7**). Nach DIN 33 415 handelt es sich bei der Fließfertigung um einen „nach dem Flussprinzip organisierten Arbeitsablauf mit starrer Verkettung, der räumlich abgestimmt sowie an eine Taktzeit gebunden ist“. Dabei sind im Flussprinzip „die einzelnen Arbeitsplätze entsprechend der Folge der Arbeitsaufgaben angeordnet“. Dieses Prinzip wird auch als Linienfertigung bezeichnet.

Bei der Herstellung der Elektronik eines Steuergeräts laufen folgende Fertigungsschritte ab:

Ausgangsmaterial
Ausgangsmaterial sind fertige, noch unbestückte Leiterplatten. Meist sind eine oder mehrere Leiterplatten auf einem in seinen Maßen genormten „Nutzen“ angeordnet. Nach der Bestückung werden die Leiterplatten aus diesen Nutzen ausgefräst.

6 Aufbauvarianten der Leiterplattentechnik

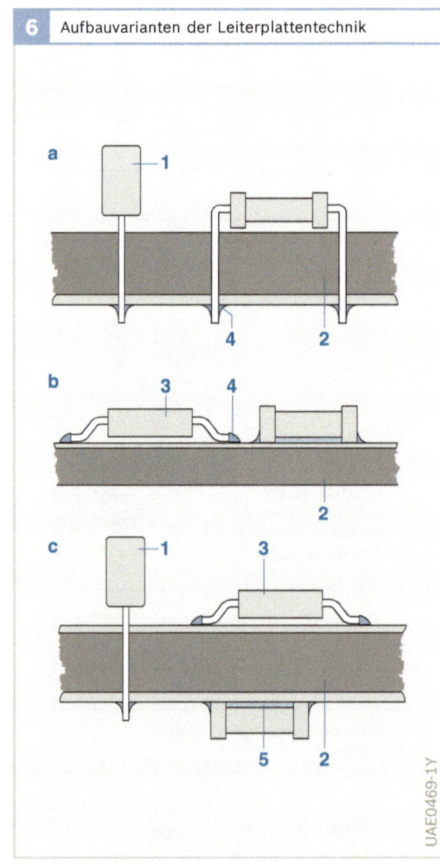

Bild 6
a Durchsteckmontagetechnik
b Oberflächenmontagetechnik
c gemischte Bestückung

1 Bedrahtetes Bauteil
2 Leiterplatte
3 SMD-Bauteil
4 Lötstelle
5 Kleber

Auftrag der Lotpaste
Der erste Schritt ist das Auftragen der Lotpaste für die SMD-Baueile mit dem Sieb- oder Schablonendruckverfahren. Die Lotpaste ist ein Gemisch aus Metallpulver, Flussmittel und weiteren organischen Hilfsstoffen. Sie wird mithilfe eines „Rakels" durch die Öffnungen der Siebe oder Schablonen auf den Nutzen durchgedrückt.

SMD-Bestückung (Reflowseite)
Ein Bestückungsautomat setzt die SMD-Bauteile in die auf dem Nutzen aufgetragene Lotpaste.

Reflowofen
Der Nutzen läuft auf einem Transportband durch einen Reflowofen. Dort wird die aufgebrachte Lotpaste unter Wärmeeinwirkung aufgeschmolzen. Die elektrische und mechanische Verbindung von Leiterplatte und Bauelement ist somit hergestellt.

LKS-Prüfung
Die Kamera eines Visionssystems begutachtet die Lötstellen (LKS, d. h. Lagekontrollsystem). Je nach Bildauswertung wird der Nutzen zu einem Reparaturplatz ausgeschieden oder zum nächsten Bestückschritt automatisch weitergeleitet.

Leiterplatte wenden
Bei diesem Schritt wird der Nutzen um 180 Grad gedreht, damit die „Unterseite" nach oben zeigt und bearbeitet werden kann. Das Bestücken der Unterseite ist abhängig von der Art des zweiten Lötverfahrens: Bei *Reflow-/Reflow-Verfahren* wiederholt sich der zuvor beschriebene Vorgang.

Beim alternativen *Reflow-/Welle-Verfahren* unterscheidet sich die Bestückung der SMD-Bauteile von der der Oberseite wegen des anderen Lötverfahrens. Dafür ist eine Klebestation notwendig.

Klebestation (Unterseite)
Zunächst werden in einer Klebestation Klebepunkte auf die Stellen der „Unterseite" gesetzt, an denen SMD-Bauteile platziert werden sollen. Dies geschieht mit Pipetten oder mit einer Schablone, ähnlich dem Lotpastenauftrag. Der Kleber fixiert die SMD-Bauteile bis zum Lötvorgang.

SMD-Bestückung (Unterseite)
In weiteren Stationen der Bestücklinie werden die Bauelemente auf den Klebestellen platziert. Dabei kommen für diese Seite nur solche Bauelemente in Betracht, die durch Wellenlöten mit der Leiterplatte verbunden werden können.

Kleber aushärten
Um ein Abfallen der Bauelemente während des Lötens zu verhindern, erfolgt das Aushärten des Klebers in einem Ofen.

BKS-Prüfung
Ein optisches BKS (Bauteilkontrollsystem) überprüft die Vollständigkeit und die Lage der Bauelemente auf der „Unterseite". Beanstandungen werden angezeigt und an einem nachgeschalteten Reparaturplatz behoben.

Leiterplatte wenden
Die Leiterplatte wird wieder um 180 Grad in ihre Ausgangslage zurückgedreht.

Drahtbestückung
Bei der Drahtbestückung werden Bauelemente der Durchsteckmontagetechnik (z. B. große Spulen und Stecker) in vorgesehene Montagebohrungen (Lötaugen) im Nutzen gesteckt. Sie werden später an der Rückseite zusammen mit den SMD-Bauteilen beim Wellenlöten verlötet. Mit der Drahtbestückung sind alle Bestückvorgänge abgeschlossen.

Wellenlöten
Mit dem Wellenlöten werden alle Lötverbindungen der SMD-Bauteile und der „Drahtbauteile" hergestellt. Der Wellenlötprozess in der Wellenlötanlage umfasst drei Schritte:

1. Die Unterseite des Nutzens wird mit einem Flussmittel benetzt.

2. Anschließend wird eine Vorwärmzone durchlaufen, damit die Bauteile nicht durch schnelle Temperaturwechsel beschädigt werden.
3. Der Nutzen läuft über eine von einer Düse erzeugten Lötwelle aus flüssigem Lot. Das Lötzinn setzt sich dabei an den Lötstellen (Pads) des Nutzens ab. Der Lötstopplack auf der Leiterplatte verhindert, dass sich Lötzinn an der falschen Stelle absetzt.

LKS-Prüfung
Eine weitere Kamera begutachtet die fertigen Lötstellen. Werden Fehler festgestellt, wird der Nutzen zu einem Reparaturplatz weitergeleitet.

In-Circuit-Test (ICT)
Der In-Circuit-Test (Test im Schaltkreis) dient zur Überprüfung der elektrischen Schaltung. Dabei werden die Bauelemente über einen Prüfadapter kontaktiert und hinsichtlich Funktion und elektrischer Werte überprüft.

Fräsen
Die einzelnen Leiterplatten werden nun mit computergesteuerten Fräsmaschinen aus dem Nutzen getrennt.

Endmontage
In der Endmontage wird die Leiterplatte in das Steuergerätegehäuse eingesetzt.

Temperaturprüfung
Das fertige Steuergerät wird sehr hohen Temperaturen ausgesetzt, um Extremsituationen zu testen. Damit wird der spätere Betrieb des Steuergeräts simuliert. So können Bauteil- oder Lötfehler entdeckt werden.

Endprüfung
Bevor das Steuergerät den Fertigungsbereich verlässt, wird es einer abschließenden Endprüfung unterzogen, die der im Betrieb geforderten Funktionalität entspricht.

7 Fertigungsschritte bei der Leiterplattenbestückung mit der Fließfertigung im Reflow-/Welle-Verfahren (Beispiel)

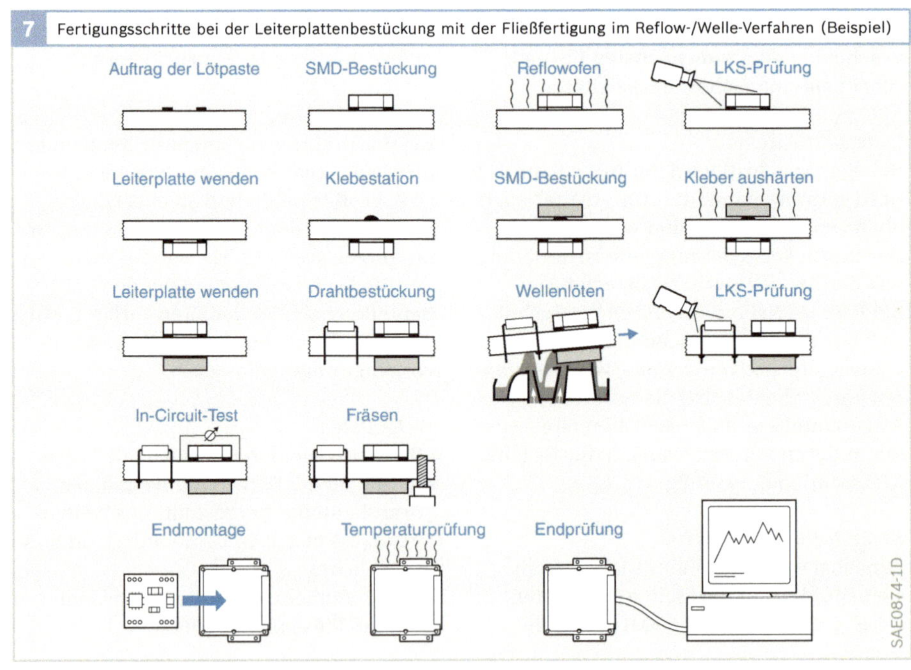

Schicht- und Hybridschaltungen

Schichtschaltungen

Bei integrierten Schichtschaltungen sind passive Schaltungselemente (vorzugsweise Leiterbahnen, Isolierungen und Widerstände, aber auch Kondensatoren und Induktivitäten) in Schichten auf einem Träger (Substrat) aufgebracht. Die Vorteile dieser Schaltungen sind:

- feine Strukturen (bis ca. 10 µm) mit hoher Schaltungselementdichte und
- gute Hochfrequenz-Eigenschaften.

Diesen Vorteilen stehen verhältnismäßig hohe Herstellkosten gegenüber.

Von den Schichtdicken leitete sich ursprünglich die Bezeichnungen „Dünnschichtschaltung" und „Dickschichtschaltung" ab. Die unterschiedlichen Herstellverfahren bestimmen jetzt die begriffliche Trennung.

Dünnschichtschaltungen

Bei Dünnschichtschaltungen sind die Schichten vorzugsweise mit Vakuumbeschichtungsverfahren auf Träger aus Glas oder Keramik aufgebracht.

Dickschichtschaltungen

Bei Dickschichtschaltungen sind die Schichten vorzugsweise im Siebdruckverfahren auf keramische Träger aufgebracht und anschließend eingebrannt.

Keramische Multilayersubstrate

Keramische Multilayersubstrate bestehen aus ungebrannten keramischen Folien, auf die mit Siebdrucktechnik Leiterbahnen aufgebracht sind. Mehrere dieser Folien werden dann zu einem Multilayer laminiert und anschließend bei 850...1600 °C zu einem festen Keramikkörper mit integrierten Leiterzügen versintert. Ein typisches Hybridsubstrat besteht aus vier oder fünf Schichten. Besonders hohe Verdrahtungsdichten lassen sich mit LTCC-Line-Substraten erzielen (Low Temperature Cofired Ceramic, d. h. bei niedriger Temperatur zusammen (gleichzeitig) gebrannte (gesinterte) Keramik).

Für die elektrischen Verbindungen zwischen den einzelnen Ebenen werden Löcher in den Einzelfolien gestanzt und mit Metallpaste gefüllt. Diese Löcher werden „Vias" genannt. Mit geeigneten Materialsystemen lassen sich auch Widerstände und Kondensatoren integrieren. Die Verdrahtungsdichten sind im Vergleich zu Dickschichtschaltungen wesentlich höher.

Hybridschaltungen

Hybridschaltungen sind integrierte Schichtschaltungen mit zusätzlichen diskreten Bauelementen wie Kondensatoren und integrierten Halbleiterschaltungen (IC), die durch Löten oder Kleben aufgebracht sind. Die Verwendung von unverpackten Halbleiterchips, die durch „Bonden" kontaktiert werden, oder SMD-Bauelementen ermöglicht eine hohe Bauelementedichte. Mit keramischem Multilayersubstrat lassen sich extrem kleine Hybridsteuergeräte realisieren (Mikrohybride). Die Vorteile dieser Schaltungen sind:

- hohe zulässige Einbautemperaturen wegen der guten Wärmeableitung,
- kleine, kompakte Bauweise mit guter Schüttelfestigkeit und
- gute Medienbeständigkeit.

Hybridschaltungen eignen sich daher besonders für den Einsatz in der Nachrichtentechnik und im Kraftfahrzeug, wo sie in ABS-, ASR-, ESP-, Getriebe- und Motorsteuergeräten (vorzugsweise für den Motoranbau) Verwendung finden.

Bild 8 zeigt die wesentlichen Schritte der Hybrid-Substratherstellung. In die Tapes werden für jede Verdrahtungslage unabhängig Löcher für die Vias gestanzt und mit Silberpaste gefüllt (**Bild 9a**). Siebdruckstationen drucken die Leiterbahnen auf. Die verschiedenen Lagen werden zueinander justiert, laminiert und dann bei

890 °C gebrannt. Ein speziell geführter Sinterprozess begrenzt die Toleranzen in der Ebene der gebrannten Keramik auf etwa 0,03 %. Dies ist für die Packungsdichte wichtig. Auf die Rückseite der Schaltung werden die Widerstände der Schaltung gedruckt und eingebrannt (**Bild 9b**).

Zum Bonden auf der Oberseite werden die Oberflächen mit einem auf die LTCC abgestimmten „Platingprozess" veredelt. Der Abstand der Kontakte des Mikrocontrollers (Bondlandraster auf dem Substrat) reicht von 450 bis zu 260 µm. Die Bondung der Bauteile erfolgt mit 32 µm Golddraht und 200 µm Aluminiumdraht.

Parallel zu den Funktionsvias sorgen thermische Vias mit einem Durchmesser von 300 pm für die optimale Kühlung der IC mit hoher Verlustleistung. Die thermische Leitfähigkeit des Substrats wird so von ca. 3 W/mK auf effektiv 20 W/mK gesteigert.

Alle Bauteile sind mit leitfähigem Kleber geklebt. Für die Endmontage des fertigen Hybrids gibt es zwei Verfahren:

Verfahren 1: Der fertige Hybrid wird mit wärmeleitendem Kleber auf die Stahlplatte des Gehäuses geklebt und mit der Glasdurchführung für den Anschlussstecker durch 200 µm Aluminiumdrahtbondung verbunden. Das Gehäuse ist hermetisch dicht verschweißt.

Verfahren 2: Der fertige Hybrid wird mit wärmeleitendem Kleber auf das Aluminiumgehäuse geklebt und mit den kunststoffumspritzten Steckerpins durch Gold- oder 300 µm Aluminiumdrahtbondung verbunden. Vor dem Aufkleben des Deckels wird ein Gel zum Schutz der Schaltung aufgebracht.

8 Fertigungsablauf eines Mikrohybridsubstrats

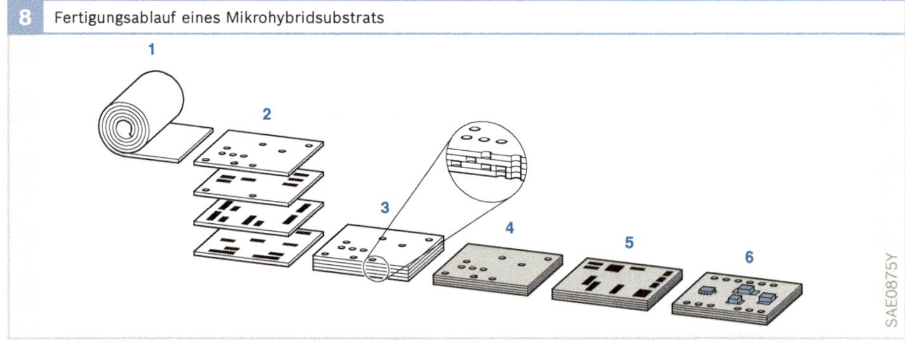

Bild 8
1 Ungebrannte Glaskeramik
2 Löcher stanzen, mit Leitpaste füllen und Leiterbahnen drucken
3 justieren und stapeln (laminieren) der Tapes
4 sintern
5 Widerstände (Rückseite) drucken, brennen und „Plating" der Bondpads (Vorderseite)
6 Bauelemente bestücken und drahtbonden

9 Beispiel einer Hybridschaltung (Ausschnitte)

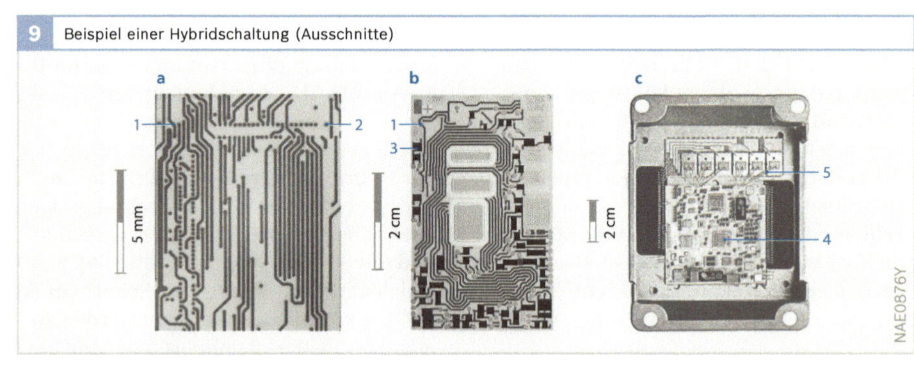

Bild 9
a Innere Lage
b Rückseite mit Widerständen
c Vorderseite im Steuergerät

1 Leiterbahn
2 Via
3 Widerstand
4 Mikrocontroller
5 Bonddraht

Mikromechanik

Als „Mikromechanik" bezeichnet man die Herstellung von mechanischen Bauelementen aus Halbleitern (im Regelfall aus Silizium) unter Zuhilfenahme von Halbleitertechniken. Neben den halbleitenden Eigenschaften werden auch die mechanischen Eigenschaften des Siliziums ausgenutzt. Damit lassen sich Sensorfunktionen auf kleinstem Raum ausführen. Folgende Techniken kommen zur Anwendung:

Bulk-Mikromechanik

Das Material des Silizium-Wafers wird mit anisotropem (alkalischem) Ätzen und mit oder ohne elektrochemischem Ätzstopp in der gesamten Tiefe bearbeitet. Dabei wird das Material von der Rückseite her im Innern der Siliziumschicht (Bild 1, Pos. 2) dort abgetragen, wo keine Ätzmaske (1) aufliegt. Mit diesem Verfahren werden sehr kleine Membranen (a) mit typischen Dicken zwischen 5 und 50 µm, Öffnungen (b) sowie Balken und Stege (c) z. B. für Druck- oder Beschleunigungssensoren hergestellt.

Oberflächen-Mikromechanik

Trägermaterial ist ein Silizium-Wafer, auf dessen Oberfläche sehr kleine mechanische Strukturen gebildet werden (Bild 2). Zunächst wird eine „Opferschicht" aufgebracht und mit Halbleiterprozessen (z. B. Ätzen) strukturiert (A). Darüber wird eine ca. 10 µm dicke Polysiliziumschicht abgeschieden (B) und deren gewünschte Struktur mithilfe einer Lackmaske senkrecht geätzt (C). Im letzten Prozessschritt wird die Opferoxidschicht unterhalb der Polysiliziumschicht mit gasförmigem Fluorwasserstoff entfernt (D). Damit werden Strukturen wie z. B. bewegliche Elektroden (Bild 3) für Beschleunigungssensoren freigelegt.

Wafer-Bonden

Beim anodischen Bonden und Sealglasbonden werden zwei Wafer unter Einwirkung von Spannung und Wärme bzw. Wärme und Druck fest miteinander verbunden, um z. B. ein Referenzvakuum hermetisch einzuschließen oder empfindliche Strukturen durch Aufbringen von Kappen zu schützen.

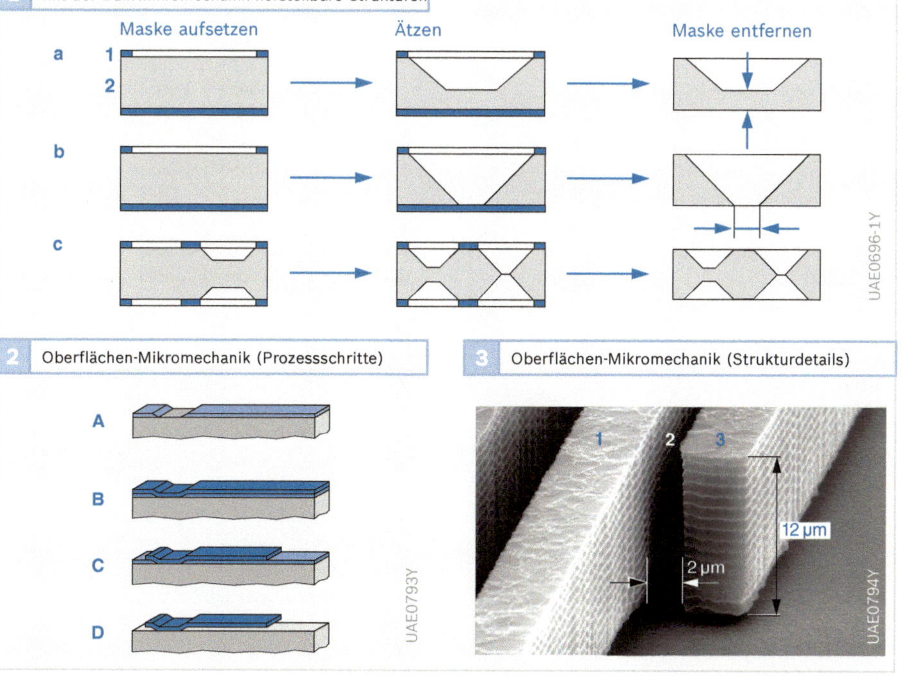

Bild 1
a Herstellen einer Membran
b Herstellen einer Öffnung
c Herstellen von Balken und Stegen

1 Ätzmaske
2 Silizium

Bild 2
A Abscheiden und Strukturieren der Opferschicht
B Abscheiden des Polysiliziums
C Strukturieren des Polysiliziums
D Entfernen der Opferschicht

Bild 3
1 Feste Elektrode
2 Spalt
3 federnde Elektrode

Abkürzungen

A

ABC: Active Body Control (Fahrwerksregelung)
ABS: Antiblockiersystem
AC: Alternating Current
ACC: Adaptive Cruise Control
A/D: Analog-Digital-Wandler
ADC: Analog Digital Converter
AFM: Antiferromagnet
AKSE: Automatische Kindersitzerkennung
ALWR: Automatische Leuchtweitenregulierung
AMR: Anisotrop Magnetoresistance Sensor
AOS: Automotive Occupancy Sensing
ARS: Angle of Rotation Sensor
ASG: Automatisches Schaltgetriebe
ASIC: Application Specific Integrated Circuit (Anwendungsbezogene Integrierte Schaltung)
ASR: Antriebsschlupfregelung
ASSP: Application Specific Standard Product
AT: Automatgetriebe
ATF: Automatic Transmission Fluid

C

CAD: Computer Aided Design (Computerunterstütztes Entwerfen)
CAE: Computer Aided Engineering (Computerunterstützte Entwicklung)
CAM: Computer Aided Manufacturing (Computerunterstützte Fertigung)
CAN: Controller Area Network
CCD: Charge Coupled Device
CMOS: Complementary Metal Oxide Semiconductor (Komplementäre MOS-Technik)
CPU: Central Processing Unit (Zentrale Recheneinheit des Mikrocontrollers)
CVG: Coriolis Vibrating Gyros
CVSD: Continuous Variable Slope Delta Modulation
CVT: Continuously Variable Transmission

D

DC: Direct Current
DF: Drehzahlfühler
DMS: Drehmessstreifen bzw. Dehnwiderstand
DPF: Diesel-Partikelfilter
DRO: Dielectric Resonance Oscillator
DRS-MM: Drehratesensor, mikromechanisch
DS: Digitale Signalverarbeitung
DSP: Digitaler Signalprozessor
DSTN-LCD: Double Super Twisted Nematic-LCD
DWS: Drehwinkelsensor

E

EAS: Electronic Active Steering
EBS: Extended Byte Sequence
EBS: Elektronischer Batteriesensor
ECE: Economic Commission for Europe (Europäische Wirtschaftskommission der Vereinten Nationen UN)
ECU: Electronic Control Unit (Steuergerät)
EDC: Electronic Diesel Control (Elektronische Dieselregelung)
EEPROM (E2PROM): Electrically Erasable Programmable Read Only Memory (elektrisch löschbarer programmierbarer Nur-Lese-Speicher)
EMV: Elektromagnetische Verträglichkeit
EPROM: Erasable Programmable Read Only Memory (Löschbarer programmierbarer Nur-Lese-Speicher)
ESD: Electrostatic Discharge
ESI: Elektronische Service-Informationen
ESP: Elektronisches Stabilitätsprogramm
ETN: Europäische Typnummer
EW: Endwert des Messbereichs

F

FET: Feldeffekttransistor
FIR-Filter: Finite Impulse Response Filter (nichtrekursives oder Transversal-Filter)
Flash-EPROM: Flash-Erasable Programmable Read Only Memory (Elektrisch löschbarer programmierbarer Nur-Lese-Speicher)
FMCW: Frequency Modulated Continuous Wave
FSR: Force Sensitive Resistance

G

GMR: Giant Magneto Resistive
GPS: Global Positioning System

H

HDK: Halb-Differenzial-Kurzschlussringsensor
HFM: Heißfilm-Luftmassenmesser
HLM: Hitzdraht-Luftmassenmesser
HNS: Homogeneous Numerically calculated Surface

I

IC: Integrated Circuit (Integrierte Schaltung)
I_H: Hall-Strom
I_M: Sauerstoffmolekülstrom
I_P: Pumpstrom
ISO: International Organization for Standardization
U_H: Hall-Spannung

K

KS: Klopfsensor

L

λ: Luftzahl
LCD: Liquid Crystal Display (Flüssigkristall-Display)
LDR: Light Dependent Resistor
LED: Light Emitting Diode (Leuchtdiode)
LMM: Luftmengenmesser
LS: Lambda-Sonde, unbeheizt (Zweipunkt-Finger-Lambda-Sonde)
LSF: Lambda-Sonde, Festelektrolyt (Planare Zweipunkt Lambda-Sonde)
LSH: Lambda-Sonde, beheizt (Zweipunkt-Finger-Lambda-Sonde)
LSU: Lambda-Sonde Universal (Planare Breitband-Lambda-Sonde)
LWS: Lenkradwinkelsensor

M

MC, µC: Mikrocontroller
MM: Mikromechanik
MOS: Metal Oxide Semiconductor (Isolierschicht-Feldeffekt-Transistor)

N

NBF: Nadelbewegungsfühler
NBS: Nadelbewegungssensor
NSC: NO_x-Speicherkatalysatoren
NTC: Negative Temperature Coefficient
NZ: Nernstzelle

O

OC: Occupant Classification
OFW: Oberflächenwellen
OMM: Oberflächenmikromechanik

P

PAS: Peripheral Acceleration Sensor (außenliegender Beschleunigungssensor)
PCM: Pulse Code Modulation
PPS: Peripheral Pressure Sensor (peripherer Drucksensor)
PROM: Programmable Read Only Memory (Programmierbarer Nur-Lese-Speicher)
PSI: Peripheral Sensor Interface
PTC: Positive Temperature Coefficient
PTFE: Polytetrafluorethylen

R

RADAR: Radio Detectiong and Ranging
RAM: Random Access Memory (Schreib-Lese-Speicher)
REM: Rasterelektronenmikroskop
ROM: Read Only Memory (Nur-Lese-Speicher)
RS: Rotational Speed Sensor
RWG: Regelweggeber

S

SA: Analoge Signalaufbereitung
SAW: Surface Acoustic Wave (Oberflächenwelle)
SCR: Selektive katalytische Reduktion
SCU: Sensor Control Unit
SE: Sensorelement
SEFI: Sequenzielle Einspritzung
SG: Steuergerät
SMD: Surface Mounted Device (Oberflächenmontiertes Bauteil)
SMT: Surface Mount Technology (Oberflächenmontagetechnik)
STN: Super Twisted Nematic

T

t: Zeitkonstante
TSP: Thermal Shock Protection

U

U_P: Pumpspannung
UV: Ultraviolett

V

VHD: Vertical Hall Devices

Sachwortverzeichnis